"十二五"普通高等教育规划教材

GONGCHENG ZAOJIA GUANLI
工程造价管理

鲍学英◎主编

第2版
2nd edition

U0260581

中国铁道出版社有限公司
CHINA RAILWAY PUBLISHING HOUSE CO., LTD.

图书在版编目（CIP）数据

工程造价管理/鲍学英主编 . —2 版 . —北京：

中国铁道出版社，2014.4（2024.12重印）

"十二五"普通高等教育规划教材

ISBN 978-7-113-17977-9

Ⅰ. ①工… Ⅱ. ①鲍… Ⅲ. ①建筑造价管理-高等

学校-教材 Ⅳ. ①TU723.3

中国版本图书馆 CIP 数据核字（2014）第 013392 号

书　　名：**工程造价管理**
作　　者：鲍学英

策　　划：邢斯思　　　　　　　　编辑部电话：（010）63549508
责任编辑：夏　伟
编辑助理：王佳欣　李　丹
责任校对：龚长江
封面设计：刘　颖
封面制作：白　雪
责任印制：赵星辰

出版发行：中国铁道出版社有限公司（100054，北京市西城区右安门西街 8 号）
网　　址：https://www.tdpress.com/51eds
印　　刷：三河市航远印刷有限公司
版　　次：2010 年 12 月第 1 版　2014 年 4 月第 2 版　2024 年 12 月第 7 次印刷
开　　本：787 mm×1 092 mm　1/16　印张：20.25　字数：496 千
书　　号：ISBN 978-7-113-17977-9
定　　价：49.80 元

前言

　　"工程造价管理"课程是针对工程管理及工程造价专业人才培养的需要,所开设的一门必修专业课。本书以教育部高等学校管理科学与工程类专业教学指导委员会制定的工程管理专业课程工程造价管理的教学大纲为基础,以《建筑工程工程量清单计价规范》(GB 50500—2013)和《建筑安装工程费用项目组成》(建标[2013]44号)等最新文件为依据,阐述了工程项目决策、设计、招投标、施工、竣工验收等各个阶段的工程造价的确定与控制等相关内容。本书在相关内容之后,附有大量相关的全国注册造价工程师、全国注册监理工程师、全国注册咨询工程师等资格考试的考题,有利于加强学生的理解、记忆和实际应用能力,为以后参加执业资格考试打下良好的基础。通过本课程的学习,使学生在熟悉工程造价管理的基本原理的基础上,对工程建设全过程的造价进行有效确定和控制,为学生进行工程管理和实践提供必备的专业知识;培养工程管理和工程造价专业学生在社会主义市场经济下,具备合理确定和有效控制工程造价的能力。本书具有以下特点:

　　(1)知识点新颖。本书此次改版后的所有内容,均以我国最新颁布的文件、规定等为基础,同时将书中大量案例进行更新,使其更符合我国现行的有关规定。

　　(2)系统性强。本书既包括工程造价管理的基本理论与方法,又涵盖项目全过程的造价管理,形成了一套完整的知识体系框架。

　　(3)实用性强。为了加强学生对知识点的理解与应用,本书在相关内容之后,附有大量相关的全国注册造价工程师、全国注册监理工程师、全国注册咨询工程师等资格考试的考题,有利于加强学生的理解、记忆和实际应用能力。

　　另外,本书的参编人员,均为教学第一线的骨干教师,长期担任本课程的教学任务,有着丰富的教学、实践经验,对于相关知识点的剖析更能提高学生的理解和兴趣。

　　本书由兰州交通大学鲍学英教授担任主编,并负责全书的统稿。各章编写分工如下:第1、4章由兰州交通大学鲍学英编写;第3、5章由兰州交通大学王琳编写;第6章由兰州交通大学黄山编写,第2、7、9章由兰州交通大学李海莲编写;第8章由兰州交通大学鲍学英、兰州交通大学博文学院张春妮编写。

　　本书除作为大专院校工程管理和工程造价专业学生的教材外,还可作为监理单位、建设单位、勘察设计单位、施工单位和各类相关人员的学习参考用书。

　　本书在编写的过程中参阅了大量的国内优秀教材及造价工程师执业资格考试培训教材,在此对有关作者一并表示感谢。由于本书涉及的内容广泛,加之编者水平有限,难免存在不足和疏漏之处,敬请同行专家和读者批评、指正,以便今后修订时改进。

编　者

目录

第 1 章　工程造价管理概论

 本章提要

　　本章内容的立足点是介绍工程造价管理的基本知识,为系统学习工程造价管理这门课程奠定基础。由于工程造价具有分阶段、分层次、多次计价的特点,所以本章首先简要介绍建设工程项目的基本概念以及基本建设程序,在此基础上介绍工程造价的概念、特点、作用以及工程造价管理的概念、内容等基本知识,最后介绍我国工程造价专业人员管理制度以及工程造价管理的发展。

 学习目标

　　通过本章内容的学习,要求熟悉我国现行建设工程项目的基本建设程序;掌握工程造价的概念、特点、作用,工程造价的计价特征;掌握工程造价管理的概念、内容;了解我国工程造价专业人员管理制度以及工程造价管理的发展。

框架结构

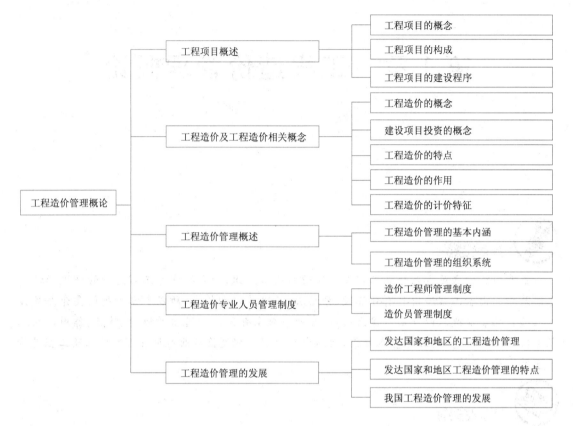

1.1 工程项目概述

1.1.1 工程项目的概念

工程项目是指建设领域中的项目,即为完成依法立项的新建、扩建、改建等各类工程而进行的、有起止日期的、达到规定要求的一组相互关联的受控活动组成的特定过程,包括策划、勘察、设计、采购、施工、试运行、竣工验收和考核评价等,简称建设项目。

工程项目具有如下基本特征:

1. 建设目标的明确性

任何建设工程项目都有明确的目标,即以形成固定资产为特定目标。实现这个目标的约束条件主要是时间、资源和质量,即建设工程项目必须要有合理的建设工期目标,在一定资源投入量的目标下要达到预定的生产能力、技术水平和使用效果等质量目标。

2. 建设项目的综合性

一方面建设工程项目是在一个总体设计或初步设计范围内,由一个或若干个互相有内在联系的单项工程所组成;另一方面建设工程项目的建设环节多,涉及的单位部门多而且关系复杂,在建设过程中,每个项目所涉及的情况各不相同,这些都需要进行综合分析、统筹安排。

3. 建设过程的程序性

建设工程项目的实施需要遵循必要的建设程序和经过特定的建设过程。建设工程项目从提出建设设想、建议、方案选择、评估、决策、勘察、设计、施工一直到竣工验收投入使用,是一个有序的全过程,这就是基本建设程序。建设工程项目的实施必须遵照其内在的时序性,通过周密计划、科学组织,使各阶段、各环节紧密衔接、协调进行,力求缩短周期,提高项目实施的有效性。

4. 建设项目的一次性

建设工程项目是一项特定的任务,表现为投资的一次性投入、建设地点的固定性、设计和施工的单件性等特征。因此,必须按照建设项目特定的任务和固定的建设地点,进行专门的单一设计,并应根据实际条件的特点建立一次性组织进行施工生产活动。

5. 建设项目的风险性

建设工程项目投资数额巨大,工作工序复杂,涉及的影响因素众多,实施周期长,在建设工程项目的实施过程中存在很多不确定因素,因而具有较大的风险。

1.1.2　工程项目的构成

工程项目的构成层次可分为单项工程、单位工程、分部工程、分项工程等四个层次。

1. 单项工程

单项工程是建设项目的组成部分,是指具有独立的设计文件,建成后能够独立发挥生产能力或效益的建设工程。一个建设项目,可以是一个单项工程,也可以包括多个单项工程。工业建设项目的单项工程,一般是指各个生产车间、办公楼、食堂、住宅等;非工业建设项目中,每栋住宅楼、剧院、商店、教学楼、图书馆、办公楼等各为一个单项工程。

2. 单位工程

单位工程是单项工程的组成部分,是指具有独立的设计文件,但建成后不能独立进行生产或发挥效益的工程。民用项目的单位工程较容易划分。以一栋住宅楼为例,其中一般土建工程、给排水、采暖、通风、照明工程等各为一个单位工程。工业项目由于工程内容复杂,且有时出现交叉,因此单位工程的划分比较困难。以一个车间为例,其中土建工程、机电设备安装、工艺设备安装、工业管道安装、给排水、采暖、通风、电气安装、自控仪表安装等各为一个单位工程。

3. 分部工程

分部工程是单位工程的组成部分,每一个单位工程仍然是一个较大组合体,它本身是由许多结构构件、部件或更小的部分所组成。在单位工程中,按部位、材料和工种进一步分解出来的工程,称为分部工程。如建筑工程中的一般土建工程,按照部位、材料结构和工种的不同,可划分为土石方工程、桩基础工程、脚手架工程、砌筑工程、混凝土及钢筋混凝土工程、构件运输及安装工程、门窗及木结构工程、楼地面工程、屋面及防水工程、防腐保温隔热工程、装饰工程、金属结构制作工程等分部工程。

由于每一个分部工程中影响工料消耗大小的因素仍然很多,所以为了计算工程造价和工料耗用量的方便,还必须把分部工程按照不同的施工方法、不同的构造、不同的规格等,进一步地分解为分项工程。

4. 分项工程

分项工程是分部工程的组成部分,分项工程是指单独地经过一定施工工序就能完成,并且可以采用适当计量单位计算的建筑或设备安装工程。例如每 $10 m^3$ 基础工程、每 $10 m$ 暖气管道安装工程等,都可以分别为一个分项工程。但是,这种分项工程与工程项目这样整体的产品不同,它不能形成一个完整的工程实体,一般说来独立的存在往往是没有实际意义的,它只是建筑或安装工程构成的一种基本部分,是为了确定建筑及安装工程项目造价而划分出来的假定产品。

1.1.3　工程项目的建设程序

建设程序是指工程项目在从策划、评估、决策、设计、施工到竣工验收、投入生产或交付使用的整个建设过程中,各项工作必须遵循的先后工作次序。工程项目建设程序是工程建设过程客观规律的反映,是工程项目科学决策和顺利实施的重要保证。

世界各国和国际组织在建设程序的解释上可能存在某些差异,但是按照工程项目发展的内在规律,投资建设一个工程项目都要经过投资决策和建设实施两个发展时期。这两个发展时期又可分为若干阶段,各阶段之间存在着严格的先后次序,可以进行合理的交叉,但不能任意颠倒次序。

以世界银行贷款项目为例,其建设周期包括项目选定、项目准备、项目评估、项目谈判、项目实施和项目总结评价六个阶段。每一阶段的工作深度,决定着项目在下一阶段的发展,彼此相互联系、相互制约。在项目选定阶段,要根据借款申请国所提出的项目清单,进行鉴别选择,一般根据项目性质选择符合世界银行贷款原则,有助于当地经济和社会发展的急需项目。被选定的项目经过 12 年的项目准备,提出详细的可行性研究报告,由世界银行组织专家进行项目评估之后,与申请国进行贷款谈判、签订协议,然后进入项目的勘察设计、采购、施工、生产准备和试运转等实施阶段,在项目贷款发放完成后一年左右进行项目的总结评价。正是由于其科学、严密的项目周期,保证了世界银行在各国的投资保持着较高的成功率。

按照我国现行规定,以政府投资项目为例的建设程序可以分为以下阶段:

1. 项目建议书阶段(包括立项评估)

项目建议书是由投资者(目前一般是项目主管部门或企事业单位)对准备建设项目提出的大体轮廓性设想和建议,主要确定拟建项目的必要性和是否具备建设条件及拟建规模等,为进一步研究论证工作提供依据。从 1984 年起国家明确规定所有国内建设项目都要经过项目建议书这一阶段,并规定了具体内容要求。

2. 可行性研究阶段

根据项目建议书的批复,项目进入可行性研究阶段。对项目在技术上、经济上和财务上进行全面论证、优化和推荐最佳方案,与这阶段相联系的工作还有由工程咨询公司对可行性研究报告进行评估。

3. 设计阶段

根据项目可行性研究报告的批复,项目进入设计阶段。由于勘察工作是为设计提供基础数据和资料的工作,这一阶段也可称为勘察设计阶段,这是项目决策后进入建设实施的重要阶段。设计阶段主要工作通常包括扩大初步设计和施工图设计两个阶段,对于技术复杂的项目还要增加技术设计阶段。以上设计文件和资料是国家安排建设计划和项目、组织施工的主要依据。

4. 开工准备阶段

项目开工准备阶段的工作较多,主要工作包括申请列入固定资产投资计划及开展各项施工准备工作。这一阶段的工作质量,对保证项目顺利建设具有决定性作用。这一阶段工作就绪,即可编制开工报告,申请正式开工。

5. 施工阶段

对建筑安装企业来说是产品的生产阶段。在这一阶段末,还要完成生产准备工作。

6. 竣工验收阶段

这一阶段是项目建设实施全过程的最后一个阶段,是考核项目建设成果、检验设计和施工质量的重要环节,也是建设项目能否由建设阶段顺利转入生产或使用阶段的一个重要阶段。

7. 后评价阶段

在改革开放前,我国的基本建设程序中没有明确规定这一阶段;改革开放后随着建设重点要求转到讲求投资效益的轨道,国家开始对一些重大建设项目,在竣工验收若干年后,规定要进行后评价工作,并正式列为基本建设的程序之一。这主要是为了总结项目建设成功和失败的经验教训,供以后项目决策借鉴。

工程建设过程中所涉及的社会层面和管理部门广泛,协调合作环节多。因此,必须按照建设工程项目的客观规律和实际顺序进行工程建设。建设工程项目的基本建设程序是由工程建设进程所决定的,它反映了建设工作客观存在的经济规律及自身的内在联系特点。

1.2　工程造价及工程造价相关概念

1.2.1　工程造价的概念

工程造价通常是指工程建设预计或实际支出的费用。由于所处的角度不同,工程造价的含义也不同。

(1)从投资者(业主)的角度而言,工程造价是指建设一项工程预期开支或实际开支的全部固定资产投资费用,包括设备及工器具购置费、建筑安装工程费用、工程建设其他费用、预备费、建设期贷款利息和固定资产投资方向调节税。投资者在投资活动中所支付的全部费用最终形成了工程建成以后交付使用的固定资产、无形资产、流动资产和其他资产价值,所有这些开支就构成了工程造价。在这个意义上,工程造价就是建设工程项目的固定资产投资费用。因此,人们有时把固定资产投资费用称为工程造价。

(2)从市场交易的角度来定义,工程造价是指工程价格,即为建成一项工程,预计或实际在工程承发包交易活动中所形成的建筑安装工程费用或建设工程总费用。显然,工程造价的第2种含义是将工程项目作为特殊的商品形式,通过招投标或其他交易方式,在进行多次预估的基础上,最终由市场形成的价格。这里的工程既可以是涵盖范围很大的一个建设工程项目,也可以是其中的一个单项工程或单位工程,甚至可以是整个建设工程项目,也可以是整个建设工程中的某个阶段,如建筑安装工程、装饰装修工程,或者其中的某个组成部分。

从市场交易的角度看,工程承发包价格是工程造价中一种重要的、也是较为典型的价格交易形式,是在建筑市场通过招标投标,由需求主体(投资者)和供给主体(承包商)共同认可的价格。

工程造价的两种含义是从不同角度把握同一事物的本质。从建设工程的投资者来说,工程造价就是项目投资,是"购买"项目要付出的价格,同时也是投资者作为市场供给主体"出售"工程项目时确定价格和衡量投资经济效益的尺度。区别工程造价的两种含义,其理论意义在于为投资者和承包商为代表的供应商的市场行为提供理论依据。当政府提出降低工程造价时,是站在投资者的角度充当市场需求的角色;当承包商提出要提高工程造价、获得更多利润时,是要实现一个市场供给主体的管理目标。这是市场运行机制的必然,不同的利益主体不能混为一谈。区别工程造价的两种含义的现实意义在于,为实现不同的管理目标,不断充实工程造价的管理内容,完善管理方法,更好地为实现各自的目标服务,从而有利于推动全面的经济增长。

1.2.2 建设项目投资的概念

1. 建设项目总投资

建设项目总投资是指投资主体为获取预期收益,在选定的建设项目上投入所需的全部资金。建设项目按用途可分为生产性建设项目和非生产性建设项目。生产性建设项目总投资包括固定资产投资和流动资产投资两部分;非生产性建设项目总投资只包括固定资产投资,不包括流动资产投资。

2. 固定资产投资

固定资产是指在社会再生产过程中可供长时间反复使用,单位价值在规定限额以上,并在其使用过程中不改变其实物形态的物质资料,如建筑物、机械设备等。在我国的会计实务中,固定资产的具体划分标准为:单位价值在规定限额以上,使用年限超过1年的建筑物、构筑物、机械设备、运输工具和其他与生产经营有关的工具、器具等资产均应视作固定资产;凡不符合上述条件的劳动资料一般称为低值易耗品,属于流动资产。

固定资产投资是指投资主体为达到预期收益的资金垫付行为。我国的固定资产投资包括基本建设投资、更新改造投资、房地产开发投资和其他固定资产投资四种。

建设项目的固定资产投资也就是建设项目的工程造价,二者在量上是等同的。其中,建筑安装工程投资也就是建筑安装工程造价,二者在量上也是等同的。从这里也可以看出工程造价两种含义的同一性。

3. 静态投资

静态投资是以某一基准年、月的建设要素的价格为依据所计算出的建设项目投资的瞬时值。静态投资包括设备及工器具购置费、建筑安装工程费用、工程建设其他费用、基本预备费,以及因工程量误差而引起的工程造价变化等。

4. 动态投资

动态投资是指为完成一个工程项目的建设,预计投资需要量的总和。动态投资除包括静态投资所含内容之外,还包括建设期贷款利息、价差预备费、固定资产投资方向调节税等,以及利率、汇率调整等增加的费用。动态投资适应了市场价格运行机制的要求,更加符合实际的经济运动规律。

静态投资和动态投资的内容虽然有区别,但两者有密切联系。动态投资包含静态投资,静态投资是动态投资最主要的组成部分,也是动态投资的计算基础。

1.2.3 工程造价的特点

1. 工程造价的大额性

能够发挥投资效用的任一项工程,不仅实物形体庞大,而且造价高昂,动辄数百万、数千万、数亿、几十亿,特大型工程项目的造价可达百亿、千亿元人民币。工程造价的大额性使其关系到有关各方面的重大经济利益,同时也会对宏观经济产生重大影响。这就决定了工程造价

的特殊地位,也说明了工程造价管理的重要意义。

2. 工程造价的个别性、差异性

任何一项工程都有特定的用途、功能、规模。因此,对每一项工程的结构、造型、空间分割、设备配置和内外装饰都有具体的要求,因而使工程内容和实物形态都具有个别性、差异性。产品的差异性决定了工程造价的个别性、差异性。同时,每项工程所处地区、地段都不相同,使这一特点得到强化。

3. 工程造价的动态性

任何一项工程从投资决策到竣工交付使用,都有一个较长的建设期,而且由于不可控因素的影响,在预计工期内,许多影响工程造价的动态因素,如工程变更和设备材料价格、工资标准以及费率、利率、汇率会发生变化。这种变化必然会影响到造价的变动。所以,工程造价在整个建设期中处于不确定状态,直至竣工决算后才能最终确定工程的实际造价。

4. 工程造价的层次性

工程造价的层次性取决于工程的层次性。一个建设项目往往含有多个能够独立发挥设计效能的单项工程(车间、写字楼、住宅楼)。一个单项工程又是由能够各自发挥专业效能的多个单位工程(土建工程、电气安装工程等)组成。与此相适应,工程造价有三个层次:建设项目总造价、单项工程造价和单位工程造价。如果专业分工更细,分部、分项工程也可以成为交易对象,如大型土方工程、基础工程、装饰工程等,这样工程造价的层次就增加分部工程和分项工程而成为五个层次。即使从造价的计算和工程管理的角度看,工程造价的层次性也是非常突出的。

5. 工程造价的兼容性

工程造价的兼容性首先体现在它具有两种含义,其次表现在工程造价构成因素的广泛性和复杂性。在工程造价中,首先,成本因素非常复杂。其中为获得建设工程用地支出的费用、项目可行性研究和规划设计费用、与政府一定时期政策(特别是产业政策和税收政策)相关的费用占有相当的份额。再次,盈利的构成也较为复杂,资金成本较大。

1.2.4 工程造价的作用

1. 工程造价是项目投资决策的依据

工程项目的投资大、建设周期长等特点,决定了项目投资决策的重要性。工程造价决定着项目的一次性投资费用,投资者是否有足够的财务能力支付这笔费用,是否认为值得支付这项费用,是项目投资决策中要考虑的主要问题。如果工程项目的价格超过投资者的支付能力,就会迫使他放弃这个项目;如果项目投资的效果达不到预期目标,他也会自动放弃这个拟建项目。因此,在项目投资决策阶段,工程造价就成为项目财务分析和经济分析的重要依据。

2. 工程造价是制订投资计划和控制投资的依据

投资计划是按照建设工期、工程进度和建设工程价格等逐年分月加以制订的。正确的投资计划有助于合理和有效地使用资金。

工程造价在控制投资方面的作用主要体现在两个方面。首先工程造价是通过多次计价,最终通过竣工决算确定下来的。工程造价每一次的计价过程就是对下一次计价的控制过程,如设计概算不能超过投资估算,施工图预算不能超过设计概算等。这种控制是在投资者财务能力的限度内为取得既定的投资效益所必需的。其次,工程造价对投资的控制也表现在利用制定各种定额、标准和造价要素等,对工程造价的计算依据进行控制。

3. 工程造价是筹集建设资金的依据

随着市场经济体制的建立和完善,我国已基本实现从单一的政府投资到多元化投资的转变,这就要求项目的投资者有很强的筹资能力,以保证工程项目有充足的资金供应。工程造价决定建设资金的需求量,从而为筹集资金提供比较准确的依据。当建设资金来源于金融机构的贷款时,工程造价成为金融机构评价建设项目偿还贷款能力和放贷风险的依据,并根据工程造价来决策是否给予投资者贷款以及给予贷款的数量。

4. 工程造价是评价投资效果的重要指标

工程造价是一个包含着多层次工程造价的体系,就一个工程项目来说,它既是建设项目的总造价,又包含单项工程的造价和单位工程的造价,同时也包含单位生产能力的造价,或一个平方米建筑面积的造价等。所有这些,使工程造价自身形成了一个指标体系,它能够为评价投资效果提供多种评价指标。

5. 工程造价是调节经济利益分配和产业结构的手段

工程造价的高低,涉及国民经济各部门和企业间的利益分配。在计划经济体制下,政府为了用有限的财政资金建成更多的工程项目,总是趋向于压低建设工程造价,使建设中的劳动消耗得不到完全补偿,价值不能得到完全实现。而未被实现的部分价值则被重新分配到各个投资部门,为项目投资者所占有。这种利益的再分配有利于各产业部门按照政府的投资导向加速发展,也有利于按宏观经济的要求调整产业结构,但是会严重损坏建筑等企业的利益,造成建筑业萎缩和建筑企业长期亏损的后果,从而使建筑业的发展长期处于落后状态,与整个国民经济发展不相适应。在市场经济中,工程造价也无例外地受供求状况的影响,并在围绕价值的波动中实现对建设规模、产业结构和利益分配的调节。同时,工程造价作为调节市场供需的经济手段,可以调整建筑产品的供需数量。这种调整最终有利于优化资源配置,有利于推动技术进步和提高劳动生产率。

1.2.5 工程造价的计价特征

工程造价计价就是计算和确定工程项目的造价,简称工程计价,也称工程估价,是指工程造价人员在项目实施的各个阶段,根据各个阶段的不同要求,遵循计价原则和程序,采用科学的计价方法,对投资项目最可能实现的合理价格做出科学的计算,从而确定投资项目的工程造价,编制工程造价的经济文件。

由于工程造价具有大额性、个别性、差异性、动态性、层次性及兼容性等特点,决定了工程造价计价具有以下特征:

1. 单件性计价特征

每个建设工程都有其专门的用途,所以其结构、面积、造型和装饰也不尽相同。即便是用途相同的建设工程,其技术水平、建筑等级、建筑标准等也有所差别,这就使建设工程的实物形态千差万别,再加上不同地区构成工程造价的各种要素的差异,最终导致建设工程造价的千差万别。因此,建设工程只能就每项工程按照其特定的程序单独计算其工程造价。

2. 多次性计价特征

建设工程周期长、规模大、造价高,因此按照基本建设程序必须分阶段进行,相应地也要在不同阶段进行多次计价,以保证工程造价计价的科学性。其多次性计价的过程如图1.1所示。

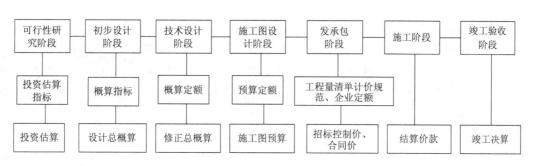

图 1.1　建设工程多次性计价示意图

3. 计价依据的复杂性特征

由于影响工程造价的因素较多,决定了计价依据的复杂性。计价依据主要可分为以下七类:

(1)设备和工程量计算依据。包括项目建议书、可行性研究报告、设计文件等。

(2)人工、材料、机械等实物消耗量计算依据,包括投资估算指标、概算定额、预算定额等。

(3)工程单价计算依据,包括人工单价、材料价格、材料运杂费、机械台班费等。

(4)设备单价计算依据,包括设备原价、设备运杂费、进口设备关税等。

(5)措施费、间接费和工程建设其他费用计算依据,主要是指相关的费用定额和指标。

(6)政府规定的税、费。

(7)物价指数和工程造价指数。

4. 组合性计价特征

由于建筑产品具有单件性、独特性、固定性、体积庞大等特点,因而其工程造价的计算要比一般商品复杂得多。为了准确地对建筑产品进行计价,往往需要按照工程的分部组合进行计价。

凡是按照一个总体设计进行建设的各个单项工程汇集的总体称为一个建设项目,反过来讲可以把一个建设项目分解为若干个单项工程,一个单项工程可以分解为若干个分部工程,一个分部工程又可以分解为多个分项工程。在计算工程造价时,往往先计算各个分项工程的价格,依次汇总后,就可以汇总成各个分部工程的价格、各个单位工程的价格、各个单项工程的价格,最后汇总成建设工程总造价,如图1.2所示。

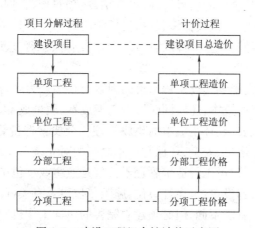

图 1.2　建设工程组合性计价示意图

5. 计价方法的多样性特征

工程项目的多次计价有其各不相同的计价依据，每次计价的精确度要求也各不相同，由此决定了计价方法的多样性。例如，投资估算的方法有系数估算法、生产能力指数估算法等；设计概算的方法有概算定额法、概算指标法等。不同的方法有不同的适用条件，计价时应根据具体情况加以选择。

1.3   工程造价管理概述

1.3.1   工程造价管理的基本内涵

1. 工程造价管理的含义

工程造价管理是指综合运用管理学、经济学和工程技术等方面的知识与技能，对工程造价进行预测、计划、控制、核算等的过程。工程造价管理既涵盖了宏观层次的工程建设投资管理，也涵盖了微观层次的工程项目费用管理。

（1）工程造价的宏观管理。工程造价的宏观管理是指政府部门根据社会经济发展的实际需要，利用法律、经济和行政等手段，规范市场主体的价格行为，监控工程造价的系统活动。

（2）工程造价的微观管理。工程造价的微观管理是指工程参建主体根据工程有关计价依据和市场价格信息等预测、计划、控制、核算工程造价的系统活动。

2. 建设工程全面造价管理

按照国际工程造价管理促进会给出的定义，全面造价管理（Total Cost Management，TCM）是指有效地利用专业知识与技术，对资源、成本、盈利和风险进行筹划和控制。建设工程全面造价管理包括全寿命期造价管理、全过程造价管理、全要素造价管理和全方位造价管理。

（1）全寿命期造价管理。建设工程全寿命期造价是指建设工程初始建造成本和建成后的日常使用成本之和，它包括建设前期、建设期、使用期及拆除期各个阶段的成本。由于在实际管理过程中，在工程建设及使用的不同阶段，工程造价存在诸多不确定性，因此，全寿命期造价管理主要是作为一种实现建设工程全寿命周期造价最小化的指导思想，指导建设工程的投资决策及设计方案的选择。

（2）全过程造价管理。全过程造价管理是指覆盖建设工程策划决策及建设实施各个阶段的造价管理，包括前期决策阶段的项目策划、投资估算、项目经济评价、项目融资方案分析；设计阶段的限额设计、方案比选、概预算编制；招投标阶段的标段划分、发承包模式及合同形式的选择、招标控制价或标底编制；施工阶段的工程计量与结算、工程变更控制、索赔管理；竣工验收阶段的结算与决算等。

（3）全要素造价管理。影响建设工程造价的因素有很多。为此，控制建设工程造价不仅仅是控制建设工程本身的建造成本，还应同时考虑工期成本、质量成本、安全与环境成本的控制，从而实现工程工期、质量、安全、环境成本的集成管理。全要素造价管理的核心是按照优先性的原则，协调和平衡工期、质量、安全、环保与成本之间的对立统一关系。

（4）全方位造价管理。建设工程造价管理不仅仅是业主或承包单位的任务，而应该是政府建设主管部门、行业协会、建设单位、设计单位、施工单位以及有关咨询机构的共同任务。尽管各方的地位、利益、角度等有所不同，但必须建立完善的协同工作机制，才能实现建设工程造价的有效控制。

1.3.2 工程造价管理的组织系统

工程造价管理的组织系统,是指为了实现工程造价管理目标而进行的有效组织活动,以及与造价管理功能相关的有机群体。它是工程造价动态的组织活动过程和相对静态的造价管理部门的统一。

为了实现工程造价管理目标而开展有效的组织活动,我国设置了多部门、多层次的工程造价管理机构,并规定了各自的管理权限和职责范围。工程造价管理组织有三个系统:

1. 政府行政管理系统

政府在工程造价管理中既是宏观管理主体,也是政府投资项目的微观管理主体。从宏观管理的角度来看,政府对工程造价管理有一个严密的组织系统,设置了多层管理机构,规定了管理权限和职责范围。

(1)国务院建设行政主管部门的造价管理机构。工程造价管理的主要职责是:

①组织制定工程造价管理有关法规、制度并组织贯彻实施。

②组织制定全国统一经济定额和制定、修订本部门经济定额。

③监督指导全国统一经济定额和本部门经济定额的实施。

④制定和负责全国工程造价咨询企业的资质标准及其资质管理工作。

⑤制定全国工程造价管理专业人员执业资格准入标准,并监督执行。

(2)国务院其他部门的工程造价管理机构,包括水利、电力、石油、石化、机械、冶金、铁路、煤炭、建材、林业、核工业、公路等行业和军队的造价管理机构,主要是修订、编制和解释相应的工程建设标准定额,有的还担负本行业大型或重点建设项目的概算审批、概算调整等职责。

(3)省、自治区、直辖市工程造价管理部门,主要职责是修编、解释当地定额、收费标准和计价制度等。此外,还有审核国家投资工程的标底、结算、处理合同纠纷等职责。

2. 行业协会管理系统

中国建设工程造价管理协会(简称中价协)是我国建设工程造价管理的行业协会,成立于1990年7月,是经中华人民共和国住房和城乡建设部(简称建设部)同意,民政部核准登记,具有法人资格的全国性社会团体,是亚太区工料测量师协会(PAQS)和国际工程造价联合会(ICEC)等相关国际组织的正式成员。在各国造价管理协会和相关学会团体的不断共同努力下,目前,联合国已将造价管理这个行业列入了国际组织的认可行业,这对于造价咨询行业的可持续发展和进一步提高造价专业人员的社会地位将起到积极的促进作用。

为了增强对各地工程造价咨询工作和造价工程师的行业管理,近几十年来,先后成立了各省、自治区、直辖市所属的地方工程造价管理协会。全国性造价管理协会与地方造价管理协会是平等、协商、相互扶持的关系,地方协会接受全国性协会的业务指导,共同促进全国工程造价行业管理水平的整体提升。

3. 企事业单位管理系统

企事业单位对工程造价的管理,属于微观管理的范畴。设计单位、工程造价咨询企业等按照业主或委托方的意图,在可行性研究和规划设计阶段合理确定和有效控制建设工程造价,通过限额设计等手段实现设定的造价管理目标;在招投标工作中编制招标文件、招标控制价,参加评标、合同谈判等工作;在项目实施阶段,通过对设计变更、工期、索赔和结算等管理进行造价控制。

设计单位、工程造价咨询企业通过在全过程造价管理中的业绩,赢得自己的信誉,提高市场竞争力。

工程承包企业的造价管理是企业自身管理的重要内容。工程承包企业设有专门的职能机构参与企业的投标决策,并通过对市场的调查研究,利用过去积累的经验,研究报价策略,提出报价;在施工过程中,进行工程造价的动态管理,注意各种调价因素的发生和工程价款的结算,避免收益的流失,以促进企业盈利目标的实现。

1.4　工程造价专业人员管理制度

1.4.1　造价工程师管理制度

1. 注册造价工程师的概念

注册造价工程师,是指通过全国造价工程师执业资格统一考试或者资格认定、资格互认,取得中华人民共和国造价工程师执业资格(以下简称执业资格),并按照有关规定注册,取得中华人民共和国造价工程师注册执业证书(以下简称注册证书)和执业印章,从事工程造价活动的专业人员。

未取得注册证书和执业印章的人员,不得以注册造价工程师的名义从事工程造价活动。造价工程师执业资格考试实行全国统一大纲、统一命题、统一组织的办法。

2. 注册造价工程师的执业范围

(1)建设项目建议书、可行性研究投资估算的编制和审核,项目经济评价,工程概、预、结算、竣工结(决)算的编制和审核。

(2)工程量清单、标底(或者控制价)、投标报价的编制和审核,工程合同价款的签订及变更、调整,工程款支付与工程索赔费用的计算。

(3)建设项目管理过程中设计方案的优化,限额设计等工程造价分析与控制,工程保险理赔的核查。

(4)工程经济纠纷的鉴定。

3. 注册造价工程师享有的权利

(1)使用注册造价工程师名称。

(2)依法独立执行工程造价业务。

(3)在本人执业活动中形成的工程造价成果文件上签字并加盖执业印章。

(4)发起设立工程造价咨询企业。

(5)保管和使用本人的注册证书和执业印章。

(6)参加继续教育。

4. 注册造价工程师应当履行的义务

(1)遵守法律、法规、有关管理规定,恪守职业道德。

(2)保证执业活动成果的质量。

(3)接受继续教育,提高执业水平。

(4)执行工程造价计价标准和计价方法。

(5)与当事人有利害关系的,应当主动回避。

(6)保守在执业中知悉的国家秘密和他人的商业、技术秘密。

注册造价工程师应当在本人承担的工程造价成果文件上签字并盖章。修改经注册造价工程师签字盖章的工程造价成果文件,应当由签字盖章的注册造价工程师本人执行;注册造价工程师本人因特殊情况不能进行修改的,应当由其他注册造价工程师修改,并签字盖章;修改工程造价成果文件的注册造价工程师对修改部分承担相应的法律责任。

5. 注册造价工程师不应当有的行为

(1)不履行注册造价工程师义务。

(2)在执业过程中,索贿、受贿或者谋取合同约定费用外的其他利益。

(3)在执业过程中实施商业贿赂。

(4)签署有虚假记载、误导性陈述的工程造价成果文件。

(5)以个人名义承接工程造价业务。

(6)允许他人以自己的名义从事工程造价业务。

(7)同时在两个或者两个以上单位执业。

(8)涂改、倒卖、出租、出借或者以其他形式非法转让注册证书或者执业印章。

(9)法律、法规、规章禁止的其他行为。

6. 注册造价工程师的监督管理

县级以上人民政府建设主管部门和其他有关部门应当依照有关法律、法规和《注册造价工程师管理办法》的规定,对注册造价工程师的注册、执业和继续教育实施监督检查。注册机关应当将造价工程师注册信息告知注册初审机关。省级注册初审机关应当将造价工程师注册信息告知本行政区域内市、县人民政府建设主管部门。

县级以上人民政府建设主管部门和其他有关部门依法履行监督检查职责时,有权采取下列措施:

(1)要求被检查人员提供注册证书。

(2)要求被检查人员所在聘用单位提供有关人员签署的工程造价成果文件及相关业务文档。

(3)就有关问题询问签署工程造价成果文件的人员。

(4)纠正违反有关法律、法规及工程造价计价标准和计价办法的行为。

注册造价工程师违法从事工程造价活动的,违法行为发生地县级以上地方人民政府建设主管部门或者其他有关部门应当依法查处,并将违法事实、处理结果告知注册机关;依法应当撤销注册的,违法行为发生地县级以上地方人民政府建设主管部门或者其他有关部门应当将违法事实、处理建议及有关材料告知注册机关。

7. 注册造价工程师的法律责任

(1)隐瞒有关情况或者提供虚假材料申请造价工程师注册的,不予受理或者不予注册,并给予警告,申请人在1年内不得再次申请造价工程师注册。

(2)聘用单位为申请人提供虚假注册材料的,由县级以上地方人民政府建设主管部门或者其他有关部门给予警告,并可处以1万元以上3万元以下的罚款。

(3)以欺骗、贿赂等不正当手段取得造价工程师注册的,由注册机关撤销其注册,3年内不得再次申请注册,并由县级以上地方人民政府建设主管部门处以罚款。其中,没有违法所得的,处以1万元以下罚款;有违法所得的,处以违法所得3倍以下且不超过3万元的罚款。

(4)未经注册而以注册造价工程师的名义从事工程造价活动的,所签署的工程造价成果文件无效,由县级以上地方人民政府建设主管部门或者其他有关部门给予警告,责令停止违法活动,并可处以 1 万元以上 3 万元以下的罚款。

(5)未办理变更注册而继续执业的,由县级以上人民政府建设主管部门或者其他有关部门责令限期改正;逾期不改的,可处以 5 000 元以下的罚款。

(6)注册造价工程师或者其聘用单位未按照要求提供造价工程师信用档案信息的,由县级以上地方人民政府建设主管部门或者其他有关部门责令限期改正;逾期未改正的,可处以 1 000 元以上 1 万元以下的罚款。

(7)注册造价工程师发生了不得有的行为,由县级以上地方人民政府建设主管部门或者其他有关部门给予警告,责令改正,没有违法所得的,处以 1 万元以下罚款,有违法所得的,处以违法所得 3 倍以下且不超过 3 万元的罚款。

1.4.2 造价员管理制度

1. 造价员的概念

建设工程造价员是指通过考试,取得《全国建设工程造价员资格证书》,并经登记注册取得从业印章,从事工程造价业务的专业人员。

资格证书和从业印章是造价员从事工程造价活动的资格证明和工作经历证明。《全国建设工程造价员资格证书》在全国范围内有效。

2. 造价员资格考试

造价员资格考试原则上每年一次,实行全国统一考试大纲、统一通用专业和考试科目,各管理机构和专业委会负责组织命题和考试。

凡遵守国家法律、法规,恪守职业道德,具备下列条件之一,可申请参加造价员资格考试:

(1)工程造价专业:中专及以上学历。

(2)其他专业:中专及以上学历,工作满一年。(具体要求以各地规定为准)。

具备下列条件之一者,可申请免试《工程造价基础知识》:

(1)工程造价专业大专及以上应届毕业生可申请免试《工程造价基础知识》。

(2)取得《全国建设工程造价员资格证书》后申请增项专业。(具体要求以各地规定为准)

3. 造价员管理

(1)造价员登记从业管理制度。各管理机构负责造价员的登记的工作。符合登记条件的,核发从业印章。取得资格证书的人员,经过登记取得从业印章后,方可以造价员的名义从业。

造价员登记的条件如下:

①取得资格证书。

②受聘于一个建设、设计、施工、工程造价咨询、招标代理、工程监理、工程咨询或工程造价管理等单位。

造价员不予登记的情形如下:

①不具有完全民事行为能力。

②申请在两个或两个以上单位从业的。

③逾期登记且未达到急需教育要求的。

④已取得注册造价工程师证书,且在有效期内的。

⑤受刑事处罚未执行完毕的。

⑥在工程造价从业活动中,受行政处罚,且行政处罚决定之日至申请登记之日不满 2 年的。

⑦以欺骗、贿赂等不正当手段获准登记被注销的,自被注销登记之日起至申请登记之日不满2年的。

⑧法律、法规规定不予登记的其他情形。

(2)从业。造价员应在本人完成的工程造价成果文件上签字、加盖从业印章,并承担相应的责任。

(3)资格管理和继续教育。中国建设工程造价管理协会统一印制资格证书,统一规定资格证书编号规则和从业印章样式。造价员的资格证书和从业印章应由本人保管、使用。资格证书原则上每4年验证一次,验证结论分为合格、不合格和注销三种。造价员应接受继续教育,每两年参加继续教育的时间累计不得少于20学时。

1.5 工程造价管理的发展

1.5.1 发达国家和地区的工程造价管理

当今,国际工程造价管理有着几种主要模式,主要包括:英国模式、美国模式、日本模式,以及继承了英国模式,又结合自身特点而形成独特工程造价管理模式的国家和地区,如新加坡、马来西亚,以及我国香港地区。

1. 英国的工程造价管理

英国是世界上最早出现工程造价咨询行业并成立相关行业协会的国家。英国的工程造价管理至今已有近400年的历史。在世界近代工程造价管理的发展史上,作为早期世界强国的英国,由于其工程造价管理发展较早,且其联邦成员国和地区分布较广,时至今日,其工程造价管理模式在世界范围内仍具有较强的影响力。

英国工程造价咨询公司在英国被称为工料测量师行业,成立的条件必须符合政府或相关行业协会的有关规定。目前,英国的行业协会负责管理工程造价专业人士,编制工程造价计量标准,发布相关造价信息及造价指标。

在英国,政府投资工程和私人投资工程分别采用不同的工程造价管理方法,但这些工程项目通常都需要聘请专业造价咨询公司进行业务合作。其中,政府投资工程是由政府有关部门负责管理,包括计划、采购、建设咨询、实施和维护,对从工程项目立项到竣工各个环节的工程造价控制都较为严格,遵循政府统一发布的价格指数,通过市场竞争,形成工程造价。目前,英国政府投资工程约占整个国家公共投资的50%左右,在工程造价业务方面要求必须委托给相应的工程造价咨询机构进行管理。英国建设主管部门的工作重点则是制定有关政策和法律,以全面规范工程造价咨询行为。

对于私人投资工程,政府通过相关的法律法规对此类工程项目的经营活动进行一定的规范和引导,只要在国家法律允许的范围内,政府一般不予干预。此外,社会上还有许多政府所属代理机构及社会团体组织,如英国皇家特许测量师学会(RICS)等协助政府部门进行行业管理,主要对咨询单位进行业务指导和管理从业人员。英国工程造价咨询行业的制度、规定和规范体系都较为完善。

英国工料测量师行业经营的内容较为广泛,涉及建设工程全寿命期造价的各个领域,主要包括:项目策划咨询、可行性研究报告编制、成本计划和控制、市场行情的趋势预测;招投标活动及施工合同管理;建筑采购、招标文件的编制;投标书的分析与评价,标后谈判,合同文件准备;工程实施阶段的成本控制,财务报表的编制及审核,合同的洽商变更;竣工工程的估价、决算,合同索赔的保护;成本重新估计;对承包商破产或被并购后的应对措施;应急合同的财务管理,后期物业管理等。

2. 美国的工程造价管理

美国拥有世界最为发达的市场经济体系。美国的建筑业也十分发达,具有投资多元化和高度现代化、智能化的建筑技术与管理的广泛应用相结合的行业特点。美国的工程造价管理是建立在高度发达的自由竞争市场经济基础之上的。

美国的建设工程也主要分为政府投资和私人投资两大类,其中,私人投资工程占到整个建筑业投资总额的60%70%。美国联邦政府没有主管建筑业的政府部门,因而也没有主管工程造价咨询业的专门政府部门,工程造价咨询业完全由行业协会管理。工程造价咨询业涉及多个行业协会,如美国土木工程师协会、总承包商协会、建筑标准协会、工程咨询业协会、国际工程造价促进会等。

美国工程造价管理具有以下特点:

(1)完全市场化的工程造价管理模式。在没有全国统一的工程量计算规则和计价依据的情况下,一方面由各级政府部门制定各自管辖的政府投资工程相应的计价标准,另一方面,承包商需要根据自身积累的经验进行报价。同时,工程造价咨询公司依据自身积累的造价数据和市场信息,协助业主和承包商对工程项目提供全过程、全方位的管理与服务。

(2)具有较完备的法律及信誉保障体系。美国工程造价管理是建立在相关的法律制度基础上的。例如:在建筑行业中对合同的管理十分严格,合同对当事人各方都具有严格的法律制约,即业主、承包商、分包商、提供咨询服务的第三方之间,都必须采用合同的方式开展业务,严格履行相应的权利和义务。

同时,美国的工程造价咨询企业自身具有较为完备的合同管理体系和完善的企业信誉管理平台。各个企业视自身的业绩和荣誉为企业长期发展的重要条件。

(3)具有较成熟的社会化管理体系。美国的工程造价咨询业主要依靠政府和行业协会的共同管理与监督,实行"小政府、大社会"的行业管理模式。美国的相关政府管理机构对整个行业的发展进行宏观调控,更多的具体管理工作主要依靠行业协会,由行业协会更多地承担对专业人员和法人团体的监督和管理职能。

(4)拥有现代化管理手段。当今的工程造价管理工作均需采用先进的计算机技术和现代化网络信息技术。在美国,信息技术的广泛应用,不但大大提高了工程项目参与各方之间的沟通、文件传递等的工作效率,也可及时、准确地提供市场信息,同时也使工程造价咨询公司收集、整理和分析各种复杂、繁多的工程项目数据成为可能。

3. 日本的工程造价管理

在日本,工程积算制度是日本工程造价管理所采用的主要模式。工程造价咨询行业由日本政府建设主管部门和日本建筑积算协会统一进行业务管理和行业指导。其中,政府建设主管部门负责制定发布工程造价政策、相关法律法规、管理办法,对工程造价咨询业的发展进行宏观调控。

日本建筑积算协会作为全国工程造价咨询的主要行业协会,其主要的服务范围是:推进工程造价管理的研究;工程量计算标准的编制;建筑成本等相关信息的收集、整理与发布;专业人员的业务培训及个人执业资格准入制度的制定与具体执行等。

工程造价咨询公司在日本被称为工程积算所,主要由建筑积算师组成。日本的工程积算所一般对委托方提供以工程造价管理为核心的全方位、全过程的工程咨询服务,其主要业务范围包括:工程项目的可行性研究报告、投资估算、工程量计算、单价调查、工程造价细算、标底价编制与审核、招标代理、合同谈判、变更成本积算、工程造价后期控制与评估等。

1.5.2　发达国家和地区工程造价管理的特点

1. 政府的间接调控

发达国家一般按投资来源不同,将项目划分为政府投资项目和私人投资项目。政府对不同类别的项目实行不同力度和深度的管理,重点是控制政府投资工程。

如英国,对政府投资工程采取集中管理的办法,按政府的有关面积标准、造价指标,在核定的投资范围内进行方案设计、施工设计,实施目标控制,不得突破。如遇非正常因素,宁可在保证使用功能的前提下降低标准,也要将造价控制在额度范围内。美国对政府投资工程则采用两种方式:一是由政府设专门机构对工程进行直接管理,美国各地方政府都设有相应的管理机构,如纽约市政府的综合开发部(DGS)、华盛顿政府的综合开发局(GSA)等都是代表各级政府专门负责管理建设工程的机构;二是通过公开招标委托承包商进行管理,美国法律规定,所有的政府投资工程都要进行公开招标,特定情况下(涉及国防、军事机密等)可邀请招标和议标,但对项目的审批权限、技术标准(规范)、价格、指数都需要明确规定,确保项目资金不突破审批的金额。

发达国家对私人投资工程只进行政策引导和信息指导,而不干预其具体实施过程,体现政府对造价的宏观管理和间接调控。如美国政府有一套完整的项目或产品目录,明确规定私人投资者的投资领域,并采取经济杠杆,通过价格、税收、利率、信息指导、城市规划等来引导和约束私人投资方向和区域分布。政府通过定期发布信息资料,使私人投资者了解市场状况,尽可能使投资项目符合经济发展的需要。

2. 有章可循的计价依据

费用标准、工程量计算规则、经验数据是发达国家和地区计算和控制工程造价的主要依据。如美国,联邦政府和地方政府没有统一的工程造价计价依据和标准,一般根据积累的工程造价资料,并参考各工程咨询公司有关造价的资料,对各自管辖的政府工程制定相应的计价标准,作为工程费用估算的依据。通过定期发布工程造价指南进行宏观调控与干预。有关工程造价的工程量计算规则、指标、费用标准等,一般是由各专业协会、大型工程咨询公司制定。各地的工程咨询机构,根据本地区的具体特点,制定单位建筑面积的消耗量和基价,作为所管辖项目造价估算的标准。

英国也没有类似我国的定额体系,工程量的测算方法和标准都是由专业学会或协会负责。因此,由英国皇家特许测量师学会(RICS)组织制定的《建筑工程工程量计算规则》(SMM)作为工程量计算规则,是参与工程建设各方共同遵守的计量、计价的基本规则,在英国及英联邦国家被广泛应用与借鉴。此外,英国土木工程师学会(ICE)还编制有适用于大型或复杂工程项目的《土木工程工程量标准计算规则》(CESMM)。英国政府投资工程从确定投资和控制工程项目规模及计价的需要出发,各部门均需制定并经财政部门认可的各种建设标准和造价指标,这些标准和指标均作为各部门向国家申报投资、控制规划设计、确定工程项目规模和投资的基础,也是审批立项、确定规模和造价限额的依据。英国十分重视已完工程数据资料的积累和数据库的建设。每个皇家特许测量师学会会员都有责任和义务将自己经办的已完工程的数据资料,按照规定的格式认真填报,收入学会数据库,同时也取得利用数据库资料的权利。计算机实行全国联网,所有会员资料共享,这不仅为测算各类工程的造价指数提供了基础,同时也为分析暂时没有设计图纸及资料的工程造价数据提供了参考。在英国,对工程造价的调整及价格指数的测定、发布等有一整套比较科学、严密的办法,政府部门要发布《工程调整规定》和《价格指数说明》等文件。

3. 多渠道的工程造价信息

发达国家和地区都十分重视对各方面造价信息的及时收集、筛选、整理以及加工工作。这是因为造价信息是建筑产品估价和结算的重要依据,是建筑市场价格变化的指示灯。从某种角度讲,及时、准确地捕捉建筑市场价格信息是业主和承包商能否保持竞争优势和取得盈利的关键因素之一。如在美国,建筑造价指数一般由一些咨询机构和新闻媒介来编制,在多种造价信息来源中,工程新闻纪录(Engineering News Record,ENR)造价指标是比较重要的一种。编制 ENR 造价指标的目的是为了准确地预测建筑价格,确定工程造价。它是一个加权总指数,由构件钢材、波特兰水泥、木材和普通劳动力 4 种个体指数组成。ENR 共编制 2 种造价指数,一是建筑造价指数,二是房屋造价指数。这 2 个指数在计算方法上基本相同,区别仅体现在计算总指数中的劳动力要素不同。ENR 指数资料来源于 20 个美国城市和 2 个加拿大城市,ENR 在这些城市中派有信息员,专门负责收集价格资料和信息。ENR 总部则将这些信息员收集到的价格信息和数据汇总,并在每个星期四计算并发布最近的造价指数。

4. 造价工程师的动态估价

在英国,业主对工程的估价一般要委托工料测量师行业来完成。测量师行业的估价大体上是按比较法和系数法进行。经过长期的估价实践,他们都拥有极为丰富的工程造价实例资料,甚至建立了工程造价数据库,对于标书中所列的每一项目价格的确定都有自己的标准。在估价时,工料测量师行业将不同设计阶段提供的拟建工程项目资料与以往同类工程项目对比,结合当前建筑市场行情,确定项目单价。对于未能计算的项目(或没有对比对象的项目),则以其他建筑物的造价分析得来的资料补充。承包商在投标时的估价一般要凭自己的经验来完成,往往把投标工程划分为各分部工程,根据本企业定额计算出所需人工、材料、机械等的耗用量,而人工单价主要根据各劳务分包商的报价,材料单价主要根据各材料供应商的报价加以比较确定,承包商根据建筑市场供求情况随行就市,自行确定管理费率,最后做出体现当时当地实际价格的工程报价。总之,工程任何一方的估价,都是以市场状况为重要依据,是完全意义的动态估价。

在美国,工程造价的估算主要由设计部门或专业估价公司来承担,造价工程师(Cost Engineer)在具体编制工程造价估算时,除了考虑工程项目本身的特征因素(如项目拟采用的独特工艺和新技术、项目管理方式、现有场地条件以及资源获得的难易程度等)外,一般还对项目进行较为详细的风险分析,以确定适度的预备费。但确定工程预备费的比例并不固定,随项目风险程度的大小而确定不同的比例。造价工程师通过掌握不同的预备费率来调节造价估算的总体水平。

美国工程造价估算中的人工费由基本工资和附加工资两部分组成。其中,附加工资项目包括管理费、保险金、劳动保护金、退休金、税金等。材料费和机械使用费均以现行的市场行情或市场租赁价作为造价估算的基础,并在人工费、材料费和机械使用费总额的基础上按照一定的比例(一般为10%左右)再计提管理费和利润。

5.通用的合同文本

合同在工程造价管理中有着重要的地位,发达国家和地区都将严格按合同规定办事作为一项通用的准则来执行,并且有的国家还执行通用的合同文本。在英国,其建设工程合同制度已有几百年的历史,有着丰富的内容和庞大的体系。澳大利亚、新加坡和我国香港地区的建设工程合同制度都始于英国,著名的国际咨询工程师联合会(FIDIC)合同文件,也以英国的合同文件作为母体。英国有着一套完整的建设工程标准合同体系,包括JCT合同体系、咨询顾问建筑师协会(ACA)合同体系、土木工程师学会(ICE)合同体系、皇家政府合同体系。JCT是英国的主要合同体系之一,主要通用于房屋建筑工程。JCT合同体系本身又是一个系统的合同文件体系,它针对房屋建筑中不同的工程规模、性质、建造条件,提供各种不同的文本,供业主在发包、采购时选择。

美国建筑师学会(AIA)的合同条件体系更为庞大,分为A、B、C、D、F、G系列。其中,A系列是关于发包人与承包人之间的合同文件;B系列是关于发包人与提供专业服务的建筑师之间的合同文件;C系列是关于建筑师与提供专业服务的顾问之间的合同文件;D系列是建筑师行业所用的文件;F系列是财务管理表格;G系列是合同和办公管理表格。AIA系列合同条件的核心是"通用条件"。采用不同的计价方式时,只需选用不同的"协议书格式"与"通用条件"结合。AIA合同条件主要有总价、成本补偿及最高限定价格等计价方式。

6.重视实施过程中的造价控制

国外对工程造价的管理是以市场为中心的动态控制。造价工程师能对造价计划执行中所出现的问题及时分析研究,及时采取纠正措施,这种强调项目实施过程中的造价管理的做法,体现了造价控制的动态性,并且重视造价管理所具有的随环境、工作的进行以及价格等变化而调整造价控制标准和控制方法的动态特征。

以美国为例,造价工程师十分重视工程项目具体实施过程中的控制和管理,对工程预算执行情况的检查和分析工作做得非常细致,对于建设工程的各分部分项工程都有详细的成本计划,美国的建筑承包商是以各分部分项工程的成本详细计划为依据来检查工程造价计划的执行情况。对于工程实施阶段实际成本与计划目标出现偏差的工程项目,首先按照一定标准筛选成本差异,然后进行重要成本差异分析,并填写成本差异分析报告表,由此反映出造成此项差异的原因、此项成本差异对项目其他成本项目的影响、拟采取的纠正措施以及实施这些措施的时间、负责人及所需条件等。对于采取措施的成本项目,每月还应跟踪检查采取措施后费用的变化情况。若采取的措施不能消除成本差异,则需重新进行此项成本差异的分析,再提出新的纠正措施,如果仍不奏效,造价控制项目经理则有必要重新审定项目的竣工结算。

美国一些大型工程公司十分重视工程变更的管理工作,建立了较为完善的工程变更管理制度,可随时根据各种变化情况提出变更,修改估算造价。美国工程造价的动态控制还体现在造价信息的反馈系统。各工程公司十分注意收集在造价管理各个阶段中的造价资料,并把向有关部门提出造价信息资料视为一种应尽的义务,不仅注意收集造价资料,也派出调查员实地调查。这种造价控制反馈系统使动态控制以事实为依据,保证了造价管理的科学性。

1.5.3　我国工程造价管理的发展

中华人民共和国成立后,我国参照苏联的工程建设管理经验,逐步建立了一套与计划经济体制相适应的定额管理体系,并陆续颁布了多项规章制度和定额,在国民经济的复苏与发展中起到了十分重要的作用。改革开放以来,我国工程造价管理进入黄金发展期,工程计价依据和方法不断改革,工程造价管理体系不断完善,工程造价咨询行业得到快速发展。近年来,我国工程造价管理呈现出国际化、信息化和专业化发展趋势。

1. 工程造价管理的国际化

随着中国经济日益融入全球资本市场,在我的外资和跨国工程项目不断增多,这些工程项目大都需要通过国际招标、咨询等方式运作。同时,我国政府和企业在海外投资和经营的工程项目也在不断增加。国内市场国际化,国内外市场的全面融合,使我国工程造价管理的国际化成为一种趋势。境外工程造价咨询机构在长期的市场竞争中已形成自己独特的核心竞争力,在资本、技术、管理、人才、服务等方面均占一定优势。面对日益严峻的市场竞争,我国工程造价咨询企业应以市场为导向,转换经营模式,增强应变能力,在竞争中求生存,在拼搏中求发展,在未来激烈的市场竞争中取得主动。

2. 工程造价管理的信息化

我国工程造价领域的信息化是从20世纪80年代末期伴随着定额管理,推广应用工程造价管理软件开始的。进入20世纪90年代中期,伴随着计算机和互联网技术的普及,全国性的工程造价管理信息化已成为必然趋势。近年来,尽管全国各地及各专业工程造价管理机构逐步建立了工程造价信息平台,工程造价咨询企业也大多拥有专业的计算机系统和工程造价管理软件,但仍停留在工程量计算、汇总及工程造价的初步统计分析阶段。从整个工程造价行业看,还未建立统一规划、统一编码的工程造价信息资源共享平台;从工程造价咨询企业层面看,工程造价管理的数据库、知识库尚未建立和完善。目前,发达国家和地区的工程造价管理已大量运用计算机网络和信息技术,实现工程造价管理的网络化、虚拟化。特别是建筑信息模型(Building Information Modeling,BIM)技术的推广应用,必将推动工程造价管理的信息化发展。

3. 工程造价管理的专业化

经过长期的市场细分和行业分化,未来工程造价咨询企业应向更加适合自身特长的专业方向发展。作为服务型的第三产业,工程造价咨询企业应避免走大而全的规模化,而应朝着集约化和专业化模式发展。企业专业化的优势在于:经验较为丰富,人员精干,服务更加专业,更有利于保证工程项目的咨询质量,防范专业风险能力较强。在企业专业化的同时,对于日益复杂、涉及专业较多的工程项目而言,势必引发和增强企业之间尤其是不同专业的企业之间的强强联手和相互配合。同时,不同企业之间的优势互补、相互合作,也将给目前的大多数实行公司制的工程造价咨询企业在经营模式方面带来转变,即企业将进一步朝着合伙制的经营模式自我完善和发展。鼓励及加速实现我国工程造价咨询企业合伙制经营,是提高企业竞争力的有效手段,也是我国未来工程造价咨询企业的主要组织模式。合伙制企业因对其组织方面具有强有力的风险约束性,能够促使其不断强化风险意识,提高咨询质量,保持较高的职业道德水平,自觉维护自身信誉。正因如此,在完善的工程保险制度下的合伙制也是目前发达国家和地区工程造价咨询企业所采用的典型经营模式。

4. 我国香港地区的工程造价管理

我国香港地区的工程造价管理模式是沿袭英国的做法,但在管理主体、具体计量规则的制定,工料测量事务所和专业人士的执业范围和深度等方面,都根据自身特点进行了适当调整,使之更适合香港地区工程造价管理的实际需要。

在香港,专业保险在工程造价管理中得到了较好应用。一般情况下,由于工料测量师事务所受雇于业主,在收取一定比例咨询服务费的同时,要对工程造价控制负有较大责任。因此,工料测量师事务所在接受委托,特别是控制工期较长、难度较大的项目造价时,都需购买专业保险,以防工作失误时因对业主进行赔偿后而破产。可以说,工程保险的引入,一方面加强了工料测量师事务所防范风险和抵抗风险的能力,也为我国香港工程造价业务向国际市场开拓提供了有力保障。

从20世纪60年代开始,香港的工料测量师事务所已发展为可对工程建设全过程进行成本控制,并影响建筑设计事务所和承包商的专业服务类公司,在工程建设过程中扮演着越来越重要的角色。政府对工料测量师事务所合伙人有严格要求,要求公司的合伙人必须具有较高的专业知识和技能,并获得相关专业学会颁发的注册测量师执业资格,否则,领不到公司营业执照,无法开业经营。香港的工料测量师以自己的实力、专业知识、服务质量在社会上赢得声誉,以公正、中立的身份从事各种服务。

我国香港地区的专业学会是在众多测量师事务所、专业人士之间相互联系和沟通的纽带。这种学会在保护行业利益和推行政府决策方面起着重要作用,同时,学会与政府之间也保持着密切联系。学会内部相互监督、相互协调、互通情报,强调职业道德和经营作风。学会对工程造价起着指导和间接管理的作用,甚至也充当工程造价纠纷仲裁机构,如:当承发包双方不能相互协调或对工料测量师事务所的计价有异议时,可以向学会提出仲裁申请。

本 章 小 结

建设工程项目是指建设领域中的项目,即为完成依法立项的新建、扩建、改建等各类工程而进行的、有起止日期的、达到规定要求的一组相互关联的受控活动组成的特定过程,包括策划、勘察、设计、采购、施工、试运行、竣工验收和考核评价等,简称建设项目。建设工程项目具有建设目标的明确性、建设项目的综合性、建设过程的程序性、建设项目的一次性、建设项目的风险性等5个基本特征。

建设工程项目的构成层次可分为单项工程、单位工程、分部工程、分项工程。

一般政府投资项目从计划建设到建成投产,一般要经过建设决策、建设实施和交付使用3个阶段。其主要步骤是:①项目建议书阶段(包括立项评估);②可行性研究阶段(包括可行性研究报告评估);③设计阶段;④开工准备阶段;⑤施工阶段;⑥竣工验收阶段;⑦后评价阶段。

工程造价通常是指建设工程的建造价格。在市场经济条件下,由于所站的角度不同,工程造价的含义也不同。第1种含义:从投资者(业主)的角度而言,工程造价是指建设一项工程预期开支或实际开支的全部固定资产投资费用,包括设备及工器具购置费、建筑安装工程费用、工程建设其他费用、预备费、建设期贷款利息和固定资产投资方向调节税。第2种含义:从市场的角度来定义,工程造价是指工程价格,即为建成一项工程,预计或实际在土地市场、设备市场、技术劳务市场以及承包市场等交易活动中所形成的建筑安装工程的价格和建设项目的总价格。

工程造价具有大额性、个别性、差异性、动态性、层次性、兼容性等特点。

由于工程造价的以上特点,使工程造价计价具有单件性计价、多次性计价、计价依据的复杂性、组合性计价、方法的多样性等计价特征。

工程造价管理是指综合运用管理学、经济学和工程技术等方面的知识与技能,对工程造价进行预测、计划、控制、核算等的过程。工程造价管理既涵盖了宏观层次的工程建设投资管理，也涵盖了微观层次的工程项目费用管理。

建设工程全面造价管理是指有效地利用专业知识与技术，对资源、成本、盈利和风险进行筹划和控制。建设工程全面造价管理包括全寿命周期造价管理、全过程造价管理、全要素造价管理和全方位造价管理。

工程造价咨询是指工程造价咨询机构面向社会接受委托，承担建设工程项目可行性研究、投资估算、项目经济评价、工程概算、预算、结算、竣工决算、工程招标标底、招标控制价的编制和审核，对工程造价进行监控，以及提供有关工程造价信息资料等业务工作。

工程造价咨询企业是指接受委托，对建设项目的工程造价的确定与控制提供专业服务，出具工程造价成果文件的中介组织或咨询服务机构。

注册造价工程师是指通过全国造价工程师执业资格统一考试或者资格认定、资格互认，取得中华人民共和国造价工程师执业资格(以下简称执业资格)，并按照有关规定注册，取得中华人民共和国造价工程师注册执业证书(以下简称注册证书)和执业印章，从事工程造价活动的专业人员。

全国建设工程造价员是指通过造价员资格考试，取得《全国建设工程造价员资格证书》，并经登记注册取得从业印章，从事工程造价活动的专业人员。

发达国家和地区工程造价管理的特点主要体现在：政府的间接调控，有章可循的计价依据，多渠道的工程造价信息、造价工程师的动态估价，通用的合同文本，重视实施过程中的造价控制。

我国的工程造价管理进入黄金发展期，工程计价依据和方法不断改革，工程造价管理体系不断完善，工程造价咨询行业得到快速发展。近年来，我国工程造价管理呈现出国际化、信息化和专业化发展趋势。

 本章习题

一、名词解释

建设项目总投资　　　工程造价　　工程造价管理　　造价工程师

二、简答题

1. 简述工程造价的概念。

2. 简述工程造价的特点。

3. 简述工程造价的计价特征。

4. 简述工程造价管理的基本内容。

5. 简述我国工程造价管理的发展。

三、单项选择题

1. 从业主的角度，工程造价是指(　　　)。

　A. 工程的全部固定资产投资费用　　　　　B. 工程合同价格

　C. 工程承包价格　　　　　　　　　　　　D. 工程承发包价格

2. 工程造价的个别性差异是由产品的(　　　)决定的。

　A. 差异性　　　　　B. 特殊性　　　　　C. 价值　　　　　D. 价格

3. 在建设工程招投标阶段确定的工程价格是指(　　)。

   A. 预算造价   B. 合同价   C. 实际造价   D. 结算价

4. 静态投资是以某一基准年、月的建设要素的价格为依据所计算出的建设项目投资的瞬时值,下列费用中属于静态投资的是(　　)。

   A. 因工程量误差引起的费用增加   B. 涨价预备费

   C. 投资方向调节税   D. 建设期贷款利息

5. 概算造价是指在(　　)阶段,通过编制工程概算文件预先测算和限定的工程造价。

   A. 项目建设书和可行性研究   B. 初步设计

   C. 技术设计   D. 施工图设计

6. 某钢铁厂的焦化车间属于(　　)。

   A. 建设项目   B. 单项工程   C. 单位工程   D. 分部工程

7. 建设项目总造价是项目总投资中的(　　)。

   A. 固定资产投资总额   B. 静态投资总额

   C. 流动资产投资总额   D. 动态投资总额

8. 关于工程造价咨询服务,下列说法错误的是(　　)。

   A. 可接受委托,承担建设项目可行性研究投资估算的编制和审核

   B. 可接受委托,编制和审核工程招标标底

   C. 可接受委托,仲裁工程造价纠纷

   D. 可接受委托,进行投标报价的编制和审核

9. 建设工程造价有两种含义,从业主和承包商的角度可以分别理解为(　　)。

   A. 建设工程固定资产投资和建设工程承发包价格

   B. 建设工程总投资和建设工程承发包价格

   C. 建设工程总投资和建设工程固定资产投资

   D. 建设工程动态投资和建设工程静态投资

10. 我国建设工程造价管理组织包含三大系统,该三大系统是指(　　)。

   A. 国家行政管理系统、部门行政管理系统和地方行政管理系统

   B. 国家行政管理系统、行业协会管理系统和地方行政管理系统

   C. 行业协会管理系统、地方行政管理系统和企事业机构管理系统

   D. 政府行政管理系统、企事业机构管理系统和行业协会管理系统

11. 根据《注册造价工程师管理办法》的规定,下列工作中属于造价工程师执业范围的是(　　)。

   A. 工程经济纠纷的调整和仲裁   B. 工程造价计价依据的审核

   C. 工程投资估算的审核与批准   D. 工程概算的审核与批准

12. 下列关于工程建设静态投资或动态投资的表述中,正确的是(　　)。

   A. 静态投资中包括价差预备费

   B. 静态投资中包括固定资产投资方向调节税

   C. 动态投资中包括建设期贷款利息

   D. 动态投资是静态投资的计算基础

第2章　工程造价的构成

 本章提要

为了对工程项目进行计价,首先必须掌握我国现行的工程造价构成,对工程项目需要花费的费用有一个准确把握。本章主要介绍了我国现行工程造价构成中的设备及工器具购置费、建筑安装工程费、工程建设其他费用、预备费、建设期贷款利息和固定资产投资方向调节税(暂停征收)等6大项费用的构成和基本计算方法。

 学习目标

通过本章的学习,要求掌握我国现行建设项目总投资的构成;掌握设备及工器具购置费的构成及计算方法;掌握建筑安装工程费的构成及计算方法;熟悉工程建设其他费用的构成及计算方法;掌握预备费、建设期贷款利息和固定资产投资方向调节税的计算方法。

框架结构

2.1 建设项目总投资的构成

2.1.1 我国现行建设项目总投资的构成

建设项目总投资是指投资主体为了特定的目的,以达到预期收益,从工程筹建开始到项目全部竣工投产为止所发生的全部资金投入。生产性建设项目总投资包括固定资产投资和流动资产投资;非生产性建设项目总投资只包括固定资产投资。其中,建设投资、建设期利息和固定资产投资方向调节税之和对应于固定资产投资,固定资产投资与建设项目的工程造价在量上相等。工程造价基本构成包括用于购买工程项目所含各种设备的费用,用于建筑施工和安装施工所需支出的费用,用于委托工程勘察设计应支付的费用,用于购置土地所需的费用,也包括用于建设单位自身进行项目筹建和项目管理所花费的费用等。总之,工程造价是按照确定的建设内容、建设规模、建设标准、功能要求和使用要求等将工程项目全部建成,在建设期预计或实际支出的建设费用。

工程造价中的主要构成部分是建设投资,建设投资是为完成工程项目建设,在建设期内投入且形成现金流出的全部费用。根据国家发展和改革委员会和原建设部发布的《建设项目经济评价方法与参数(第三版)》(发改投资[2006]1325号)的规定,建设投资包括工程费用、工程建设其他费用和预备费三部分。工程费用是指建设期内直接用于工程建造、设备购置及其安装的建设投资,可以分为建筑安装工程费和设备及工器具购置费;工程建设其他费用是指建设期发生的与土地使用权取得、整个工程项目建设以及未来生产经营有关的构成建设投资,但不包括在工程费用中的费用;预备费是在建设期内为各种不可预见因素的变化而预留的可能增加的费用,包括基本预备费和价差预备费。按照是否考虑资金的时间价值,建设投资可分为静态投资部分和动态投资部分,静态投资部分由建筑工程费、安装工程费、设备及工器具购置费、工程建设其他费用、预备费的基本预备费构成;动态投资部分由预备费的价差预备费、建设期贷款利息和固定资产投资方向调节税构成。

上述建设项目总投资的构成仅仅适用于基本建设新建和改扩建项目,在编制、评审和管理建设项目可行性研究投资估算和初步设计概算投资时,作为计价的依据;不适用于外商投资项目。在具体应用时,要根据项目的具体情况列支实际发生的费用,本项目没有发生的费用不得列支。

我国现行建设项目总投资的构成,如图 2.1 所示。

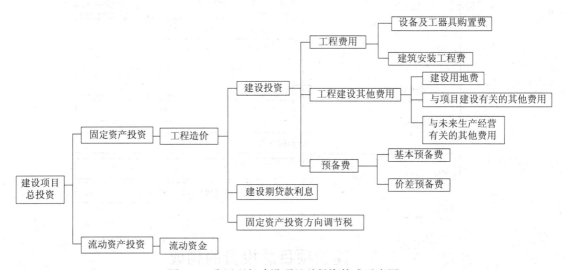

图 2.1　我国现行建设项目总投资构成示意图

需要说明的是,图 2.1 所列示的建设项目总投资主要是指在项目可行性研究阶段用于财务分析时的总投资构成,在"项目报批总投资"或"项目概算总投资"中只包括铺底流动资金,其金额为流动资金总额的 30%。

【例 2.1】某建设项目建筑工程费 2 000 万元,安装工程费 700 万元,设备购置费 1 100 万元,工程建设其他费 450 万元,预备费 180 万元,建设期贷款利息 120 万元,流动资金 500 万元,则该项目的工程造价为(C)万元。

　　A. 4 250　　　　　　　B. 4 430　　　　　　　C. 4 550　　　　　　　D. 5 050

2.1.2　世界银行工程造价的构成

世界银行集团共包括 5 个成员组织:国际复兴开发银行、国际开发协会、国际金融公司、国际投资争端解决中心和多边投资担保机构。"世界银行"是国际复兴开发银行和国际开发协会的统称。

我国是世界银行的创始成员国之一。1980 年以来,我国一直与世界银行在经济调研、项目贷款、技术援助等 3 个领域进行着富有成效的合作,贷款合作是我国与世界银行合作的核心内容。

1978 年,世界银行、国际咨询工程师联合会对项目的总建设成本(相当于我国的工程造价)做了统一规定,其构成如图 2.2 所示。

图 2.2　世界银行工程造价构成示意图

1. 项目直接建设成本

(1)土地征购费(具体见 2.4 节)。

(2)场外设施费用,如道路、码头、桥梁、机场、输电线路等设施费用。

(3)场地费用,指用于场地准备、厂区道路、铁路、围栏、场内设施等的建设费用。

(4)工艺设备费,指主要设备、辅助设备及零配件的购置费用,包括海运包装费用、交货港离岸价,但不包括税金。

(5)设备安装费,指设备供应商的监理费用,本国劳务及工资费用,辅助材料、施工设备、消耗品和工具等费用,以及安装承包商的管理费和利润等。

(6)管道系统费用,指与系统的材料及劳务相关的全部费用。

(7)电气设备费,其内容与第(4)项相似。

(8)电气安装费,指设备供应商的监理费用,本国劳务与工资费用,辅助材料、电缆、管道和工具费用,以及营造承包商的管理费和利润。

(9)仪器仪表费,指所有自动仪表、控制板、配线和辅助材料的费用以及供应商的监理费用、外国或本国劳务及工资费用、承包商的管理费和利润。

(10)机械的绝缘和油漆费,指与机械及管道的绝缘和油漆相关的全部费用。

(11)工艺建筑费,指原材料、劳务费以及与基础、建筑结构、屋顶、内外装修、公共设施有关的全部费用。

(12)服务性建筑费用,其内容与第(11)项相似。

(13)工厂普通公共设施费,包括材料和劳务费以及与供水、燃料供应、通风、蒸汽发生及分配、下水道、污物处理等公共设施有关的费用。

(14)车辆费,指工艺操作必需的机动设备零件费用,包括海运包装费用以及交货港的离岸价,但不包括税金。

(15)其他当地费用,指那些不能归类于以上任何一个项目,不能计入项目的间接成本,但在建设期间又是必不可少的当地费用。如临时设备、临时公共设施及场地的维持费,营地设施及其管理,建筑保险和债券,杂项开支等费用。

2. 项目间接建设成本

项目间接建设成本主要包括项目管理费、开工试车费、业主的行政性费用、生产前费用、运费和保险费、地方税等不直接由施工的工艺过程所引起的费用。

(1)项目管理费。

①总部人员的薪金和福利费,以及用于初步和详细工程设计、采购、时间和成本控制、行政和其他一般管理的费用。

②施工管理现场人员的薪金、福利费和用于施工现场监督、质量保证、现场采购、时间及成本控制、行政及其他施工管理机构的费用。

③零星杂项费用,如返工、旅行、生活津贴、业务支出等。

④各种酬金。

(2)开工试车费,指工厂投料试车必需的劳务和材料费用。

(3)业主的行政性费用,指业主的项目管理人员费用及支出。

(4)生产前费用,指前期研究、勘测、建矿、采矿等费用。

(5)运费和保险费,指海运、国内运输、许可证及佣金、海洋保险、综合保险等费用。

(6)地方税,指由一国地方政府征收、管理和支配的一类税收。

3. 应急费

应急费由未明确项目的准备金和不可预见的准备金构成。未明确项目的准备金是用来支付那些几乎可以肯定要发生的费用,是估算不可少的一个组成部分。不可预见的准备金只是一种储备,可能不动用。

(1)未明确项目的准备金。此项准备金用于在估算时不可能明确的潜在项目,包括那些在做成本估算时因为缺乏完整、准确和详细的资料而不能完全预见和不能注明的项目,并且这些项目是必须完成的,或它们的费用是必定要发生的。它是估算不可缺少的一个组成部分。

(2)不可预见的准备金。此项准备金(在未明确项目准备金之外)用于在估算达到了一定的完整性并符合技术标准的基础上,由于物质、社会和经济的变化,导致估算增加的情况。此种情况可能发生,也可能不发生。因此,不可预见准备金只是一种储备,可能不动用。

4. 建设成本上升费

通常,估算中使用的构成工资率、材料和设备价格基础的截止日期就是"估算日期",必须对该日期或已知成本基础进行调整,以补偿直至工程结束时的未知价格增长。当工程的各个主要组成部分的细目划分决定以后,便可确定每一个主要组成部分的增长率。这个增长率是一项判断因素,它以已发表的国内和国际成本指数、公司记录等为依据,并与实际供应商进行核对,然后根据确定的增长率和从工程进度表中获得的每项活动的中点值,计算出每项主要组成部分的成本上升值。

2.2 设备及工器具购置费

设备及工器具购置费是指按照项目设计文件的要求,建设单位(或其委托单位)购置或自制的达到固定资产标准的设备和新建、扩建项目配置的首套工器具及生产家具所需的费用,由设备购置费和工具、器具及生产家具购置费组成。在生产性工程建设项目中,设备及工器具购置费占固定资产投资比重越大,越意味着生产技术的进步和资本有机构成的提高,它是固定资产投资中的积极部分。目前,在工业建设项目中,设备、工器具费用约占建设项目总投资的50%,并有逐步增加的趋势,因此,正确计算该费用,对于资金的合理使用和投资效果分析具有十分重要的意义。

2.2.1 设备购置费

设备购置费是指为项目建设、项目购置或自制的达到固定资产标准的各种国产或进口设备、工器具的费用。固定资产是指企业使用期限超过1年的房屋、建筑物、机器、机械、运输工具以及其他与生产、经营有关的设备、器具、工具等。不属于生产经营主要设备的物品,单位价值在2 000元以上,并且使用年限超过2年的,也应当作为固定资产。新建项目和扩建项目的新建车间购置或自制的全部设备、工具、器具,不论是否达到固定资产标准,均计入设备购置费中。

1. 设备购置费的构成

设备购置费由设备原价和设备运杂费构成,计算公式为

$$设备购置费=设备原价+设备运杂费 \tag{2.1}$$

对于设备原价的构成与计算,由于设备来源渠道不同而不同。设备按照来源渠道可分为国产设备和进口设备,如图2.3所示。

图 2.3 设备类别示意图

2. 国产标准设备原价的构成与计算

国产标准设备是指按照主管部门颁布的标准图纸和技术要求,由我国设备生产厂批量生产的,符合国家质量检测标准的设备。

国产标准设备的原价一般是以设备制造厂的交货价,即出厂价为设备原价。如果设备是由设备公司成套提供,则以订货合同价为设备原价。国产标准设备原价有两种,即带有备件的原价和不带有备件的原价。在计算时,一般采用带有备件的原价。国产标准设备一般有完善的设备交易市场,因此可通过查询相关交易市场价格或向设备生产厂家询价得到国产标准设备原价。

3. 国产非标准设备原价的构成与计算

国产非标准设备是指国家尚无定型标准,各设备生产厂不可能在工艺过程中采用批量生产,只能按订货要求并根据具体的设计图纸制造的设备。

非标准设备由于单件生产、无定型标准,所以无法获取市场交易价格,只能按其成本构成或相关技术参数估算其价格。国产非标准设备原价的计算有多种不同的方法,如成本计算估价法、定额估价法、系列设备插入估价法、分部组合估价法等。但不论采用哪种方法都应使非标准设备计价接近实际出厂价,并且计算方法要简便。按照成本计算估价法,国产非标准设备原价的计算可按下面的公式计算:

$$材料费=材料净重×(1+加工损耗系数)×每吨材料综合价 \tag{2.2}$$

$$加工费=设备总重量(吨)×设备每吨加工费 \tag{2.3}$$

$$辅助材料费=设备总重量×辅助材料费指标 \tag{2.4}$$

$$专用工具费=(材料费+加工费+辅助材料费)×一定的费率 \tag{2.5}$$

$$废品损失费=(材料费+加工费+辅助材料费+专用工具费)×一定的费率 \tag{2.6}$$

外购配套件费,按照设备设计图纸所列的外购配套件的名称、型号、规格、数量、重量,根据相应的价格加上运杂费计算。计算公式如下:

$$包装费 = \left(材料费 + 加工费 + \frac{辅助}{材料费} + \frac{专用}{工具费} + \frac{废品}{损失费} + \frac{外购}{配套件费}\right) \times 一定的费率 \quad (2.7)$$

$$利润 = \left(材料费 + 加工费 + \frac{辅助}{材料费} + \frac{专用}{工具费} + \frac{废品}{损失费} + 包装费\right) \times 利润率 \quad (2.8)$$

$$增值税 = 当期销项税额 - 进项税额$$
$$= 销售额 \times 适用增值税税率 - 进项税额 \quad (2.9)$$

其中销售额为材料费、加工费、辅助材料费、专用工具费、废品损失费、外购配套件费、包装费、利润之和。

非标准设备设计费,按照国家规定的设计费收费标准计算。

综上所述,单台非标准设备原价的计算公式为

$$\frac{单台非标准}{设备原价} = \left[\left(材料费 + 加工费 + \frac{辅助}{材料费}\right) \times \left(1 + \frac{专用}{工具费率}\right) \times \left(1 + \frac{废品}{损失率}\right) + \frac{外购}{配套件费}\right] \times$$
$$(1 + 包装费率) - \frac{外购}{配套件费} \times (1 + 利润率) + \frac{销项}{税额} + \frac{非标准}{设备设计费} + \frac{外购}{配套件费} \quad (2.10)$$

【例2.2】某工厂采购一台国产非标准设备,制造厂生产该台设备所用材料费20万元,加工费2万元,辅助材料费4 000元,专用工具费3 000元,废品损失费率10%,外购配套件费5万元,包装费2 000元,利润率为7%,税金4.5万元,非标准设备设计费2万元,运杂费率5%,该设备购置费为(A)。

　　A.40.35万元　　　　B.40.72万元　　　　C.39.95万元　　　　D.41.38万元

4.进口设备原价的构成与计算

进口设备的原价是指进口设备的抵岸价,即设备抵达买方边境、港口或车站,交纳完各种手续费、税费后形成的价格。抵岸价通常是由进口设备到岸价(CIF)和进口从属费构成。进口设备的到岸价,即抵达买方边境港口或边境车站的价格。在国际贸易中,交易双方所使用的交货类别不同,则交易价格的构成内容也有所差异。进口从属费包括银行财务费、外贸手续费、进口关税、消费税、进口环节增值税等,进口车辆还需缴纳车辆购置税。进口设备抵岸价的构成与进口设备的交货类别有关。

(1)进口设备的交货类别。包括:

①内陆交货类,是指卖方在出口国内陆的某个地点交货,这种交货方式对买方的风险较大,因此在国际贸易中很少采用。

②目的地交货类,是指买方在进口国的港口或内陆交货,这种交货方式对卖方的风险较大,在国际贸易中也很少采用。

③装运港交货类,是指卖方在出口国装运港交货,按照买卖双方在交易中双方的责任范围的不同,又可分为装运港船上交货类、运费在内价和运费、保险费在内价(到岸价),我国进口设备采用最多的交货方式是装运港船上交货类,这种交货方式的货价也称离岸价格。

(2)装运港船上交货的进口设备抵岸价(原价)的构成与计算。当采用装运港船上交货方

式时,进口设备抵岸价(原价)的构成公式为

$$\begin{array}{c}\text{进口设备}\\\text{抵岸价}\end{array}=\text{货价}+\text{国际运费}+\begin{array}{c}\text{运输}\\\text{保险费}\end{array}+\text{银行财务费}+\text{外贸手续费}+$$

$$\text{关税}+\text{消费税}+\begin{array}{c}\text{进口环节}\\\text{增值税}\end{array}+\begin{array}{c}\text{车辆购置}\\\text{附加费}\end{array}\qquad(2.11)$$

①货价,一般是指装运港船上交货价(离岸价格)。

②国际运费,是指从装运港(站)到达我国抵达港(站)的运费。可按下式计算:

$$\text{国际运费}=\text{货价}\times\text{国际运费费率}\qquad(2.12)$$

或:
$$\text{国际运费}=\text{设备总重}\times\text{单位重量运价}\qquad(2.13)$$

③运输保险费。对外贸易货物运输保险是由保险人(保险公司)与被保险人订立保险契约,在被保险人交付议定的保险费后,保险人根据保险契约的规定,对货物在运输过程中发生的承保责任范围内的损失予以经济上的补偿。可按下式计算:

$$\text{国际运输保险费}=\frac{\text{货价}+\text{国际运费}}{1-\text{运输保险费费率}}\times\text{运输保险费费率}\qquad(2.14)$$

注:上述国际运输保险费的计算公式,是因为国际运输保险费的费率是含费的费率,即

国际运输保险费=(货价+国际运费+国际运输保险费)×运输保险费费率

根据此公式可以得出:

$$\text{国际运输保险费}=\frac{(\text{货价}+\text{国际运费})\times\text{运输保险费费率}}{1-\text{运输保险费费率}}\qquad(2.15)$$

④银行财务费,一般是指中国银行为办理进口商品业务而计取的手续费。可按下式计算:

$$\text{银行财务费}=\text{货价}(\text{离岸价格})\times\text{银行财务费费率}\qquad(2.16)$$

⑤外贸手续费,是指我国商务部为办理进口商品业务而计取的手续费。可按下式计算:

$$\text{外贸手续费}=(\text{货价}+\text{国际运费}+\text{运输保险费})\times\text{外贸手续费费率}$$
$$=\text{到岸价}(\text{亦称关税完税价格})\times\text{外贸手续费费率}\qquad(2.17)$$

⑥关税,是指国家海关对进出口国境的货物和物品征收的一种税。可按下式计算:

$$\text{关税}=(\text{货价}+\text{国际运费}+\text{运输保险费})\times\text{关税税率}$$
$$=\text{到岸价}\times\text{关税税率}\qquad(2.18)$$

到岸价格作为关税的计征基数时,通常又可称为关税完税价格。进口关税税率分为优惠税率和普通税率两种。优惠税率适用于与我国签订关税互惠条款的贸易条约或协定的国家的进口设备;普通税率适用于与我国未签订关税互惠条款的贸易条约或协定的国家的进口设备。进口关税税率按我国海关总署发布的进口关税税率计算。

⑦消费税,是指对部分进口设备(如轿车、摩托车)征收的一种税种。可按下式计算:

$$\text{应纳消费税税额}=\frac{\text{到岸价}+\text{关税}}{1-\text{消费税税率}(\%)}\times\text{消费税税率}\qquad(2.19)$$

⑧进口环节增值税,是指我国政府对从事进口贸易的单位和个人,在进口商品报关进口后征收的税种。可按下式计算:

$$\text{进口环节增值税税额}=\text{组成计税价格}\times\text{增值税税率}(\%)\qquad(2.20)$$

$$\text{组成计税价格}=\text{货价}+\text{国际运费}+\text{运输保险费}+\text{关税}+\text{消费税}\qquad(2.21)$$

⑨车辆购置附加费,是指对进口车辆征收的一种附加费。可按下式计算:

$$\text{进口车辆购置附加费}=(\text{货价}+\text{国际运费}+\begin{array}{c}\text{运输}\\\text{保险费}\end{array}+\text{关税}+\text{消费税}+\text{增值税})\times\begin{array}{c}\text{进口车辆}\\\text{购置费费率}\end{array}\quad(2.22)$$

对该部分内容的理解如图 2.4 所示。

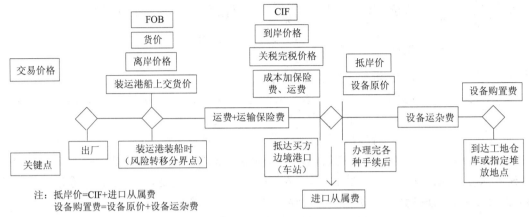

注: 抵岸价=CIF+进口从属费
    设备购置费=设备原价+设备运杂费

图 2.4 进口设备原价构成综合理解示意图

【例 2.3】 某进口设备的到岸价是 100 万美元, 外汇牌价:1 美元=6.3 元人民币,国外运费 6%,国外运输保险费费率 2.66%,进口关税税率 22%,进口环节增值税税率 17%,外贸手续 费费率 1.5%,银行财务费费率 4‰,则该进口设备的外贸手续费为多少万元?

解:外贸手续费=到岸价×外贸手续费费率
$$=100×6.3×1.5\%$$
$$=9.45(万元)$$

【例 2.4】 某工程进口一台设备,其到岸价为 960 万元,重量为 1 000 t,国际运费为 2 490 元/t,运输保险费为 14 万元,关税税率为 20%,增值税税率为 17%,无消费税,则该设备 的增值税为多少万元?

解:增值税=(到岸价+关税+消费税)×增值税税率
$$=(960+960×20\%)×17\%$$
$$=195.84(万元)$$

5. 设备运杂费的构成与计算

设备运杂费是指从供货地点(国产设备)或我国港口(进口设备)运到施工工地仓库或设备 存放地点,所发生的运输及各项杂费。

(1)设备运杂费的构成。

①运费和装卸费,是指从供货地点(国产设备)或我国港口(进口设备)运到施工工地仓库 或设备存放地点,所发生的运输费和装卸费。

②包装费,是指没有计入设备原价,在运输过程中又需进行包装而支出的费用。

③设备供销部门手续费,是指设备供销部门为组织设备供应工作而支出的各项费用。

④采购与仓库保管费,指采购、验收、保管和收发设备所发生的各种费用。

(2)设备运杂费的计算。设备运杂费一般是在设备原价的基础上乘以一定的费率计算出 来的,其计算公式为

设备运杂费=设备原价×设备运杂费费率   (2.23)

【例 2.5】 某公司拟全套引进国外设备,有关设备购置的数据如下:

设备离岸价(FOB)800 万美元(美元兑人民币汇率按 1:6.2 计算);海上运输费费率为 6%;海外运输保险费费率为 3.5‰;关税税率为 17%;增值税税率为 17%;银行财务费费率为

0.5%；外贸手续费费率为1.5%；国内供销手续费费率为0.4%，运输、装卸和包装费率为0.1%；采购保管费费率为1%；设备的安装费率为设备原价的10%。

估算该进口设备购置费和安装工程费。

解：(1)货价＝800×6.2＝4 960.00(万元)

(2)国外运输费＝4 960×6%＝297.60(万元)

(3)国外运输保险费＝(4 960.00＋297.60)×3.5‰/(1－3.5‰)＝18.47(万元)

(4)关税＝(4 960.00＋297.60＋18.47)×17%＝896.93(万元)

(5)增值税＝(4 960.00＋297.60＋18.47＋896.93)×17%＝1 049.41(万元)

(6)银行财务费＝4 960.00×0.5%＝24.80(万元)

(7)外贸手续费＝(4 960.00＋297.60＋18.47)×1.5%＝79.14(万元)

(8)进口设备抵岸价(原价)＝4 960.00＋297.60＋18.47＋896.93＋1 049.41＋24.80＋79.14＝7 326.35(万元)

(9)国内供销、运输、装卸和包装费＝7 326.35×(0.4%＋0.1%)＝36.63(万元)

(10)设备采购保管费＝(7 326.35＋36.63)×1%＝73.63(万元)

(11)进口设备国内运杂费＝36.63＋73.63＝110.26(万元)

(12)该进口设备购置费＝7 326.35＋110.26＝7 436.61(万元)

(13)设备安装费＝7 326.35×10%＝732.64 万元

2.2.2 工器具及生产家具购置费

工器具及生产家具购置费是指为保证工程建设项目初期生产，按照初步设计图纸要求购置或自制的没有达到固定资产标准的设备、工器具及家具的费用。

1. 工器具及生产家具购置费的构成

工器具及生产家具购置费包含所有初步设计图纸要求的没有达到固定资产标准的设备、仪器、工卡模具、器具、生产家具和备品备件等的购置费用。

2. 工器具及生产家具购置费的计算

工器具及生产家具购置费一般是在设备购置费的基础上乘以一定的费率而计算出来的，其计算公式为

$$工器具及生产家具购置费＝设备购置费×工器具及生产家具定额费率 \qquad (2.24)$$

2.3　建筑安装工程费

建筑安装工程费是指建设单位支付给从事建筑安装工程的施工单位的全部生产费用。包括用于建筑物的建造及有关的准备、清理等工程的投资，用于需要安装设备的安装、装配工作的投资。它是以货币形式表现的建筑安装工程的价值，具体可分为建筑工程费用、安装工程费用。

2.3.1 建筑安装工程费内容

1. 建筑工程费内容

(1)各类房屋建筑工程和列入房屋建筑工程预算的供水、供暖、卫生、通风、煤气等设备费用及其装设、油饰工程的费用，列入建筑工程预算的各种管道、电力、电信和电缆导线敷设工程的费用。

(2)设备基础、支柱、工作台、烟囱、水塔、水池、灰塔等建筑工程以及各种炉窑的砌筑工程和金属结构工程的费用。

(3)为施工而进行的场地平整、工程和水文地质勘察,原有建筑物和障碍物的拆除以及施工临时用水、电、气、路和完工后的场地清理,环境绿化、美化等工作的费用。

(4)矿井开凿,井巷延伸,露天矿剥离,石油、天然气钻井,修建铁路、公路、桥梁、水库、堤坝、灌渠及防洪等工程的费用。

2. 安装工程费内容

(1)生产、动力、起重、运输、传动和医疗、实验等各种需要安装的机械设备的装配费用,与设备相连的工作台、梯子、栏杆等设施的工程费用,附属于被安装设备的管线敷设工程费用,以及被安装设备的绝缘、防腐、保温、油漆等工作的材料费和安装费。

(2)为测定安装工程质量,对单台设备进行单机试运转、对系统设备进行系统联动无负荷试运转工作的调试费。

2.3.2 建筑安装工程费构成概述

建筑安装工程费用按构成要素分为人工费、材料费、施工机具使用费、企业管理费、利润、规费和税金(见图2.5);按工程造价形成分为分部分项工程费、措施项目费、其他项目费、规费和税金(见图2.6)。其中人工费、材料费、施工机具使用费、企业管理费和利润包含在分部分项工程费、措施项目费、其他项目费中。

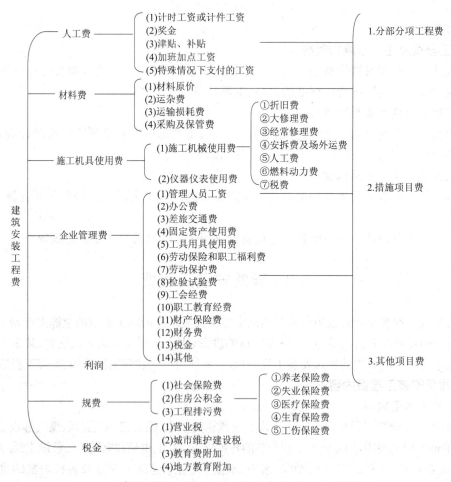

图 2.5　建筑安装工程费用项目组成(按费用构成要素划分)

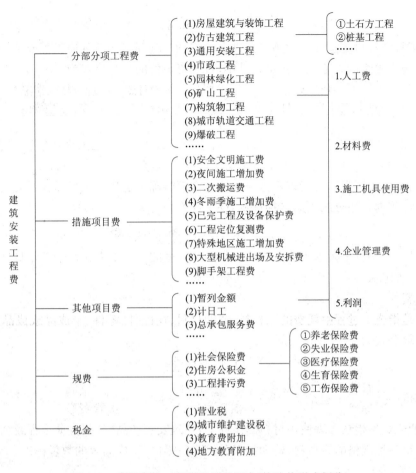

图 2.6　建筑安装工程费用项目组成(按造价形成划分)

2.3.3　建筑安装工程费构成及计算(按构成要素划分)

1. 人工费

人工费是指按工资总额构成规定,支付给从事建筑安装工程施工的生产工人和附属生产单位工人的各项费用。内容包括:

(1)计时工资或计件工资,是指按计时工资标准和工作时间或对已做工作按计件单价支付给个人的劳动报酬。

(2)奖金,是指对超额劳动和增收节支支付给个人的劳动报酬。如节约奖、劳动竞赛奖等。

(3)津贴、补贴,是指为了补偿职工特殊或额外的劳动消耗和因其他特殊原因支付给个人的津贴,以及为了保证职工工资水平不受物价影响支付给个人的物价补贴。如流动施工津贴、特殊地区施工津贴、高温(寒)作业临时津贴、高空津贴等。

(4)加班加点工资,是指按规定支付的在法定节假日工作的加班工资和在法定日工作时间外延时工作的加点工资。

(5)特殊情况下支付的工资,是指根据国家法律、法规和政策规定,因病、工伤、产假、计划生育假、婚丧假、事假、探亲假、定期休假、停工学习、执行国家或社会义务等原因按计时工资标准或计时工资标准的一定比例支付的工资。计算公式为

$$人工费 = \sum(人工工日消耗量 \times 日工资单价) \tag{2.25}$$

式中:人工工日消耗量是指在正常施工条件下,建筑安装产品(分部分项工程或结构构件)必须消耗的某种技术等级的人工工日数量。其中,日工资单价的计算公式为

$$日工资单价 = \frac{\begin{array}{c}生产工人\\平均月工资(计时、计件)\end{array} + \begin{array}{c}平均月\\资金\end{array} + \begin{array}{c}平均月津\\贴补贴\end{array} + \begin{array}{c}平均月特殊情况下\\支付的工资\end{array}}{年平均每月法定工作日} \tag{2.26}$$

此公式主要适用于施工企业投标报价时自主确定人工费,也是工程造价管理机构编制计价定额确定定额人工单价或发布人工成本信息的参考依据。

同时,为了用于工程造价管理机构编制计价定额时确定定额人工费,同时作为施工企业投标报价的参考依据。还可以用第二种计算方法,计算公式为

$$人工费 = \sum(工程工日消耗量 \times 日工资单价) \tag{2.27}$$

式中:工程日工资单价是指施工企业平均技术熟练程度的生产工人在每个工作日(国家法定工作时间内)按规定从事施工作业应得的日工资总额。

2. 材料费

材料费是指施工过程中耗费的原材料、辅助材料、构配件、零件、半成品或成品、工程设备的费用。计算公式为

$$材料费 = \sum(材料消耗量 \times 材料单价) \tag{2.28}$$

$$材料单价 = [(\begin{array}{c}材料\\原价\end{array} + 运杂费) \times (1 + \begin{array}{c}运输\\损耗率(\%)\end{array})] \times [1 + \begin{array}{c}采购\\保管费率(\%)\end{array}] \tag{2.29}$$

式中:材料消耗量是指在合理使用材料的条件下,建筑安装产品(分部分项工程或结构构件)必须消耗的一定品种规格的原材料、辅助材料、构配件、零件、半成品等的数量标准。

内容包括:

(1)材料原价,是指材料、工程设备的出厂价格或商家供应价格。

(2)运杂费,是指材料、工程设备自来源地运至工地仓库或指定堆放地点所发生的全部费用。

(3)运输损耗费,是指材料在运输装卸过程中不可避免的损耗。

(4)采购及保管费,是指为组织采购、供应和保管材料、工程设备的过程中所需要的各项费用。包括采购费、仓储费、工地保管费、仓储损耗。

工程设备是指构成或计划构成永久工程一部分的机电设备、金属结构设备、仪器装置及其他类似的设备和装置。

$$工程设备费 = \sum(工程设备量 \times 工程设备单价) \tag{2.30}$$

$$工程设备单价 = (设备原价 + 运杂费) \times [1 + 采购保管费率(\%)] \tag{2.31}$$

3. 施工机具使用费

施工机具使用费是指施工作业所发生的施工机械、仪器仪表使用费或其租赁费。

(1)施工机械使用费,以施工机械台班耗用量乘以施工机械台班单价表示,施工机械台班单价应由下列七项费用组成:

①折旧费,指施工机械在规定的使用年限内,陆续收回其原值的费用。

②大修理费,指施工机械按规定的大修理间隔台班进行必要的大修理,以恢复其正常功能所需的费用。

③经常修理费,指施工机械除大修理以外的各级保养和临时故障排除所需的费用;包括为保障机械正常运转所需替换设备与随机配备工具附具的摊销和维护费用,机械运转中日常保养所需润滑与擦拭的材料费用及机械停滞期间的维护和保养费用等。

④安拆费及场外运费。安拆费指施工机械(大型机械除外)在现场进行安装与拆卸所需的人工、材料、机械和试运转费用以及机械辅助设施的折旧、搭设、拆除等费用;场外运费指施工机械整体或分体自停放地点运至施工现场或由一施工地点运至另一施工地点的运输、装卸、辅助材料及架线等费用。

⑤人工费:指机上司机(司炉工)和其他操作人员的人工费。

⑥燃料动力费:指施工机械在运转作业中所消耗的各种燃料及水、电等。

⑦税费:指施工机械按照国家规定应缴纳的车船使用税、保险费及年检费等。

$$施工机械使用费 = \sum (施工机械台班消耗量 \times 机械台班单价) \tag{2.32}$$

$$\frac{机械台班}{单价} = \frac{台班}{折旧费} + \frac{台班}{大修费} + \frac{台班经常}{修理费} + \frac{台班安拆费}{及场外运费} + \frac{台班}{人工费} + \frac{台班燃料}{动力费} + \frac{台班}{车船税费} \tag{2.33}$$

施工机械台班消耗量是指在正常施工条件下建筑安装产品(分部分项工程或结构构件)必须消耗的某类某种型号施工机械的台班数量。

(2)仪器仪表使用费,是指工程施工所需使用的仪器仪表的摊销及维修费用。

$$仪器仪表使用费 = 工程使用的仪器仪表摊销费 + 维修费 \tag{2.34}$$

4. 企业管理费

(1)企业管理费的内容。企业管理费是指建筑安装企业组织施工生产和经营管理所需的费用。内容包括:

①管理人员工资,是指按规定支付给管理人员的计时工资、奖金、津贴补贴、加班加点工资及特殊情况下支付的工资等。

②办公费,是指企业管理办公用的文具、纸张、账表、印刷、邮电、书报、办公软件、现场监控、会议、水电、烧水和集体取暖降温(包括现场临时宿舍取暖降温)等费用。

③差旅交通费,是指职工因公出差、调动工作的差旅费、住勤补助费,市内交通费和误餐补助费,职工探亲路费,劳动力招募费,职工退休、退职一次性路费,工伤人员就医路费,工地转移费以及管理部门使用的交通工具的油料、燃料等费用。

④固定资产使用费,是指管理和试验部门及附属生产单位使用的属于固定资产的房屋、设备、仪器等的折旧、大修、维修或租赁费。

⑤工具用具使用费,是指企业施工生产和管理使用的不属于固定资产的工具、器具、家具、交通工具和检验、试验、测绘、消防用具等的购置、维修和摊销费。

⑥劳动保险和职工福利费,是指由企业支付的职工退职金、按规定支付给离休干部的经费,集体福利费、夏季防暑降温、冬季取暖补贴、上下班交通补贴等。

⑦劳动保护费,是指企业按规定发放的劳动保护用品的支出。如工作服、手套、防暑降温饮料以及在有碍身体健康的环境中施工的保健费用等。

⑧检验试验费,是指施工企业按照有关标准规定,对建筑以及材料、构件和建筑安装物进行一般鉴定、检查所发生的费用,包括自设试验室进行试验所耗用的材料等费用。不包括新结构、新材料的试验费,对构件做破坏性试验及其他特殊要求检验试验的费用和建设单位委托检测机构进行检测的费用,对此类检测发生的费用,由建设单位在工程建设其他费用中列支。但

对施工企业提供的具有合格证明的材料进行检测不合格的,该检测费用由施工企业支付。

⑨工会经费,是指企业按《工会法》规定的全部职工工资总额比例计提的工会经费。

⑩职工教育经费,是指企业按职工工资总额的规定比例计提,企业为职工进行专业技术和职业技能培训,专业技术人员继续教育,职工职业技能鉴定,职业资格认定以及根据需要对职工进行各类文化教育所发生的费用。

⑪财产保险费,是指施工管理用财产、车辆等的保险费用。

⑫财务费,是指企业为施工生产筹集资金或提供预付款担保、履约担保、职工工资支付担保等所发生的各种费用。

⑬税金,是指企业按规定缴纳的房产税、车船使用税、土地使用税、印花税等。

⑭其他企业管理费,包括技术转让费、技术开发费、投标费、业务招待费、绿化费、广告费、公证费、法律顾问费、审计费、咨询费、保险费等。

(2)企业管理费的计算方法。

①以分部分项工程费为计算基础的计算公式为

$$企业管理费费率(\%)=\frac{生产工人年平均管理费}{年有效施工天数×人工单价}×\frac{人工费占分部分}{项工程费比例}(\%) \qquad (2.35)$$

②以人工费和机械费合计为计算基础。计算公式为

$$企业管理费费率(\%)=\frac{生产工人年平均管理费}{年有效施工天数×(人工单价+每一工作日机械使用费)}×100\% \qquad (2.36)$$

③以人工费为计算基础。计算公式为

$$企业管理费费率(\%)=\frac{生产工人年平均管理费}{年有效施工天数×人工单价}×100\% \qquad (2.37)$$

5. 利润

利润是指施工企业完成所承包工程获得的盈利。利润的计算同样因计算基础的不同而不同。施工企业根据企业自身需求并结合建筑市场实际自主确定,列入报价中。工程造价管理机构在确定计价定额中的利润时,可以用如下公式计算:

(1)以定额人工费为计算基础。

$$利润=定额人工费×利润率(\%) \qquad (2.38)$$

(2)以定额人工费+定额机械费合计为计算基础。

$$利润=(定额人工费+定额机械费)×利润率(\%) \qquad (2.39)$$

费率根据历年工程造价积累的资料,并结合建筑市场实际确定,以单位(单项)工程测算,利润在税前建筑安装工程费的比重可按不低于5%且不高于7%的费率计算。利润应列入分部分项工程和措施项目中。

6. 规费

规费是指按国家法律、法规规定,由省级政府和省级有关权力部门规定必须缴纳或计取的费用。

(1)社会保险费,具体包括:

①养老保险费,是指企业按照规定标准为职工缴纳的基本养老保险费。

②失业保险费,是指企业按照规定标准为职工缴纳的失业保险费。

③医疗保险费,是指企业按照规定标准为职工缴纳的基本医疗保险费。

④生育保险费,是指企业按照规定标准为职工缴纳的生育保险费。

⑤工伤保险费,是指企业按照规定标准为职工缴纳的工伤保险费。

(2)住房公积金,是指企业按规定标准为职工缴纳的住房公积金。

社会保险费和住房公积金应以定额人工费为计算基础,根据工程所在省、自治区、直辖市或行业建设主管部门规定费率计算。

$$社会保险费和住房公积金 = \sum (工程定额人工费 × 社会保险费和住房公积金费率) \quad (2.40)$$

社会保险费和住房公积金费率可以每万元发承包价的生产工人人工费和管理人员工资含量与工程所在地规定的缴纳标准综合分析取定。

(3)工程排污费,是指按规定缴纳的施工现场工程排污费。

工程排污费等其他应列而未列入的规费应按工程所在地环境保护等部门规定的标准缴纳,按实际计取列入。

其他应列而未列入的规费,按实际发生计取。

7. 税金

税金是指国家税法规定的应计入建筑安装工程造价内的营业税、城市维护建设税、教育费附加以及地方教育费附加。

(1)营业税。营业税是按计税营业额乘以营业税税率确定的。其中,建筑安装企业营业税税率为3%。计算公式为

$$应纳营业税 = 计税营业额 × 3\% \quad (2.41)$$

式中:计税营业额是含税营业额,指从事建筑、安装、修缮、装饰及其他工程作业收取的全部收入,包括建筑、修缮、装饰工程所用原材料及其他物资和动力的价款。

当安装的设备价值作为安装工程产值时,亦包括所安装设备的价款。但建筑安装总承包方将工程分包或转包给他人的,其营业额中不包括付给分包或转包方的价款。

(2)城市维护建设税。城市维护建设税是为筹集城市维护和建设资金,稳定和扩大城市、乡镇维护建设的资金来源,而对有经营收入的单位和个人征收的一种税。

城市维护建设税的计算公式为

$$城市维护建设税 = 应纳营业税额 × 适用税率(\%) \quad (2.42)$$

国家规定,城市维护建设税的适用税率要根据纳税人所在地的不同,分三种情况予以确定:纳税人所在地为市区者,为营业税的7%;纳税人所在地为县、镇者,为营业税的5%;纳税人所在地为农村者,为营业税的1%。

(3)教育费附加。国家规定,教育费附加按应纳营业税额的3%计算,计算公式为

$$教育费附加税额 = 应纳营业税额 × 3\% \quad (2.43)$$

建筑安装企业的教育费附加要与其营业税同时缴纳。即使办有职工子弟学校的建筑安装企业,也应当先缴纳教育费附加,教育部门可根据企业的办学情况,酌情返还给办学单位,作为对办学经费的补助。

(4)地方教育费附加。大部分地区地方教育费附加按应纳营业税额的2%计算,计算公式为

$$地方教育费附加税额 = 应纳营业税额 × 2\% \quad (2.44)$$

地方教育费附加应专项用于发展教育事业,不得从地方教育费附加中提取或列支征收或代征手续费。

(5)税金的综合计算。在建筑安装工程费用的计算过程中,一般是将4种税金综合在一起一并计算。税金的计算公式为

税金＝(人工费＋材料费＋施工机具使用费＋企业管理费＋利润＋规费)×综合税率(%) (2.45)

综合税率的确定因企业所在地的不同而不同。

①纳税地点在市区企业综合税率的计算公式为

$$综合税率(\%)=\frac{1}{1-3\%-(3\%\times7\%)-(3\%\times3\%)-(3\%\times2\%)}-1 \quad (2.46)$$

②纳税地点在县城、镇企业综合税率的计算公式为

$$综合税率(\%)=\frac{1}{1-3\%-(3\%\times5\%)-(3\%\times3\%)-(3\%\times2\%)}-1 \quad (2.47)$$

③纳税地点不在市区、县城、镇企业综合税率的计算公式为

$$综合税率(\%)=\frac{1}{1-3\%-(3\%\times1\%)-(3\%\times3\%)-(3\%\times2\%)}-1 \quad (2.48)$$

2.3.4 建筑安装工程费构成及计算(按造价形成划分)

1. 分部分项工程费

分部分项工程费是指各专业工程的分部分项工程应予列支的各项费用。

(1)专业工程,是指按现行国家计量规范划分的房屋建筑与装饰工程、仿古建筑工程、通用安装工程、市政工程、园林绿化工程、矿山工程、构筑物工程、城市轨道交通工程、爆破工程等各类工程。

(2)分部分项工程,是指按现行国家计量规范对各专业工程划分的项目。如房屋建筑与装饰工程划分的土石方工程、地基处理与桩基工程、砌筑工程、钢筋及钢筋混凝土工程等。

各类专业工程的分部分项工程划分见现行国家或行业计量规范。

分部分项工程费的计算公式为

$$分部分项工程费 = \sum(分部分项工程量 \times 综合单价) \quad (2.49)$$

式中:综合单价包括人工费、材料费、施工机具使用费、企业管理费和利润以及一定范围的风险费用。

2. 措施项目费

措施项目费是指为完成建设工程施工,发生于该工程施工前和施工过程中的技术、生活、安全、环境保护等方面的费用。国家计量规范规定应予计量的措施项目的计算公式为

$$措施项目费 = \sum(措施项目工程量 \times 综合单价) \quad (2.50)$$

国家计量规范规定不宜计量的措施项目计算方法在下面的分类中逐一说明。

措施项目费的构成需考虑多种因素,除工程本身的因素外,还涉及水文、气象、环境、安全等因素。以《房屋建筑与装饰工程工程量计量规范》(GB 50854—2013)中的规定为例,措施项目费可以归纳为以下几项:

(1)安全文明施工费。安全文明施工措施费用是指工程施工期间按照国家现行的环境保护、建筑施工安全、施工现场环境与卫生标准和有关规定,购置和更新施工安全防护用具及设施,改善安全生产条件和作业环境所需要的费用,必须按国家或省级、行业建设主管部门的规定计算,不得作为竞争性费用。包括以下内容:

①环境保护费,是指施工现场为达到环保部门要求所需要的各项费用。

②文明施工费,是指施工现场文明施工所需要的各项费用。

③安全施工费,是指施工现场安全施工所需要的各项费用。

④临时设施费,是指施工企业为进行建设工程施工所必须搭设的生活和生产用的临时建

筑物、构筑物和其他临时设施费用。包括临时设施的搭设、维修、拆除、清理费或摊销费等。其具体内容如表 2.1 所示。

表 2.1　安全文明施工费主要内容

项目名称	工作内容及包含范围
环境保护	现场施工机械设备降低噪音、防扰民措施费用
	水泥和其他易飞扬细颗粒建筑材料密闭存放或采取覆盖措施等费用
	工程防扬尘洒水费用
	土石方、建渣外运车辆冲洗、防洒漏等费用
	现场污染源的控制、生活垃圾清理外运、场地排水排污措施的费用
	其他环境保护措施费用
	"五牌一图"(工程概况牌、管理人员名单及监督电话牌、防火责任牌、安全生产牌、文明施工和环境保护牌以及施工现场平面图)的费用
	现场围挡的墙面美化(包括内外粉刷、刷白、标语等)、压顶装饰费用
	现场厕所便槽刷白、贴面砖,水泥砂浆地面或地砖费用,建筑物内临时便溺设施费用
	其他施工现场临时设施的装饰装修、美化措施费用
	现场生活卫生设施费用
	符合卫生要求的饮水设备、淋浴、消毒等设施费用
文明施工	生活用洁净燃料费用
	防煤气中毒、防蚊虫叮咬等措施费用
	施工现场操作场地的硬化费用
	现场绿化费用、治安综合治理费用
	现场配备医药保健器材、物品费用和急救人员培训费用
	用于现场工人的防暑降温费、电风扇、空调等设备及用电费用
	其他文明施工措施费用
安全施工	安全资料、特殊作业专项方案的编制,安全施工标志的购置及安全宣传的费用
	安全防护工具(安全帽、安全带、安全网)、"四口"(楼梯口、电梯井口、通道口、预留洞口)、"五临边"(阳台围边、楼板围边、屋面围边、槽坑围边、卸料平台两侧)、水平防护架、垂直防护架、外架封闭等防护的费用
	施工安全用电的费用,包括配电箱三级配电、两级保护装置要求、外电保护措施
	起重机、塔吊等起重设备(含井架、门架)及外用电梯的安全防护措施(含警示标志)费用及卸料平台的临边防护、层间安全门、防护棚等设施费用
	建筑工地中机械的检验检测费用
	施工机具防护棚及其围栏的安全保护设施费用
	施工安全防护通道的费用
	工人的安全防护用品、用具购置费用
	消防设施与消防器材的配置费用
	电气保护、安全照明设施费
	其他安全防护措施费用

项目名称	工作内容及包含范围
临时设施	施工现场采用彩色、定型钢板,砖、混凝土砌块等围挡的安砌、维修、拆除费或摊销费
	施工现场临时建筑物、构筑物的搭设、维修、拆除或摊销的费用,如临时宿舍、办公室、食堂、厨房、厕所、诊疗所、临时文化福利用房、临时仓库、加工场、搅拌台、临时简易水塔、水池等
	施工现场临时设施的搭设、维修、拆除或摊销的费用,如临时供水管道、临时供电管线、小型临时设施等
	施工现场规定范围内临时简易道路铺设,临时排水沟、临时设施安砌、维修、拆除
	其他临时设施搭设、维修、拆除或摊销的费用

安全文明施工费的计算公式为

$$安全文明施工费 = 计算基数 \times 安全文明施工费费率(\%) \qquad (2.51)$$

式中:计算基数应为定额基价(定额分部分项工程费+定额中可以计量的措施项目费)、定额人工费或定额人工费加上定额机械费,其费率由工程造价管理机构根据各专业工程的特点综合确定。

(2)夜间施工增加费。夜间施工增加费指因夜间施工所发生的夜班补助费、夜间施工照明设备摊销及照明用电等费用。夜间施工增加费的计算公式为

$$夜间施工增加费 = 计算基数 \times 夜间施工增加费费率(\%) \qquad (2.52)$$

(3)二次搬运费。二次搬运费指因施工场地条件限制而发生的材料、构配件、半成品等一次运输不能到达堆放地点,必须进行二次或多次搬运所发生的费用。二次搬运费的计算公式为

$$二次搬运费 = 计算基数 \times 二次搬运费费率(\%) \qquad (2.53)$$

(4)冬雨季施工增加费。冬雨季施工增加费指在冬季或雨季施工需增加的临时设施、防滑、排除雨雪,人工及施工机械效率降低等费用。冬雨季施工增加费的计算公式为

$$冬雨季施工增加费 = 计算基数 \times 冬雨季施工增加费费率(\%) \qquad (2.54)$$

(5)已完工程及设备保护费。已完工程及设备保护费指竣工验收前,对已完工程及设备采取的必要保护措施所发生的费用。已完工程及设备保护费的计算公式为

$$已完工程及设备保护费 = 计算基数 \times 已完工程及设备保护费费率(\%) \qquad (2.55)$$

上述第(2)至(5)项措施项目的计费基数应为定额人工费或定额人工费加上定额机械费,其费率由工程造价管理机构根据各专业工程特点和调查资料综合分析后确定。

(6)工程定位复测费,是指工程施工过程中进行全部施工测量放线和复测工作的费用。

(7)特殊地区施工增加费,是指工程在沙漠或其边缘地区、高海拔、高寒、原始森林等特殊地区施工增加的费用。

(8)大型机械设备进出场及安拆费,是指机械整体或分体自停放场地运至施工现场或由一个施工地点运至另一个施工地点,所发生的机械进出场运输及转移费用及机械在施工现场进行安装、拆卸所需的人工费、材料费、机械费、试运转费和安装所需的辅助设施的费用。

(9)脚手架工程费,是指施工需要的各种脚手架搭、拆、运输费用以及脚手架购置费的摊销(或租赁)费用。

3. 其他项目费

(1)暂列金额。暂列金额是指建设单位在工程量清单中暂定并包括在工程合同价款中的

一笔款项。用于施工合同签订时尚未确定或者不可预见的所需材料、工程设备、服务的采购，施工中可能发生的工程变更、合同约定调整因素出现时的工程价款调整以及发生的索赔、现场签证确认等的费用。

暂列金额由建设单位根据工程特点，按有关计价规定估算，施工过程中由建设单位掌握、使用，扣除合同价款调整后如有余额，归建设单位。

（2）计日工。计日工是指在施工过程中，施工企业完成建设单位提出的施工图纸以外的零星项目或工作所需的费用。

计日工由建设单位和施工企业按施工过程中的签证计价。

（3）总承包服务费。总承包服务费是指总承包人为配合、协调建设单位进行的专业工程发包，对建设单位自行采购的材料、工程设备等进行保管以及施工现场管理、竣工资料汇总整理等服务所需的费用。

总承包服务费由建设单位在招标控制价中根据总承包服务范围和有关计价规定编制，施工企业投标时自主报价，施工过程中按签约合同价执行。

4.规费和税金

建设单位和施工企业均应按照省、自治区、直辖市或行业建设主管部门发布标准计算规费和税金，不得作为竞争性费用。

2.3.5 国外建筑安装工程费的构成

1.费用构成

国外的建筑安装工程费用一般是在建筑市场上通过招投标方式确定的。工程费的高低受建筑产品供求关系的影响较大。国外建筑安装工程费用的构成如图2.7所示。

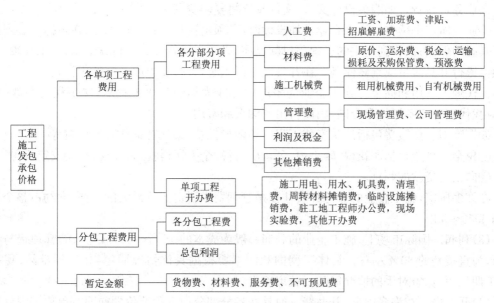

图2.7 国外建筑安装工程费用构成

（1）直接工程费的构成。

①工资。国外一般工程施工的工人按技术要求划分为高级技工、熟练工、半熟练工和壮工。当工程价格采用平均工资计算时，要按各类工人总数的比例进行加权计算。工资应该包

括工资、加班费、津贴、招雇解雇费用等。

②材料费。主要包括以下内容:

a.材料原价。在当地材料市场中采购的材料则为采购价,包括材料出厂价和采购供销手续费等。进口材料一般是指到达当地海港的交货价。

b.运杂费。在当地采购的材料是指从采购地点至工程施工现场的短途运输费、装卸费。进口材料则为从当地海港运至工程施工现场的运输费、装卸费。

c.税金。在当地采购的材料,采购价格中已经包括税金;进口材料则为工程所在国的进口关税和手续费等。

d.运输损耗及采购保管费。

e.预涨费。根据当地材料价格年平均上涨率和施工年数,按材料原价、运杂费、税金之和的一定比例计算。

③施工机械费。大型自有机械台时单价,一般由每台时应摊折旧费、应摊维修费、台时消耗的能源和动力费、台时应摊的驾驶工人工资以及工程机械设备险投保费、第三者责任险投保费等组成。如使用租赁施工机械时,其费用则包括租赁费、租赁机械的进出场费等。

(2)管理费。管理费包括工程现场管理费(约占整个管理费的20%~30%)和公司管理费(约占整个管理费的70%~80%)。管理费除了包括与我国施工管理费构成相似的工作人员工资、工作人员辅助工资、办公费、差旅交通费、固定资产使用费、生活设施使用费、工具用具使用费、劳动保护费、检验试验费,还含有业务经费。业务经费包括:

①广告宣传费。

②交际费。如日常接待饮料、宴请及礼品费等。

③业务资料费。如购买投标文件、文件及资料复印费等。

④业务所需手续费。施工企业参加投标时,必须由银行开具投标保函;在中标后必须由银行开具履约保函;在收到业主的工程预付款以前,必须由银行开具预付款保函;在工程竣工后,必须由银行开具质量或维修保函。在开具以上保函时,银行要收取一定的担保费。

⑤代理人费用和佣金。施工企业为争取中标或为加强收取工程款,在工程所在地(所在国)寻找代理人或签订代理合同,因而付出的佣金和费用。

⑥探险费。探险费包括建筑安装工程一切险投保费、第三者责任险投保费等。

⑦税金。税金包括印花税、转手税、公司所得税、个人所得税、营业税、社会安定税等。

⑧向银行贷款的利息。

在许多国家,施工企业的业务经费往往是管理费中所占比例最大的一项,大约占整个管理费的30%~38%。

(3)利润。国际市场上,施工企业的利润一般为成本的10%~15%,也有的管理费与利润合取,为直接费的30%左右。具体工程的利润率要根据具体情况而定,如工程难易、现场条件、工期长短、竞争对手的情况等随行就市确定。

(4)开办费。在许多国家,开办费一般是在各分部分项工程造价的前面按单项工程分别单独列出。单项工程建筑安装工程量越大,开办费在工程价格中的比例就越小;反之开办费就越大。一般开办费约占工程价格的10%~20%。开办费包括的内容因国家和工程的不同而异,大致包括以下内容:

①施工用水、用电费。施工用水费,按实际打井、抽水、送水发生的费用估算,也可以按占

直接费的比率估计。施工用电费,按实际需要的电费或自行发电费估算,也可按照占直接费的比率估算。

②工地清理费及完工后清理费,建筑物烘干费,临时围墙、安全信号、防护用品的费用以及恶劣气候条件下的工程防护费、污染费、噪声费、其他法定的防护费用。

③周转材料费。如脚手架、模板的摊销费等。

④临时设施费,包括生活用房、生产用房、临时通信、室外工程(包括道路、停车场、围墙、给排水管道、输电线路等)的费用,可按实际需要计算。

⑤驻工地工程师的现场办公室及所需设备的费用,现场材料试验及所需设备的费用。一般在招标文件的技术规范中有明确的面积、质量标准及设备清单等要求。如要求配备一定的服务人员或实验助理人员,则其工资费用也需计入。

⑥其他,包括工人现场福利费及安全费、职工交通费、日常气候报表费、现场道路及进出场道路修筑及维护费、恶劣天气下的工程保护措施费、现场保卫设施费等。

(5)暂定金额,是指包括在合同中,供工程任何部分的施工或提供货物、材料、设备或服务、不可预料事件所使用的一项金额,这项金额只有工程师批准后才能动用。

(6)分包工程费用,包括以下两方面:

①分包工程费包括分包工程的直接工程费、管理费和利润。

②总包利润和管理费指分包单位向总包单位交纳的总包管理费、其他服务费和利润。

2. 费用的组成形式和分摊比例

(1)组成形式。上述组成造价的各项费用体现在承包商投标报价中的三种形式:组成分部分项工程单价、单独列项、分摊进单价。

①组成分部分项工程单价。人工费、机械费和材料费直接消耗在分部分项工程上,在费用和分部分项工程之间存在着直观的对应关系,所以人工费、材料费和机械费组成分部分项工程单价,单价与工程量相乘得出分部分项工程价格。

②单独列项。开办费中的项目有临时设施、为业主提供的办公和生活设施、脚手架等费用,经常在工程量清单的开办费部分单独分项报价。这种方式适用于不直接消耗在某个分部分项工程上,无法与分部分项工程直接对应,但是对完成工程建设必不可少的费用。

③分摊进单价。承包商总部管理费、利润和税金,以及开办费中的项目经常以一定的比例分摊进单价。

需要注意的是,开办费项目在单独列项和分摊进单价这两种方式中应采用哪一种,要根据招标文件和计算规则的要求而定。有的计算规则包括的开办费项目比较齐全,有的计算规则包括的开办费项目比较少。例如《英国建筑工程标准计量规则(第七版)》(SMM7)的开办费项目就比较齐全,而同样比较有影响的《建筑工程量计算原则(国际通用)》就没有专门的开办费用部分,要求把开办费都分摊进分部分项工程单价。

(2)分摊比例。

①固定比例。税金和政府收取的各项管理费的比例是工程所在地政府规定的费率,承包商不能随意变动。

②浮动比例。总部管理费和利润的比例由承包商自行确定。承包商根据自身经营状况、工程具体情况等投标策略确定。一般来讲,这个比例在一定范围内是浮动变化的,不同的工程项目、不同的时间和地点,承包商对总部管理费和利润的预期值都不会相同。

③测算比例。开办费的比例需要详细测算,首先计算出需要分摊的项目金额,然后计算分摊金额与分部分项工程价格的比例。

④公式法。可参考下列公式进行分摊:

$$A=a(1+K_1)(1+K_2)(1+K_3) \tag{2.56}$$

式中:A 为分摊后的分部分项工程单价;a 为分摊前的分部分项工程单价;K_1 为开办费项目的分摊比例;K_2 为总部管理费和利润的分摊比例;K_3 为税率。

2.4 工程建设其他费用

工程建设其他费用,是指从工程筹建起到工程竣工验收交付使用止的整个建设期间,除建筑安装工程费用和设备及工器具购置费用以外的,为保证工程建设顺利完成和交付使用后能够正常发挥效用而发生的各项费用如图 2.8 所示。

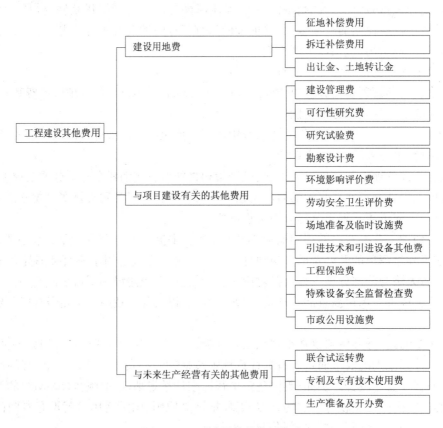

图 2.8 工程建设其他费用构成

2.4.1 建设用地费

任何一个建设项目都固定于一定地点与地面相连接,必须占用一定量的土地,也就必然要发生为获得建设用地而支付的费用,这就是建设用地费。它是指为获得工程项目建设土地的使用权而在建设期内发生的各项费用,包括通过划拨方式取得土地使用权而支付的土地征用及迁移补偿费,或者通过土地使用权出让方式取得土地使用权而支付的土地使用权出让金。

1. 建设用地取得的基本方式

建设用地的取得,实质是依法获取国有土地的使用权。根据我国《城市房地产管理法》规定,获取国有土地使用权的基本方式有两种:一是出让方式,二是划拨方式。建设土地取得的其他方式还包括租赁和转让方式。

(1)通过出让方式获取国有土地使用权。国有土地使用权出让,是指国家将国有土地使用权在一定年限内出让给土地使用者,由土地使用者向国家支付土地使用权出让金的行为。土地使用权出让最高年限按下列用途确定:

①居住用地 70 年。

②工业用地 50 年。

③教育、科技、文化、卫生、体育用地 50 年。

④商业、旅游、娱乐用地 40 年。

⑤综合或者其他用地 50 年。

通过出让方式获取国有土地使用权又可以分成两种具体方式:一是通过招标、拍卖、挂牌等竞争出让方式获取国有土地使用权,二是通过协议出让方式获取国有土地使用权。

①通过竞争出让方式获取国有土地使用权。具体的竞争方式又包括三种:投标、竞拍和挂牌。按照国家相关规定,工业(包括仓储用地,但不包括采矿用地)、商业、旅游、娱乐和商品住宅等各类经营性用地,必须以招标、拍卖或者挂牌方式出让;上述规定以外用途的土地的供地计划公布后,同一宗地有两个以上意向用地者的,也应当采用招标、拍卖或者挂牌方式出让。

②通过协议出让方式获取国有土地使用权。按照国家相关规定,出让国有土地使用权,除依照法律、法规和规章的规定应当采用招标、拍卖或者挂牌方式外,其余方可采取协议方式。以协议方式出让国有土地使用权的出让金不得低于按国家规定所确定的最低价。协议出让底价不得低于拟出让地块所在区域的协议出让最低价。

(2)通过划拨方式获取国有土地使用权。国有土地使用权划拨,是指县级以上人民政府依法批准,在土地使用者缴纳补偿、安置等费用后将该幅土地交付其使用,或者将土地使用权无偿交付给土地使用者使用的行为。国家对划拨用地有着严格的规定,下列建设用地,经县级以上人民政府依法批准,可以以划拨方式取得:

①国家机关用地和军事用地。

②城市基础设施用地和公益事业用地。

③国家重点扶持的能源、交通、水利等基础设施用地。

④法律、行政法规规定的其他用地。

依法以划拨方式取得土地使用权的,除法律、行政法规另有规定外,没有使用期限的限制。因企业改制、土地使用权转让或者改变土地用途等不再符合《划拨用地目录》(中华人民共和国国土资源部令第 9 号)的,应当实行有偿使用。

2. 建设用地取得的费用

建设用地如通过行政划拨方式取得,则须承担征地补偿费用或对原用地单位或个人的拆迁补偿费用;若通过市场机制取得,则不但承担以上费用,还须向土地所有者支付有偿使用费,即土地出让金。

(1)征地补偿费用。建设征用土地费用由以下几个部分构成:

①土地补偿费。土地补偿费是对农村集体经济组织因土地被征用而造成的经济损失的一

种补偿。征用耕地的补偿费,为该耕地被征前3年平均年产值的6~10倍。征用其他土地的补偿费标准,由省、自治区、直辖市参照征用耕地的补偿费标准规定。土地补偿费归农村集体经济组织所有。

②青苗补偿费和地上附着物补偿费。青苗补偿费是因征地时对其正在生长的农作物受到损害而做出的一种赔偿。在农村实行承包责任制后,农民自行承包土地的青苗补偿费应付给其本人,属于集体种植的青苗补偿费可纳入当年集体收益。凡在协商征地方案后抢种的农作物、树木等,一律不予补偿。地上附着物是指房屋、水井、树木、桥梁、公路、水利设施,林木等地面建筑物、构筑物、附着物等。视协商征地方案前地上附着物价值与折旧情况确定,应根据"拆什么,补什么;拆多少,补多少,不低于原来水平"的原则确定。如附着物产权属个人,则该项补助费付给个人。地上附着物的补偿标准,由省、自治区、直辖市规定。

③安置补助费。安置补助费应支付给被征地单位和安置劳动力的单位,作为劳动力安置与培训的支出,以及作为不能就业人员的生活补助。征收耕地的安置补助费,按照需要安置的农业人口数计算。需要安置的农业人口数,按照被征收的耕地数量除以征地前被征收单位平均每人占有耕地的数量计算。每一个需要安置的农业人口的安置补助费标准,为该耕地被征收前三年平均年产值的4~6倍。但是,每公顷被征收耕地的安置补助费,最高不得超过被征收前三年平均年产值的15倍。土地补偿费和安置补助费,尚不能使需要安置的农民保持原有生活水平的,经省、自治区、直辖市人民政府批准,可以增加安置补助费。但是,土地补偿费和安置补助费的总和不得超过土地被征收前三年平均年产值的30倍。

④新菜地开发建设基金。新菜地开发建设基金指征用城市郊区商品菜地时支付的费用。这项费用交给地方财政,作为开发建设新菜地的投资。菜地是指城市郊区为供应城市居民蔬菜,连续3年以上常年种菜或者养殖鱼、虾等的商品菜地和精养鱼塘。一年只种一茬或因调整茬口安排种植蔬菜的,均不作为需要收取开发基金的菜地。征用尚未开发的规划菜地,不缴纳新菜地开发建设基金。在蔬菜产销放开后,能够满足供应,不再需要开发新菜地的城市,不收取新菜地开发基金。

⑤耕地占用税。耕地占用税是对占用耕地建房或者从事其他非农业建设的单位和个人征收的一种税收,目的是合理利用土地资源、节约用地,保护农用耕地。耕地占用税征收范围,不仅包括占用耕地,还包括占用鱼塘、园地、菜地及其农业用地建房或者从事其他非农业建设。均按实际占用的面积和规定的税额一次性征收。其中,耕地是指用于种植农作物的土地。占用前3年曾用于种植农作物的土地也视为耕地。

⑥土地管理费。土地管理费主要作为征地工作中所发生的办公、会议、培训、宣传、差旅、借用人员工资等必要的费用。土地管理费的收取标准,一般是在土地补偿费、青苗费、地面附着物补偿费、安置补助费四项费用之和的基础上提取2%~4%。如果是征地包干,还应在四项费用之和后再加上粮食价差、副食补贴、不可预见费等费用,在此基础上提取2%~4%作为土地管理费。

(2)拆迁补偿费用。在城市规划区内国有土地上实施房屋拆迁,拆迁人应当对被拆迁人给予补偿、安置。

①拆迁补偿。拆迁补偿的方式可以实行货币补偿,也可以实行房屋产权调换。

货币补偿的金额,根据被拆迁房屋的区位、用途、建筑面积等因素,以房地产市场评估价格确定。具体办法由省、自治区、直辖市人民政府制定。

实行房屋产权调换的,拆迁人与被拆迁人按照计算得到的被拆迁房屋的补偿金额和所调换房屋的价格,结清产权调换的差价。

②搬迁、安置补助费。拆迁人应当对被拆迁人或者房屋承租人支付搬迁补助费,对于在规定的搬迁期限届满前搬迁的,拆迁人可以付给提前搬家奖励费;在过渡期限内,被拆迁人或者房屋承租人自行安排住处的,拆迁人应当支付临时安置补助费;被拆迁人或者房屋承租人使用拆迁人提供的周转房的,拆迁人不支付临时安置补助费。

搬迁补助费和临时安置补助费的标准,由省、自治区、直辖市人民政府规定。有些地区规定,拆除非住宅房屋,造成停产、停业引起经济损失的。拆迁人可以根据被拆除房屋的区位和使用性质,按照一定标准给予一次性停产停业综合补助费。

(3)出让金、土地转让金。土地使用权出让金为用地单位向国家支付的土地所有权收益,出让金标准一般参考城市基准地价并结合其他因素制定。基准地价由市土地管理局会同市物价局、市国有资产管理局、市房地产管理局等部门综合平衡后报市级人民政府审定通过,它以城市土地综合定级为基础,用某一地价或地价幅度表示某一类别用地在某一土地级别范围的地价,以此作为土地使用权出让价格的基础。

在有偿出让和转让土地时,政府对地价不做统一规定,但坚持以下原则:即地价对目前的投资环境不产生大的影响;地价与当地的社会经济承受能力相适应;地价要考虑已投入的土地开发费用、土地市场供求关系、土地用途、所在区类、容积率和使用年限等。有偿出让和转让使用权,要向土地受让者征收契税;转让土地如有增值,要向转让者征收土地增值税;土地使用者每年应按规定的标准缴纳土地使用费。土地使用权出让或转让,应先由地价评估机构进行价格评估后,再签订土地使用权出让和转让合同。

2.4.2 与项目建设有关的其他费用

1. 建设管理费

建设管理费是指建设单位为组织完成工程项目建设,在建设期内发生的各类管理性费用。

(1)建设管理费的内容。

①建设单位管理费,是指建设单位发生的管理性质的开支。包括:工作人员工资、工资性补贴、施工现场津贴、职工福利费、住房基金、基本养老保险费、基本医疗保险费、失业保险费、工伤保险费、办公费、差旅交通费、劳动保护费、工具用具使用费、固定资产使用费、必要的办公及生活用品购置费。必要的通信设备及交通工具购置费、零星固定资产购置费、招募生产工人费、技术图书资料费、业务招待费、设计审查费、工程招标费、合同契约公证费、法律顾问费、咨询费、完工清理费、竣工验收费、印花税和其他管理性质开支。

②工程监理费,是指建设单位委托工程监理单位实施工程监理的费用。此项费用应按国家发展和改革委员会与原建设部联合发布的《建设工程监理与相关服务收费管理规定》(发改价格[2007]670号)计算。依法必须实行监理的建设工程施工阶段的监理收费实行政府指导价;其他建设工程施工阶段的监理收费和其他阶段的监理与相关服务收费实行市场调节价。

(2)建设单位管理费的计算。

建设单位管理费按照工程费用之和(包括设备工器具购置费和建筑安装工程费用)乘以建设单位管理费费率计算,其计算公式为

$$建设单位管理费 = \frac{工程费用之和}{(包括设备工器具购置费和建筑安装工程费用)} \times \frac{建设单位}{管理费费率} \qquad (2.57)$$

建设单位管理费费率按照建设项目的不同性质,不同规模确定。有的建设项目按照建设工期和规定的金额计算建设单位管理费。如采用监理,建设单位部分管理工作量转移至监理单位。监理费应根据委托的监理工作范围和监理深度在监理合同中商定或按当地或所属行业部门有关规定计算;如建设单位采用工程总承包方式,其总包管理费由建设单位与总包单位根据总包工作范围在合同中商定,从建设管理费中支出。

2. 可行性研究费

可行性研究费是指在工程项目投资决策阶段,依据调研报告对有关建设方案、技术方案或生产经营方案进行的技术经济论证,以及编制、评审可行性研究报告所需的费用。此项费用应依据前期研究委托合同计列,或参照《国家计委关于印发〈建设项目前期工作咨询收费暂行规定〉的通知》(计价格[1999]1283号)规定计算。

3. 研究试验费

研究试验费是指为建设项目提供或验证设计数据、资料等进行必要的研究试验及按照相关规定在建设过程中必须进行试验、验证所需的费用。包括自行或委托其他部门研究试验所需人工费、材料费、试验设备及仪器使用费等。这项费用按照设计单位根据本工程项目的需要提出的研究试验内容和要求计算。在计算时要注意不应包括以下项目:

(1)应由科技三项费用(即新产品试制费、中间试验费和重要科学研究补助费)开支的项目。

(2)应在建筑安装费用中列支的施工企业对建筑材料、构件和建筑物进行一般鉴定、检查所发生的费用及技术革新的研究试验费。

(3)应由勘察设计费或工程费用中开支的项目。

4. 勘察设计费

勘察设计费是指对工程项目进行工程水文地质勘察、工程设计所发生的费用。包括:工程勘察费、初步设计费(基础设计费)、施工图设计费(详细设计费)、设计模型制作费。此项费用应按《国家计委、建设部关于发布〈工程勘察设计收费管理规定〉的通知》(计价格[2002]10号)的规定计算。

5. 环境影响评价费

环境影响评价费是指按照《中华人民共和国环境保护法》《中华人民共和国环境影响评价法》等规定,在工程项目投资决策过程中,对其进行环境污染或影响评价所需的费用。包括编制环境影响报告书(含大纲)、环境影响报告表以及对环境影响报告书(含大纲)、环境影响报告表进行评估等所需的费用。此项费用可参照《关于规范环境影响咨询收费有关问题的通知》(计价格[2002]125号)规定计算。

6. 劳动安全卫生评价费

劳动安全卫生评价费是指按照劳动部《建设项目(工程)劳动安全卫生预评价管理办法》的规定,在工程项目投资决策过程中,为编制劳动安全卫生评价报告所需的费用。包括编制建设项目劳动安全卫生预评价大纲和劳动安全卫生预评价报告书以及为编制上述文件所进行的工程分析和环境现状调查等所需费用。必须进行劳动安全卫生预评价的项目包括:

(1)属于国家(发展)计划委员会、国家建设委员会(已变更)、财政部《关于基本建设项目和大中型划分标准的规定》中规定的大中型建设项目。

(2)属于《建筑设计防火规范》GB 50016—2006中规定的火灾危险性生产类别为甲类的建

设项目。

（3）属于劳动部颁布的《爆炸危险场所安全规定》中规定的爆炸危险场所等级为特别危险场所和高度危险场所的建设项目。

（4）大量生产或使用《职业性接触毒物危害程度分级》GBZ 230—2010 规定的Ⅰ级、Ⅱ级危害程度的职业性接触毒物的建设项目。

（5）大量生产或使用石棉粉料或含有 10％以上的游离二氧化硅粉料的建设项目。

（6）其他由劳动行政部门确认的危险、危害因素大的建设项目。

7. 场地准备及临时设施费

（1）场地准备及临时设施费的内容。

①建设项目场地准备费是指为使工程项目的建设场地达到开工条件，由建设单位组织进行的场地平整等准备工作而发生的费用。

②建设单位临时设施费是指建设单位为满足工程项目建设、生活、办公的需要，用于临时设施建设、维修、租赁、使用所发生或摊销的费用。

（2）场地准备及临时设施费的计算。

①场地准备及临时设施应尽量与永久性工程统一考虑。建设场地的大型土石方工程应进入工程费用中的总图运输费用中。

②新建项目的场地准备和临时设施费应根据实际工程量估算，或按工程费用的比例计算。改扩建项目一般只计拆除清理费。

场地准备和临时设施费的计算公式为

$$场地准备和临时设施费 = 工程费用 \times 费率 + 拆除清理费 \qquad (2.58)$$

③发生拆除清理费时可按新建同类工程造价或主材费、设备费的比例计算。凡可回收材料的拆除工程采用以料抵工方式冲抵拆除清理费。

④此项费用不包括已列入建筑安装工程费用中的施工单位临时设施费用。

8. 引进技术和引进设备其他费

引进技术和引进设备其他费是指引进技术和设备发生的但未计入设备购置费中的费用。

（1）引进项目图纸资料翻译复制费、备品备件测绘费。可根据引进项目的具体情况计列或按引进货价（FOB）的比例估列；引进项目发生备品备件测绘费时按具体情况估列。

（2）出国人员费用，包括买方人员出国设计联络、出国考察、联合设计、监造、培训等所发生的差旅费、生活费等。依据合同或协议规定的出国人次、期限以及相应的费用标准计算。生活费按照财政部、外交部规定的现行标准计算，差旅费按中国民航公布票价计算。

（3）来华人员费用，包括卖方来华工程技术人员的现场办公费用、往返现场交通费用、接待费用等。依据引进合同或协议有关条款及来华技术人员派遣计划进行计算。来华人员接待费用可按每人次费用指标计算。引进合同价款中已包括的费用内容不得重复计算。

（4）银行担保及承诺费，指引进项目由国内外金融机构出面承担风险和责任担保所发生的费用，以及支付贷款机构的承诺费用。应按担保或承诺协议计取，投资估算和概算编制时可以担保金额或承诺金额为基数乘以费率计算。

9. 工程保险费

工程保险费是指为转移工程项目建设的意外风险，在建设期内对建筑工程、安装工程、机械设备和人身安全进行投保而发生的费用。包括建筑安装工程一切险、引进设备财产保险和人身意外伤害险等。

根据不同的工程类别,分别以其建筑、安装工程费乘以建筑、安装工程保险费率计算。民用建筑(住宅楼、综合性大楼、商场、旅馆、医院、学校)占建筑工程费的2‰~4‰;其他建筑(工业厂房、仓库、道路、码头、水坝、隧道、桥梁、管道等)占建筑工程费的3‰~6‰;安装工程(农业、工业、机械、电子、电器、纺织、矿山、石油、化学及钢铁工业、钢结构桥梁)占建筑工程费的3‰~6‰。

10. 特殊设备安全监督检验费

特殊设备安全监督检验费是指安全监察部门对在施工现场组装的锅炉及压力容器、压力管道、消防设备、燃气设备、电梯等特殊设备和设施实施安全检验收取的费用。此项费用按照建设项目所在省(市、自治区)安全监察部门的规定标准计算。无具体规定的,在编制投资估算和概算时可按受检设备现场安装费的比例估算。

11. 市政公用设施费

市政公用设施费是指使用市政公用设施的工程项目,按照项目所在地省级人民政府有关规定建设或缴纳的市政公用设施建设配套费用,以及绿化工程补偿费用。此项费用按工程所在地人民政府规定标准计列。

2.4.3 与未来生产经营有关的其他费用

1. 联合试运转费

联合试运转费是指新建或新增加生产能力的工程项目,在交付生产前按照设计文件规定的工程质量标准和技术要求,对整个生产线或装置进行负荷联合试运转所发生的费用净支出(试运转支出大于收入的差额部分费用)。试运转支出包括试运转所需原材料、燃料及动力消耗、低值易耗品、其他物料消耗、工具用具使用费、机械使用费、保险金、施工单位参加试运转人员工资以及专家指导费等;试运转收入包括试运转期间的产品销售收入和其他收入。联合试运转费不包括应由设备安装工程费用开支的调试及试车费用,以及在试运转中暴露出来的因施工原因或设备缺陷等发生的处理费用。

2. 专利及专有技术使用费

(1)专利及专有技术使用费的主要内容。

①国外设计及技术资料费、引进有效专利、专有技术使用费和技术保密费。

②国内有效专利、专有技术使用费。

③商标权、商誉和特许经营权费等。

(2)专利及专有技术使用费的计算。

在专利及专有技术使用费计算时应注意以下问题:

①按专利使用许可协议和专有技术使用合同的规定计列。

②专有技术的界定应以省、部级鉴定标准为依据。

③项目投资中只计算需在建设期支付的专利及专有技术使用费。协议或合同规定在生产期支付的使用费应在生产成本中核算。

④一次性支付的商标权、商誉及特许经营权费按协议或合同规定计列。协议或合同规定在生产期支付的商标权或特许经营权费应在生产成本中核算。

⑤为项目配套的专用设施投资,包括专用铁路线、专用公路、专用通信设施、送变电站、地下管道、专用码头等,如由项目建设单位负责投资但产权不归属本单位的,应作无形资产处理。

3. 生产准备及开办费

(1)生产准备及开办费的内容。

在建设期内,建设单位为保证项目正常生产前发生的人员培训费、提前进厂费以及投产使用必备的办公、生活家具用具及工器具等的购置费用。包括:

①人员培训费及提前进厂费。包括自行组织培训或委托其他单位培训的人员工资、工资性补贴、职工福利费、差旅交通费、劳动保护费、学习资料费等。

②为保证初期正常生产(或营业、使用)所必需的生产办公、生活家具用具购置费。

③为保证初期正常生产(或营业、使用)所必需的第一套不够固定资产标准的生产工具、器具、用具购置费。不包括备品备件费。

(2)生产准备及开办费的计算。

①新建项目按设计定员为基数计算,改扩建项目按新增设计定员为基数计算:

$$生产准备费=设计定员×生产准备费指标(元/人) \tag{2.59}$$

②可采用综合的生产准备费指标进行计算,也可以按费用内容的分类指标计算。

2.5 预备费、建设期贷款利息、固定资产投资方向调节税

2.5.1 预备费

按我国现行规定,预备费包括基本预备费和价差预备费。

1. 基本预备费

(1)基本预备费的内容。基本预备费是指针对项目实施过程中可能发生难以预料的支出而事先预留的费用,又称工程建设不可预见费,主要指设计变更及施工过程中可能增加工程量的费用,基本预备费一般由以下四部分构成:

①在批准的初步设计范围内,技术设计、施工图设计及施工过程中所增加的工程费用;设计变更、工程变更、材料代用、局部地基处理等增加的费用。

②一般自然灾害造成的损失和预防自然灾害所采取的措施费用。实行工程保险的工程项目,该费用应适当降低。

③竣工验收时为鉴定工程质量对隐蔽工程进行必要的挖掘和修复费用。

④超规超限设备运输增加的费用。

(2)基本预备费的计算。基本预备费是按工程费用和工程建设其他费用二者之和为计取基础,乘以基本预备费费率进行计算。

$$基本预备费=(工程费用+工程建设其他费用)×基本预备费费率 \tag{2.60}$$

基本预备费费率的取值应执行国家及部门的有关规定。

2. 价差预备费

(1)价差预备费的内容。价差预备费是指为在建设期内利率、汇率或价格等因素的变化而预留的可能增加的费用,亦称为价格变动不可预见费。价差预备费的内容包括:人工、设备、材料、施工机械的价差费,建筑安装工程费及工程建设其他费用调整,利率、汇率调整等增加的费用。

(2)价差预备费的测算方法。价差预备费一般根据国家规定的投资综合价格指数,按估算年份价格水平的投资额为基数,采用复利方法计算。计算公式为

$$PF = \sum_{t=1}^{n} I_t \left[(1+f)^m (1+f)^{0.5} (1+f)^{t-1} - 1 \right] \qquad (2.61)$$

式中：PF 为价差预备费；I_t 为估算静态投资额中第 t 年投入的工程费用；n 为建设期年份数；m 为建设前期年限(从编制估算到开工建设)；f 为年涨价率。

【例 2.6】某项目建设期初估算静态投资额中的工程费用为 1 500 万元，项目建设前期年限为 1 年，建设期 2 年，第 1 年计划投资 40%，第 2 年计划投资 60%，年平均价格上涨率为 3%，则该项目的涨价预备费为多少万元？

解：第 1 年：$PF_1 = 1\ 500 \times 40\% \times [(1+3\%)^1 (1+3\%)^{0.5} - 1] = 27.20$（万元）

第 2 年：$PF_2 = 1\ 500 \times 60\% \times [(1+3\%)^1 (1+3\%)^{0.5} (1+3\%)^{2-1} - 1] = 69.02$（万元）

$PF = PF_1 + PF_2 = 27.20 + 69.02 = 96.22$（万元）

故该项目的价差预备费为 96.22 万元。

2.5.2 建设期贷款利息

1. 建设期贷款利息的含义

建设期贷款利息是指建设项目投资中分年度使用银行贷款，在建设期内应归还的贷款利息。

建设期贷款利息包括银行借款和其他债务资金的利息，以及其他融资费用。其他融资费用是指某些债务资金中发生的手续费、承诺费、管理费、信贷保险费等融资费用，一般情况下应将其单独计算并计入建设期利息。在项目建议书阶段和可行性研究阶段也可粗略估计后计入建设投资。

2. 建设期利息的估算

估算建设期利息，需要根据项目进度计划，提出建设投资分年计划，设定初步的融资方案，列出各年的投资额，并明确其中的外汇和人民币额度。

估算建设期利息，应根据不同情况选择名义年利率或有效年利率；并假定各种债务资金均在年中支付，即当年借款按半年计息，上年借款按全年计息。

(1)当建设期用自有资金按期支付利息时，按单利计算，直接采用名义年利率计算各年建设期利息，计算公式为

各年应计利息＝(年初借款本金累计＋本年借款额/2)×名义年利率 　　(2.62)

(2)当建设期不支付利息且贷款均衡发放时，按复利采用有效年利率计算各年建设期利息。计算公式为

各年应计利息＝(年初借款本息累计＋本年借款额/2)×有效年利率 　　(2.63)

公式表达如下：

$$Q = \sum_{t=1}^{n} \left[\left(P_{t-1} + \frac{A_t}{2} \right) \times i \right] \qquad (2.64)$$

式中：Q 为建设期利息；P_{t-1} 为按复利计息，建设期第 $t-1$ 年末借款本息累计；A_t 为建设期第 t 年借款额；i 为借款年利率；t 为计息期。

【例 2.7】某新建项目，建设期为 3 年，分年均衡贷款。第 1 年贷款 200 万元，第 2 年贷款 300 万元，第 3 年贷款 200 万元，贷款年利率为 6%，每年计息 1 次，建设期内不支付利息。试计算该项目的建设期利息。

建设期各年利息计算如下：

第 1 年贷款利息：$Q_1 = 200/2 \times 6\% = 6$（万元）

第 2 年借款利息：$Q_2 = (206 + 300/2) \times 6\% = 21.36$（万元）

第 3 年借款利息：$Q_3 = (206 + 321.36 + 200/2) \times 6\% = 37.64$（万元）

该项目的建设期利息为：$Q = Q_1 + Q_1 + Q_3 = 6 + 21.36 + 37.64 = 65$（万元）

(3) 当建设期不计付利息但贷款在年初发放时，根据项目实际情况，也可采用借款顶在建设期各年年初发放，则应按全年计息，计算公式为

$$Q = \sum_{t=1}^{n} [(P_{t-1} + A_t) \times i] \tag{2.65}$$

【例 2.8】在【例 2.7】中，假设各年贷款均在年初发生，试计算该项目的建设期利息。

建设期各年利息计算如下：

第 1 年贷款利息：$Q_1 = 200 \times 6\% = 12$（万元）

第 2 年贷款利息：$Q_2 = (212 + 300) \times 6\% = 30.72$（万元）

第 3 年贷款利息：$Q_3 = (212 + 330.72 + 200) \times 6\% = 44.56$（万元）

该项目的建设期利息为：$Q = Q_1 + Q_2 + Q_3 = 12 + 30.72 + 44.56 = 87.28$（万元）

当有些项目有多种借款资金来源，且每笔借款的年利率各不相同时，既可分别计算每笔借款的利息，也可先计算出各笔借款加权平均年利率，并以加权平均年利率计算全部借款的利息。

2.5.3 固定资产投资方向调节税（暂停征收）

固定资产投资方向调节税为了贯彻国家产业政策、控制投资规模、引导投资方向、调整投资结构、加强重点建设、促进国民经济持续、稳定、健康、协调发展，对在我国境内进行固定资产投资的单位和个人征收固定资产投资方向税。

目前，为了贯彻国家宏观调控政策、扩大内需、鼓励投资，根据国务院的决定，对《中华人民共和国固定资产投资方向调节税暂行条例》规定的纳税人，其固定资产投资应税项目自 2000 年 1 月 1 日起新发生的投资额，暂停征收固定资产投资方向调节税。但是该税种并没有取消。

考虑到以上的情况，本教材对固定资产投资方向调节税不做详细的介绍。

本 章 小 结

我国现行建设工程造价由设备及工器具购置费、建筑安装工程费、工程建设其他费用、预备费、建设期贷款利息和固定资产投资方向调节税（自 2000 年 1 月暂停征收）等 6 项费用构成。

设备及工器具购置费包括设备购置费和工器具及生产家具购置费。设备购置费是指为项目建设项目购置或自制的达到固定资产标准的各种国产或进口设备、工器具的费用，它是由设备原价和设备运杂费构成；工器具及生产家具购置费是指为保证工程建设项目初期生产，按照初步设计图纸要求购置或自制的没有达到固定资产标准的设备、工器具及家具的费用。

建筑安装工程费用是指建设单位支付给从事建筑安装工程的施工单位的全部生产费用。包括用于建筑物的建造及有关的准备、清理等工程的投资，用于需要安装设备的安置、装配工作的投资。它是以货币形式表现的建筑安装工程的价值。按费用构成要素组成划分为人工费、材料费、施工机具使用费、企业管理费、利润、规费和税金；同时，为指导工程造价专业人员计算建筑安装工程造价，将建筑安装工程费用按工程造价形成顺序划分为分部分项工程费、措

施项目费、其他项目费、规费和税金。

工程建设其他费用是指从工程筹建到工程竣工验收交付使用为止的整个建设期间,除建筑安装工程费用和设备及工器具购置费以外的,为保证工程建设顺利完成和交付使用后能够正常发挥效用而发生的建设用地费、与项目建设有关的其他费用、与未来生产经营有关的其他费用。

预备费由基本预备费和价差预备费两部分构成。基本预备费是指在初步设计及概算内难以预料,而在工程建设期间可能发生的工程费用;价差预备费是指建设项目在建设期间内由于价格等变化引起工程造价变化的预测预留费用。

建设期贷款利息是指建设项目投资中分年度使用银行贷款,在建设期内应归还的贷款利息。

建设期利息包括银行借款和其他债务资金的利息,以及其他融资费用。其他融资费用是指某些债务资金中发生的手续费、承诺费、管理费、信贷保险费等融资费用,一般情况下应将其单独计算并计入建设期利息。

固定资产投资方向调节税为了贯彻国家产业政策、控制投资规模、引导投资方向、调整投资结构、加强重点建设、促进国民经济持续、稳定、健康、协调发展,对在我国境内进行固定资产投资的单位和个人征收固定资产投资方向税。自2000年1月1日起新发生的投资额,暂停征收固定资产投资方向调节税。但是该税种并没有取消。

 本章习题

一、选择题

1. 国外建筑工程造价构成中,反映工程造价估算日期至工程竣工日期之前,工程各个主要组成部分的人工、材料和设备等未知价格增长部分的是( )。
   A. 直接建设成本　　　　　　　　　　B. 建设成本上升费
   C. 不可预见准备金　　　　　　　　　D. 未明确项目准备金

2. 某工程采购一台国产非标准设备,制造厂生产该设备的材料费、加工费和辅助材料费合计20万元,专用工具费率为20%,废品损失率为8%,利润率为10%,增值税率为17%。假设不再发生其他费用,则该设备的销项增值税为( )万元。
   A. 4.08　　　　　　　B. 4.09　　　　　　　C. 4.11　　　　　　　D. 4.12

3. 下列费用项目中,属于工器具及生产家具购置费计算内容的是( )。
   A. 未达到固定资产标准的设备购置费
   B. 达到固定资产标准的设备购置费
   C. 引进设备时备品备件的测绘费
   D. 引进设备的专利使用费

4. 某施工企业承建某市区一住宅楼工程,工程不含税造价为2 000万元,当地地方教育费附加率为2%,则该工程应缴纳的建筑安装工程税金为( )万元。
   A. 65.60　　　　　　B. 67.00　　　　　　C. 68.20　　　　　　D. 69.60

5. 在国外建筑安装工程费用构成中,承包商投标报价时不计入分摊进单价,而需单独列项的是(　　)。

  A. 临时设施费　　　　B. 总部管理费　　　　C. 利润　　　　D. 税金

6. 下列费用项目中,属于工程建设其他费中研究试验费的是(　　)。

  A. 新产品试制费

  B. 水文地质勘察费

  C. 特殊设备安全监督检验费

  D. 委托专业机构验证设计参数而发生的验证费

7. 下列费用项目中,计入工程建设其他费中专利及专有技术使用费的是(　　)。

  A. 专利及专有技术在项目全寿命期的使用费

  B. 在生产期支付的商标权费

  C. 国内设计资料费

  D. 国外设计资料费

8. 在我国建设项目投资构成中,超规超限设备运输增加的费用属于(　　)。

  A. 设备及工器具购置费　　　　　　　　B. 基本预备费

  C. 工程建设其他费　　　　　　　　　　D. 建筑安装工程费

9. 根据我国现行建设项目投资构成,下列费用项目中属于建设期利息包含内容的是(　　)。

  A. 建设单位建设期后发生的利息　　　　B. 施工单位建设期长期贷款利息

  C. 国内代理机构收取的贷款管理费　　　D. 国外贷款机构收取的转贷费

10. 根据《建设项目经济评价方法与参数(第三版)》,建设投资由(　　)三项费用构成。

  A. 工程费用、建设期利息、预备费

  B. 建设费用、建设期利息、流动资金

  C. 工程费用、工程建设其他费用、预备费

  D. 建筑安装工程费、设备及工器具购置费、工程建设其他费用

11. 对外贸易运输保险费的计算公式为(　　)。

  A. 运输保险费=(FOB+国际运输费)/(1-保险费率)×保险费率

  B. 运输保险费=(CIF+国际运输费)/(1-保险费率)×保险费率

  C. 运输保险费=(FOB+国际运输费)/(1+保险费率)×保险费率

  D. 运输保险费=(CFR+国际运输费)/(1-保险费率)×保险费率

12. 已知某进口设备到岸价格为80万美元,进口关税15%,增值税税率为17%,银行外汇牌价为1美元=6.30元人民币。按以上条件计算的进口环节增值税额是(　　)万元人民币。

  A. 72.83　　　　B. 85.68　　　　C. 98.53　　　　D. 118.71

13. 某建设项目建筑安装工程费为1 500万元,设备购置费为400万元,工程建设其他费用为300万元。已知基本预备费税率为5%,项目建设前期年限是0.5年。建设期为2年,每年完成投资的50%,年均投资价格上涨率为7%,则该项目的预备费为(　　)万元。

  A. 273.11　　　　B. 336.23　　　　C. 346.39　　　　D. 358.21

14. 关于建设期利息的说法,正确的是(　　)。

A. 建设期利息包括国际商业银行贷款在建设期间应计的借款利息

B. 建设期利息包括在境内发行的债券在建设期后的借款利息

C. 建设期利息不包括国外借贷银行以年利率方式收取的各种管理费

D. 建设期利息不包括国内代理机构以年利率方式收取的转贷费和担保费

15. 采用成本计算估价法计算国产非标准设备原价时,包装费的计取基数不包括该设备的( )。

    A. 材料费　　　　B. 加工费　　　　C. 外购配套件费　　D. 设计费

16. 在国外建筑安装工程费用中,工作人员劳动保护费列入( )。

    A. 人工费　　　　B. 材料费　　　　C. 管理费　　　　D. 暂定金额

17. 下列费用中,不属于工程造价构成的是( )。

    A. 用于支付项目所需土地而发生的费用

    B. 用于建设单位自身进行项目管理所支出的费用

    C. 用于购买安装施工机械所支付的费用

    D. 用于委托工程勘察设计所支付的费用

18. 某进口设备的人民币货价为50万元,国际运费费率为10%,运输保险费费率为3%,进口关税税率为20%,则该设备应支付关税税额是( )万元。

    A. 11.34　　　　B. 11.33　　　　C. 11.30　　　　D. 10.00

19. 下列关于工具、器具及生产家具购置费的表述中,正确的是( )。

    A. 该项费用属于设备费

    B. 该项费用属于工程建设其他费用

    C. 该项费用是为了保证项目生产运营期的需要而支付的相关购置费

    D. 该项费用一般以需要安装的设备购置费为基数乘以一定费率计算

20. 按照国外建筑安装工程费用的构成,下列费用中,不属于单项工程开办费的是( )。

    A. 工人招聘解雇费

    B. 施工用水、用电费

    C. 临时设施费

    D. 驻工地工程师现场办公室及所需设备费用

21. 建设项目工程造价在量上和( )相等。

    A. 固定资产投资与流动资产投资之和

    B. 工程费用与工程建设其他费用之和

    C. 固定资产投资与固定资产投资方向调节税之和

    D. 项目自筹建到全部建成并验收合格交付使用所需的费用之和

22. 用成本计算估价法计算国产非标准设备原价时,利润的计算基数中不包括的费用项目是( )。

    A. 专用工器具费　　B. 废品损失费　　C. 外购配套件费　　D. 包装费

23. 某进口设备的到岸价为100万元,银行财务费为0.5万元,外贸手续费费率为1.5%,关税税率为20%,增值税率为17%,该设备无消费税和海关监管手续费。则该进口设备的抵岸价为( )万元。

    A. 139.0　　　　B. 142.4　　　　C. 142.7　　　　D. 143.2

24. 某工厂采购一台国产非标准设备,制造厂生产该台设备所用材料费为 20 万元,加工费为 2 万元,辅助材料费为 4 000 元,专用工具费为 3 000 元,废品损失费率为 10%,外购配套件费为 5 万元,包装费为 2 000 元,利润率为 7%,税金为 4.5 万元,非标准设备设计费为 2 万元,运杂费率为 5%,该设备购置费为(　　)。

  A. 40.35 万元　　　B. 40.72 万元　　　C. 39.95 万元　　　D. 41.38 万元

25. 根据世界银行规定,下列各项中可以计入项目直接建设成本的是(　　)。

  A. 前期研究费　　B. 临时公共设施费　　C. 开工试车费　　D. 地方税

26. 在建设项目投资中,最积极的部分是(　　)。

  A. 建筑安装工程投资　　　　　　B. 设备及工、器具投资

  C. 工程建设其他投资　　　　　　D. 流动资产投资

27. 对于减免关税的进口设备,海关监管手续费的计算基数是(　　)。

  A. 离岸价格　　　　　　　　　　B. 离岸价格＋国际运费

  C. 抵岸价格　　　　　　　　　　D. 到岸价格

28. 施工过程中用于现场工人的防暑降温费,属于安全文明施工措施费中的(　　)。

  A. 环境保护费　　B. 文明施工费　　C. 安全施工费　　D. 临时设施费

29. 下列费用项目中,属于安装工程费用的有(　　)。

  A. 被安装设备的防腐、保温等工作的材料费

  B. 设备基础的工程费用

  C. 对单台设备进行单机试运转的调试费

  D. 被安装设备的防腐、保温等工作的安装费

  E. 与设备相连的工作台、梯子、栏杆的工程费用

30. 下列费用项目中,以"到岸价＋关税＋消费税"为基数,乘以各自给定费(税)率进行计算的有(　　)。

  A. 外贸手续费　　　　　　　　　B. 关税

  C. 消费税　　　　　　　　　　　D. 增值税

  E. 车辆购置税

31. 下列施工企业支出的费用项目中,属于建筑安装工程企业管理费的有(　　)。

  A. 技术开发费　　　　　　　　　B. 印花税

  C. 已完工程及设备保护费　　　　D. 材料采购及保管费

  E. 财产保险费

32. 关于工程建设其他费中的场地准备及临时设施费,下列说法中正确的有(　　)。

  A. 场地准备费是指为施工而进行的土地"三通一平"或"七通一平"的费用

  B. 其中的大型土石方工程应进入工程费中的总图运输费

  C. 新建项目的场地准备和临时设施费应根据实际工程量估算

  D. 场地准备和临时设施费＝工程费用×费率－拆除清理费

  E. 委托施工单位修建临时设施时应计入施工单位措施费中

二、简答题

1. 简述我国现行工程造价的构成。

2. 简述进口设备原价的构成。

三、计算题

1.某建设项目从美国进口设备重 1 000 t;装运港船上交货价为 600 万美元;海运费为 300 美元/t;海运保险费和银行手续费的费率分别为 2.66‰和 5‰;外贸手续费费率为 1.5%;增值税税率为 17%;关税税率为 22%;从到货口岸至安装现场 500 km,运输费为 0.5 元/(t·km),装卸费均为 50 元/t;国内运输保险费费率为 1‰;设备的现场保管费费率为 2‰;1 美元＝6.2 元人民币。试计算该进口设备的购置费。

2.某项目静态投资为 2 000 万元,分 3 年均衡发放。第一年投资 500 万元,第二年投资 1 000万元,第三年投资 500 万元。建设期内年利率为 10%,则该项目建设期利息为多少?

3.某项目建设期初静态投资为 15 000 万元,建设前期 2 年,建设期 3 年,第一年计划投资 40%,第二年计划投资 40%,第三年计划投资 20%,预计年平均价格上涨率预计为 3%,则该项目建设期的涨价预备费为多少?

第 3 章　工程造价计价依据

 本章提要

工程建设定额是工程造价计价的基本依据,本章首先介绍了工程建设定额的含义、作用及分类,在此基础上介绍施工定额、计价定额的编制与应用,最后对建筑工程人工、材料、机械台班单价、工程单价、工程造价指数的构成、编制及应用给予说明。

 学习目标

掌握工程定额的分类,熟悉工程定额的制定方法,掌握工程定额的编制与具体应用,掌握工程单价和工程造价指数的编制与应用。

 框架结构

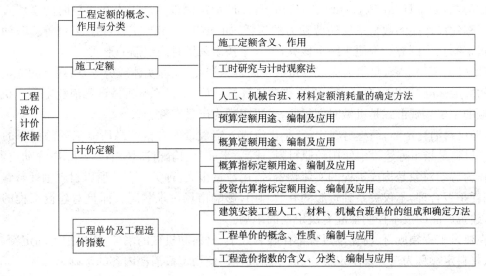

3.1 工程建设定额概述

3.1.1 工程建设定额的概念与作用

1. 工程建设定额的概念

工程建设定额是在一定生产力水平下,在工程建设中单位产品上人工、材料、机械、资金消耗的规定制度,这种数量关系体现出正常施工条件、合理的施工组织设计、合格产品下各种生产要素消耗的社会平均合理水平。工程建设定额除了规定有数量标准外,也要规定出它的工作内容、质量标准、生产方法、安全要求和适用范围等。

2. 工程建设定额的作用

(1)工程建设定额是建设工程计价的依据。在编制设计概算、施工图预算、竣工决算时,无论是划分工程项目、计算工程量,还是计算人工、材料和施工机械台班的消耗量,都以工程建设定额作为标准依据。所以,定额既是建设工程的计划、设计、施工、竣工验收等各项工作取得最佳经济效益的有效工具和杠杆,又是考核和评价上述各阶段工作的经济尺度。

(2)工程建设定额是建筑施工企业实行科学管理的必要手段。使用定额提供的人工、材料、机械台班消耗标准,可以编制施工进度计划、施工作业计划,下达施工任务,合理组织调配资源,进行成本核算;在建筑企业中推行经济责任制、招标承包制,贯彻按劳分配的原则等,也以定额为依据。

3.1.2 工程建设定额的分类

工程建设定额是一个综合概念,是工程建设管理中所使用的各类定额的总称,包括许多种类的定额,可以按照不同的原则和方法对工程建设定额进行分类。

1. 按定额反映的生产要素消耗内容分类

(1)劳动消耗定额,简称劳动定额,是指完成一定数量合格产品(工程实体或劳务)规定活劳动消耗的数量标准。劳动定额有时间定额和产量定额两种表现形式。时间定额也称人工定额,是指在一定的施工技术和组织条件下,某工种、某种技术等级的工人班组或个人完成单位合格产品所必须消耗的工作时间。时间定额以劳动力的工作时间"工日"为计量单位来反映活劳动的消耗,如工日/m、工日/m²、工日/m³ 等。产量定额以生产工人在单位时间里所必须完成的工程建设产品的数量来反映劳动力的消耗,如 m/工日、m²/工日、m³/工日等。时间定额与产量定额互为倒数。为便于综合核算,劳动定额多采用时间定额的形式。

(2)机械消耗定额,是指为完成一定数量的合格产品(工程实体或劳务)所规定的施工机械消耗的数量标准,是以一台机械一个工作班为计量单位,所以也称机械台班消耗定额。**机械消耗定额的主要表现形式是机械时间定额,也可表现为产量定额。**

(3)材料消耗定额,简称材料定额,是指完成一定数量的合格产品所需消耗的材料的数量标准。材料是指工程建设中使用的原材料、成品、半成品、构配件、燃料以及水、电等动力资源。材料作为劳动对象是构成工程的实体物资,需用数量很大,种类很多。所以材料消耗数量的多少,消耗是否合理,不仅关系到资源的有效利用,影响市场供求状况。而且对建设工程的项目投资、建筑产品的成本控制都起着决定性的影响。

在建设工程领域,任何建设过程都伴随着人工、材料和机械的消耗,所以把劳动定额、机械定额、材料定额称为三大基本定额,它们是组成任何使用定额消耗内容的基础。

2. 按定额的用途分类

(1)施工定额。施工定额是施工企业组织生产和加强管理在企业内部使用的一种定额,属于企业定额的性质。施工定额是以同一性质的施工过程——工序为研究对象编制的。为了适应施工企业组织生产和管理的需要,施工定额的项目划分很细,是工程建设定额中分项最细、定额项目最多的一种定额,也是工程建设定额中的基础性定额。

施工定额本身由劳动定额、机械消耗定额和材料消耗定额 3 个相对独立的部分组成,主要作为施工企业编制施工组织设计、施工作业计划、施工预算,进行成本管理、经济核算,签发施工任务单、限额领料单以及结算工人劳动报酬等的依据,同时它也是编制预算定额的基础。

(2)预算定额。预算定额是以分项工程和结构构件为对象编制的定额,同样包括劳动定额、机械定额和材料定额 3 个基本部分,是一种计价性定额。预算定额是以施工定额为基础编制的,同时也是编制概算定额的基础。

预算定额在编制施工图预算阶段,计算工程造价和计量工程中的劳动、机械台班、材料需要量时使用,是调整工程预算和工程造价的重要基础,也可以作为编制施工组织设计、施工技术财务计划的参考。

(3)概算定额。概算定额是以扩大分项工程或扩大结构构件为对象编制的,内容同样包括劳动定额、机械定额和材料定额 3 个基本部分,是一种计价性定额。概算定额一般是在预算定额的基础上综合扩大而成,每一综合分项概算定额都包含了数项预算定额。概算定额一般用于计算初步设计概算或确定项目投资额。

(4)概算指标。概算指标是以整个建筑物或构筑物为对象编制,是概算定额的扩大与合并。概算指标不仅包含劳动定额、机械定额和材料定额三个基本部分,还有各结构分部工程量以及单位建筑工程造价。概算指标是设计单位编制工程概算或建设单位编制年度任务计划、施工准备期间编制材料机械设备供应计划的依据,也可供国家编制年度建设计划参考。

(5)投资估算指标。投资估算指标以独立的单项工程或完整的工程项目为计算对象,内容包括所有项目费用。投资估算指标往往根据历史预、决算资料,价格变动资料等编制,但其基础仍离不开预算定额、概算定额。主要在项目建议书和可行性研究阶段编制投资估算、计算投资需要量时使用。

3. 按专业性质分类

工程建设定额可划分为建筑工程定额、安装工程定额、装饰工程定额、市政工程定额、园林绿化工程定额。

(1)建筑工程定额。建筑工程一般理解为房屋建筑和构筑物工程。具体包括一般土建工程、电气照明工程、卫生技术(水、暖、通风)工程、工业管道工程、特殊构筑物工程等。建筑工程定额是指适用于建筑工程的定额总称。

(2)安装工程定额。安装工程通常包括机械设备安装、电气设备安装、工艺管道、给排水、采暖、煤气、通风空调、自动化控制装置及仪表、工艺金属结构、炉窑砌筑、热力设备安装、化学工业设备安装、非标设备制作工程以及上述工程的刷油、绝热、防腐蚀工程等。安装工程定额是指适用于工业与民用新建、扩建的安装工程的定额总称。

(3)装饰工程定额。装饰工程包括建筑设计中随土建工程一起施工的一般装修,和有专业装饰设计,在后期施工的专业装饰以及给排水、电器照明、采暖通风、空调等部件的装饰工程。具体包括:抹灰工程、门窗工程、吊顶工程、轻质隔墙工程、饰面板(砖)工程、幕墙工程、涂饰工程、裱糊与软包工程、细部工程等。装饰工程定额是适用于装饰工程的定额总称。

(4)市政工程定额。市政工程包括城市供水、排水、污水处理、道路、桥梁、地铁、隧道、燃气、热力、公共交通、环境卫生和防洪堤坝等城市基础设施工程。市政工程定额是指适用于市政工程的定额总称。

(5)园林绿化工程定额。园林绿化工程是指庭院、宅院、游园、公园、花园、植物园、动物园、广场、街头绿地等的新建、扩建和改建工程,包括各自然保护区、森林公园、风景名胜区和各自然景观区的开发、建设。园林绿化工程定额是指适用于园林绿化工程的定额总称。

4. 按主编单位和管理权限分类

(1)全国统一定额,是由国家建设行政主管部门综合全国工程建设中技术和施工组织管理的情况编制,并在全国范围内执行的定额。此类定额分为两类,一类是通用性较强的,如全国统一建筑工程预算定额;一类是专业性较强的,如公路工程定额。

(2)行业统一定额,是考虑各行业部门专业工程技术特点以及施工技术和组织管理的情况编制,只在本行业和相同专业范围内使用的定额。如铁路建设工程定额、矿井建设工程定额、公路工程建设定额。

(3)地区统一定额,是各省、自治区、直辖市在全国统一定额的基础上考虑本地区特点,作适当调整和补充而形成的定额。如各省市建筑工程预算定额、市政工程预算定额、房屋修缮定额等。

(4)企业定额,是施工企业参考国家、部门、地区定额,考虑本企业具体情况编制的定额。企业定额的定额水平一般高于国家、部门、地区定额。企业定额仅供企业内部使用,属于企业的商业机密。

(5)补充定额,是指随着设计、施工技术的发展,现行定额不能满足需要的情况下,为补充缺陷所编制的定额。如当设计图纸上采用新材料、新结构、新工艺、新设备,而现行的定额资料又没有近似的可资利用的工料消耗和机械台班定额,就可以编制补充定额。补充定额只能在指定范围内使用,可作为以后修订定额的基础。

5. 按投资的费用性质划分

(1)建设工程费用定额,是确定一般建筑工程、一般安装工程、大规模土石方工程、修缮工程、市政工程、仿古建筑工程、园林绿化工程、外购构件工程、建筑装饰装修工程等建安费用的定额。建设工程费用定额由直接费、间接费、利润、规费和税金组成。

(2)设备、工器具购置费定额,是确定新建或扩建项目投产运转首次配置的工、器具数量标准的费用定额。

(3)工程建设其他费用定额,是指独立于建筑安装工程、设备和工器具购置之外的其他费用开支标准。工程建设其他费用包括土地征购费、拆迁安置费、建设单位管理费等。工程建设其他费用定额是按照各项独立费用分别制定的,以便合理控制这些费用的开支。

3.2 施工定额的编制与应用

3.2.1 施工定额的概念

施工定额是指施工企业在自身的技术水平和管理水平下,为完成一定计量单位合格产品所需要消耗的人工、机械台班和材料的数量标准。施工定额属于企业定额性质,反映了施工企业施工生产与生产消费之间的数量关系。由于施工定额是以工序为基础编制的,可以作为企业编制施工作业计划、进行施工作业控制的依据,所以施工定额也是一种作业性定额。

由于施工定额是根据企业自身的技术水平和管理水平编制的,不同施工企业的技术水平、管理水平各不相同,所以不同企业的定额水平各不相同。施工定额的定额水平应该取平均先进水平,即正常施工条件下,企业大部分工人通过努力能够达到的水平。由于施工定额反映了本企业施工生产和生产消费之间的关系,它的作用也仅限于企业内部使用,属于企业的商业机密。

施工定额由劳动定额、材料消耗定额、机械台班定额 3 个相对独立部分组成。

3.2.2 施工定额的作用

1. 施工定额是进行投标报价的重要依据

目前,我国一些建筑产品的价格是采用工程量清单计价模式通过市场机制形成的。工程量清单计价模式要求施工企业根据能反映企业自身施工技术、管理水平的企业定额进行投标报价。施工定额是企业定额的一种,是确定建筑产品各种资源消耗量的重要依据。施工企业根据施工定额及现行市场价格计算出建筑产品的真实成本,在此基础上考虑利润及风险费用,就形成企业的投标报价。

2. 施工定额是编制施工预算的依据

施工预算是施工企业编制的用以确定建设工程人工、材料、机械及资金需要量的计划文件。施工预算以施工定额为基础编制,充分考虑了施工企业可能采取的节约人工、材料、机械消耗的各种技术组织措施,是施工企业进行经济核算、成本控制的管理文件。

3. 施工定额是编制施工组织设计、施工作业计划及劳动力、材料、机械台班使用计划的依据

在编制施工组织设计中,需要确定各工序的人工、材料和施工机械台班等资源消耗量,以便对各工序进行时间、空间与资源的协调与组织,这些需要依据施工定额来完成。编制施工作业计划,必须以施工定额和企业的实际施工水平为尺度,计算实物工程量和确定劳动力、材料、半成品的需要量,施工机械和运输力量,以此为依据来安排施工进度。

4. 施工定额是向生产班组签发施工任务单、限额领料单的依据

施工企业组织和指挥施工,是通过施工作业计划下发施工任务单、限额领料单来实现的。施工任务单反映了班组应完成的施工任务,记录了任务完成情况,是计算劳动报酬的依据。限额领料单是根据施工任务和材料消耗定额计算确定的生产班组完成规定任务所需材料的最高限额。

5. 施工定额有利于先进技术的推广

施工定额是一种作业性定额,定额水平是平均先进水平。作业性定额是建立在成熟的先进的施工技术之上,工人要想达到或超过定额,就必须掌握这些先进的施工技术、注意改进相应的技术操作,从而使先进的施工技术得到推广。

6. 施工定额是编制预算定额的依据

编制施工预算时施工单位用以确定单位工程人工、机械、材料需要量的计划文件是依据施工定额编制的。

3.2.3 施工定额的编制原则与依据

1. 编制原则

(1)平均先进性原则。平均先进性原则指在正常施工条件下,大多数是施工班组、生产者通过努力能够达到或超过的定额水平。平均先进性原则的贯彻,能促使生产者努力提高技术操作水平,节约人力和各种物资消耗,提高劳动生产率。

(2)简明适用原则。施工定额的内容和形式既要方便于定额的贯彻执行,又要满足企业内部管理和对外投标报价的需要。施工定额的项目划分要合理,即定额项目设置齐全,项目划分恰当,定额步距要适当。定额项目齐全关系到定额的适用范围,项目划分的粗细关系到定额的使用价值,定额步距大小关系到定额的精确度;步距大,定额项目就少,精确度降低;步距小,定额项目增多,精确度就会提高。

(3)独立自主原则。施工企业作为具有独立法人地位的经济实体,应根据企业具体情况,结合政府政策和产业导向自主编制施工定额。贯彻这一原则有利于企业自主经营,有利于企业摆脱过多的行政干预,从而使企业更好地面对建筑市场的竞争环境。

(4)以专业人员为主,专业人员与群众相结合原则。施工定额的编制具有很强的政策性、技术性,需要专业人员、专门机构来把握国家方针政策、市场变化情况,对资料进行经常性积累、技术测定、资料分析和整理工作。同时要注意走群众路线,因为广大建筑工人是施工生产的实践者,也是定额的执行者,最了解施工生产的实际和定额的执行情况,吸收他们参与施工定额的编制,有利于制定高质量的施工定额。

2. 编制依据

(1)现行的劳动定额、材料消耗定额、机械台班消耗定额、建筑材料价格。

(2)现行建筑安装工程施工验收规范、建筑安装工程安全操作规程、建筑安装工程质量检验评定标准。

(3)定额测定资料、统计数据、有关建筑安装工程的历史资料。

(4)建筑工程标准图集、典型工程图纸。

3.2.4 工时消耗研究

工作时间是指工作班的延续时间。研究施工中的工作时间最主要的目的是确定施工的时间定额或产量定额,其前提是按照时间消耗的性质对工作时间进行分类,以便研究工时消耗的数量及其特点。对工作时间消耗的研究,可以分为工人工作时间的消耗和工人所使用的机器工作时间消耗两个系统进行。

1. 工人工作时间消耗

工人在工作班内消耗的工作时间,按其消耗性质,基本可以分为两大类:必需消耗的时间和损失时间。工人工作时间的分类如图 3.1 所示。

(1) 必需消耗的工作时间,是工人在正常施工条件下,为完成一定合格产品(工作任务)所消耗掉的时间。它是制定定额的主要依据,包括有效工作时间、休息时间和不可避免中断时间的消耗。

① 有效工作时间是从生产效果来看与产品生产直接有关的时间消耗。其中包括基本工作时间、辅助工作时间、准备与结束工作时间的消耗。

a. 基本工作时间是工人完成能生产一定产品的施工工艺过程所消耗的时间。

b. 辅助工作时间是为保证基本工作能顺利完成所消耗的时间。在辅助工作时间里,不能使产品的形状大小、性质或位置发生变化。辅助工作时间的结束,往往就是基本工作时间的开始。

c. 准备与结束工作时间是执行任务前或任务完成后所消耗的工作时间。如工作地点、劳动工具和劳动对象的准备工作时间;工作结束后的整理时间等。

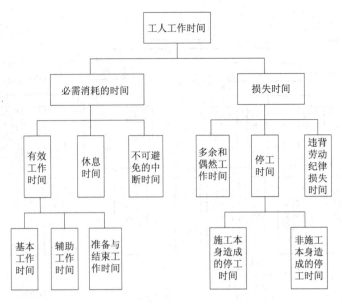

图 3.1　工人工作时间分类图

②休息时间是工人在工作过程中为恢复体力所必需的短暂休息和生理需要的时间消耗。

③不可避免的中断时间是由于施工工艺特点引起的工作中断所必需的时间。

(2)损失时间是与产品生产无关,而与施工组织和技术上的缺点有关,与工人在施工过程中的个人过失或某些偶然因素有关的时间消耗,损失时间中包括多余和偶然工作、停工、违背劳动纪律所引起的工时损失。

①多余和偶然工作时间。多余工作,就是工人进行了任务以外的工作而又不能增加产品数量的工作。从多余工作的性质看,在定额中不应考虑它所占用的时间,但是由于偶然工作能获得一定产品,拟定定额时要适当考虑它的影响。

②停工时间是工作班内停止工作造成的工时损失。停工时间按其性质可分为施工本身造成的停工时间和非施工本身造成的停工时间两种。非施工本身造成的停工时间,是由于水源、电源中断引起的停工时间。前一种情况在拟定定额时不应该计算,后一种情况定额中则应给予合理的考虑。

③违背劳动纪律损失时间是指工人在工作班开始和午休后的迟到、午饭前和工作班结束前的早退、擅自离开工作岗位、工作时间内聊天或办私事等造成的工时损失。

2. 机器工作时间的消耗

机器工作时间也分为必需消耗的工作时间和损失工作时间两大类,如图 3.2 所示。

(1)必需消耗的工作时间。在必需消耗的工作时间里,包括有效工作,不可避免的无负荷工作和不可避免的中断 3 项时间消耗。

①有效工作的时间消耗中又包括正常负荷下、有根据地降低负荷下工作的工时消耗。

a. 正常负荷下的工作时间,是机器在与机器说明书规定的计算负荷相符的情况下进行工作的时间。

b. 有根据地降低负荷下的工作时间,是在个别情况下由于技术上的原因,机器在低于其计算负荷下工作的时间。

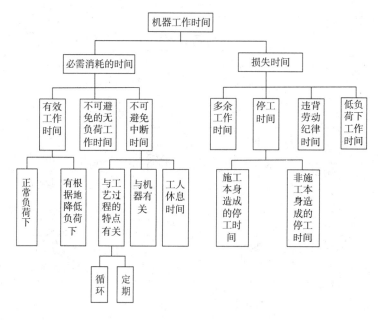

图 3.2　机器工作时间分类图

②不可避免的无负荷工作时间,是由施工过程的特点和机械结构的特点造成的机械无负荷工作时间。

③不可避免的中断工作时间,是与工艺过程的特点、机器的使用和保养、工人休息有关的工作时间,所以它又可以分为3种。

a. 与工艺过程的特点有关的不可避免中断工作时间,有循环的和定期的两种。循环的不可避免中断,是在机器工作的每一个循环中重复一次。定期的不可避免中断,是经过一定时期重复一次。

b. 与机器有关的不可避免中断工作时间,是由于工人进行准备与结束工作或辅助工作时,机器停止工作而引起的中断工作时间。

c. 与工人休息有关的工作时间要注意的是,应尽量利用与工艺过程有关的和与机器有关的不可避免中断时间进行休息,以充分利用工作时间。

(2)损失的工作时间。损失的工作时间中,包括多余工作、停工、违背劳动纪律所消耗的工作时间和低负荷下的工作时间。

①机器的多余工作时间,一是机器进行业务内和工艺过程内未包括的工作而延续的时间,二是机械在负荷下所做的多余工作,如混凝土搅拌机搅拌混凝土时超过规定搅拌的时间。

②机器的停工时间,按其性质也可分为施工本身造成和非施工本身造成的停工。

③违反劳动纪律引起的机器的时间损失,是指由于工人迟到早退或擅离岗位等原因引起的机器停工时间。

④低负荷下的工作时间,是由于工人或技术人员的过错所造成的施工机械在降低负荷的情况下工作的时间。此项工作时间不能作为计算时间定额的基础。

3.2.5　测定工时消耗的基本方法——计时观察法

1. 计时观察法的含义和用途

(1)计时观察法的含义。计时观察法是研究工作时间消耗的一种技术测定方法,在机械水平不太高的建筑施工中得到较为广泛的采用。在施工中运用计时观察法的主要目的在于查明工作时间消耗的性质和数量;查明和确定各种因素对工作时间消耗数量的影响;找出工时损失的原因和研究缩短工时、减少损失的可能性。

(2)计时观察法的具体用途。

①取得编制施工的劳动定额和机械定额所需要的基础资料和技术根据。

②研究先进工作法和先进技术操作对提高劳动生产率的具体影响,并应用和推广先进工作法和先进技术操作。

③研究减少工时消耗的潜力。

④研究定额执行情况,包括研究大面积、大幅度超额和达不到定额的原因,积累资料、反馈信息。

计时观察法的特点是能够把现场工时消耗情况和施工组织技术条件联系起来加以考察。计时观察法的局限性,是考虑人的因素不够。

2. 计时观察法前的准备工作

(1)确定需要进行计时观察的施工过程。

(2)对施工过程进行预研究。

(3)选择施工的正常条件。

(4)选择观察对象。

(5)调查所测定施工过程的影响因素。

(6)其他准备工作。

3. 计时观察方法

对施工过程进行观察、测时,计算实物和劳务产量,记录施工过程所处的施工条件和确定影响工时消耗的因素,是计时观察法的 3 项主要内容和要求。计时观察法种类很多,其中最主要的有 3 种。

(1)测时法。测时法主要适用测定那些定时重复的循环工作的工时消耗,是精确度比较高的一种计时观察法。有选择测时法和接续测时法两种。

(2)写实记录法。写实记录法是一种研究各种性质的工作时间消耗的方法。采用这种方法,可以获得分析工作时间消耗的全部资料,是一种值得提倡的方法。写实记录法按记录时间的方法不同分为 3 种。

①数示法写实记录。数示法的特征是用数字记录工时消耗,是 3 种写实记录法中精度较高的一种,精度达 5 秒,可以同时对两个工人进行观察,适用于组成部分较少而且比较稳定的施工过程,数示法用来对整个工作班或半个工作班进行长时间观察,因此能反映工人或机器工作日全部情况。

②图示法写实记录。图示法是在规定格式的图表上用时间进度线条表示工时消耗量的一种记录方式,精确度可达 30 秒,可同时对 3 个以内的工人进行观察。这种方法的主要优点是记录简单,时间一目了然,原始记录整理方便。

③混合法写实记录。混合法吸取数字和图示两种方法的优点,用图示法中的时间进度线

条表示工序的延续时间,在进度线的上部加写数字表示各时间区段的工人数。混合法适用于3个以上工人工作时间的集体写实记录。

(3)工作日写实法。工作日写实法是一种研究整个工作班内的各种工时消耗的方法。

运用工作日写实法主要有两个目的,一是取得编制定额的基础资料;二是检查定额的执行情况,找出缺点,改进工作。查明熟练工人是否能发挥自己的专长,确定合理的小组编制和合理的小组分工;确定机器在时间利用和生产率方面的情况,找出使用不当的原因,定出改善机器使用情况的技术组织措施;计算工人或机器完成定额的实际百分比和可能百分比。

工作日写实法和测时法、写实记录法比较,具有技术简便、人力投入不多、应用面广和资料全面的优点。在我国是一种采用较广的编制定额的方法。

3.2.6 劳动定额的编制与应用

劳动定额指在一定的生产技术和生产组织条件下,为生产一定数量的合格产品或完成一定量的工作所必需的劳动消耗标准。劳动定额的表现形式有两种:时间定额与产量定额。

1. 劳动定额的编制

编制劳动定额包括拟定正常的施工条件和拟定时间(产量)定额两部分工作。

(1)拟定正常的施工条件。正常施工条件就是规定执行定额时应该具备的条件,是绝大多数企业和施工队、组在合理组织施工的情况下能够达到的施工条件。

①拟定工作地点的组织。工作地点应保持清洁,秩序井然,所需工具和材料放置位置妥当,使工人在操作时不受干扰。

②拟定工作组成。将施工过程按劳动分工的可能划分为若干工序,达到合理使用工人的目的。

③拟定施工人员编制。确定施工小组的人数、技术人员的配备及劳动的分工协作,使每个工人都能充分发挥作用,均衡地担负工作。

(2)拟定时间(产量)定额。时间定额和产量定额是劳动定额的两种表现形式,两者互为倒数。拟定出时间定额,也就可以计算出产量定额;反之亦然。

制定时间定额的方法主要有技术测定法、比较类推法、统计分析法和经验估计法等。

①技术测定法。技术测定法也就是计时观察法。通过对施工过程的工时研究,确定出施工过程的基本工作时间、辅助工作时间、准备与结束工作时间、不可避免中断时间和休息时间,这些时间之和就是劳动定额的时间定额。

基本工作时间在定额时间中占的比重最大,主要根据计时观察资料确定。

辅助工作时间、准备与结束工作时间的确定方法与基本工作时间相同,如果在计时观察时得不到足够的资料,可以采用工时规范或经验数据来确定。

确定不可避免中断时间时要明确其产生原因,只有因工艺特点引起的不可避免中断时间才能计入定额时间内;如果因为其他原因,如由于生产班组工人任务不均衡而引起的不可避免中断时间不能计入定额时间内,应通过改善施工班组人员编制、合理进行劳动分工来克服。不可避免中断时间根据测时资料通过整理分析获得。由于手动过程中不可避免中断发生较少,加之不易获得充足的资料,也可以根据经验数据,以占工作日的一定百分比来确定。

休息时间应根据工作班作息制度、经验资料、计时观察资料以及对工作的疲劳程度全面分析来确定。时间定额是在拟定基本工作时间、辅助工作时间、不可避免中断时间、准备与结束的工作时间,以及休息时间的基础上制定的。

利用工时规范计算时间定额的公式为

$$工序作业时间＝基本工作时间＋辅助工作时间$$

$$＝\frac{基本工作时间}{1－辅助时间\%} \tag{3.1}$$

$$规范时间＝准备与结束工作时间＋不可避免的中断时间＋休息时间 \tag{3.2}$$

$$定额时间＝\frac{工序作业时间}{1－规范时间\%} \tag{3.3}$$

【例 3.1】人工挖土方,土壤系潮湿的黏性土,按土壤分类属二类土(普通土),测时资料表明,挖 1 m³ 需消耗基本工作时间 60 分钟,辅助工作时间占作业时间的 2%,准备与结束工作时间占工作延续时间的 2%,不可避免中断时间占 1%,休息时间占 20%。试计算人工挖普通土的时间定额和产量定额。

解:

$$工序作业时间＝\frac{基本工作时间}{1－辅助时间\%}＝\frac{60}{0.98}＝61.22(分钟)$$

$$定额时间＝\frac{工序作业时间}{1－规范时间\%}＝\frac{61.22}{1－2\%－1\%－20\%}＝79.51(分钟)$$

$$时间定额＝\frac{79.51}{60×8}＝0.17(工日/m³)$$

$$产量定额＝\frac{1}{时间定额}＝\frac{1}{0.17}＝5.88(m³/工日)$$

②比较类推法,又称典型定额法,是以同类型产品或工序的定额为依据,通过比较分析,类推出同一组定额中相邻项目定额水平的方法。这种方法计算简便,工作量小而且较准确。但参考的典型定额必须切合实际,具有代表性。这种方法主要适用于同类型产品规格多、批量小的施工过程。

③统计分析法。统计分析法就是把过去一定时期内完成同类产品或工序的实际工时消耗的统计资料与当前生产技术组织条件的变化因素结合起来分析研究以制定定额的方法。采用这种方法需要有准确的原始记录和统计工作基础,而且要选择具有平均先进水平的企业、施工班组的情况作为统计计算定额的依据。

④经验估计法。经验估计法是由定额编制人员、工程技术人员和工人三者相结合,根据自身的实践经验,通过分析图纸、现场观察、分析施工生产的技术组织条件和操作方法等情况,进行座谈讨论以制定定额的一种方法。

这种方法适用于那些次要的、消耗量小的、品种规格多的工作过程的施工定额的制定。经验估计法简便及时、工作量小,可以缩短定额的制定时间,但易受估计人员主观因素和局限性的影响。

2. 劳动定额的应用

劳动定额的种类有全国《建设工程劳动定额》《装饰工程劳动定额》《安装工程劳动定额》《市政工程劳动定额》《园林绿化工程劳动定额》及各种行业劳动定额。这些定额是供各地区主管部门和企业编制施工定绿的参考定额,是以建筑安装工程产品为对象,以合理组织现场施工为条件,按"实"计算的。即定额规定的劳动时间或劳动量不变,劳动力工资单价可根据各地区工资水平进行调整。

劳动消耗量表示方法有单式表示法、复式表示法、综合/合计表示法3种。单式表示法只列出时间定额(工日/××);复式表示法既列出时间定额又列出产量定额,形式为"$\frac{时间定额}{每工产量}$"或"$\frac{人工时间定额}{机械台班产量}$";综合/合计表示法是指综合/合计时间定额。综合时间定额是指完成同一产品中的各单项工序定额的综合,合计时间定额是指完成同一产品中各单项工种定额的综合。计算公式式为

$$综合时间定额 = \sum 各单项工序时间定额 \qquad (3.4)$$

$$合计时间定额 = \sum 各单项工种时间定额 \qquad (3.5)$$

$$综合产量定额 = \frac{1}{综合时间定额} \qquad (3.6)$$

$$合计产量定额 = \frac{1}{合计时间定额} \qquad (3.7)$$

如目前实施的建设工程劳动定额均以时间定额表示,以"工日"为单位。定额时间由完成生产工作的作业时间、作业宽放时间、个人生理需要与休息宽放时间以及必须分摊的准备与结束时间等部分组成。实际工作中劳动定额多采用表格形式如表3.1所示。

表3.1 砖墙劳动定额

砖墙

工作内容:包括砌墙面艺术形式(腰线、门窗套子、虎头砖、通立边等)、墙垛、平旋及安放平旋模板、梁板头砌砖、梁板下塞砖、楼梯间砌砖、留楼梯踏步斜槽、留孔洞,砌各种凹进处,山墙、女儿墙泛水槽、安装木砖、铁件及体积≤0.024 m³的预制混凝土门窗过梁、隔板、垫块以及调整立好后的门窗框等。

单位:m³

定额编号	AD0030	AD0031	AD0032	AD0033	AD0034	AD0035	序号
项目	多空砖墙			空心砖墙			
	墙体厚度(mm)						
	≤150	≤250	>250	≤150	≤250	>250	
综合	0.967	0.915	0.860	0.965	0.804	0.712	一
砌砖	0.500	0.450	0.400	0.556	0.463	0.411	二
运输	0.417	0.415	0.410	0.364	0.296	0.256	三
调试砂浆	0.050	0.050	0.050	0.045	0.045	0.045	四

注:多空砖墙、空心砖墙包括镶砌标准砖。

例如,该定额中每砌 1 m³ 240 mm 厚砖墙,砌砖时间定额为 0.450 工日,运为 0.415 工日,调制砂浆为 0.050 工日,综合时间定额为 0.450+0.415+0.050=0.915(工日/m³)。

【例3.2】某砌砖班组20名工人,用空心砖砌筑某住宅楼240 mm厚外墙需10天完成,试确定该班组完成的砌体体积。

解:查表3.1定额编号AD0034,综合时间定额为 0.804 工日/m³。

综合产量定额 $= \dfrac{1}{综合时间定额} = \dfrac{1}{0.804} = 1.244(\text{m}^3/\text{工日})$

砌筑的总工日数 $= 20$ 工日/天×10 天$=200$(工日)

则:砌体体积＝200 工日×1.244 m³/工日＝248.8(m³)

【例3.3】某工程有170 m³ 120 mm 厚多空砖内墙,每天有12名专业工人进行砌筑,试计算完成该工程的定额施工天数。

解:查表3.1定额编号 AD0030,综合时间定额为 0.967 工日/m³。

完成该砌筑工程需要的总工日数:170 m³×0.967 工日/m³＝164.39(工日)

需要的施工天数:$\dfrac{164.39\ 工日}{12\ 工日/天}=13.7\ 天≈14(天)$

3.2.7 材料消耗定额的编制与应用

1. 材料消耗定额的概念与组成

材料消耗定额是指在合理使用材料的条件下,生产单位合格产品所必须消耗的一定品种、规格的原材料、燃料、半成品、配件和水、电、动力等资源(统称为材料)的数量标准。

合理确定材料消耗,必须研究和区分材料在施工过程中的类别。

施工中的材料可分为实体材料和非实体材料。实体材料是直接构成工程实体的主要材料和辅助材料;非实体材料是在施工过程中必须使用但又不构成工程实体的施工措施性材料,如模板、脚手架等。

根据材料消耗的性质又可分为必须消耗的材料和损失的材料两类。必须消耗的材料是确定材料消耗定额的基本数据,是施工过程中的合理消耗。必须消耗的材料包括:直接用于建筑和安装工程的材料、不可避免的施工废料、不可避免的材料损耗。其中,直接用于建筑和安装工程的材料数量,称为材料的净用量;不可避免的施工废料和材料损耗数量,称为材料的合理损耗量。也就是说,材料的定额消耗量由材料的净用量和材料的合理损耗量组成。具体计算方法如下:

$$材料消耗量＝材料净用量＋材料合理损耗量$$
$$＝材料净用量×(1＋材料损耗率) \tag{3.8}$$
$$材料损耗率＝材料合理损耗量/材料净用量×100\% \tag{3.9}$$

材料损耗率通过观测和现场统计确定。部分建筑材料的损耗率参考值如表3.2所示。

表 3.2 部分建筑材料的损耗率参考值

材料名称	工程项目	损耗率(%)	材料名称	工程项目	损耗率(%)
普通砖	基础	0.4	混合砂浆	抹墙及墙裙	2
普通砖	实砖墙	1	砌筑砂浆	普通砖砌体	1
普通砖	方砖柱	3	砌筑砂浆	粘土空心砖	10
多孔砖	墙	1	砌筑砂浆	加气混凝土砌块墙	2
硅酸盐砌块		2	混凝土	现浇地面	1
加气混凝土砌块		2	混凝土	现浇其余部分	1.5
砂		2	混凝土	预制桩基础、梁、柱	1
砂	混凝土工程	1.5	混凝土	预制其余部分	1.5
水泥		1	钢筋	现浇及预制混凝土	2
混合砂浆	抹天棚	3	钢材		6

2. 材料消耗定额的编制

(1)实体材料消耗定额的编制方法,主要有现场观察法、实验室试验法、现场统计法和理论计算法。

①现场观察法,是在施工现场对产品数量、材料净用量和损耗量的观察与测定从而确定材料消耗定额的方法。这种方法主要是确定材料的损耗量、损耗率,也可以用于确定材料净用量。采用这种方法要求工程结构是典型的;施工符合技术规范;材料品种质量符合设计要求;被测定的工人能合理节约材料和保证产品质量。

②实验室试验法,是在实验室利用仪器设备确定材料消耗定额的方法。这种方法是对材料的结构、化学成分、物理性能以及按强度等级控制的混凝土、砂浆配合比做出科学的结论,从而为材料消耗定额的制定提供有技术根据的、比较精确的计算数据。这种方法主要适用于混凝土、砂浆、沥青、油漆涂料等材料净用量的测定。

③现场统计法,是对施工现场进料、用料的大量统计资料进行分析计算,获得材料消耗的各项数据,从而确定材料消耗量的一种方法。这种方法简单易行,但不能区分材料消耗的性质,得出材料消耗量的准确性也不高。

④理论计算法,是根据施工图纸,运用一定的数学公式计算材料消耗定额的方法。这种方法主要用于制定板、块类材料的净用量定额。材料的合理损耗仍须通过现场观测得到。用理论计算法确定材料消耗量举例如下。

【例3.4】 每 $1\ \mathrm{m}^3$ 标准砖墙(普通粘土砖)的材料消耗量计算。

解:
$$砖净用量(块)=\frac{2\times 墙厚砖数}{墙厚\times(砖长+灰缝)(砖厚+灰缝)}$$

$$砖消耗量=砖净用量\times(1+砖损耗率)$$

$$砂浆净用量(\mathrm{m}^3)=1-砖净用量\times 每块砖体积$$

$$砂浆消耗量=砂浆净用量\times(1+砂浆损耗率)$$

上式中,标准砖的尺寸为 $240\ \mathrm{mm}\times 115\ \mathrm{mm}\times 53\ \mathrm{mm}$,标准砖墙的计算厚度如表3.3所示。灰缝厚 $=10\ \mathrm{mm}$。

表3.3 标准砖墙的计算厚度

墙厚砖数	$\frac{1}{4}$	$\frac{1}{2}$	$\frac{3}{4}$	1	$1\frac{1}{2}$	2	$2\frac{1}{2}$	3
墙厚(mm)	53	115	180	240	365	490	615	740

【例3.5】 $100\ \mathrm{m}^2$ 块料面层材料消耗量的计算。

解:块料面层一般指瓷砖、地面砖、墙面砖、大理石、花岗岩等材料,通常以 $100\ \mathrm{m}^2$ 为计量单位,计算公式为

$$面层净用量=\frac{100}{(块料长+灰缝)\times(块料宽+灰缝)}$$

$$面层消耗量=面层净用量\times(1+损耗率)$$

(2)非实体材料消耗定额的编制。施工过程中的非实体材料即通常所说的周转性材料,这种材料不构成工程实体,可以在多个施工过程中多次使用。

周转性材料消耗定额的制定应该是在对施工现场的观测和大量统计分析基础上,按照多

次使用,分期摊销的方式计算得到的,摊销量的计算公式为

$$摊销量=一次使用量×(1+施工损耗)×\left[\frac{1+(周转次数-1)×补损率}{周转次数}-\frac{(1-补损率)×50\%}{周转次数}\right] \quad (3.10)$$

式中:一次使用量是指周转材料为完成每一次生产所需的周转材料净用量;补损率是指周转材料使用一次后因损坏不能重复使用的数量占一次使用量的百分比;50%是周转材料回收折价率。

【例3.6】 某工程现浇钢筋混凝土独立基础,1 m^3 独立基础的模板接触面积为 3.5 m^2,每平方米模板接触面积需用板材 0.09 m^3,施工损耗率为 2%,模板周转次数5次,每次周转损耗率为 18%。计算该基础模板的定额摊销量。

解:模板一次使用量 $=3.5×0.09=0.315(\text{m}^3)$

$$摊销量=0.315×(1+2\%)×\left[\frac{1+(5-1)×18\%}{5}-\frac{(1-18\%)×50\%}{5}\right]=0.084(\text{m}^3)$$

3.2.8 机械台班消耗定额的编制

机械台班消耗定额是指为完成一定数量的合格产品所规定的施工机械消耗的数量标准,是以台班为计量单位的,每一台班按8小时计。机械消耗定额表现形式也是机械时间定额或产量定额。

1. 拟定正常的工作条件

主要是拟定工作地点的合理组织和合理的工人编制。工作地点组织合理就是要科学合理地布置或安排施工地点的机械放置位置、工人从事操作的场所。合理的工人编制是指根据施工机械的性能和设计能力、工人的专业分工和劳动工效,合理确定操纵机械的工人和参加机械化施工过程的工人编制人数。

2. 确定机械纯工作1小时的正常生产率

机械纯工作时间,就是机械的必须消耗时间。机械纯工作1小时正常生产率,就是在正常施工组合条件下,具有必需的知识和技能的技术工人操纵机械1小时的生产率。

(1)循环机械如塔式起重机、单斗挖土机等纯工作1小时正常生产率的确定。

①确定机械各循环组成部分的延续时间。

②计算机械一次循环的正常延续时间,计算公式为

$$机械一次循环的正常延续时间=\sum(各组成部分的正常延续时间)-交叠时间$$

$$(3.11)$$

③计算机械纯工作1小时的正常循环次数,计算公式为

$$机械纯工作1小时的正常循环次数=\frac{60×60(s)}{一次循环的正常延续时间} \quad (3.12)$$

④计算机械纯工作1小时的正常生产率,计算公式为

$$机械纯工作1小时的正常生产率=机械纯工作1小时正常循环次数×$$
$$一次循环生产的产品数量 \quad (3.13)$$

(2)连续动作机械纯工作1小时正常生产率的确定。

连续动作机械纯工作1小时正常生产率主要根据机械性能来确定,计算公式为

$$连续动作机械纯工作1小时的正常生产率=\frac{工作时间内生产的产品数量}{工作时间(h)} \quad (3.14)$$

3. 确定施工机械的正常利用系数

施工机械的正常利用系数是指机械在工作班内对工作时间的利用率。机械的利用率与机械在工作班内的工作状况有着密切的关系,因而,要确定施工机械的正常利用系数必须保证施工机械的正常状况,即保证工时的合理利用,机械式常利用系数的计算公式为

$$机械正常利用系数=\frac{机械在一个工作班内纯工作时间}{一个工作班延续时间} \qquad (3.15)$$

4. 制定施工机械定额消耗量

在获得施工机械在正常条件下机械纯工作单位小时正常生产率和机械正常利用系数之后,利用下列计算式即可获得机械的定额消耗量。

$$施工机械台班产量定额=机械纯工作单位小时正常生产率×工作班纯工作时间 \qquad (3.16)$$

或

$$施工机械台班产量定额=机械单位小时纯工作正常生产率×工作班延续时间× $$
$$机械正常利用系数 \qquad (3.17)$$

$$施工机械时间定额=\frac{1}{机械台班产量定额} \qquad (3.18)$$

【例3.7】某工程现场采用出料容量1 000 L的混凝土搅拌机,每一次循环中,装料、搅拌、卸料、中断需要的时间分别是1 min,3 min,1 min,1 min,机械利用系数为0.9,确定该机械的产量定额及时间定额。

解:该搅拌机一次循环的正常延续时间=1+3+1+1=6(min)=0.1(h)

搅拌机纯工作1小时循环次数=1/0.1=10(次)

搅拌机纯工作1小时正常生产率=10×1 000=10 000 L=10(m³)

搅拌机台班产量定额=10×8×0.9=72(m³/台班)

搅拌机台班时间定额=1/72=0.014(台班/m³)

3.2.9 施工定额的应用

1. 施工定额手册的内容

施工定额手册是施工定额的汇编,其主要内容由文字说明、定额项目表、附录组成。

(1)文字说明。文字说明包括总说明、分册说明、分节说明。总说明一般包括定额的编制原则、编制依据、适用范围、工程质量及安全要求、定额指标的计算方法、有关全册的综合内容、有关规定及说明等内容。分册说明主要说明本章节的工作内容、施工方法、定额计算方法、有关规定(如材料运距、土壤类别的规定)的说明、工程量计算方法、质量及安全方面的要求等。分节说明主要有工作内容、施工方法、小组成员等。

(2)定额项目表。定额项目表是定额手册的核心部分和主要内容,包括工作内容、定额表、附注。工作内容是指除说明中规定的工作内容外,完成本定额项目另外规定的工作内容,通常列在定额表的上端。定额表由定额编号、计量单位、项目名称、工料消耗量组成。附注是某些定额有特殊要求需要单独说明的内容,通常列于定额表下端。

(3)附录。附录放在定额手册的最后,作为使用定额的参考和换算的依据。内容包括名词解释、图示、先进经验及先进工具的介绍、混凝土及砂浆配合比、材料单位重量等。

2. 施工定额的应用

正确使用施工定额,首先要熟悉定额编制说明、分册说明及附注等内容,以便了解定额项

目的工作内容、工程量计算规则、施工操作方法等。

【例3.8】一路基开挖工程，其中边沟开挖土方10 m³，槽外土方200 m³，槽内土方100 m³，均为硬土，手推车运输40 m。试计算该路基开挖需要多少工日？

解：(1)计算规则说明。根据《公路工程施工定额》规定：路基土石方开挖定额中均已包括开挖边沟的人工消耗，应将边沟数量并入挖方数量内计算。

(2)《公路工程施工定额》人工挖运土方规定如表3.4所示。

表3.4 人工挖运土方施工定额（每1 m³ 的劳动定额）

工作内容：挖运：挖、装、运20 m，卸土，空回。增运：平运10 m，空回。

项　　目	第一个20 m挖运						每增运10 m	
	槽外			槽内			挑运	手推车
	松土	普通土	硬土	松土	普通土	硬土		
时间定额	0.158	0.231	0.33	0.177	0.269	0.379	0.033	0.01
每工产量	6.33	4.33	3.03	5.65	3.72	2.64	—	—
编号	1	2	3	4	5	6	7	8

(3)从上表可以看出，人工挖运土方的基础运距为20 m，增运距则为：40－20＝20(m)。

挖槽内土方：查定额编号2－2－6及2－2－8

$$(100+10)\times0.379+20/10\times0.01\times(100+10)=43.89(工日)$$

挖槽外土方：查定额编号2－2－3及2－2－8

$$200\times0.33+20/10\times0.01\times200=70(工日)$$

合计用工＝43.89＋70＝113.89(工日)

【例3.9】某教学楼砖外墙干粘石(不分格)按施工定额工程量计算规则计算，干粘石面积为3 000 m²，试计算其工料用量。

解：干粘石施工定额如表3.5所示。

表3.5 干粘石施工定额

工作内容：清扫、打底、弹线、嵌条、筛洗石渣、配色、抹光、起线、粘石等　　　　　(单位：10 m²)

编号	项　目			人工			水泥	砂	石渣	107胶	甲基硅醇纳
				综合	技工	普工			kg		
147	墙面、墙裙			2.62/0.38	2.08/0.48	0.54/1.85	92	324	60	0.26	
148	混凝土墙面	不打底	干粘石	1.85/0.54	1.48/0.68	0.37/2.7	53	104	60	0.26	
149			机喷石	1.85/0.54	1.48/0.68	0.37/2.7	49	46	60	4.25	0.4
150	柱		方柱	3.96/0.25	3.1/0.32	0.86/1.16	96	340	60		
151			圆柱	4.21/0.24	3.24/0.31	0.97/1.03	92	324	60		
152	窗盘心			4.05/0.25	3.11/0.32	0.94/1.06	92	324	60		

注：(1)墙面(裙)、方柱以分格为准，不分格者，综合时间定额乘0.85。

(2)窗盘心以起线为准，不带起线者，综合时间定额乘0.8。

上表定额 147 项目内容的规定是以分格为准,而本教学楼砖外墙干粘石是不分格的,按照附注说明,将综合时间定额乘 0.85。其工料用量为

$$工日消耗量 = 2.62 \times 0.85 \times 3\,000/10 = 668.1(工日)$$
$$水泥用量 = 92 \times 3\,000/10 = 27\,600(kg)$$
$$砂用量 = 324 \times 3\,000/10 = 97\,200(kg)$$
$$石渣用量 = 60 \times 3\,000/10 = 18\,000(kg)$$

3.3 预算定额的编制与应用

3.3.1 预算定额的概念与作用

预算定额是指在合理的施工组织设计、正常施工条件下、生产一个规定计量单位合格产品所需要的人工、材料和机械台班的社会平均消耗量标准,该计量单位一般以一个分项工程或一个分部工程为对象。

预算定额是工程建设中的一项重要的技术经济文件,它强调完成规定计量单位并符合设计标准和施工及验收规范要求的分项工程人工、材料、机械台班的消耗量标准。该消耗量受一定的技术进步和经济发展的制约在一定程度上是相对稳定的。

预算定额的作用主要体现在以下几方面。

(1)预算定额是编制施工图预算,确定建筑安装产品工程造价的基础。在施工图设计阶段,设计单位以预算定额为依据编制施工图预算,进行优化设计、技术经济评价和限额设计,以此控制工程项目投资,使之不超过初步设计概算。

(2)预算定额是编制施工组织设计,确定施工中所需的人力、物力的供求量,并作出最佳安排的依据。施工企业可参照地方预算定额,结合企业自身状况和工程的具体情况确定施工中所需人力、物力等各项资源的需要量,有计划地组织材料采购、预制构件的加工、劳动力和施工机械的调配,并计算施工措施费用;同时,施工企业可按照预算定额中的人、材、机社会平均消耗量为标准,衡量和分析企业生产经营中的物化劳动和劳动消耗指标,促使企业在施工中尽量降低人力和物力的消耗,采用新技术,提高劳动生产率和管理水平,以增强企业的市场竞争力,取得较好的经济效果。

(3)预算定额是工程结算的依据。工程结算是建设单位和施工单位按照工程进度对已经完成的分部分项工程实现货币支付的行为。对已完分部分项工程的结算,需要根据预算定额和已完工程量计算,以保证工程按进度计划顺利实施和施工单位的合法权益。

(4)预算定额是合理编制标底、投标报价的基础。在深化改革阶段,预算定额在编制招标标底和投标报价中仍可发挥其指导性的作用。

(5)预算定额是施工单位进行经济活动分析的依据。预算定额规定的人工、材料和机械台班的消耗标准,是施工单位在生产经营中允许消耗的最高标准。施工单位必须以预算定额作为评价企业工作的重要标准,只有努力提高生产效率,降低各种物资消耗,才能取得较好的经济效果。

(6)预算定额是编制概算定额的基础。概算定额是在预算定额基础上综合扩大编制的。利用预算定额作为编制依据,不但可以节省编制工作的大量人力、物力和时间,收到事半功倍的效果,还可以体现定额体系的连惯性,保持概算定额与预算定额之间的项目衔接和必要的水

平差,以满足设计概算有效控制施工图预算和工程结算的要求。

3.3.2　预算定额的编制

1. 预算定额的编制原则

(1)按工程实体性消耗与措施性消耗相分离编制的原则。工程施工消耗包括工程实体消耗和施工措施消耗两部分:工程实体消耗是施工过程中构成实体的人工、材料及机械台班的必要消耗,其定额消耗量具有相对稳定性;施工措施消耗是为完成工程项目施工,发生于该工程前和施工过程中技术、生活和安全等方面的非工程实体消耗。在预算定额编制中,使两者相分离并分别计价,将工程实体消耗量作为定额的必要消耗量加以合理控制,不得随意调整,有利于保证工程质量和安全;将反映企业技术装备、施工手段和管理水平等个体因素的施工措施性消耗量作为竞争性耗量,给企业之间的技术和报价提供了充分的竞争空间,有利于鼓励企业进行技术革新,降低工程成本,体现企业自主报价,市场竞争形成价格的原则。为给编制施工图预算、招标标底和投标报价提供依据或参考,仍需要编制统一的措施性定额。措施性定额项目可以消耗量和费率两种形式表现,如模板、脚手架、垂直运输等项目可以以消耗量定额形式表现;环境保护费、文明施工费、夜间施工费等费用可以以费率形式表现。

(2)按照社会平均水平编制预算定额。预算定额的编制目的是确定完成合格分部分项工程的活劳动和物化劳动消耗量标准,在此基础上确定建筑工程的工程造价。任何产品的价格都是按照生产该产品的所需要的社会必要劳动量来确定的,所以预算定额中规定的活劳动和物化劳动消耗量标准,应体现社会平均水平。预算定额的平均水平是在正常施工条件下,合理的施工组织和工艺条件、平均熟练程度和劳动强度下,完成单位分项工程基本构造要素所需要的劳动时间。

预算定额是以大多数施工单位的施工定额水平为基础编制的,但定额水平低于施工定额,而且预算定额的内容比施工定额更综合,包含了更多的可变因素。

(3)简明适用原则。预算定额项目是在施工定额的基础上进一步综合,通常将建筑物分解为分部、分项工程。在编制预算定额时,对于主要的、常用的、价值量大的项目,分项工程划分宜细;次要的、不常用的、价值量小的项目划分可以粗一些。

预算定额项目设置要齐全,活口的设置要适当。活口是指在定额中规定当符合一定条件时,允许该定额另行调整。活口尽量少留。

(4)统一性和差别性相结合的原则。统一性是从培育全国统一市场规范计价行为出发,计价定额的制定规划和组织实施由国务院建设行政主管部门归口,并负责全国统一定额的制定或修改,颁发有关工程造价管理的规章制度办法等。这样有利于通过定额和工程造价管理实现建筑安装产品价格的宏观调控。差别性就是在统一性的基础上,各部门和省、自治区、直辖市主管部门可以在自己的管辖范围内,根据本部门和地区的具体情况,制定部门和地区性定额、补充性制度和管理办法,以适应我国幅员辽阔、地区间发展不平衡和差异大的实际情况。

2. 预算定额的编制依据

(1)现行劳动定额、施工定额。预算定额是在现行劳动定额、施工定额的基础上编制的。预算定额中的人工、材料、机械台班消耗水平,需要根据劳动定额或施工定额取定;预算定额的计量单位的选择也要以施工定额为参考,从而保证两者的协调和可比性,减轻预算定额的编制工作量,缩短编制时间。

(2)现行设计规范、施工及验收规范、质量评定标准、安全操作规程。

(3)具有代表性的典型工程施工图纸及有关标准图。对于这些图纸进行仔细分析研究,并计算出工程数量,作为编制定额时选择施工方法确定定额含量的依据。

(4)新技术、新结构、新材料和先进施工方法等。这类资料是调整定额水平和增加新的定额项目所必需的数据。

(5)有关科学试验、技术测定和统计、经验资料等。这类资料是确定定额水平的重要依据。

(6)现行的预算定额,材料预算价格及有关文件规定等。

3. 预算定额的编制程序

预算定额的编制大致可分为准备工作阶段、收集资料阶段、编制初稿阶段、审查定稿阶段。各阶段工作互有交叉,有些工作还多次重复。在预算定额编制阶段的主要工作如下。

(1)确定编制细则。主要包括:统一编制表格及编制方法;统一计算口径、计量单位和小数点位数的要求;有关统一性规定:名称统一,用字统一,专业用语统一,符号代码统一,简化字要用规范,文字要简练明确。

(2)确定预算定额项目的计量单位。预算定额和施工定额计量单位往往不同,施工定额的计量单位一般是按照工序或施工过程确定,而预算定额的计量单位主要是根据分部分项工程的形体和结构构件特征及其变化确定。由于工作内容综合,预算定额的计量单位也具有综合的性质。

一般按公制单位执行。预算定额的计量单位的确定应达到实用方便、有利于简化工程量的计算。关系到预算工作的繁简和准确性。因此,要正确地确定各分部分项工程的计量单位。一般依据以下建筑结构构件形体的特点确定。

①凡建筑结构构件的断面有一定形状和大小,但是长度不定时,可按长度以延长米为计量单位。如踢脚线、楼梯栏杆乙木装饰条、管道线路安装等。

②凡建筑结构构件的厚度有一定规格,但是长度和宽度不定时,可按面积以平方米为计量单位。如地面、楼面、墙面和天棚面抹灰等。

③凡建筑结构构件的长度、厚(高)度和宽度都变化时,可按体积以立方米为计量单位。如土方、钢筋混凝土构件等。

④钢结构由于重量与价格差异很大,形状又不固定,采用重量以吨为计量单位。

⑤凡建筑结构没有一定规格,而其构造又较复杂时,可按个、台、座、组为计量单位。如卫生洁具安装、铸铁水斗等。

(3)按典型设计图纸和资料计算定额项目的工程数量。

(4)确定预算定额各项目人工、材料和机械台班消耗指标。

(5)编制定额表及拟定有关说明。

3.3.3 预算定额的编制方法

1. 人工消耗量指标的确定

预算定额中人工消耗量是指在正常施工条件下,生产单位合格产品所必需消耗的人工工日数量。预算定额中人工消耗量的确定方法有以下2种。

(1)以现行劳动定额为基础确定。预算定额中人工消耗量应该包括完成单位合格分项工程所综合的各个工序的人工消耗,包括基本用工、其他用工。

①基本用工。基本用工是指完成单位合格产品所必需消耗的技术工种用工。其中完成定额计量单位的主要用工是预算定额人工消耗指标的主要组成部分。如在砌筑墙体工程中的砌

砖、运砖、调制砂浆、运砂浆等工序包含的工日数量。由于预算定额是综合性定额,每个分项工程都综合了数个工序内容,工效也不一样,如墙体工程中除实砌墙外,还有门窗洞口、通风道、预留抗震柱等工程内容,需要另外增加用工,这些增加用工应分别计算后,列入基本用工中。基本用工按综合取定的工程量和相应劳动定额的工时定额计算。

$$基本用工 = \sum(综合取定的工程量 \times 劳动定额) \quad\quad (3.19)$$

②其他用工。其他用工是指劳动定额内没有包括而在预算定额中又必须考虑的工时消耗。包括:超运距用工、辅助用工、人工幅度差。

a. 超运距用工。超运距用工是指预算定额中材料及半成品的运输距离,超过了劳动定额基本用工中规定的距离所需增加的用工量。

$$超运距用工 = \sum(超运距材料数量 \times 相应的劳动定额) \quad\quad (3.20)$$

$$超运距 = 预算定额取定的运距 - 劳动定额已包括的运距 \quad\quad (3.21)$$

b. 辅助用工。辅助用工是指技术工种劳动定额中不包括而在预算定额中又必须考虑的用工。例如机械土方工程配合用工、电焊点火用工等。

$$辅助用工 = \sum(材料加工数量 \times 相应加工材料的劳动定额) \quad\quad (3.22)$$

c. 人工幅度差。人工幅度差是预算定额与劳动定额的差额,主要指在劳动定额中未包括而在正常施工条件下不可避免又很难准确计量的各种零星用工及工时损失。内容包括:各工种之间的工序搭接及交叉作业相互配合或影响所发生的停歇用工;施工机械在单位工程之间转移及临时水电线路移动所造成的停工;质量检查和隐蔽工程验收工作的影响;班组操作地点转移用工;工序交接时对前一工序不可避免的修正用工;施工中不可避免的其他零星用工。

$$人工幅度差 = (基本用工 + 辅助用工 + 超运距用工) \times 人工幅度差系数 \quad (3.23)$$

人工幅度差系数一般为 $10\% \sim 15\%$。

(2)以现场观察资料为基础确定。当遇到劳动定额缺项时,应使用这种方法。通过对施工作业过程的工时研究,编制相应劳动定额,从而确定预算定额的人工消耗量标准。

2. 材料消耗量指标的确定

预算定额中材料消耗量指标内容和施工定额一样,也是由材料净用量及损耗量构成。材料消耗量的计算方法同 3.2 节施工定额中材料消耗定额计算方法相同。但是两种定额的材料损耗率并不相同,预算定额中的材料损耗考虑了整个施工现场范围内材料堆放、运输、制备、制作及施工操作过程中的损耗,因而损耗率范围比施工定额中材料损耗率范围大。

3. 机械台班消耗量指标的确定

预算定额中机械台班消耗量是指在正常施工条件下,生产单位合格产品所必需消耗的某种型号施工机械的台班数量。

预算定额中机械台班消耗量指标一般是在施工定额的基础上,再考虑一定的机械幅度差确定的。但是若施工定额缺项,则要根据计时观察法对施工机械进行现场观测研究,具体方法同 3.2 节所述。

机械幅度差是施工定额中没有包括,而在实际中必须增加的合理施工组织条件下机械的停歇时间。一般包括以下内容:施工中机械转移工作面及配套机械相互影响损失的时间;施工技术原因引起的中断及合理停置时间;因供水供电故障及水电线路移动检修而发生的运转中断时间;因质量检查和隐蔽工程验收工作的影响而引起的机械中断时间;各工种间工序搭接及交叉作业相互配合或影响所发生的机械停歇时间;工程收尾和工作量不饱满造成的机械停歇时间;因气候原因或机械本身故障影响工时利用的时间。

(1)大型机械台班消耗量。大型机械如土石方机械、打桩机械、吊装机械等,其台班消耗量以施工定额中规定的机械台班产量加上机械幅度差确定。

$$预算定额机械耗用台班=施工定额耗用台班×(1+机械幅度差系数) \quad (3.24)$$

大型机械幅度差系数为:土石方机械25%,打桩机械33%,吊装机械30%。

(2)按工人生产班组配用的机械台班消耗量。按工人生产班组配用的机械如塔吊、混凝土搅拌机、卷扬机、砂浆搅拌机等,应按小组产量计算台班产量,不增加机械幅度差。

$$预算定额机械耗用台班=\frac{分项定额的计量单位值}{小组产量}$$

$$=\frac{分项定额的计量单位值}{小组总人数×\sum(分项计算取定比重×劳动定额综合产量)} \quad (3.25)$$

【例3.10】一砖外墙假设一台塔吊配合一个砖工小组施工,综合取定双面清水墙占20%,单面清水墙占40%,混水墙占40%。砖工小组由20人组成,计算每10 m³一砖外墙砌体所需的塔吊台班指标。

解:查劳动定额,可知一砖外墙时间定额分别为:双面清水墙1.27工日/m³,单面清水墙1.23工日/m³,混水墙1.09工日/m³。

$$砖工小组每工日总产量=20×\left(\frac{1}{1.27}×20\%+\frac{1}{1.23}×40\%+\frac{1}{1.09}×40\%\right)=17(m^3)$$

$$塔吊台班消耗量=10×\frac{1}{17}=0.59(台班/10 m^3)$$

(3)专用机械台班消耗量。分部工程的各种专用中小型机械如打夯、钢筋加工、木材、水磨石等专用机械,一般按照10%的机械幅度差系数来计算其预算定额台班消耗量。

4. 预算定额的形式

预算定额的形式如表3.6所示。

表3.6 砖基础、砖墙定额示例

内容:制作砂浆、运砖、砌砖。 单位:m³

定额编码		3—1	3—2	3—3	3—4
项目		砖基础	1/2砖墙	3/4砖墙	1砖墙
名称	单位	数量			
人工 综合工日	工日	1.274 0	2.116 0	2.065 0	1.687 0
材料 普通粘土砖240×115×53	块	0.523 6	0.564 1	0.551 0	0.531 4
砂浆	m³	0.236 0	0.195 0	0.213 0	0.225 0
水	m³	0.105 0	0.113 0	0.110 0	0.106 0
机械 灰浆搅拌机200 L	台班	0.039 0	0.033 0	0.035 0	0.038 0

调整系数:

圆形烟囱的砖基础及水塔的砖基础应按砖基础定额计算,人工乘系数1.20。

其他说明。

(1)砖墙定额内已包括原浆勾缝用工和先立门窗框的调直用工以及腰线、窗台线、挑檐等一般出线用工。

(2)实砌砖围墙、室内外地沟及女儿墙按不同厚度的砖墙定额项目计算。

(3)墙体内放置的拉接钢筋,按第4章混凝土及钢筋混凝土工程中的钢筋定额项目计算。

3.3.4 预算定额的应用

为了正确运用预算定额,测算建设工程所需的人工、材料、机械消耗量,首先要学习预算定额。了解定额的分部、分项工程划分的方法,学习定额的总说明、分部说明。定额中指出的编制依据、适用范围、已经考虑的因素和尚未考虑的因素以及其他有关问题的说明,这是正确套用定额、定额换算和补充定额的前提条件。

预算定额的使用一方面是根据定额分部分项工程的划分和有关工程量计算规则,列出所有分部分项工程的项目名称及工程量;另一方面就是选用定额,并在必要的时候换算定额或补充定额。

1. 定额的直接套用

当分项工程的设计要求、做法说明、结构特征、施工方法等条件与定额中相应项目的设置条件完全一致时,可直接套用相应的定额项目。在编制施工图预算时,大多数项目可直接套用相应的定额项目。

预算定额的说明中往往提示,预算定额所确定的人工、材料、机械消耗量及各种费用等,是综合计算确定的,除另有规定外,不再调整换算。若设计要求与定额条件不一致时,可根据定额规定套用定额项目,比如,某省预算定额规定,有梁式满堂基础的反梁高度在 1.5 m 以内时,执行梁的相应子目;梁高超过 1.5 m 时,单独计算工程量,执行墙的相应定额子目。

2. 定额换算

当设计要求与定额条件不完全一致时,可根据定额规定,先换算、后套用。定额中可换算的内容有:混凝土、砂浆强度等级配合比换算,材料断面换算,地面、墙面抹灰厚度的换算,特殊条件下的人工、材料、机械消耗量换算等。定额的换算条件及换算方法通常在分部说明中给出。定额换算方法有以下几种。

(1)系数换算。土石方工程中,土壤含水率均以天然湿度为准,若挖土时含水率达到或超过 25%,应将定额相应项目的人工机械用量乘 1.15 系数进行换算。砌筑工程中,块石护坡高度超过 4 m 时,定额人工乘系数 1.15。

(2)比例换算。如木门框断面设计与定额不同时,可按比例换算。

$$换算后的消耗量 = \frac{设计断面面积}{定额净断面面积} \times 定额消耗量 \qquad (3.26)$$

(3)增减换算。增加或减少人工、材料、机械的消耗量。如混凝土、砂浆等配合比设计与定额不同时,可以换算,根据混凝土、砂浆等配合比表,减去定额混凝土、砂浆的消耗量,增加新的混凝土、砂浆的消耗量。

3. 补充定额

当设计要求与定额条件完全不同或采用新结构、新材料、新工艺等,在定额中没有规定,属于定额缺项。此时就需要先补充定额,再套用定额。

【例 3.11】利用某省建筑工程消耗量定额,分析 200 m³ 现浇 C35 混凝土矩形梁的工料分析。

解:(1)查出该项目的定额:"4-15 现浇单梁、连续梁、叠合梁"如表 3.7 所示。

表 3.7　现浇构件混凝土消耗量定额

工作内容:混凝土搅拌、水平运输、浇捣及养护。　　　　　　　　　　　　　　　单位:m³

定额编码			4—14	4—15	4—16	4—17
项目			基础梁	单梁、连续梁、叠合梁	异形梁	圈梁、过梁
			混凝土			
名称		单位	数量			
人工	综合工日	工日	1.334 0	1.551 0	1.623 0	2.498 0
材料	混凝土	m³	1.015 0	1.015 0	1.015 0	1.015 0
	水	m³	1.014 0	1.019 0	0.932 0	2.792 0
	草袋	片	1.256 0	1.240 0	1.506 0	1.721 0
机械	混凝土搅拌机 400 L	台班	0.063 0	0.063 0	0.063 0	0.063 0

(2)计算该分项项目的消耗量。

$$人工消耗量=200×1.551\ 0=310.2(工日)$$
$$水消耗量=200×1.019\ 0=203.8(m^3)$$
$$草袋子消耗量=200×1.240\ 0=248(片)$$
$$混凝土搅拌机\ 400\ L\ 消耗量=200×0.063\ 0=12.6(台班)$$
$$混凝土消耗量=200×1.015\ 0=203(m^3)$$

须再进行分析:查出所用建设工程混凝土砂浆材料消耗量定额中定额项目"1—806"规定,每立方米现浇 C35 混凝土需 425 号水泥 475 kg;中砂 0.44 m³;碎石 0.74 m³;水 0.25 m³。则 203 m³ C35 混凝土所需原材料耗用量分别为

$$425\ 号水泥耗用量=203×475=96\ 425\ kg=96.425(t)$$
$$中砂耗用量=203×0.44=89.32(m^3)$$
$$碎石(最大粒径\ 16\ mm)耗用量=203×0.74=150.22(m^3)$$
$$水耗用量=203×0.25=50.75(m^3)$$

汇总得到,该项目的人、材、机消耗量为:人工 310.2 工日;草袋子 248 片;425 号水泥 96.425 t;中砂 89.32 m³;碎石(最大粒径 16 mm)150.22 m³;水 254.55 m³;400 L 混凝土搅拌机 12.6 台班。

3.4　概算定额与概算指标的编制与应用

3.4.1　概算定额

1.概算定额的概念

概算定额是在预算定额的基础上,确定完成合格的单位扩大分项工程或单位扩大结构构件所需消耗的人工、材料和机械台班的数量标准,所以概算定额又称为扩大结构定额。

概算定额是根据有代表性的设计图纸、通用图、标准图和有关资料,将相应预算定额中有联系的若干个分项工程项目综合为一个概算定额项目,是预算定额的合并与扩大。如砌筑条形毛石基础概算定额项目,就是综合了预算定额中挖土、回填土、槽底夯实、找平层和砌石 5 个项目。

概算定额与预算定额的相同之处：它们都是以建(构)筑物各个结构部分和分部分项工程为单位表示的,内容也包括人工、材料和机械台班使用量定额 3 个基本部分,并列有基准价。概算定额表达的主要内容、主要方式及基本使用方法都与预算定额相近。

概算定额与预算定额的不同之处：在于项目划分和综合扩大程度上的差异,同时,概算定额主要用于设计概算的编制。由于概算定额综合了若干分项工程的预算定额,因此使概算工程量计算和概算表的编制,都比编制施工图预算简化一些。

2. 概算定额的作用

(1)是在初步设计阶段编制建设项目设计概算,技术设计阶段编制修正概算的依据。

(2)是对设计项目进行技术经济分析比较的基础资料之一。

(3)是编制建设工程主要材料计划的依据。

(4)是编制概算指标的依据。

3. 概算定额的编制原则与依据

(1)编制原则。概算定额应贯彻社会平均水平和简明适用的原则。为适应规划、设计、施工各阶段的要求,概算定额应与预算定额的定额水平一致,即反映社会平均水平。但两者的定额水平之间应保留必要的幅度差。概算定额的内容和深度是以预算定额为基础的综合和扩大。在合并中不得遗漏或增减项目,以保证其严密性和正确性。概算定额务必达到简化、准确和适用。

(2)编制依据。由于概算定额的使用范围不同,其编制依据也略有不同,一般有以下几种。

①现行设计标准、规范、施工技术规范、规程。

②具有代表性的设计图纸、标准设计图集、通用图集。

③现行的人工工资标准、材料预算价格、机械台班预算价格及各种取费标准。

4. 概算定额的编制步骤

(1)准备阶段。主要是确定编制机构和人员组成,在调查研究现行概算定额的执行情况与存在问题的基础之上,明确编制目的及细则,制定概算定额编制方案,划分概算定额项目。

(2)编制初稿阶段。根据已经确定的编制方案、概算定额项目、工程量计算规则,对收集到的设计图纸、技术资料进行细致的测算分析,确定人工、材料、机械台班消耗量指标,编制概算定额初稿。

(3)审查定稿阶段。主要工作内容是测算概算定额水平,即测算新编概算定额与原概算定额、现行预算定额之间的水平,概算定额与预算定额水平应保持一致,概算定额可以有 5% 的幅度差。概算定额经测算后,可报有关国家授权机构审批。

5. 概算定额的编制方法

概算定额的消耗量是在相应预算定额的基础上综合扩大而来,概算定额的编制可以概括为：扩大、综合、简化。

概算定额的编制对象是扩大的分项工程或扩大的结构构件。概算定额的编制首先是明确编制对象的工作内容(即编制对象包括的分项工程)、计量单位、计算规则等。

在确定每个概算定额项目包含的分项工程的基础上,按照有关标准图集或典型工程图纸、施工方案、现场条件等资料,综合测定该定额项目所包含的每个分项工程在该概算定额计量单位所占的数量,即确定概算定额项目所包含的每个分项工程的含量。然后根据相应的预算定额,综合计算该概算定额的消耗量标准。计算公式为

$$某概算定额消耗量 = \sum \left(\begin{matrix} 第\,i\,项分项工程在 \\ 概算定额中的含量 \end{matrix} \times \begin{matrix} 分项工程预算 \\ 定额消耗量 \end{matrix} \right) \tag{3.27}$$

概算定额的工程量计算规则比预算定额简单,大大简化了计算工作。如墙身工程量不是按砖体积计算,而是按不同墙身厚度以面积计算,且不扣除混凝土圈梁、过梁所占的面积;楼地面工程不是按净面积计算,而是按照建筑面积计算。工程量计算规则的简化,是通过调整定额工程内容的含量实现的。如楼地面工程按照建筑面积计算,不扣除结构所占面积,定额在其含量中打了95折。

6. 概算定额的应用

(1)概算定额手册。概算定额手册是按专业特点和地区特点分别编制的,因而其内容及表现形式不尽相同,但基本内容都包括总说明、分部工程说明、定额项目表这几部分。

①总说明。在总说明中主要阐述概算定额的编制依据、使用范围、包括的内容及作用、取费标准、应遵守的规则及建筑面积计算规则等。

②分部工程说明。概算定额按照分部工程项目的划分以"章"列出分部工程说明及定额项目表。如按照工程结构,概算定额项目可分为:土石方、基础、墙、梁板柱、门窗、楼地面、屋面、装饰、构筑物等;按照工程部位可分为基础、墙体、梁柱、楼地面、屋盖、其他工程部位等项目。每章分部工程说明主要阐明本章分部工程所包括的综合工作内容、分部工程工程量计算规则、定额调整或换算等内容。

③定额项目表。是概算定额手册的主要内容,由若干分节定额组成。各节定额表由表头工作内容、定额表、附注说明组成。定额表中列有定额编号、计量单位、概算基价、各种资源的消耗量指标、综合的预算定额项目及工程量等内容。某地区建筑工程概算定额项目表如表3.8所示。

表 3.8 现浇钢筋混凝土柱概算定额

工程内容:1.钢筋制作、绑扎、安装;2.混凝土搅拌、水平运输、浇捣及养护　　　　　　单位:10 m³

定额编号			5—1	5—2	5—3
项目		单位	矩形柱		圆形多边形柱
			周长(m)		
			1.6以内	1.6以外	
人工	综合工日	工日	43.46	38.55	45.34
材料	混凝土	m³	9.86	9.86	9.86
	水泥砂浆1:2	m³	0.31	0.31	0.31
	普通钢筋 φ5 mm以上	T	0.787	0.466	0.932
	低合金钢筋	t	1.573	1.687	1.501
	电焊条	kg	16.28	13.98	18.14
	镀锌铁丝 22#	kg	11.38	10.38	11.73
	草袋	片	2.09	2.09	1.79
	水	m³	9.34	9.26	9.15
机械	机械费	元	166.70	146.70	165.00

（2）概算定额的应用。概算定额的使用必须正确掌握概算定额的应用范围、组成内容、使用方法、有关说明及规定等。

①直接套用概算定额。当工程内容、计量单位及综合程度与概算定额规定内容一致时,可直接套用定额。套用定额时一定要注意分析概算定额的内容,避免重复计算或漏项。如水泥砂浆地面定额已经包括了平整场地,不能再单独列项计算。对于概算定额中已列出的项目,不能再以预算定额分解套用。

②概算定额的换算。概算定额中所综合的项目与含量是按一般工业与民用建筑标准图集、典型工程施工图纸,经分析、比较后取定的,若定额无规定,不得因具体工程的内容和含量与概算定额不相同而随意修改定额。

当概算定额所综合的项目与工程做法和具体工程不尽相同时,概算定额规定又允许换算的项目,其不同做法部分可按预算定额的相应做法进行换算,但其含量一般不作变动。如实际设计使用的混凝土强度等级、钢筋、铁件用量;概算定额所综合的预算定额项目中材料品种、规格、数量等都可以按照概算定额具体规定进行调整、换算。

调整、换算的步骤:首先,根据概算定额查出需换算的预算定额子项的选用单位和含量;其次,查出预算定额中适用的子目编号、适用换入的预算定额及其材料消耗量;最后,根据式 3.28 进行调整计算。

$$\text{换算后的概算} \atop \text{定额消耗量} = \text{原概算定额} \atop \text{消耗量} + (\text{换入预算} \atop \text{定额消耗量} - \text{换出预算} \atop \text{定额消耗量}) \times \text{含量} \qquad (3.28)$$

③参考预算定额。若概算定额缺项,首先要考虑编制补充概算定额,即按照概算定额的编制原则,将预算定额的相关项目综合起来;如果不能综合,则可按照预算定额列项计算,编入工程概算中去。

3.4.2　概算指标

1. 概算指标的概念及作用

概算指标通常是以整个建筑物或构筑物为对象,以建筑面积（如 100 m²）、体积（如 1 000 m³）或成套设备装置的"台"或"组"为计量单位而规定的人工、材料、机械台班的消耗量指标和造价指标。

从概念中可以看出,概算指标比概算定额更加综合和扩大。概算指标的各消耗量指标主要是根据各种工程预算或结算的统计资料编制的。

概算指标主要用于投资估价、初步设计阶段,可作为编制投资估算的参考依据、匡算主要材料的依据;作为设计方案比较、建设单位选址的一种依据;也是编制固定资产投资计划,确定投资额和主要材料的主要依据。

2. 概算指标的种类

概算指标可分为两大类:建筑工程概算指标和安装工程概算指标,如图 3.3 所示。

3. 概算指标的表现形式

（1）概算指标的内容。概算指标一般包括文字说明、列表形式、附录这几部分内容。

①文字说明部分,主要指概算指标的总说明和分册说明。其内容一般包括:概算指标的编制范围、编制依据、分册情况、指标包括的内容、指标未包括的内容、指标的使用方法、指标允许调整的范围及调整方法等。

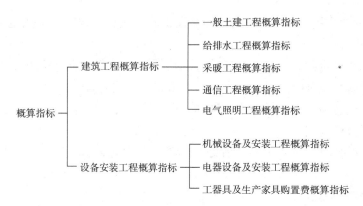

图 3.3　概算指标分类图

②列表形式。

a. 建筑工程列表形式,建筑工程一般以建筑面积、建筑体积、"座""个"等为计量单位。建筑工程列表形式分以下几部分。

- 示意图。由立面图和平面图表示,根据工程的复杂程度,必要时要画出剖面图,用来表明工程的结构,工业项目还标示出吊车及起重能力等。
- 工程特征。采暖工程应列出建筑面积、层数、结构类型、采暖热媒(采用高压蒸汽、热水等)及采暖形式(采用双管上行式、单管上行下管式等);电气照明工程应列出建筑层数、结构类型、配线方式(如说明管配、木槽板瓷夹等)、灯具名称等;房屋建筑工程应列出工程的结构形式、层高、檐高、层数、建筑面积等。
- 经济指标。说明该项目每 $100 \mathrm{~m}^2$ 的造价指标(如直接费、间接费、利润、税金等项目)及其中土建、水暖、电气照明等单位工程的相应造价。
- 构造内容及工程量指标。说明该工程项目的构造内容(可作为不同构造内容换算的依据)和相应计算单位的工程量指标及人工、材料消耗指标。

具体列表形式如表 3.9 所示。

b. 安装工程列表形式。设备以"t"或"台"为计量单位,也有以设备购置费或设备原价的百分比表示;工艺管道以"吨"为计量单位;通信电话站以"站"为计算单位。列表形式包括指标编号、项目名称、规格、综合指标(元/计算单位)及其中的人工费,必要时还要列出主要材料费、辅材费。

(2)概算指标的表现形式。按照具体内容的不同,概算指标可以分为综合指标、单项指标两种。

①综合概算指标是以一种类型的建筑物或构筑物为研究对象,以建筑物或构筑物的建筑面积或体积为计量单位,综合了该类型范围内各种规格的单位工程的造价和消耗量指标而成。它反映的不是具体工程的指标而是一类工程的综合指标,指标概括性较强,如表 3.10 所示。

②单项概算指标是以一种典型的建筑物或构筑物为分析对象,仅仅反映的是某一具体工程的消耗情况,因而针对性较强,故指标中对工程结构形式要介绍。只要工程项目的结构形式及工程内容与单项指标中的工程概况相吻合,编制的设计概算就比较准确,如表 3.11 所示。

表 3.9　居住房屋概算指标　　　　　　　　单位:100 m²

指标编号				FZ—63	FZ—63A	FZ—63B	FZ—64	FZ—64A	FZ—64B
指标名称				楼房住宅			楼房宿舍、乘务员公寓		
外墙厚度				一砖	一砖半	二砖	一砖	一砖半	二砖
主要技术特征				片石带基,基深 0.8 m;砖混六层,层高 2.8 m			片石带基及钢筋混凝土柱基,基深 1.2 m;砖混三层,层高 3.3 m		
土建		指标	元	51 362	54 125	59 335	45 368	47 610	52 221
	其中	人工费	元	12 101	12 699	13 625	10 490	11 016	11 779
		材料费	元	37 277	39 317	43 425	33 223	34 841	38 565
		机械使用费	元	1 984	2 109	2 285	1 655	1 753	1 877
		基础	元	6 337	7 121	8 578	3 100	3 764	4 854
		门窗	元	4 661	5 204	6 380	5 990	6 651	8 119
	材料重量		t	212.20	238.05	268.44	214.08	236.72	265.82
上下水	指标		元	2 987(2 443)			2 987(2 443)		
采暖			元	2 834(2 417)			2 834(2 417)		
电照			元	2 335(1 681)			2 678(2 074)		
通风				—			—		

注:本概算指标中工程量及主要工料机消耗指标略。

表 3.10　建筑工程每 100 m² 工料消耗指标

项目	人工及主要材料												
	人工(工日)	钢材(t)	水泥(t)	模板(m³)	成材(m³)	砖(千块)	黄砂(t)	碎石(t)	毛石(t)	石灰(t)	玻璃(m²)	油毡(m²)	沥青(kg)
工业与民用建筑综合	315	3.04	13.57	1.69	1.44	14.76	44	46	8	1.48	18	110	240
工业建筑	340	3.94	14.45	1.82	1.43	11.56	46	51	10	1.02	18	133	300
民用建筑	277	1.68	12.24	1.50	1.48	19.58	42	36	6	2.63	17	67	160

表 3.11　某 3 层框架工业厂房的技术经济明细指标

项目名称	多层厂房		每平方米主要材料及其他指标	水泥	kg/m²	282
檐高(m)	10.8	建筑占地面积(m²)	466		钢材	kg/m²	44
层数(层)	3	总建筑面积(m²)	1 042		钢模	kg/m²	2.90
工程特征	框架结构,钢筋混凝土有梁带形基础,铝合金弹簧门,木门,钢窗,外墙玻璃马赛克,内墙 803 涂料,水磨石地面						
设备选型	50 门共电式交换机 1 套,3 台立式冷风机,1 台窗式空调器						

项目名称	总值(元)	占分部造价(%)	占总造价(%)	技术经济指标(元·m²)			
				单位	数量	单价1	单价2	单价3
土建	239 510	100	69.5	m²	1 042	230	474	730
地上部分	239 510	100	69.5	m²	1 042	230	474	730

项目名称	总值(元)	占分部造价(%)	占总造价(%)	技术经济指标(元·m²)				
				单位	数量	单价1	单价2	单价3
地下部分								
打桩								
设备	100 390	100	29.1	m²	1 042	96	139	214
给排水	3 750	3.7		m²	1 042	4	6	9
照明	42 540	42.4		m²	1 042	41	59	91
电力	1 550	1.6		kW	19	82	119	183
空调	31 360	31.2		m²	1 042	30	44	68
弱电	21 190	21.1		m²	1 042	20	29	45
其他费用	4 920		1.4	m²	1 042	5	5	8
合计	344 820		100	m²	1 042	331	618	952

4. 概算指标的编制

(1)编制依据。

①国家颁布的建筑标准、设计规范、施工规范等。

②标准设计图纸和各类工程典型设计。

③各类工程造价资料。

④现行的概算定额、预算定额及补充定额资料。

⑤人工工资标准、材料预算价格、机械台班预算价格及其他价格资料。

(2)编制方法。首先编制单项概算指标,然后再编制综合概算指标。按照具体的施工图纸和预算定额编制的工程预算书,计算工程造价及各种资源消耗量,再将其除以建筑面积或建筑体积,即可得到单项指标。综合指标的编制是一个综合过程,将不同工程的单项指标进行加权平均,计算能反映一般水平的单位造价及资源消耗量指标,即可得到该工程的综合概算指标。

5. 概算指标的应用

概算指标的应用比概算定额具有更大的灵活性,由于概算指标是一种综合性很强的指标,不可能与拟建工程的建筑特征、结构特征、自然条件、施工条件完全一致,因此在选用概算指标时要十分慎重,选用的指标与设计对象在各方面应尽量一致或接近,不一致的地方要进行换算,以提高准确性。

3.5 投资估算指标的编制与应用

3.5.1 投资估算指标的概念及作用

投资估算指标是确定建设项目在整个建设周期中的各项投资支出的技术经济指标,包括项目建设前期、建设实施和竣工验收交付使用等各阶段的费用开支,具有较强的综合性和概括性。

投资估算指标是在建设项目建议书、可行性研究报告等前期工作阶段编制投资估算的重

要依据,是建设单位进行项目投资决策、申请投资数额、编制固定资产投资计划的参考,也是设计单位在设计方案设计阶段编制投资估算,进行设计方案经济分析和比较、考核建设成本和分析投资效益的依据。投资估算指标在固定资产形成过程中起着投资预测、投资控制、投资效益分析的作用,是合理确定项目投资的基础。投资估算指标中的主要材料消耗量也是一种扩大的材料消耗量指标,可作为计算建设项目主要材料消耗量的基础。投资估算指标的正确制定对于提高投资估算的准确度、对建设项目的合理评估、正确决策具有重要意义。

3.5.2　投资估算指标的编制原则与编制依据

1. 编制原则

投资估算指标属于项目建设前期确定项目总投资的技术经济指标,不但要反映项目实施阶段的静态投资,还要反映项目建设前期和交付使用期内发生的动态投资,这就要求投资估算指标比其他计价定额具有更大的综合性和概括性。因此,投资估算指标的编制,除了要遵循一般定额的编制原则外,还必须坚持以下原则。

(1)投资估算指标项目的确定,应考虑以后几年编制项目建议书和可行性研究报告投资估算的需要。

(2)投资估算指标的分类、项目划分、项目内容、表现形式等要结合各专业的特点,并且要与项目建议书、可行性研究报告的编制深度相适应。

(3)投资估算指标的编制内容,典型工程的选择,必须遵循国家的有关建设方针政策、符合国家技术发展方向,使指标既能反映正常建设条件下的造价水平,又能适应今后若干年的科技发展水平。

(4)投资估算指标要反映不同行业、不同项目和不同工程的特点,并应选择具有代表性的典型项目进行编制。

(5)投资估算指标的编制要贯彻静态和动态相结合的原则。投资估算指标的编制要考虑在市场经济条件下,各种动态因素如价格、价差、利息差、费用差对投资估算的影响,要给出针对各种动态要素的调整办法和调整参数,尽量减少动态因素对投资估算的影响,增强投资估算指标的实用性和操作性。

2. 编制依据

(1)国家基本建设的有关方针、政策。

(2)现行的设计标准、通用设计图集和具有代表性的典型工程施工设计图纸。

(3)现行工程建设的设计及施工标准、验收规范。

(4)现行的概算定额、概算指标、预算定额、工期定额及有关补充定额等资料。

(5)已完工程的设计概算、施工图预算、竣工结(决)算等资料。

(6)现行的人工单价、材料预算价格、机械台班费用定额、建设工程费用定额及其他有关计费标准和规定。

(7)有关专业工程现行估算指标。

3.5.3　投资估算指标的编制

1. 成立专业齐全的编制小组,制定编制方案

编制小组成员应具备较高的专业素质。在编制方案中应明确编制原则、编制内容、指标的层次、项目划分、指标表现形式、计量单位等内容。

2. 收集整理资料

收集整理已建成或正在建设的,符合现行技术政策和技术发展方向、有可能重复采用的、有代表性的工程设计施工图、标准设计以及相关的竣工决算或施工图预算资料等。这些资料是编制工作的基础,收集的资料越广泛,反映的问题越多,编制工作考虑得越全面,就越有利于提高投资估算指标的实用性和覆盖面。

3. 平衡调整

仔细分析收集整理后的资料,对于一些由于设计方案、建设条件和建设时间上的差异而造成的数据失准或漏项进行综合平衡调整。

4. 测算审查

将新编的指标和选定工程的概预算在同一价格条件下进行比较,检验其"量差"的偏离程度是否在允许的偏差范围之内。如果偏差过大则须查找原因进行修正。

3.5.4 投资估算指标的内容及形式

不同行业、不同项目和不同工程的投资估算指标的内容不尽相同,一般可分为建设项目综合指标、单项工程指标和单位工程指标3个层次。

1. 建设项目综合指标

建设项目综合指标是反映建设项目从立项筹建到竣工验收交付使用所需全部投资的指标。包括按照国家有关规定应列入建设项目总投资的全部投资费用,如单项工程投资(建筑安装工程费,设备、工器具购置费以及其他费用)、工程建设其他费和预备费等。一般以建设项目的单位综合生产能力的投资或单位使用功能的投资表示,如元/t,元/kW,元/床,元/客房套。

2. 单项工程指标

单项工程指标是反映建造能独立发挥生产能力或使用效益的单项工程所需的全部投资额的指标,包括建筑工程费、安装工程费、设备工器具购置费和其他费用。不包括工程建设其他费。

单项工程一般划分为主要生产设施、辅助生产设施、公用工程、环境保护工程、总图运输工程、厂区服务设施、生活福利设施、厂外工程等。单项工程指标通常以单项工程单位生产能力投资或其他单位表示,如元/t、元/(kW·A)、元/m²、元/m³ 等。

建设项目综合指标和单项工程指标都应说明所列项目的建设特点、工程内容组成、建筑结构特征、主要设备名称、型号、规格、数量(重量、台数)、单价,其他设备费占主要设备费的百分比,主要材料用量和基价等。

3. 单位工程指标

单位工程指标反映能独立设计、施工的单位工程的造价指标,即建筑安装工程费用,包括直接费、间接费、利润和税金,类似于概算指标。一般以单位工程量造价表示,如房屋:元/m²;道路:元/m²;水塔:元/座;管道:元/m。

单位工程指标应说明工程内容、建筑结构特征、主要工程量、主要材料量、其他材料费、人工合计工日数和平均等级以及机械使用费等。

估算指标一般应有附录,主要列出因建设地点的自然条件不同,设备材料价格(区分国内、外价格)的不同等对估算指标进行必要的调整换算所必需的有关规定或附表。

单位工程指标形式如表3.12所示。

表 3.12　××省民用建筑工程(建安费用)估算指标(建筑部分)

单位:1 m² 建筑面积

指标编号			1-1-1	1-1-2	1-1-3	1-1-4
分项	名称	单位	住宅			
			砖混 6 层	框架 6 层	框架 7~12 层	框架 13~18 层
人工	综合人工	工日	5.448	5.538	5.743	5.689
材料	钢材	kg	30	48	49	66
	钢模板、脚手架、支撑及扣件	kg	1.799	3.312	3.664	4.076
	板材	m³	0.028 2	0.025	0.025	0.023 3
	水泥	kg	160	194	201	215
	生石灰	kg	25	19	19	19
	砂子	m³	0.374	0.409	0.385	0.392
	石子	m³	0.328	0.364	0.336	0.385
	砌体	m³	0.370	0.264	0.257	0.273
	门窗	m²	0.250	0.250	0.250	0.250
	PP-R 管	m	0.182	0.180	0.188	0.240
	镀锌钢管	kg	0.54	0.392	0.410	0.451
	焊接钢管	kg	2.25	2.397	2.311	2.989
	UPVC 管	m	0.151	0.151	0.151	0.151
	电线	m	4.407	4.491	3.975	5.597
	配电箱	台	0.013	0.013	0.013	0.013
	灯具	套	0.108	0.104	0.092	0.071
	室内消火栓箱	套		0.005 7	0.004 6	0.004 1
	感烟、感温探测器	套				0.017
	消防喷头	套				0.013 7
	开关、插座	个	0.2	0.2	0.162	0.162
	燃气表	个	0.012	0.012	0.012	0.012
	暖气片	片	0.476	0.476	0.476	0.476
	卫生洁具	套	0.029	0.029	0.029	0.029
	镀锌钢板	m²			0.055 1	0.052
	阀门(综合)	个	0.134	0.134	0.134	0.134
	热量表	组	0.008	0.008	0.008	0.008
	其他材料费	%	20	20	20	20

指标编号			1—1—1	1—1—2	1—1—3	1—1—4
分项	名称	单位	住宅			
			砖混 6 层	框架 6 层	框架 7～12 层	框架 13～18 层
机械	垂直运输机械	元	17.12	22.83	31.25	53.2
	水平运输机械	台班	0.027 8	0.023 0	0.027 5	0.027 7
	钢筋机械	台班	0.033 2	0.053 1	0.055 2	0.073 3
	混凝土机械	台班	0.034 3	0.078 8	0.073 7	0.072 3
	灰浆搅拌机 200 L	台班	0.026	0.025 1	0.024 8	0.024 5
	土方机械	台班			0.000 8	0.001 6
	其他机械费	%	20	20	20	20
综合费(人、材、机合计)		%	18	18	20	23

3.5.5 投资估算指标的应用

【例 3.12】某单位拟建某住宅小区,小区占地面积 35 000 m²,拟建框架 8 层住宅 32 000 m²,框剪 18 层住宅 43 000 m²,装修标准按普通考虑,计算该项目包括室外工程总投资大约需要多少?

解:(1)计算框架结构 8 层,普通装修标准住宅综合投资估算。

查估算指标可知,框架结构 8 层住宅楼建筑部分估算指标编号为 1—1—3,住宅地及装修标准装饰部分估算指标标号为 2—1—1;室外部分估算指标为 3—1;则其综合估算指标为[1—1—3]指标+[2—1—1]指标+[3—1]指标。

这 3 项指标对应的估算基价为:[1—1—3]指标:900.32 元/m²;[2—1—1]指标:127.88 元/m²;[3—1]指标:125.29 元/m²。

则框架结构 8 层,普通装修标准住宅综合投资为

32 000×(900.32+127.88+125.29)=36 911 680(元)≈3 691.17(万元)

(2)计算框剪结构 18 层,普通装修标准住宅楼的综合投资。

查估算指标可知,框剪结构 18 层住宅楼建筑部分估算指标编号为 1—1—4,住宅地及装修标准装饰部分估算指标标号为 2—1—1;室外部分估算指标为 3—1;则其综合估算指标为[1—1—4]指标+[2—1—1]指标+[3—1]指标。

这 3 项指标对应的估算基价为:[1—1—3]指标:1 078.11 元/m²;[2—1—1]指标:127.88 元/m²;[3—1]指标:125.29 元/m²。

则框剪结构 18 层,普通装修标准住宅楼综合投资为

43 000×(1 078.11+127.88+125.29)=57 245 040(元)≈5 724.50(万元)

(3)该住宅小区总投资(不包括设备和工器具费用、工程建设其他费)为

3 691.17+5 724.50=9 415.67(万元)

注:(1)《省民用建筑工程(建安费用)估算指标》由建筑部分估算指标、装饰部分估算指标、室外部分估算指标三部分组成。建筑部分估算指标主要包括主体土建工程及其附属的水、电、暖、卫、燃气、通风等安装工程工作内容;装饰部分估算指标主要包括建筑室外、室内的面层装修等工作内容;室外部分估算指标主要包括室外管沟开挖、砌筑、回垫、室外管网安装、道路修

筑、草坪绿化以及室外泵房、配电室的设备安装及附属建筑工程等工作内容。

（2）《省民用建筑工程（建安费用）估算指标》按照"量""价"分离原则将指标消耗量与指标基价分别列出，以便于实现因价格变化而对指标基价进行调整。

（3）一个完整的建设项目（建安费用）估算应为建筑部分投资估算、装饰部分投资估算、室外部分投资估算 3 部分之和。估算指标不包含设备及工器具购置费、工程建设其他费用，这些费用应根据有关规定进行编制。

3.6　工程单价及工程造价指数的编制与应用

3.6.1　建筑工程人工、材料、机械台班单价的确定

建筑工程计价定额除了确定完成制定工程内容所需的人工、材料和机械台班数量外，根据需要，还要将人工、材料和机械台班耗用量货币化，将其转化为人工费、材料费和机械费。因此合理确定人工工资标准、材料和机械台班的单价，是正确计算工程造价的重要依据。

1. 人工单价

（1）人工单价的概念。人工单价是指一个从事建筑安装施工的生产工人一个工作日在工程计价中应计入的全部人工费用。它反映了建筑安装生产工人的工资水平和一个工人在一个工作日中可得到的报酬。

要注意的是人工单价指的是生产工人的人工费用，而不是施工企业经营管理人员的人工费用。人工单价是指工程计价时应该计入工程成本的人工费用，因而在确定人工单价时，必须根据具体的估价方法所规定的核算口径来确定。人工单价的组成在各地区、各部门不完全相同，根据现行规定，生产工人人工工日单价的组成内容如表 3.13 所示。

表 3.13　人工单价组成内容

项　　目	组成内容
基本工资	岗位工资；技能工资；工龄工资
工资性补贴	物价补贴；煤、燃气补贴；交通补贴；流动施工津贴；住房补贴；地区津贴
辅助工资	非作业工日发放的工资和工资性补贴
劳动保护费	劳保用品购置及修理费；徒工服装补贴；防暑降温费；保健费用
职工福利费	书报费；洗理费；取暖费

（2）人工单价的组成。

①基本工资。基本工资是指发放给生产工人的工资，生产工人的基本工资一般由雇佣合同的具体条款确定，不同的工种、不同的技术等级以及不同的雇佣方式的工资水平是不同的。生产工人基本工资水平的确定必须符合政府有关劳动工资制度的规定。如在《全民所有制大中型建筑安装企业的岗位技能工资试行方案》中，生产工人基本工资按照岗位工资、技能工资和年功工资（按职工工作年限确定的工资）计算，工人岗位工资标准设 8 个档次，技能工资分初级工、中级工、高级工、技师和高级技师五类工资标准分 33 档。

$$基本工资(G_1) = \frac{生产工人平均月工资}{年平均每月法定工作日} \tag{3.29}$$

式中：年平均每月法定工作日＝（全年日历日－法定假日）/12

②工资性补贴。生产工人工资性补贴是指为了补偿工人额外或特殊的劳动消耗以及为了保证工人的工资水平不受特殊条件的影响，而以补贴形式支付的劳动报酬。包括按规定标准发放的物价补贴，煤、燃气补贴，交通费补贴、住房补贴，流动工资津贴及地区津贴等。

$$工资性补贴(G_2) = \frac{\sum 年发放标准}{全年日历日 - 法定假日} + \frac{\sum 月发放标准}{年平均每月法定工作日} + 每工作日发放标准 \tag{3.30}$$

③生产工人辅助工资。生产工人辅助工资是指生产工人年有效施工天数以外非作业天数的工资，包括职工学习、培训期间的工资，调动工作、探亲、休假期间的工资，因气候影响的停工工资，女工哺乳时间的工资、病假在六个月以内的工资及产、婚、丧假期的工资。

$$生产工人辅助工资(G_3) = \frac{全年无效工作日 \times (G_1 + G_2)}{全年日历日 - 法定假日} \tag{3.31}$$

④职工福利费。是按政府规定标准计提的职工福利费。

$$职工福利费(G_4) = (G_1 + G_2 + G_3) \times 福利费计提比例(\%) \tag{3.32}$$

⑤生产工人劳保费。生产工人劳保费是指按规定标准发放的劳动保护用品等的购置费及修理费，徒工服装补贴，防暑降温费，在有碍身体健康环境中的施工保健费等。

$$生产工人劳动保护费(G_5) = \frac{生产工人年平均支出劳动保护费}{全年日历日 - 法定假日} \tag{3.33}$$

2. 材料单价的确定

建筑工程中材料费占总造价的 $60\% \sim 70\%$，在金属结构工程中所占比重更高，是工程直接费的主要组成部分。因而合理确定材料单价，有助于合理确定和控制工程造价。这里的材料费指的是施工过程中耗用的构成工程实体的原材料、辅助材料、构配件、半成品的费用，也就是建筑工程施工中实体性消耗材料的费用。

(1)材料单价分类。材料单价按照适用范围，可分为地区材料价格和某项工程适用的材料价格。地区材料价格是按地区(城市或建设区域)编制的，供该地区所有工程适用；某项工程材料价格一般指大中型重点工程使用的材料价格，是以一个具体工程为编制对象，专供该工程项目使用。

地区材料价格和某项工程材料单价的编制原理和方法相同，只是在材料来源地、运输数量权数等具体数据上有所不同。

(2)材料单价的构成及确定。材料单价是指材料(包括构件、成品及半成品等)从其来源地(或交货地点、供应者仓库提货地点)到达施工工地仓库后出库的综合平均价格。材料单价一般由材料原价和材料运杂费、运输损耗费、采购及保管费。

①材料原价，是指材料的出厂价格、进口材料抵岸价或销售部门的批发牌价和市场采购价格(或信息价)。

在确定材料原价时，凡同一种材料因来源地、交货地、供货单位、生产厂家不同而有几种价格时，应根据不同来源地供货数量比例，采取加权平均的方法确定其综合原价。材料综合单价的计算公式为

$$材料综合原价 = \frac{K_1 C_1 + K_2 C_2 + \cdots + K_n C_n}{K_1 + K_2 + \cdots + K_n} \tag{3.34}$$

式中：$K_1, K_2, \cdots, K_n$ 为各不同供应点的供应量或各不同使用地点的需要量；$C_1, C_2, \cdots, C_n$

为各不同供应地点的原价。

②材料运杂费,是指材料自来源地运至工地仓库或指定堆放地点所发生的全部费用,含外埠中转运输过程中所发生的一切费用和过境过桥费。材料运杂费是影响材料价格的主要因素,对于一般的建筑材料,运杂费约占材料费的$10\%\sim15\%$,而一些大宗材料的运杂费有时可高达材料费的$70\%\sim90\%$。因此材料的采购应就地取材,减少运距,降低材料运输费用。

材料运杂费通常按照外埠运费和市内运费两段计算。外埠运费是指材料由来源地运至本市仓库的全部费用。包括调车费、装卸费、车船运费、保险费等。一般是通过公路、铁路、水路运输。市内运费是由本市仓库运至工地仓库的运费。由于各城市的运输方式和运输工具不一样,运输费的计算也不统一。材料运杂费的计算公式为

$$材料运杂费=材料运费+调车费+装卸费+保险费+其他附加服务费 \qquad (3.35)$$

运杂费的取费标准,应根据材料来源地、运输里程、运输方法,并根据国家有关部门或地方政府交通运输管理部门规定的运价标准分别计算。同一种材料如果有若干个来源地,材料运杂费应采用加权平均的方法计算,计算公式为

$$加权平均材料运杂费=\frac{K_1 T_1+K_2 T_2+\cdots+K_n T_n}{K_1+K_1+\cdots+K_n} \qquad (3.36)$$

式中:$K_1,K_2,\cdots,K_n$为各不同供应点的供应量或各不同使用地点的需要量;$T_1,T_2,\cdots,T_n$为各不同运距的运杂费。

除了上述费用外,还应该注意包装费的处理。材料在出厂时已经包装好,其包装费若已经计入材料原价中,就不再另行计算材料包装费,只可考虑包装品的回收价值;但若材料原价中未包含包装费,而实际又必须包装的材料,则材料包装费应单独计算。

$$包装品回收价值=包装品原价×包装品回收率×回收价值率 \qquad (3.37)$$

$$材料包装费=包装品原价×(1-包装品回收率×回收价值率) \qquad (3.38)$$

③运输损耗费。在材料的运输过程中应考虑一定的场外运输损耗费用,主要指材料在运输装卸过程中不可避免的损耗。运输损耗费以材料原价和运杂费之和为基数计算,计算公式为

$$运输损耗费=(材料原价+材料运杂费)×运输损耗率 \qquad (3.39)$$

④采购及保管费,是指材料供应部门(包括工地仓库及其以上各级材料主管部门)在组织采购、供应和保管材料过程中所需的各项费用。包括各级材料部门的职工工资、福利费、劳动保护费、差旅及交通费、办公费、固定资产使用费、工具用具使用费、材料检验试验费、工地仓库保管费、材料在运输及储存过程中的损耗等。材料的采购及保管费一般按材料到库价格以费率取定。

$$采购保管费=材料到达工地仓库价格×采购及保管费率 \qquad (3.40)$$

或: $$采购保管费=(材料原价+运杂费+运输损耗费)×采购及保管费率 \qquad (3.41)$$

综上所述,材料单价的计算公式为

$$材料单价=[(材料原价+运杂费)×(1+运输损耗率)]×(1+采购及保管费率) \qquad (3.42)$$

【例3.13】某市某建筑工程需425号普通硅酸盐水泥1 500 t,经调查后确定:供货厂家有三个:A水泥厂供货600 t,运距20 km,出厂价为320元/t;B水泥厂供货500 t,运距30 km,出厂价为325元/t;C水泥厂供货400 t,运距25 km,出厂价为330元/t。采用汽车运输,运距

20 km以内(含 20 km),运费为 0.7 元/t·km;运距在 20~50 km,运费为 1.0 元/t·km。运输损耗率为 0.5%,采购及保管费率 4%,装卸费为 9 元/t,调车费为 1 元/t。计算材料单价。

解:①水泥原价。

$$加权平均原价 = \frac{600 \times 320 + 500 \times 325 + 400 \times 330}{1\ 500} = 324.33(元/t)$$

②运杂费。

$$加权平均运杂费 = 加权平均运费 + 调车费 + 装卸费$$
$$= \frac{600 \times 0.7 \times 20 + 500 \times 1.0 \times 30 + 400 \times 1.0 \times 2.5}{1\ 500} + 1 + 9$$
$$= 22.27 + 1 + 9 = 32.27(元/t)$$

③运输损耗费。

$$运输损耗费 = (材料原价 + 材料运杂费) \times 运输损耗率$$
$$= (324.33 + 32.27) \times 0.5\% = 1.78(元/t)$$

④采购保管费。

$$采购保管费 = (材料原价 + 运杂费 + 运输损耗费) \times 采购及保管费率$$
$$= (324.33 + 32.27 + 1.78) \times 4\% = 14.34(元/t)$$

⑤材料单价。

$$材料单价 = 水泥原价 + 运杂费 + 运输损耗费 + 采购保管费$$
$$= 324.33 + 32.27 + 1.78 + 14.34 = 372.72(元/t)$$

(3)影响材料价格的因素。

①市场供需变化。材料原价是材料价格中最基本的组成,市场供需的变化会导致材料原价随之改变。

②材料生产成本的变动。

③流动环节的多少和材料供应体制。

④运输距离及运输方式的改变会影响材料运输费,从而影响材料价格。

3. 机械台班单价的组成及确定

施工机械台班单价是指一台施工机械一个工作日所发生的全部费用。施工机械台班单价由七项费用组成,包括折旧费、大修理费、经常修理费、安拆费及厂外运输费、人工费、燃料动力费、其他费用等。

(1)折旧费,是指施工机械在规定使用期限内,陆续收回其原值及购置资金的时间价值。

$$台班折旧费 = \frac{机械预算价格 \times (1 - 残值率) \times 时间价值系数}{耐用总台班} \tag{3.43}$$

①机械预算价格。国产机械预算价格按照机械原值、供销部门手续费、运杂费及车辆购置税之和确定。国产机械原值可以是全国施工机械展销会发布的参考价格,可以是全国有关机械生产厂家函询或面询的价格,可以是建设部价格信息网中的本期价格,也可以是施工企业已购进机械的成交价。进口机械的原值是指机械的到岸完税价。供销部门手续费和一次运杂费可按机械原值的5%计算。车辆购置费的计算公式为

$$车辆购置税 = 计税价格 \times 车辆购置税税率 \tag{3.44}$$
$$计税价格 = 机械原值 + 供销部门手续费 + 一次运杂费 - 增值税 \tag{3.45}$$

进口机械预算价格按照机械原值、关税、增值税、消费税、外贸手续费和国内运杂费、财务

费、车辆购置税之和计算。进口机械原值按其到岸价格取定;关税、增值税、消费税及财务费应执行编制期间国家有关规定,并参照实际发生的费用计算;外贸手续费和国内一次运杂费应按到岸价格的 6.5% 计算;车辆购置税的计税价格是到岸价、关税和消费税之和。

②残值率,是指机械报废时回收的残余价值占原值的百分比。残值率应根据不同机械类型按下列数值确定:运输机械:2%;掘进机械:5%;中、小机械:4%;特、大型机械:3%。

③时间价值系数,是指购置机械的资金在施工过程中随着时间的推移而产生的单位增值。

$$时间价值系数 = 1 + \frac{(折旧年限+1)}{2} \times 年折现率 \qquad (3.46)$$

式中:年折现率应按编制期银行年贷款利率确定。

④耐用总台班,是指施工机械从开始投入使用至报废前使用的总台班数,耐用总台班应按施工机械的技术指标及寿命等相关参数确定。

耐用总台班的计算:

$$耐用总台班 = 折旧年限 \times 年工作台班$$
$$= 大修理间隔台班 \times 大修周期 \qquad (3.47)$$

(2)大修理费,是指机械设备按规定的大修理间隔台班进行必要的大修理,以恢复机械正常功能所需的费用。大修理费用包括施工机械一次大修理发生的工时费、配件费、辅料费、油燃料费及送修运杂费。

$$台班大修理费 = \frac{一次大修理费用 \times 寿命期内大修理次数}{耐用总台班} \qquad (3.48)$$

(3)经常修理费,是指施工机械除大修理以外的各级保养和临时故障排除所需的费用,包括为保障机械正常运转所需替换与随机配备工具附具的摊销和维护费用,机械运转及日常保养所需润滑与擦拭的材料费用及机械停滞期间的维护和保养费用等。

$$台班经修费 = \frac{\sum(各级保养一次费用 \times 寿命期内各级保养总次数)+临时故障排除费}{耐用总台班} +$$
$$替换设备和工具附具台班摊销费 + 例保辅料费 \qquad (3.49)$$

当以上数据难以确定时,可用式 3.52 计算:

$$台班经修费 = 台班大修费 \times K_a \qquad (3.50)$$

式中:K_a 为台班经常修理费系数。

$$K_a = \frac{典型机械台班经常修理费测算值}{典型机械台班大修理费测算值} \qquad (3.51)$$

(4)安拆费及场外运输费。安拆费是指施工机械在现场进行安装与拆卸所需的人工、材料、机械和试运转费用以及机械辅助设施的折旧、搭设、拆除等费用。场外运输费是指施工机械整体或分体自停放地点运至施工现场或由一施工地点运至另一施工地点,运距在 25 km 以内的运输、装卸、辅助材料及架线等费用。

安拆费及场外运输费根据施工机械的不同,分为计入单价、单独计算和不计算 3 种类型。移动有一定难度的特大型机械,其安拆费及场外运输费单独计算。不需要安装、拆卸且自身又能开行的机械,其安拆费及场外运输费不计算。

$$台班安拆费 = \frac{机械一次安拆费 \times 年平均安拆次数}{年工作台班} \qquad (3.52)$$

$$台班场外运输费 = \frac{(一次运输及装卸费+辅助材料一次摊销费+一次架线费) \times 年平均场外运输次数}{年工作台班}$$

(3.53)

(5)人工费,指机上司机、司炉及其他操作人员的工作日人工费及上述人员在施工机械规定年工作台班以外的人工费。

$$台班人工费 = 人工消耗量 \times \left(1 + \frac{年制度工作日-年工作台班}{年工作台班}\right) \times 人工工日单价 \quad (3.54)$$

(6)燃料动力费,是指施工机械在运转作业中所耗用的固体燃料、液体燃料及水、电等费用。

$$台班燃料动力费 = 台班燃料动力消耗量 \times 相应单价 \quad (3.55)$$

式中:台班燃料动力消耗量根据施工机械技术指标及实测资料综合确定,其单价应按有关规定执行。

(7)其他费用,是指施工机械按照国家和有关部门规定应缴纳的养路费、车船使用税、保险费及年检费用等。

$$台班养路费及车船使用税 = \frac{年养路费+年车船使用税+年保险费+年检费用}{年工作台班} \quad (3.56)$$

3.6.2 工程单价

1.工程单价

(1)工程单价的含义。工程单价通常是指建筑安装工程的预算单价和概算单价,所包含的仅仅是某一单位工程直接费中的直接工程费,由人工、材料和机械费组成。为了适应市场的需要,出现了建筑安装产品的综合单价,也称为全费用单价,不仅包含人工、材料和机械费,还包括间接费、利润和税金等内容。

(2)工程单价的种类。

①按工程单价的适用对象可划分为建筑工程单价、安装工程单价。

②按用途可划分为预算单价、概算单价。

a.预算单价,是通过编制单位估价表、地区单位估价表及设备安装价目表所确定的单价,用于编制施工图预算。它是以建筑安装工程预算定额所规定的人工、材料、施工机械台班的消耗数量指标为依据,按照本地区的人工工资标准、材料预算价格、施工机械台班费用和有关规定,计算出来的以货币形式表现的各分部分项工程单位预测价值,又称为基价。

b.概算单价,是通过编制扩大单位估价表所确定的单价,用于编制设计概算。

③按适用范围可划分为地区单价、个别单价。

a.地区单价,是根据地区性定额和价格等资料编制,在地区范围内使用的工程单价属于地区单价。

b.个别单价,是为适应个别工程编制概算或预算需要而计算出的工程单价。

④按编制依据可划分为定额单价、补充单价。

⑤按单价的综合程度可划分为工料单价、综合单价和全费用单价。

a.工料单价,也称为直接工程费单价,如预算定额中的基价就只包括人工费、材料费和机械台班使用费。

b.综合单价,也称为部分费用单价,包含人工费、材料费、机械费、企业管理费和利润以及一定的风险费用。

c. 全费用单价,包含分项工程人工费、材料费、机械费、管理费、材料费、机械费、管理费、利润、规费以及有关文件规定的调价、税金、一定范围内的风险等全部费用。

2. 分部分项工程单价的编制方法

(1)工程单价的编制依据。

①预算定额和概算定额。

②人工单价、材料预算价格和机械台班单价。

③措施费、企业管理费等的取费标准。这是计算综合单价的必要依据。

(2)工程单价编制方法。

①分部分项工程基本直接工程费单价(基价)。

$$\text{分部分项工程基本直接工程费单价(基价)} = \text{单位分部分项工程人工费} + \text{单位分部分项工程材料费} + \text{单位分部分项工程机械使用费} \tag{3.57}$$

$$\text{人工费} = \text{人工工日数} \times \text{人工单价} \tag{3.58}$$

$$\text{材料费} = \sum(\text{材料耗用量} \times \text{材料单价}) \tag{3.59}$$

$$\text{机械使用费} = \sum(\text{机械台班用量} \times \text{机械台班单价}) \tag{3.60}$$

②分部分项工程全费用单价。

$$\text{分部分项工程全费用单价} = \text{单位分部分项工程基本直接工程费单价} \times (1+\text{间接费率}) \times (1+\text{利润率}) \times (1+\text{税率}) \tag{3.61}$$

3. 工程单价的具体形式——单位估价表

单位估价表又称工程预算单价表,是以货币形式确定定额计量单位某分部分项工程或结构构件直接费用的文件。单位估价表的内容由两部分组成:一是预算定额规定的工、料、机数量;二是地区预算价格,即与上述三种"量"相适应的人工工资单价、材料预算价格和机械台班预算价格。

单位估价汇总表的项目划分与预算定额和单位估价表是相互对应的,为了简化预算的编制,单位估价汇总表已纳入预算定额中一些常用的分部分项工程和定额中需要调整换算的项目。单位估价表格式如表 3.14 所示。

表 3.14　砖墙单位估价表

定额编号及名称:1/2 砖厚不加固内墙砌筑　　　　　　　　　　单位:100 m³

序　号	项　目	单　位	单　价	数　量	合　计
1	砌砖工	工日			
2	普通工	工日			
	合计				
	工资平均等级 3.3 级				
3	红机砖	千块			
4	25 号水泥白灰砂浆	m³			
5	水	m³			
6	卷扬机 15 马力带塔	台班			

序　号	项　　目	单　位	单　价	数　量	合　计
7	200 升砂浆搅拌机	台班			
	合　计				

3.6.3　工程造价指数

1. 工程造价指数的概念

工程造价指数是反映一定时期由于价格变化对工程造价影响程度的一种指标,它是调整工程造价价差的依据。工程造价指数反映了报告期与基期相比的价格变动趋势,利用工程造价指数可以分析价格变动趋势及其原因,反映工程造价变动趋势和变化幅度,还可以剔除价格水平变化对造价的影响,正确反映建筑市场的供求关系和生产力发展水平。

2. 工程造价指数的内容

(1)各单项价格指数。各单项价格指数包括反映各类工程的人工费、材料费、机械费报告期价格对于基期价格的变化程度的指标。各单项价格指数属于个体指数。可利用它研究主要单项价格变化的情况及其发展变化的趋势。

(2)设备、工器具价格指数。设备、工器具种类、品种和规格很多,设备、工器具费用的变动通常是由两个因素引起的,即设备、工器具单件采购价格的变化和采购数量的变化,同时工程所采用的设备、工器具种类、品种和规格不同,因此设备、工器具价格指数属于总指数,用综合指数的形式来表示。

(3)建筑安装工程造价指数。建筑安装工程造价指数是一种综合指数,包括了人工费指数、材料费指数、施工机械使用费指数以及措施费、间接费等各项个体指数的综合影响。由于建筑安装工程造价指数涉及面广,构成复杂,利用综合指数进行计算分析的难度较大,因此,可通过对各项单个指数进行加权平均,用平均数指数的形式来表示。

(4)建设项目或单项工程造价指数。该指数是由设备、工器具指数、建筑安装工程造价指数、工程建设其他费用指数综合得到的。属于总指数,用平均数指数的形式来表示。

3. 工程造价指数的编制

(1)各单项价格指数的编制。

①人工费、材料费、施工机械使用费等价格指数的编制,用报告期价格与基期价格直接相比后得到。

$$人工费(材料费、施工机械使用费)价格指数 = P_n/P_0 \qquad (3.62)$$

式中:P_0 为基期人工工日单价(材料价格、机械台班单价);P_n 为报告期人工工日单价(材料价格、机械台班单价)。

②措施费、间接费及工程建设其他费等费率指数的编制。

$$措施费(间接费及工程建设其他费)价格指数 = P_n/P_0 \qquad (3.63)$$

式中:P_0 为基期措施费(间接费及工程建设其他费)费率;P_n 为报告期措施费(间接费及工程建设其他费)费率。

(2)设备、工器具价格指数的编制。考虑到设备、工器具的采购品种很多,为简化计算,计算价格指数时可选用量大、价格高、变动多的主要设备工器具的购置数量和单价进行计算。

$$设备、工器具价格指数 = \frac{\sum(报告期设备工器具单价 \times 报告期购置数量)}{\sum(基期设备工器具单价 \times 报告期购置数量)} \quad (3.64)$$

(3)建筑安装工程造价指数的编制。考虑到建筑安装工程造价指数的特点,用综合指数的变形即平均数指数的形式表示。

建筑安装工程价格指数 =

$$\frac{报告期建筑安装工程费用}{\dfrac{报告期人工费}{人工费指数} + \dfrac{报告期材料费}{材料费指数} + \dfrac{报告期施工机械费}{施工机械费指数} + \dfrac{报告期措施费}{措施费指数} + \dfrac{报告期间接费}{间接费指数} + 利润 + 税金}$$

$$\quad (3.65)$$

(4)建设项目或单项工程造价指数的编制。用综合指数的变形即平均数指数的形式表示。

建设项目或单项工程指数 =

$$\frac{报告期建设项目或单项工程造价}{\dfrac{报告期建筑安装工程费}{建筑安装工程造价指数} + \dfrac{报告期设备工器具费}{设备工器具价格指数} + \dfrac{报告期工程建设其他费用}{工程建设其他费用指数}} \quad (3.66)$$

4. 工程造价指数的应用

在建设的不同阶段,工程造价指数发挥不同的作用。工程造价指数可以用于编制拟建项目投资估算、工程概算、工程预算,也用于编制招标工程标底、投标报价和调整工程造价价差,合理进行工程价款动态控制、动态结算等。

【例3.14】某建安工程耗用人工 1 200 工日,材料 160 t,机械 90 台班。基期人工单价为 20 元/工日,材料单价为 2 500 元/t,机械台班单价为 230 元/台班。报告期人工费指数为 115%,材料价格指数为 108%,机械台班指数为 125%。建安工程造价中其余费用为 10.53 万元,造价指数不变。问该工程报告期建安工程费是多少?报告期建安工程费造价指数是多少?

解:报告期人工费 = 人工工日消耗量 × 基期人工单价 × 报告期人工费指数
$$= 1\ 200 \times 20 \times 115\% = 27\ 600(元)$$

报告期材料费 = 材料消耗量 × 基期材料单价 × 报告期材料价格指数
$$= 150 \times 2\ 500 \times 108\% = 405\ 000(元)$$

报告期机械费 = 机械台班消耗量 × 基期机械台班单价 × 报告期机械台班指数
$$= 90 \times 230 \times 125\% = 25\ 875(元)$$

报告期建安工程费 = 人工费 + 材料费 + 机械费 + 其余费用
$$= 27\ 600 + 405\ 000 + 25\ 875 + 105\ 300$$
$$= 563\ 775(元)$$
$$= 56.377\ 5(万元)$$

$$报告期建安工程费指数 = \frac{563\ 775}{\dfrac{27\ 600}{115\%} + \dfrac{405\ 000}{108\%} + \dfrac{25\ 875}{125\%} + 105\ 300} = 107.4\%$$

【例3.15】已知 2001 年建设污水处理能力 10 万 m³/日的污水处理厂的建设投资为 16 000 万元,2009 年拟建污水处理能力 16 万 m³/日的污水处理厂一座,工程建设条件与 2001 年已建项目类似,2009 年相对于 2001 年的定额、单价、费用变更等综合调整指数为 1.38,估算该项目的建设投资。

拟建项目投资额＝已建类似项目单位生产能力投资额×拟建项目生产能力×综合调价指数
　　　　　　＝(16 000/10)×16×1.38＝35 328(万元)

本 章 小 结

工程建设定额是在一定生产力水平下,在工程建设中单位产品上人工、材料、机械、资金消耗的规定制度,这种数量关系体现出正常的施工条件、合理的施工组织设计、合格产品下各种生产要素消耗的社会平均合理水平。按照工程定额构成的基本要素可分为人工定额、材料消耗定额、机械台班消耗定额;按照定额的用途可分为施工定额、预算定额、概算定额、概算指标、投资估算指标等。

施工定额属于企业定额性质,反映了施工企业施工生产与生产消费之间的数量关系。由于施工定额是以工序为基础编制的,可以作为企业编制施工作业计划、进行施工作业控制的依据,所以施工定额也是一种作业性定额。预算定额、概算定额、概算指标、投资估算指标则属于计价性定额,主要用来在建设项目的不同阶段作为确定和计算工程造价的依据。在计价过程中还需要确定人工、材料、机械台班单价以及工程单价。

本章较为详细地论述了各类定额的含义、构成、适用范围、编制方法和使用方法,为项目建设不同阶段的工程造价的确定提供依据。

 本章习题

一、简答题

1. 什么是定额? 定额有什么作用?

2. 什么是建设工程定额? 建设工程定额是如何分类的?

3. 施工定额和预算定额有何区别?

4. 预算定额中人工消耗量指标有哪些? 怎样确定人工消耗量? 人工幅度差的含义是什么?

5. 1∶1 水泥砂浆贴 150 mm×150 mm×5 mm 瓷砖墙面,结合层厚度 10 mm,试计算 100 m² 墙面瓷砖和砂浆的消耗量。(瓷砖损耗率为 1.5%)

6. 材料单价是如何确定的?

7. 施工机械台班单价包含哪些内容?

二、单项选择题

1. 定额测定是制定定额的一个主要步骤。测定定额通常采用计时观察法。在计时观察法中,精确度最高的是(　　)。

　　A. 持续法测时　　　　　　　　　B. 选择法测时

　　C. 写实记录法　　　　　　　　　D. 工作日写实法

2. 根据计时观察资料测得某工序工人工作时间有关数据如下:准备与结束工作时间 12 min,基本工作时间 68 min,休息时间 10 min,辅助工作时间 11 min,不可避免中断时间 6 min,则该工序的规范时间为(　　)min。

A. 33 　　　　B. 29 　　　　C. 28 　　　　D. 27

3. 某土方施工机械一次循环的正常时间为 2.2 min,每循环工作一次挖土 0.5 m³,工作班的延续时间为 8 h,机械正常利用系数为 0.85。则该土方施工机械的产量定额为( )m³/台班。

A. 7.01 　　　　　　　　　　B. 7.48

C. 92.73 　　　　　　　　　　D. 448.80

4. 在计算预算定额人工工日消耗量时,对于工种间的工序搭接及交叉作业相互配合影响所发生的停歇用工,应列入( )。

A. 辅助用工 　　　　　　　　B. 人工幅度差

C. 基本用工 　　　　　　　　D. 超运距用工

5. 采用现场测定法测得某种建筑材料在正常施工条件下的单位消耗量为 12.47 kg,损耗量为 0.65 kg,则该材料的损耗率为( )%。

A. 4.95 　　B. 5.21 　　C. 5.45 　　D. 5.50

6. 某施工机械预计使用 9 年,使用期内有 3 个大修理周期,大修间隔台班为 800 台班,一次大修理费为 6 500 元,则其台班大修理费为( )元。

A. 1.88 　　　　　　　　　　B. 3.75

C. 5.63 　　　　　　　　　　D. 16.88

7. 运输汽车装载保温泡沫板,因体积大但重量不足而引起的汽车在降低负荷的情况下工作的时间属于机器工作时间消耗中的( )。

A. 有效工作时间 　　　　　　B. 不可避免的无负荷工作时间

C. 多余工作时间 　　　　　　D. 低负荷下的工作时间

8. 通过计时观察资料得知:人工挖二类土 1 m³ 的基本工作时间为 6h,辅助工作时间占工序作业时间的 2%。准备与结束工作时间、不可避免的中断时间、休息时间分别占工作日的 3%、2%、18%。则该人工挖二类土的时间定额是( )。

A. 0.765 工日/m³ 　　　　　　B. 0.994 m³/工日

C. 1.006 工日/m³ 　　　　　　D. 1.307 m³/工日

9. 根据材料消耗的性质划分,施工材料可以划分为( )。

A. 实体材料和非实体材料 　　B. 必须消耗的材料和损失的材料

C. 主要材料和辅助材料 　　　D. 一次性消耗材料和周转材料

10. 预算定额的人工工日消耗量包括( )。

A. 基本用工、其他用工 　　　B. 基本用工、辅助用工

C. 基本用工、人工幅度差 　　D. 基本用工、其他用工、人工幅度差

11. 已知某挖土机挖土,一次正常循环工作时间是 40 s,每次循环平均挖土量 0.3 m³。机械正常利用系数为 0.8,机械幅度差为 25%。则该机械挖土方 1 000 m³ 的预算定额机械耗用台班量是( )台班。

A. 4.63 　　　　　　　　　　B. 5.79

C. 7.23 　　　　　　　　　　D. 7.41

12. 某工地水泥从两个地方采购,其采购量及有关费用如表 3.15 所示,则该工地水泥的基价为( )元/t。

表 3.15　采购量及有关费用表

采购处	采购量(t)	供应价格(元/t)	运杂费(元/t)	运输损耗率(%)	采购及保管费费率(%)
来源一	300	240	20	0.5	3
来源二	200	250	15	0.4	

      A. 244.0　　　　　B. 262.0　　　　　C. 271.1　　　　　D. 271.6

13. 在人工单价的组成内容中,生产工人探亲、休假期间的工资属于(　　　)。

      A. 基本工资　　　B. 工资性津贴　　　C. 辅助工资　　　　D. 职工福利费

14. 概算定额与预算定额的主要不同之处在于(　　　)。

      A. 贯彻的水平原则不同　　　　　　B. 表达的主要内容不同

      C. 表达的方式不同　　　　　　　　D. 项目划分和综合扩大程度不同

三、计算题

1. 根据表 3.16 所列资料计算某种涂料的材料价格。涂料采用塑料桶包装,每桶装 20 kg,每个桶单价 10 元,回收率 80%,残值率 60%。

表 3.16　某种涂料资料表

货源地	数量(kg)	出厂价(元/kg)	装卸费(元/kg)	运输损耗率(%)	采购及保管费率(%)
A	2 000	25	1.5	2	2.5
B	500	27.5	1.2	2	2.5
C	1 000	26	1.4	2	2.5

2. 某建设项目建筑安装工程投资、设备工器具投资、工程建设其他费用投资预算分别为 2 000万元、1 500 万元、500 万元,直接工程费占建筑安装工程费用的 75%,措施费和间接费的综合价格指数为 110%。设备工器具价格指数为 115%,工程建设其他费用价格指数为 105%。求该建设项目的工程造价指数。

3. 某工程主要购置 A、B 两类设备,A 设备基期欲购 5 台,单价 28 万元,报告期实际购 6 台,单价 35 万元;B 类设备基期欲购 8 台,单价是 16 万元,报告期实际购置 10 台,单价是 27 万元,则设备购置价格指数是多少?

4. 某市政工程需砌筑一段毛石护坡,断面尺寸如图 3.4 所示(单位:mm),拟采用 M5.0 水泥砂浆砌筑。根据甲乙双方商定,工程单价的确定方法是,首先现场测定每 10 m³ 砌体人工工日、材料、机械台班消耗指标,并将其乘以相应的当地价格确定。各项测定参数如下。

(1)砌筑 1 m³ 毛石砌体需工时参数为:基本工作时间为 12.6h(折算为一人工作);辅助工作时间为工作延续时间的 3%;准备与结束时间为工作延续时间的 2%;不可避免的中断时间为工作延续时间的 2%;休息时间为工作延续时间的 18%;人工幅度差系数为 10%。

(2)砌筑 1 m³ 毛石砌体需各种材料净用量为:毛石 0.72m³;M5.0 水泥砂浆 0.28 m³;水 0.75 m³。毛石和砂浆的损耗率分别为:20%、8%。

(3)砌筑 1 m³ 毛石砌体需 200 L 砂浆搅拌机 0.5 台班,机械幅度差系数为 15%。

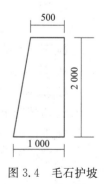

图 3.4　毛石护坡
断面图

问题:

(1)试确定该砌体工程的人工时间定额和产量定额。

(2)假设当地人工工资标准为 20.50 元/工日,毛石单价为 55.60 元/m³;M5.0 水泥砂浆单价为 105.80 元/m³;水单价为 0.60 元/m³;其他材料费为毛石、水泥砂浆及水费用之和的 2%。200 L砂浆搅拌机台班费为 39.50 元/台班。试确定每 10 m³ 砌体的单价。

(3)计算该工程每 100 延长米的砌筑工程量及其直接费用。

第4章 工程造价计价模式

 本章提要

本章介绍了工程造价的两种计价模式:工程量清单计价模式和传统的定额计价模式。在工程量清单计价模式中,首先阐述了工程量清单的基本知识,在此基础上介绍工程量清单计价的基本原理,并对两种计价模式进行了对比分析。在定额计价模式中主要阐述了定额计价法的程序、性质和改革。

 学习目标

通过本章内容的学习,要求掌握我国现行的两种工程造价计价模式的计价原理及计价程序,能够对工程造价计价的过程有一个全面的了解。

框架结构

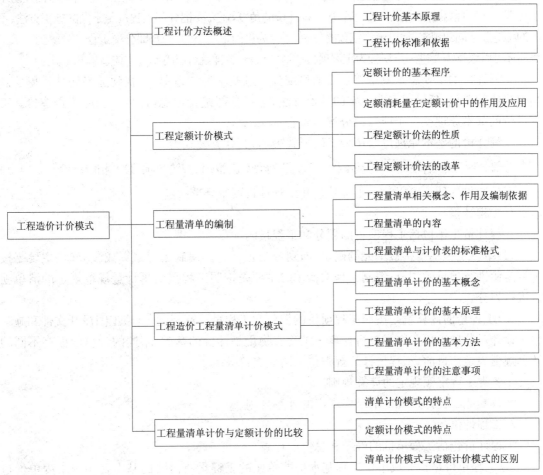

工程造价计价模式
- 工程计价方法概述
  - 工程计价基本原理
  - 工程计价标准和依据
- 工程定额计价模式
  - 定额计价的基本程序
  - 定额消耗量在定额计价中的作用及应用
  - 工程定额计价法的性质
  - 工程定额计价法的改革
- 工程量清单的编制
  - 工程量清单相关概念、作用及编制依据
  - 工程量清单的内容
  - 工程量清单与计价表的标准格式
- 工程造价工程量清单计价模式
  - 工程量清单计价的基本概念
  - 工程量清单计价的基本原理
  - 工程量清单计价的基本方法
  - 工程量清单计价的注意事项
- 工程量清单计价与定额计价的比较
  - 清单计价模式的特点
  - 定额计价模式的特点
  - 清单计价模式与定额计价模式的区别

4.1 工程计价方法概述

工程计价是指按规定的程序、方法和依据，对工程造价及其构成内容进行估计或确定的行为。工程计价依据是指在工程计价活动中，所要依据的计价内容、计价方法和价格标准相关的工程计量计价标准，工程计价定额及工程造价信息等。

4.1.1 工程计价基本原理

建设项目是兼具单件性与多样性的集合体。每一个建设项目的建设都需要按业主的特定需要进行单独设计、单独施工，不能批量生产和按整个项目确定价格，只能采用特殊的计价程序和计价方法，即将整个项目进行分解，划分为可以按有关技术经济参数测算价格的基本构造单元（如定额项目、清单项目），这样就可以计算出基本构造单元的费用。一般来说，分解结构层次越多，基本子项也越细，计算也更精确。

任何一个项目都可以分解为一个或几个单项工程，任何一个单项工程都是由一个或几个单位工程所组成。作为单位工程的各类建筑工程和安装工程仍然是一个比较复杂的综合实体,还需要进一步分解。就建筑工程来说,又可以按照施工顺序细分为土石方工程、地基处理与边坡支护工程、桩基工程、砌筑工程、混凝土及钢筋混凝土工程、金属结构工程、木结构工程、门窗工程、屋面及防水工程等分部工程。分解成分部工程后,从工程计价的角度,还需要把分部工程按照不同的施工方法、不同的构造及不同的规格,加以更为细致的分解,划分为更简单细小的部分,即分项工程。分解到分项工程后还可以根据需要进一步划分为定额项目或清单项目,这样就可以得到基本构造单元了。

工程计价的主要思路就是将建设项目细分至最基本的构造单元,找到适当的计量单位及当时当地的单价,就可以采取一定的计价方法,进行分部组合汇总,计算出相应工程造价。工程计价的基本原理就在于项目的分解与组合。

工程计价的基本原理可以用公式的形式表达,其计算公式为

$$分部分项工程费用=\sum[基本构造单元工程量(定额项目或清单项目)\times 相应单价] \quad (4.1)$$

工程造价的计价可以分为工程计量和工程计价两个环节。

1. 工程计量

工程计量工作包括工程项目的划分和工程量的计算。

(1)单位工程基本构造单元的确定,即划分工程项目。编制工程概算或预算时,主要是按工程定额进行项目的划分;编制工程量清单时主要是按照工程量清单计量规范规定的清单项目进行划分。

(2)工程量的计算就是按照工程项目的划分和工程量计算规则,就施工图设计文件和施工组织设计对分项工程实物量进行计算。工程实物量是计价的基础,不同的计价依据有不同的计算规则规定。目前,工程量计算规则包括两大类:

①各类工程定额规定的计算规则。

②各专业工程计量规范附录中规定的计算规则。

2. 工程计价

工程计价包括工程单价的确定和总价的计算。

(1)工程单价是指完成单位工程基本构造单元的工程量所需要的基本费用。工程单价包括工料单价和综合单价。

①工料单价也称直接工程费单价,包括人工、材料、机械台班费用,是各种人工消耗量、各种材料消耗量、各类机械台班消耗量与其相应单价的乘积,计算公式为

$$工料单价=\sum(人材机消耗量\times 人材机单价) \quad (4.2)$$

②综合单价包括人工费、材料费(含工程设备)、机械台班费,还包括企业管理费、利润和风险因素。综合单价依据国家、地区、行业定额或企业定额消耗量和相应生产要素的市场价格来确定。

(2)工程总价是指经过规定的程序或办法逐级汇总形成的相应工程造价。

根据采用单价的不同,总价的计算程序有所不同。

①采用工料单价时,在工料单价确定后,乘以相应定额项目工程量并汇总,得出相应工程直接工程费,再按照相应的取费程序计算其他各项费用,汇总后形成相应工程造价。

②采用综合单价时,在综合单价确定后,乘以相应项目工程量,经汇总即可得出分部分项工程费,再按相应的办法计取措施项目费、其他项目费、规费项目费、税金项目费,各项目费汇总后得出相应工程造价。

4.1.2　工程计价标准和依据

工程计价标准和依据主要包括计价活动的相关规章规程、工程量清单计价和计量规范、工程定额和相关造价信息。

从目前我国现状来看,工程定额主要用于在项目建设前期各个阶段对于建设投资的预测和估计,在建设工程交易阶段,工程定额通常只能作为建设产品价格形成的辅助依据。工程量清单计价依据主要适用于合同价格形成以及后续的合同价格管理阶段。计价活动的相关规章规程则根据其具体内容可能适用于不同阶段的计价活动。造价信息是计价活动所必需的依据。

1. 计价活动的相关规章规程

现行计价活动相关的规章规程主要包括建筑工程发包与承包计价管理办法、建设项目投资估算编审规程、建设项目设计概算编审规程、建设项目施工图预算编审规程、建设工程招标控制价编审规程、建设项目工程结算编审规程、建设项目全过程造价咨询规程、建设工程造价咨询成果文件质量标准、建设工程造价鉴定规程等。

2. 工程量清单计价和计量规范

工程量清单计价和计量规范由《建设工程工程量清单计价规范》GB 50500—2013、《房屋建筑与装饰工程量计算规范》GB 50854—2013、《仿古建筑工程量计算规范》GB 50855—2013、《通用安装工程量计算规范》GB 50856—2013、《市政工程量计算规范》GB 50857—2013、《园林绿化工程量计算规范》GB 50858—2013、《矿山工程量计算规范》GB 50859—2013、《构筑物工程量计算规范》GB 50860—2013、《城市轨道交通工程工程量计算规范》GB 50861—2013 等组成。

3. 工程定额

工程定额主要指国家、省、有关专业部门制定的各种定额,包括工程消耗量定额和工程计价定额等。

4. 工程造价信息

工程造价信息主要包括价格信息、工程造价指数和已完工程信息。

4.2　工程定额计价模式

4.2.1　定额计价的基本程序

在我国,长期以来在工程价格形成中采用定额计价模式,这是一种与计划经济体制相适应的工程造价管理模式。定额计价模式实际上是国家通过颁布统一的估算指标、概算指标、概算定额、预算定额和有关费用定额,对建筑产品价格进行有计划管理的计价方法。国家以假定的建筑安装产品为对象,制定统一的概算和预算定额,计算出每一单元子目的费用后,再综合形成整个工程的造价。定额计价模式的基本原理如图 4.1 所示。

从图 4.1 可以看出,编制建设工程造价最基本的过程有两个:工程量计算和工程计价。

我们可以用公式来进一步表明确定建筑产品价格定额计价的基本方法和程序:

每一计量单位假定建筑产品的价格为

$$直接工程费单价 = 人工费 + 材料费 + 机械使用费 \qquad (4.3)$$

$$人工费 = \sum (单位人工工日数量 \times 人工日工资标准) \qquad (4.4)$$

$$材料费 = \sum (单位材料用量 \times 材料预算价格) \qquad (4.5)$$

$$机械使用费 = \sum(单位机械台班用量 \times 机械台班单价) \qquad (4.6)$$

$$单位工程直接费 = \sum(假定建筑产品工程量 \times 直接工程费单价) + 措施费 \qquad (4.7)$$

$$单位工程概预算造价 = 单位工程直接费 + 间接费 + 利润 + 税金 \qquad (4.8)$$

$$单项工程概预算造价 = \sum 单位工程概预算造价 + 设备、工器具购置费 \qquad (4.9)$$

$$建设项目全部工程概算造价 = \sum \frac{单项工程}{的概算造价} + \frac{工程建设}{其他费用} + 预备费 +$$

$$\frac{建设期}{贷款利息} + \frac{固定资产}{投资方向调节税(暂停征收)} \qquad (4.10)$$

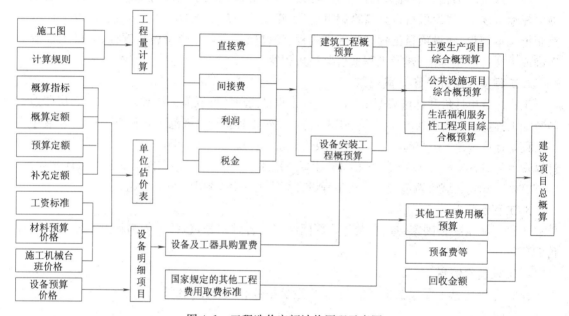

图 4.1　工程造价定额计价原理示意图

4.2.2　定额消耗量在定额计价中的作用及应用

1. 定额消耗量在定额计价中的作用

(1)定额消耗量是编制工程概预算时确定和计算单位产品实物消耗量的重要基础依据,同时也是控制投资和合理计算建筑产品价格的基础。

(2)定额消耗量是工程项目设计采用新材料、新工艺,实现资源要素合理配置,进行方案技术经济比较与分析的依据。

(3)定额消耗量是确定以编制概预算为前提的招标控制价与投标报价的基础。

(4)定额消耗量是进行工程项目金融贷款与项目建设竣工结算的依据。

(5)定额消耗量是施工企业降低成本费用,节约非生产性费用支出,提高经济效益,进行经济核算和经济活动分析的依据。

2. 定额消耗量在定额计价中的应用

定额消耗量在编制概预算造价或价格中的具体运用,主要体现在对概预算定额结构与内容、正确选用定额项目和正确计算工程量 3 个方面的把握与应用。

(1)概预算定额的结构形式与内容。以现行的概预算定额结构、内容为例,通常包括 3 个部分,即定额说明部分、定额(节)表部分和定额附录部分。

在概预算定额手册中,虽然在应用时都是必须把握的,但是定额消耗量即定额(节)表内容是更核心的部分。

(2)正确选用定额项目。正确选用定额项目是准确计算拟建工程量不可忽视的环节,选用所需定额项目时,应注意把握以下几个方面:

①在学习概预算定额的总说明、分章说明等的基础上,要将实际拟套用的工程量项目,从定额章、节中查出并要特别注意定额编号的应用,否则,就会出现差错和混乱。因此在应用定额时一定要注意应套用的定额项目编号是否准确无误。

②要了解定额项目中所包括的工程内容与计量单位,以及附注的规定,要通过日常工作实践逐步加深了解。

③套用定额项目时,当在定额中查到符合拟建工程设计要求的项目时,要对工程技术特征、所用材料和施工方法等进行核对,是否与设计一致,是否符合定额的规定。这是正确套用定额必须做到的。

(3)正确计算工程量。工程量的计算必须符合概预算定额规定的计算规则。

①计算单位要和套用的定额项目的计算单位一致。

②要注意相同计量单位的不同计算方法。例如按面积平方米计算要区分建筑面积、投影面积、展开面积、外围面积等。

③要注意计算包括的范围,如砖外墙按体积立方米计算,应扣除门窗框外围面积、过人洞等的面积。

④计算标准要符合定额的规定,如砖石基础与墙身的分界线以防潮层为准,无防潮层者以室内设计地面为准。

⑤注意哪些定额可以合并计算。

上述3个方面的把握与运用是正确运用定额消耗量,做好工程计价工作的基础。

4.2.3 工程定额计价法的性质

我国建筑产品价格市场化经历了"国家定价—国家指导价—国家调控价"3个阶段。定额计价是以概预算定额、各种费用定额为基础依据,按照规定的计算程序确定工程造价的特殊计价方法。因此,利用工程建设定额计算工程造价就价格形成而言,介于国家指导价和国家调控价之间。

1. 国家定价阶段

在此定价阶段的主要特征是:

(1)这种"价格"分为设计概算、施工图预算、工程费用签证和竣工结算。

(2)这种"价格"属于国家定价的价格形式,国家是这一价格形式的决策主体。

2. 国家指导价阶段

此阶段价格形成的特征是:

(1)计划控制性。作为评标基础的标底价格要按照国家工程造价管理部门规定的定额和有关取费标准制定,标底价格的最高数额受到国家批准的工程概算控制。

(2)国家指导性。国家工程招标管理部门对标底的价格进行审查,管理部门组成的监督小组直接监督、指导大中型工程招标、投标、评标和决标过程。

(3)竞争性。投标单位可以根据本企业的条件和经营状况确定投标报价,并以价格作为竞争承包工程手段。招标单位可以在标底价格的基础上,择优确定中标单位和工程中标价格。

3. 国家调控价阶段

国家调控招标投标价格形成特征如下:

(1)自发形成。应由工程承发包双方根据工程自身的物质劳动消耗、供求状况等协商议定,不受国家计划调控。

(2)自发波动。随着工程市场供求关系的不断变化,工程价格经常处于上升或者下降的波动之中。

(3)自发调节。通过价格的波动,自发调节着建筑产品的品种和数量,以保持工程投资与工程生产能力的平衡。

4.2.4 工程定额计价法的改革

1. 量价分离阶段

工程定额计价制度第1阶段改革的核心思想是"量价分离",即由国务院建设行政主管部门制定符合国家有关标准、规范,并反映一定时期施工水平的人工、材料、机械等消耗量标准,实现国家对消耗量标准的宏观管理。对人工、材料、机械的单价等,由工程造价管理机构依据市场价格的变化发布工程造价相关信息和指数,将过去完全由政府计划统一管理的定额计价改变为"控制量、指导价、竞争费"。

2. 工程造价计价方式的改革

工程定额计价制度改革的第2阶段的核心问题是工程造价计价方式的改革。在建设市场的交易过程中,传统的定额计价制度与市场主体要求拥有自主定价权之间发生了矛盾和冲突,主要表现为:

(1)浪费了大量的人力、物力,招投标双方存在着大量的重复劳动。

(2)投标单位的报价按统一定额计算,不能按照自己的具体施工条件、施工设备和技术专长来确定报价;不能按照自己的采购优势来确定材料预算价格;不能按照企业的管理水平来确定工程的费用开支;企业的优势体现不到投标报价中。

鉴于此,政府主管部门于2003年开始推行工程量清单计价制度,以适应市场定价的改革目标。在这种定价方式下,工程量清单报价由招标者给出工程量清单,投标者填报单价,单价完全依据企业技术、管理水平的整体实力而定,充分发挥工程建设市场主体的主动性和能动性,是一种与市场经济相适应的工程计价方式。

4.3 工程量清单的编制

4.3.1 工程量清单相关概念、作用及编制依据

1. 工程量清单相关概念

(1)工程量清单。工程量清单是指建设工程的分部分项项目、措施项目、其他项目、规费项目和税金项目的名称和相应数量等的明细清单。

(2)招标工程量清单是指招标人依据国家标准、招标文件、设计文件以及施工现场实际情况编制的,随招标文件发布供投标报价的工程量清单。编制招标工程量清单,应充分体现"量价分离"的"风险分担"原则。招标阶段,由招标人或其委托的工程造价咨询人根据工程项目设计文件,编制出招标工程项目的工程量清单,并将其作为招标文件的组成部分。招标工程量清单的准确性和完整性由招标人负责;投标人应结合企业自身实际、参考市场有关价格信息完成清单项目工程的组合报价,并对其承担风险。

(3)已标价工程量清单是指构成合同文件组成部分的投标文件中已标明价格,经算术性错

误修正(如有)且承包人已确认的工程量清单,包括对其的说明和表格。

2. 工程量清单的作用

工程量清单除了为潜在的投标人提供必要的信息外,还具有以下作用:

(1)为投标人提供公平的竞争环境。工程量清单由招标人统一提供,将要求投标人完成的工程项目及其相应工程实体数量全部列出,为投标人提供拟建工程的基本内容、实体数量和质量要求等的基础信息。这样,在建设工程的招标投标中,投标人的竞争活动就有了一个相同的基础,投标人机会均等。

(2)为支付工程进度款和结算提供依据。在工程的施工阶段,发包人根据承包人是否完成工程量清单规定的内容以及投标时在工程量清单中所报的单价作为支付工程进度款和进行结算的依据。工程结算时,发包人按照工程量清单计价表中的序号对已实施的分部分项工程或计价项目,按合同单价和相关的合同条款计算应支付给承包人的工程款项。

(3)调整工程量、进行工程索赔的依据。在发生工程变更、索赔、增加新的工程项目等情况时,可以选用或者参照工程量清单中的分部分项工程或计价项目与合同单价来确定变更或索赔项目的单价和相关费用。

3. 工程量清单的编制依据

(1)《建设工程工程量清单计价规范》(GB 50500—2013)。

(2)国家或省级、行业建设主管部门颁发的计价依据和办法。

(3)建设工程设计文件。

(4)与建设工程项目有关的标准、规范、技术资料。

(5)招标文件及其补充通知、答疑纪要。

(6)施工现场情况、工程特点及常规施工方案。

(7)其他相关资料。

4.3.2　工程量清单的内容

1. 分部分项工程量清单的内容

分部分项工程量清单应包括项目编码、项目名称、项目特征、计量单位和工程量。分部分项工程量清单应根据附录规定的项目编码、项目名称、项目特征、计量单位和工程量计算规则进行编制。

(1)项目编码。分部分项工程量清单的项目编码以五级编码设置,采用十二位阿拉伯数字表示。一、二、三、四级编码统一,第五级编码由工程量清单编制人区分具体工程的清单项目特征而分别编码。各级编码代表的含义如下:

①第一级表示工程分类顺序码(分二位)。

②第二级表示专业工程顺序码(分二位)。

③第三级表示分部工程顺序码(分二位)。

④第四级表示分项工程项目名称顺序码(分三位)。

⑤第五级表示具体工程量清单项目名称顺序码(分三位)。

以房屋建筑与装饰工程为例所表示的项目编码结构如图 4.2 所示。

当同一标段(或合同段)的一份工程量清单中含有多个单位工程且工程量清单是以单位工程为编制对象时,在编制工程量清单时应特别注意对项目编码十至十二位的设置不得有重码的规定。例如一个标段(或合同段)的工程量清单中含有 3 个单位工程,每一个单位工程中都有项目特征相同的实心砖墙砌体,在工程量清单中又需要反映 3 个不同单位工程的实心砖墙砌体工程量时,则第 1 个单位工程的实心砖墙的项目编码应为 010401003001,第 2 个单位工程的实心砖墙的项目编码应为 010401003002,第 3 个单位工程的实心砖墙的项目编码应为 010401003003,并分别列出各单位工程实心砖墙的工程量。

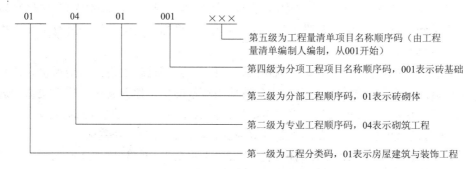

图 4.2   工程量清单项目编码结构

补充项目的编码由附录的顺序码与 B 和三位阿拉伯数字组成,并应从×B001 起顺序编制,同一招标工程的项目不得重码。工程量清单中需附有补充项目的名称、项目特征、计量单位、工程量计算规则、工程内容。

(2)项目名称。分部分项工程量清单的项目名称应按附录的项目名称结合拟建工程的实际确定。计价规范附录表中的"项目名称"为分项工程项目名称,是形成分部分项工程量清单项目名称的基础,在编制分部分项工程量清单时可予以适当调整或细化。编制工程量清单出现附录中未包括的项目,编制人应做补充,并报省级或行业工程造价管理机构备案,省级或行业工程造价管理机构应汇总报住房和城乡建设部标准定额研究所。

(3)项目特征。项目特征是构成分部分项工程项目、措施项目自身价值的本质特征。项目特征是对项目的准确描述,是确定一个清单项目综合单价不可缺少的重要依据,是区分清单项目的依据,是履行合同义务的基础。分部分项工程量清单的项目特征应按各专业工程计量规范附录中规定的项目特征,结合技术规范、标准图集、施工图纸,按照工程结构、使用材质及规格或安装位置等,予以详细而准确地表述和说明。凡项目特征中未描述到的其他独有特征,由清单编制人视项目具体情况而定,以准确描述项目清单为准。

在各专业工程计量规范附录中还有关于各清单项目"工作内容"的描述。工作内容是指完成清单项目可能发生的具体工作和操作程序,但应注意的是,在编制分部分项工程量清单时,工作内容通常无须描述,因为在计价规范中,工程量清单项目与工程量计算规则、工作内容有一一对应关系,当采用计价规范这一唯一标准时,工作内容均有规定。

在编制工程量清单时,必须对项目特征进行准确和全面地描述,但有些项目特征用文字往往又难以准确和全面地描述清楚。因此为达到规范、简捷、准确、全面描述项目特征的要求,在描述工程量清单项目特征时应按以下原则进行:

①项目特征描述的内容应按 2013 版《建设工程工程量清单计价规范》(GB 50500—2013)附录中的规定,结合拟建工程的实际,能满足确定综合单价的需要。《清单计价规范》单独强调项目特征,而不强调工程内容。这是因为项目特征讲的是工程项目的实质,直接决定工程的价值;而工程内容则主要讲的是操作程序。例如:"实心砖墙"的项目特征与"工程内容"栏中均包

含"勾缝",但两者的性质,包含的内容完全不同。"项目特征"栏的勾缝体现的是实心砖墙的实体特征,是个名词,体现的用什么规格的材料勾缝。"工程内容"栏内的勾缝表述的是操作工序或操作行为,是动词,体现的是怎么做,怎么勾缝。因此如果需要勾缝,就必须在项目特征中描述,而不能以工程内容中有而不描述,否则视为清单项目漏项,而可能在施工中引起索赔。

②若采用标准图集或施工图纸能够全部或部分满足项目特征描述的要求,项目特征描述可直接采用详见××图集或××图号的方式。对不能满足项目特征描述要求的部分,仍应用文字描述。

(4)计量单位。

①以重量计算的项目用吨或千克(t 或 kg)。

②以体积计算的项目用立方米(m^3)。

③以面积计算的项目用平方米(m^2)。

④以长度计算的项目用米(m)。

⑤以自然计量单位计算的项目用个、套、块、樘、组、台……

⑥没有具体数量的项目用系统、项……

各专业有特殊计量单位的,再另外加以说明。

工程数量按照计量规则中的工程量计算规则计算,其有效位数按下列规定:

①以"吨"为单位的,保留小数点后三位,第四位小数四舍五入。

②以"立方米""平方米""米"为单位,应保留两位小数,第三位小数四舍五入。

③以"个""项"等为单位的,应取整数。

(5)工程数量的计算。分部分项工程量清单中所列工程量应按附录中规定的工程量计算规则计算。分部分项工程量清单的计量单位应按附录中规定的计量单位确定。工程数量的计算主要通过工程量计算规则计算得到。工程量计算规则是指对清单项目工程量的计算规定。除另有说明外,所有清单项目的工程量应以实体工程量为准,并以完成后的净值计算;投标人投标报价时,应在单价中考虑施工中的各种损耗和需要增加的工程量。

根据《工程量清单与计量规范》(GB 50500—2013)的规定,工程量计算规则可以分为建筑与装饰工程、仿古建筑工程、通用安装工程、市政工程、园林绿化工程、矿山工程、构筑物工程、城市轨道交通工程、爆破工程等九大类。

以房屋建筑与装饰工程为例,其计量规范中规定的实体项目包括土石方工程,地基处理与边坡支护工程,桩基工程,砌筑工程,混凝土及钢筋混凝土工程,金属结构工程,木结构工程,门窗工程,屋面及防水工程,保温、隔热、防腐工程,楼地面装饰工程,墙、柱面装饰与隔断、幕墙工程,天棚工程,油漆、涂料、裱糊工程,其他装饰工程,拆除工程等,分别制定了它们的项目的设置和工程量计算规则。

随着工程建设中新材料、新技术、新工艺等的不断涌现,计量规范附录所列的工程量清单项目不可能包含所有项目。在编制工程量清单时,当出现计量规范附录中未包括的清单项目时,编制人应作补充。在编制补充项目时应注意以下3个方面。

①补充项目的编码应按计量规范的规定确定。补充项目的编码由计量规范的代码与 B 和三位阿拉伯数字组成,并应从 001 起顺序编制,例如房屋建筑与装饰工程如需补充项目,则其编码应从 01B001 开始起顺序编制,同一招标工程的项目不得重码。

②在工程量清单中应附补充项目的项目名称、项目特征、计量单位、工程量计算规则和工作内容。

③将编制的补充项目报省级或行业工程造价管理机构备案。

【例4.1】某工程天棚抹灰工程量清单如表4.1所示。

表4.1　分部分项工程量清单

工程名称:略

序号	项目编码	项目名称	项目特征描述	计量单位	工程数量
1	011301001001	天棚抹灰混合砂浆	天棚抹灰混合砂浆,板底刷107胶水泥浆,面抹混合砂浆(细砂),刮混石粉混合胶水腻子二遍	m²	10.80

2. 措施项目清单的内容

措施项目清单指为完成工程项目施工,发生于该工程施工准备和施工过程中的技术、生活、安全、环境保护等方面的项目。措施项目清单应根据相关工程现行计量规范的规定编制,并应根据拟建工程的实际情况列项。例如,《房屋建筑与装饰工程工程量计算规范》(GB 50854—2013)中规定的措施项目,包括脚手架工程,混凝土模板及支架(撑),垂直运输,超高施工增加,大型机械设备进出场及安拆,施工排水、降水,安全文明施工及其他措施项目。

措施项目费用的发生与使用时间、施工方法或者两个以上的工序相关,并大都与实际完成的实体工程量的大小关系不大,如安全文明施工,夜间施工,非夜间施工照明,二次搬运,冬雨季施工,地上、地下设施、建筑物的临时保护设施,已完工程及设备保护等。但是有些非实体项目则是可以计算工程量的项目,如脚手架工程,混凝土模板及支架(撑),垂直运输,超高施工增加,大型机械设备进出场及安拆,施工排水、降水等,与完成的工程实体具有直接关系,并且是可以精确计量的项目,用分部分项工程量清单的方式采用综合单价,更有利于措施费的确定和调整。措施项目中不能计算工程量的项目清单,以"项"为计量单位进行编制(见表4.2);可以计算工程量的项目清单宜采用分部分项工程量清单的方式编制,列出项目编码、项目名称、项目特征、计量单位和工程量计算规则(见表4.3)。

【例4.2】某项目不能计算工程量的措施项目清单如表4.2所示。

表4.2　某项目的措施项目清单

序号	项目编码	项目名称	计量单位
1	0117007001	安全文明施工费	项
2	011707002	夜间施工增加费	项
3	011707003	二次搬运费	项
		⋮	

【例4.3】某项目能计算工程量的措施项目清单如表4.3所示。

表4.3　某项目措施项目清单

序号	项目编码	项目名称	项目特征描述	计量单位	工程量
1	011701001001	综合脚手架	框剪结构,檐口高度73.65 m	m²	7 500
2	011702014001	现浇钢筋混凝土有梁板及支架	矩形梁,断面200 mm×400 mm,梁底支模高度2.6 m,板底支模高度3 m	m²	1 500

续表

序号	项目编码	项目名称	项目特征描述	计量单位	工程量
3	011702016001	现浇混凝土平板模板及支架	矩形板,支模高度3 m	m²	1 200

3. 其他项目清单的内容

其他项目清单是指分部分项工程量清单、措施项目清单所包含的内容以外,因招标人的特殊要求而发生的与拟建工程有关的其他费用项目和相应数量的清单。工程建设标准的高低、工程的复杂程度、工程的工期长短、工程的组成内容、发包人对工程管理要求等都直接影响其他项目清单的具体内容。其他项目清单的内容,在具体工程项目中可根据工程实际补充。其他项目清单的内容包括暂列金额、暂估价(包括材料暂估单价、工程设备暂估价、专业工程暂估价)、计日工、总承包服务费。

(1)暂列金额。暂列金额是指招标人在工程量清单中暂定并包括在合同价款中的一笔款项。用于工程合同签订时尚未确定或者不可预见的所需材料、工程设备、服务的采购,施工中可能发生的工程变更、合同约定调整因素出现时的合同价款调整,以及发生的索赔、现场签证确认等的费用。不管采用何种合同形式,其理想的标准是,一份合同的价格就是最终的竣工结算价格,或者至少两者应尽可能接近。我国规定对政府投资工程实行概算管理,经项目审批部门批复的设计概算是工程投资控制的刚性指标,即使商业性开发项目也有成本的预先控制问题,否则,无法相对准确预测投资的收益和科学合理地进行投资控制。但工程建设自身的特性决定了工程的设计需要根据工程进展不断地进行优化和调整,业主需要可能会随工程建设进展出现变化,工程建设过程还会存在一些不能预见、不能确定的因素。消化这些因素必然会影响合同价格的调整,暂列金额正是因这类不可避免的价格调整而设立,以便达到合理确定和有效控制工程造价的目标。设立暂列金额并不能保证合同结算价格就不会再出现超过合同价格的情况,是否超出合同价格完全取决于工程量清单编制人对暂列金额预测的准确性,以及工程建设过程是否出现了其他事先未预测到的事件。

(2)暂估价。暂估价是指招标人在工程量清单中提供的用于支付必然发生但暂时不能确定价格的材料、工程设备的单价以及专业工程的金额,包括材料暂估单价、工程设备暂估单价和专业工程暂估价;暂估价类似于 FIDIC 合同价款中的 Prime Cost Items,在招标阶段的预见肯定要发生,只是因为标准不明确或者需要由专业承包人完成,暂时无法确定价格。暂估价数量和拟用项目应当结合工程量清单中的"暂估价表"予以补充说明。为方便合同管理,需要纳入分部分项工程量清单项目综合单价中的暂估价应只是材料、工程设备暂估单价,以方便投标人组价。

专业工程的暂估价一般应是综合暂估价,应当包括除规费和税金以外的管理费、利润等取费。总承包招标时,专业工程设计深度往往是不够的,一般需要交由专业设计人设计。国际上,出于提高可建造性考虑,一般由专业承包人负责设计,以发挥其专业技能和专业施工经验的优势。这类专业工程交由专业分包人完成是国际工程的良好实践,目前在我国工程建设领域也已经比较普遍。公开透明地合理确定这类暂估价的实际开支金额的最佳途径就是通过施工总承包人与工程建设项目招标人共同组织的招标。

暂估价中的材料、工程设备暂估单价应根据工程造价信息或参照市场价格估算,列出明细表;专业工程暂估价应分不同专业,按有关计价规定估算,列出明细表。

(3)计日工。计日工是指在施工过程中,完成发包人提出的施工图纸以外的零星项目或工作,按合同中约定的综合单价计价。计日工是为了解决现场发生的零星工作的计价而设立的。国际上常见的标准合同条款中,大多数都设立了计日工计价机制。计日工对完成零星工作所消耗的人工工时、材料数量、施工机械台班进行计量,并按照计日工表中填报的适用项目的单价进行计价支付。计日工适用的所谓零星工作一般是指合同约定之外的或者因变更而产生的、工程量清单中没有相应项目的额外工作,尤其是那些时间不允许事先商定价格的额外工作。

(4)总承包服务费。总承包服务费是在工程建设的施工阶段实行施工总承包时,当招标人在法律、法规允许的范围内对工程进行分包和自行采购供应部分设备、材料时,要求总承包提供相关服务以及对施工现场进行协调和统一管理,对竣工资料进行统一整理等所需的费用。总承包服务费是为了解决招标人在法律、法规允许的条件下进行专业工程发包,以及自行供应材料、设备,并需要总承包人对发包的专业工程提供协调和配合服务,对供应的材料、设备提供收、发和保管服务以及进行施工现场管理时发生,并向总承包人支付的费用。招标人应预计该项费用并按投标人的投标报价向投标人支付该项费用。

4. 规费、税金项目清单的内容

(1)规费项目清单应按照下列内容列项:社会保障费,包括养老保险费、失业保险费、医疗保险费、工伤保险费、生育保险费;住房公积金;工程排污费;出现计价规范中未列的项目,应根据省级政府或省级有关权力部门的规定列项。

(2)税金项目清单应包括下列内容:营业税;城市维护建设税;教育费附加;地方教育附加。出现计价规范未列的项目,应根据税务部门的规定列项。

4.3.3 工程量清单与计价表的标准格式

1. 分部分项工程量清单与计价表的标准格式

分部分项工程量清单是指表示拟建工程分项实体工程项目名称和相应数量的明细清单,应包括项目编码、项目名称、项目特征、计量单位和工程量5个部分的要件。其格式如表4.4所示。

表4.4 分部分项工程量清单与计价表

工程名称: 标段: 第 页 共 页

序号	项目编码	项目名称	项目特征描述	计量单位	工程量	金额(元)		
						综合单价	合价	其中:暂估价

2. 措施项目清单与计价表的标准格式

措施项目费用的发生与使用时间、施工方法或者两个以上的工序有关,并大都与实际完成的实体工程量的大小关系不大,但有些非实体项目还是可以计算出工程量的,如模板工程、脚手架等与完成的工程实体有直接关系,并且可以精确计算出工程量。因此,《建设工程工程量清单计价规范》(GB50500—2013)对措施项目清单的计量给出了两种清单标准格式:对于不能计算出工程量的措施项目清单,以"项"为计量单位进行编制(如表4.5所示),对于能计算出工程量的措施项目清单宜采用分部分项工程量清单的方式编制,列出项目编码、项目名称、项目特征、计量单位和工程量计算规则(如表4.6所示)。

表4.5 措施项目清单与计价表(一)

工程名称: 标段: 第 页 共 页

序号	项目名称	计算基础	费率(%)	金额(元)
1	安全文明施工费			
2	夜间施工费			
3	二次搬运费			
4	冬雨季施工			
5	大型机械设备进出场及安拆费			
6	施工排水			
7	施工降水			
8	地上、地下设施、建筑物的临时保护设施			
9	已完工程及设备保护			
10	各专业工程的措施项目			

注:本表适用于以"项"计价的措施项目。

表4.6 措施项目清单与计价表(二)

工程名称: 标段: 第 页 共 页

序号	项目编码	项目名称	项目特征描述	计量单位	工程量	金额(元)	
						综合单价	合价

注:本表适用于以"综合单价形式"计价的措施项目。

3. 其他项目清单与计价表的标准格式

其他项目清单与计价表的标准格式,如表4.7所示。

表4.7 其他项目清单与计价汇总表

工程名称: 标段: 第 页 共 页

序号	项目名称	计量单位	金额(元)	备 注
1	暂列金额			
2	暂估价			
2.1	材料暂估价			

序号	项目名称	计量单位	金额(元)	备 注
2.2	专业工程暂估价			
3	计日工			
4	总承包服务费			
5				
合 计				

注:材料暂估单价进入清单项目综合单价,此处不汇总。

(1)暂列金额。暂列金额可按表4.8的格式进行详细列项。

表4.8 暂列金额明细表

工程名称: 标段: 第 页 共 页

序号	项目名称	计量单位	暂定金额(元)	备 注
1				
2				
3				
4				
5				
合 计				

注:此表由招标人填写,如不能详列,也可只列暂定金额总额,投标人应将上述暂列金额计入投标总价中。

(2)暂估价。暂估价包括材料(工程设备)暂估价(见表4.9)和专业工程暂估价(见表4.10)。

表4.9 材料(工程设备)暂估单价表

工程名称: 标段: 第 页 共 页

序号	材料名称、规格、型号	计量单位	单价(元)	备 注

注:(1)此表由招标人填写,并在备注栏说明暂估价的材料拟用在哪些清单项目上,投标人应将上述材料暂估单价计入
工程量清单综合单价报价中。

(2)材料包括原材料、燃料、构配件以及按规定应计入建筑安装工程造价的设备。

表4.10 专业工程暂估价表

工程名称: 标段: 第 页 共 页

序号	工程名称	工程内容	金额(元)	备 注

注:此表由招标人填写,投标人应将上述专业工程暂估价计入投标总价中。

(3)计日工。计日工表格形式如表4.11所示。

表 4.11　计日工表

工程名称：　　　　　　　　标段：　　　　　　　　　　第　页　共　页

编号	项目名称	单位	暂定数量	综合单价	合　价
一	人　工				
1					
2					
⋮					
人　工　小　计					
二	材　料				
1					
2					
⋮					
材　料　小　计					
三	施工机械				
1					
2					
⋮					
施工机械小计					
总　计					

注:此表项目名称、数量由招标人填写,编制招标控制价时,单价由招标人按有关计价规定确定;投标时,单价由投标人自主报价,计入投标总价中。

（4）总承包服务费。总承包服务费按照表 4.12 的格式列项。

表 4.12　总承包服务费计价表

工程名称：　　　　　　　　标段：　　　　　　　　　　第　页　共　页

序号	项目名称	项目价值（元）	服务内容	费率（%）	金额（元）
1	发包人发包专业工程				
2	发包人供应材料				
合　计					

4. 规费、税金项目清单与计价表的标准格式

规费和税金项目清单与计价表的标准格式如表 4.13 所示,当出现新的规费、税金项目时,可对规费、税金项目清单进行补充。

表 4.13　规费、税金项目清单与计价表

工程名称：　　　　　　　　标段：　　　　　　　　　　第　页　共　页

序号	项目名称	计算基础	费率（%）	金额（元）
1	规费	定额人工费		
1.1	社会保障费	定额人工费		
（1）	养老保险费	定额人工费		

序号	项目名称	计算基础	费率(%)	金额(元)
(2)	失业保险费	定额人工费		
(3)	医疗保险费	定额人工费		
(4)	工伤保险费	定额人工费		
(5)	生育保险费	定额人工费		
1.2	住房公积金	定额人工费		
1.3	工程排污费	按工程所在地环境保护部门收取标准,按实计入		
2	税　金	分部分项工程费＋措施项目费＋其他项目费＋规费－按规定不计税的工程设备金额		
合　计				

4.4 工程量清单计价模式

4.4.1 工程量清单计价的基本概念

1. 工程量清单计价的基本概念

工程量清单计价是指在建设工程招标时,由招标人先计算工程量,编制出工程量清单并根据工程量清单编制招标控制价或投标报价的一种计价行为。就招标单位而言,工程量清单计价可称为招标控制价;就投标单位而言,工程量清单计价可称为工程量清单报价。

2. 工程量清单计价的作用

(1)满足竞争的需要。招标过程本身就是一个竞争的过程,招标人给出工程量清单,由投标人报价,报高了中不了标,报低了要赔本,这就体现出企业技术、管理水平的重要,形成企业整体实力的竞争。

(2)提供了一个平等的竞争条件。工程量清单计价模式下,工程量由招标人提供,为投标人提供了一个平等竞争的条件,投标人根据自身的实力来报不同的单价,符合商品交换的一般性原则。

(3)有利于工程款的拨付和工程造价的最终确定。投标人中标后,投标清单上的单价是拨付工程款的依据。业主根据投标人完成的工程量,可以很容易地确定进度款的拨付额。工程竣工后,根据实际工程量乘以相应单价,业主很容易确定工程的最终造价。

(4)有利于实现风险的合理分担。采用工程量清单报价方式后,投标人只对自己所报的成本、单价等负责,而由业主承担工程量计算不准确的风险,这种格局符合风险合理分担与责、权、利关系对等的一般原则。

(5)有利于业主对投资的控制。工程量清单计价模式下,设计变更、工程量的增减对工程造价的影响容易确定,业主能根据投资情况来决定是否变更或进行方案比较,以决定最恰当的处理方法。

3. 工程量清单计价的应用范围

《建设工程工程量清单计价规范》(GB 50500—2013)明确规定:全部使用国有资金投资或

国有资金投资为主(以上两者简称"国有资金投资")的工程建设项目,必须采用工程量清单计价。由于全部使用国有资金投资或国有资金投资为主的大中型建设工程在工程承发包和计价过程中往往存在着政府部门干预的可能,通过推行工程量清单计价,有利于公平竞争、合理使用资金。

4.4.2 工程量清单的计价基本原理

1. 工程量清单计价的组成

工程量清单计价的费用构成内容本质上符合住房和城乡建设部、财政部关于印发《建筑安装工程费用项目组成的通知》(建标[2013]44号)的规定,但为了配合工程量清单的统一格式,实行工程量清单计价时,建筑安装工程造价由分部分项工程费、措施项目费、其他项目费和规费、税金5部分组成。

《建筑工程施工发包与承包计价管理办法》(建设部令第107号)第五条规定,施工图预算、招标标底和投标报价由成本(直接费、间接费)、利润和税金构成,其编制可采用的工程计价方法包括工料单价法和综合单价法。实行工程量清单计价应采用综合单价法,综合单价是指完成一个规定计量单位的分部分项工程量清单项目或措施清单项目所需的人工费、材料费、施工机械使用费和企业管理费与利润,以及一定范围内的风险费用。

单位工程费用的计算是工程量清单计价的基础工作,单位工程费用的构成如图4.3所示。

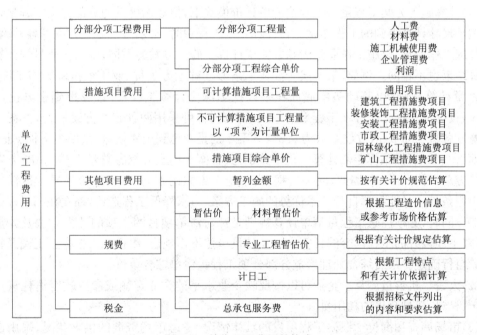

图4.3 单位工程费用的构成

2. 工程量清单计价的基本过程

工程量清单计价的基本过程如图4.4所示。从计价过程的示意图中可以看出,工程量清单计价过程可以分为2个阶段:工程量清单编制和利用工程量清单编制投标报价(或招标控制价)2个阶段。

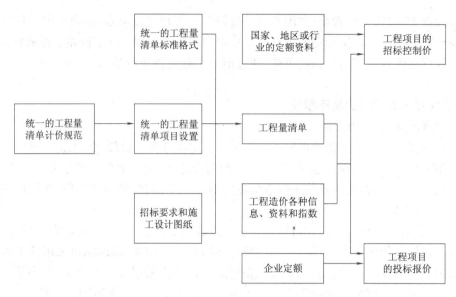

图 4.4　工程量清单计价过程

4.4.3　工程量清单计价的基本方法

1. 分部分项工程费的计算

(1)计算施工方案工程量。工程量清单计价模式下,招标人提供的分部分项工程量是按施工图图示尺寸计算得到的工程净量。在计算直接工程费时,必须考虑施工方案等各种因素,重新计算施工作业量,以施工作业量为基数完成计价。施工方案的不同,施工作业量的计算方法与计算结果也不相同。例如,某多层砖混住宅条形基础土方工程,业主根据基础施工图,按清单工程量计算规则,以基础垫层底面积乘以挖土深度计算工程量,计算得到土方挖方量为300 m³,投标人根据分部分项工程量清单及地质资料,可采用两种施工方案进行,方案 1 的工作面宽度各边为 0.2 m,放坡系数为 0.35;方案 2 则是考虑到土质松散,采用挡土板支护开挖,工作面为 0.3m。按预算定额计算工程量分别为:方案 1 的土方挖方总量为 735 m³;方案 2 的土方挖方总量为 480 m³;因此,同一工程,由于施工方案的不同,工程造价各异。投标单位可根据工程条件选择能发挥自身技术优势的施工方案,力求降低工程造价,确立在招投标中的竞争优势。同时,必须注意工程量清单计算规则是针对清单项目的主项的计算方法及计量单位确定,对主项以外的工程内容的计算方法及计量单位不作规定,由投标人根据施工图及投标人的经验自行确定。最后综合处理形成分部分项工程量清单综合单价。

(2)人、材、机数量测算。企业可以按反映企业水平的企业定额或参照政府消耗量定额确定人工、材料、机械台班的耗用量。

(3)市场调查和询价。根据工程项目的具体情况,考虑市场资源的供求状况,采用市场价格作为参考,考虑一定的调价系数,确定人工工资单价、材料预算价格和施工机械台班单价。

(4)计算清单项目分项工程的直接工程费单价。按确定的分项工程人工、材料和机械的消耗量及询价获得的人工工资单价、材料预算单价、施工机械台班单价,计算出对应分项工程单位数量的人工费、材料费和机械费。

(5)计算综合单价。计算综合单价中的管理费和利润时,可以根据每个分项工程的具体情况逐项估算。一般情况下,采用分摊法计算分项工程中的管理费和利润,既先计算出工程的全部管理费和利润,然后再分摊到工程量清单中的每个分项工程上。分摊计算时,投标人可以根据以往的经验确定一个适当的分摊系数来计算每个分项工程应分摊的管理费和利润。

(6)计算分部分项工程费。

$$分部分项工程费 = \sum 分部分项工程量 \times 相应分部分项综合单价 \qquad (4.11)$$

2. 措施项目费的计算

措施项目费用的发生与使用时间、施工方法或者两个以上的工序有关,并大都与实际完成的实体工程量的大小关系不大,但有些非实体项目还是可以计算出工程量的,如模板工程与完成的工程实体有直接关系,并且可以精确计算出工程量。因此,《建设工程工程量清单计价规范》(GB 50500—2013)对措施项目清单的计量给出了两种清单计价方法:

(1)可以计算工程量的措施项目。对于可以计算工程量的措施项目:如模板、脚手架,宜采用分部分项工程量的列项方式,应按分部分项工程量清单的方式列出项目编码、项目名称、项目特征、工程量,采用综合单价计价。

(2)不宜计算工程量的项目。对于不宜计算工程量的项目:如大型机械进出场费等,以"项"为单位来计价,应包括除规费、税金外的全部费用。其费用的多少与使用时间、施工方法相关,与实体工程量关系不大。

根据《中华人民共和国安全生产法》《中华人民共和国建筑法》《建设工程安全生产管理条例》《安全生产许可证条例》等法律、法规的规定,原建设部办公厅印发了《建筑工程安全防护、文明施工措施费用及使用管理规定》(建办[2005]89 号),将安全文明施工费纳入国家强制性标准管理范围,其费用标准不予竞争。本规范规定措施项目清单中的安全文明施工费应按国家或省级、行业建设主管部门的规定费用标准计价,招标人不得要求投标人对该项费用进行优惠,投标人也不得将该项费用参与市场竞争。

措施项目清单中的安全文明施工费包括《建筑安装工程费用项目组成》(建标[2013]44 号)中措施费的文明施工费、环境保护费、临时设施费、安全施工费。

3. 其他项目费的计算

(1)暂列金额。暂列金额由招标人根据工程特点,按有关计价规定进行估算确定,一般可以分部分项工程量清单费的 10%～15% 为参考,如索赔费用、签证费用从此项扣支。

(2)暂估价。暂估价包括材料暂估价和专业工程暂估价。材料暂估价是甲方列出暂估的材料单价及使用范围,乙方按照此价格来进行组价,并计入到相应清单的综合单价中;其他项目合计中不包含,只是列项。专业工程暂估价是按项列支,如塑钢门窗、玻璃幕墙、防水等,价格中包含除规费、税金外的所有费用;此费用计入其他项目合计中;暂估价是国际上通用的规避价格风险的办法。

按照《工程建设项目货物招标投标办法》(国家发改委、建设部第七部委 27 号令)第五条规定:"工程建设项目招标人对项目实行总承包招标时,以暂估价形式包括在总承包范围内的货物达到国家规定规模标准的,应当由总承包中标人和工程建设项目招标人共同依法组织招标"的规定设置。上述规定同样适用于以暂估价形式出现的专业分包工程。对未达到法律、法规规定招标规模标准的材料和专业工程,需要约定定价的程序和方法,并与材料样品报批程序相互衔接。

(3)计日工。对完成零星工作所消耗的人工工时、材料数量、施工机械台班进行计量,并按照计日工表中填报的适用项目的单价进行计价支付。

（4）总承包服务费。总承包服务费要在招标文件中说明总承包的范围，以减少后期不必要的纠纷；规范中列出的参考计算标准如下：招标人仅要求对分包的专业工程进行总承包管理和协调时，按分包的专业工程估算造价的 1.5% 计算；招标人要求对分包的专业工程进行总承包管理和协调并同时要求提供配合服务时，根据招标文件中列出的配合服务内容和提出的要求按分包的专业工程估算造价的 3%～5% 计算；招标人自行供应材料的，按招标人供应材料价值的 1% 计算。

（5）其他项目费。

$$其他项目费＝暂列金额＋暂估价＋计日工＋总承包服务费 \tag{4.12}$$

4. 规费、税金的计算

规费是指政府和有关权力部门规定必须缴纳的费用。规费可用计算基数乘以规费费率计算得到。计算基数可以是直接工程费、人工费或人工费和机械费的合计数。具体计算时，一般按国家及有关部门规定的计算公式和费率标准进行计算。

建筑安装工程税金是指国家税法规定的应计入建筑安装工程造价内的营业税、城市维护建设税、教育费附加及地方教育费附加。计算税金时，按纳税地点选择税率。纳税地点在市区的企业税率为 3.48%，纳税地点在县城、镇的企业税率为 3.41%，纳税地点在农村的企业税率为 3.28%。以直接费、间接费和利润之和乘以税率（综合计税系数）得到税金。

5. 建筑安装工程造价的计算

$$单位工程报价＝分部分项工程费＋措施项目费＋其他项目费＋规费＋税金 \tag{4.13}$$

$$单项工程报价＝\sum 单位工程报价 \tag{4.14}$$

$$建设项目总报价＝\sum 单项工程报价 \tag{4.15}$$

4.4.4 工程量清单计价的注意事项

招标人应在招标文件中或在签订合同时，载明投标人应考虑的风险内容及其风险范围或风险幅度。风险是一种客观存在的、会带来损失的、不确定的状态。它具有客观性、损失性、不确定性的特点，并且风险始终是与损失相联系的。工程施工发包是一种期货交易行为，工程建设本身又具有单件性和建设周期长的特点。在工程施工过程中影响工程施工及工程造价的风险因素很多，但并非所有的风险都是承包人能预测、能控制和应承担其造成损失的。基于市场交易的公平性和工程施工过程中发、承包双方权、责的对等性要求，发、承包双方应合理分摊风险，所以要求招标人在招标文件中或在合同中禁止采用无限风险、所有风险或类似语句规定投标人应承担的风险内容及其风险范围或风险幅度。

根据我国工程建设特点，投标人应完全承担的风险是技术风险和管理风险，如管理费和利润；应有限度承担的是市场风险，如材料价格、施工机械使用费等的风险；应完全不承担的是法律、法规、规章和政策变化的风险。

《建设工程工程量清单计价规范》（GB 50500—2013）定义的风险是综合单价包含的内容。根据我国目前工程建设的实际情况，各省、自治区、直辖市建设行政主管部门均根据当地劳动行政主管部门的有关规定发布人工成本信息，对此关系职工切身利益的人工费不宜纳入风险。

由于市场物价波动影响合同价款，应由发承包双方合理分摊并在合同中约定。合同中没有约定，发、承包双方发生争议时，按下列规定实施。

（1）材料、工程设备的涨幅超过招标时基准价格 5% 以上的由发包人承担。

（2）施工机械使用费涨幅超过招标时的基准价格 10% 以上的由发包人承担。材料价格的风险宜控制在 5％以内,施工机械使用费的风险可控制在 10％以内,超过者予以调整,管理费和利润的风险由投标人全部承担。

4.5　工程量清单计价与定额计价的比较

4.5.1　定额计价模式的特点

我国在很长一段时间内采用单一的定额计价模式形成工程价格,即按预算定额规定的分部分项子目,逐项计算工程量,套用计算工程量,套用预算定额单价(或单位估价表)确定直接工程费,然后按规定的取费标准确定措施费、间接费、利润和税金,加上材料调差系数和适当的不可预见费,经汇总后即为工程预算或标底,而标底则作为评标定标的主要依据。

以定额单价法确定工程造价,是我国采用的一种与计划经济相适应的工程造价管理制度。定额计价实际上是国家通过颁布统一的计价定额或指标,对建筑产品价格进行有计划的管理。国家以假定的建筑安装产品为对象,制定统一的预算和概算定额。计算出每一单元子项的费用后,再综合形成整个工程的价格。

4.5.2　工程量清单计价模式的特点

工程量清单计价模式是一种区别于定额计价模式的新计价模式,是一种主要由市场定价的计价模式,是由建筑产品的卖方和买方在建设市场上根据供求状况、信息状况进行自由竞价,从而最终能够签订工程合同价格的方法。因此,可以说工程量清单计价模式是在建设市场建立、发展和完善过程中的必然产物。在工程量清单的计价过程中,工程量清单向建设市场的交易双方提供了一个平等的平台,是投标人在投标活动中进行公正、公平、公开竞争的重要基础。

4.5.3　工程量清单计价模式与定额计价模式的区别

1. 两种计价模式处在我国不同的定价阶段

定额计价模式更多地反映了国家定价或国家指导价阶段。在这一模式下,工程价格由国家决定或国家给出一定的指导性标准,承包商可以在该标准的允许幅度内实现有限竞争,例如在我国的招投标制度中,一度严格限定投标人的报价必须在限定标底的一定范围内波动,超出此范围即为废标,这一阶段的工程招投标价格即属于国家指导性价格,体现出在国家宏观计划控制下的市场有限竞争。

工程量清单计价模式则反映了市场定价阶段。在该阶段中,工程价格是在国家有关部门间接调控和监督下,由工程承发包双方根据工程市场中建筑产品供求关系变化自主确定工程价格。其价格的形成可以不受国家工程造价管理部门的直接干预,而此时的工程造价是根据市场的具体情况,具有竞争形成、自发波动和自发调价的特点。

2. 主要计价依据及其性质不同

定额计价模式的主要计价依据为国家、省、有关专业部门制定的各种定额,其性质为指导性,定额的项目划分一般按照施工工序分项,每个分项工程项目所含的工程内容是单一的。

工程量清单计价模式的主要计价依据为《建设工程工程量清单计价规范》,其性质是含有强制性条文的国家标准,清单的项目划分一般是按综合实体进行分项的,每个分项工程一般包含多项工程内容。

3. 工程量编制主体不同

在定额计价模式下,建设工程的工程量分别由招标人和投标人分别按图计算。而在工程量清单计价模式下,工程量由招标人统一计算或委托有关工程造价咨询单位统一计算,工程量清单是招标文件的重要组成部分,各投标人根据招标人提供的工程量清单,根据自身的技术装备、施工经验、企业成本、企业定额、管理水平自主填写单价与合价。

4. 单价与报价的组成不同

定额计价法的单价包括人工费、材料费、机械台班费,而工程量清单计价方法采用综合单价形式,综合单价包括人工费、材料费、机械使用费、管理费、利润,并考虑风险因素。工程量清单计价法的报价除包括定额计价法的报价外,还包括预留金、材料购置费和零星工作项目费等。

5. 合同价格的调整方式不同

定额计价方法形成的合同,其价格的主要调整方式有:变更签证、定额解释、政策性调整。而工程量清单计价方法在一般情况下单价是相对固定下来的,减少了在合同实施过程中的调整活口,在通常情况下,如果清单项目的数量没有增减,能够保证合同价格基本没有调整,保证了其稳定性,也便于业主进行资金准备和筹划。

6. 对措施性消耗的处理不同

在定额计价法中未区分施工实物性损耗和施工措施性损耗,而工程量清单计价把施工措施与工程实体项目进行分离,这项改革的意义在于突出了施工措施费的市场竞争性。工程量清单计价规范的工程量计算规则的编制原则一般是以工程实体的尺寸计算,也没有包含工程量的合理损耗,这一特点也就是定额计价的工程量计算规则与工程量清单计价规范的工程量计算规则的本质区别。

本 章 小 结

定额计价模式是国家通过颁布统一的估算指标、概算指标、概算定额、预算定额和有关费用定额,对建筑产品价格进行有计划管理的计价方法。国家以假定的建筑安装产品为对象,制定统一的概算和预算定额,计算出每一单元子目的费用后,再综合形成整个工程的造价。

利用工程建设定额计算工程造价就价格形成而言,是计划经济体制的产物。工程量清单是指建设工程的分部分项项目、措施项目、其他项目、规费项目和税金项目的名称和相应数量等的明细清单。工程量清单是工程量清单计价的基础,应作为编制招标控制价、投标报价、计算工程量、支付工程款、调整合同价款、办理竣工结算以及工程索赔等的依据之一。

工程量清单应由分部分项工程量清单、措施项目清单、其他项目清单、规费项目清单、税金项目清单组成。

工程量清单计价是指在建设工程招标时,由招标人先计算工程量,编制出工程量清单并根据工程量清单编制招标控制价或投标报价的一种计价行为。就招标单位而言,工程量清单计价可称为招标控制价;就投标单位而言,工程量清单计价可称为工程量清单报价。

《建设工程工程量清单计价规范》明确规定:全部使用国有资金投资或国有资金投资为主(以上两者简称"国有资金投资")的工程建设项目,必须采用工程量清单计价。由于全部使用国有资金投资或国有资金投资为主的大中型建设工程在工程承发包和计价过程中往往存在着政府部门干预的可能,通过推行工程量清单计价,有利于公平竞争、合理使用资金。

工程量清单计价模式与定额计价模式的区别主要在于:

(1)定额计价模式更多地反映了国家定价或国家指导价阶段,工程量清单计价模式则反映了市场定价阶段。

(2)定额计价模式的主要计价依据为国家、省、有关专业部门制定的各种定额,工程量清单计价模式的主要计价依据为《建设工程工程量清单计价规范》。

(3)在定额计价模式下,建设工程的工程量分别由招标人和投标人分别按图计算。而在工程量清单计价模式下,工程量由招标人统一计算或委托有关工程造价咨询单位统一计算。

(4)定额计价法的单价包括人工费、材料费、机械台班费,而工程量清单计价方法采用综合单价形式,综合单价包括人工费、材料费、机械使用费、管理费、利润,并考虑风险因素。工程量清单计价法的报价除包括定额计价法的报价外,还包括预留金、材料购置费和零星工作项目费等。

(5)定额计价方法形成的合同,其价格的主要调整方式有:变更签证、定额解释、政策性调整。而工程量清单计价方法在一般情况下单价是相对固定下来的,减少了在合同实施过程中的调整活口,在通常情况下,如果清单项目的数量没有增减,能够保证合同价格基本没有调整。

(6)在定额计价法中未区分施工实物性损耗和施工措施性损耗,而工程量清单计价把施工措施与工程实体项目进行分离。

 本章习题

一、简答题

1.简述工程量清单的构成。

2.简述计算工程量时,工程量计算的精确度规定。

3.简述工程量清单的计价过程。

二、单项选择题

1.在国家调控价阶段,其价格形成表现为(　　　　)。

    A.概预算价格　　　　　　　　B.预算包干价格

    C.工程招投标价格　　　　　　D.承发包双方协商形成

2.工程量清单计价模式所采用的综合单价不含(　　　　)。

    A.管理费　　　　B.利润　　　　　　C.措施费　　　　　　D.风险费

3.下列有关工程量清单的叙述中,正确的是(　　　　)。

    A.工程量清单中含有措施项目及其工程数量

    B.工程量清单是招标文件的组成部分

    C.在招标人同意的情况下,工程量清单可以由投标人自行编制

    D.工程量清单的表格格式是严格统一的

4.根据《建设工程工程量清单计价规范》的规定,分部分项工程工程量清单项目编码为

020601003004,其中 01 表示(   )。

  A. 工程分类顺序码   B. 分部工程顺序码

  C. 分项工程项目名称顺序码   D. 专业工程顺序码

5. 下列有关计日工的表述,正确的是(   )。

  A. 为了解决现场发生的零星工作的计价而立

  B. 适用的所谓零星工作一般是指合同约定之内的或者因变更而产生的

  C. 国际上常见的标准合同条款中,大多数都未设立计日工计价机制

  D. 计日工适用的零星工作是指工程量清单中有相应项目的额外工作

6. 有关对招标工程量清单的其他项目清单的表述,错误的是(   )。

  A. 暂估价是招标人在招标文件中提供的用于支付不一定要发生的专业工程的金额

  B. 计日工是为了解决现场发生的零星工作或项目的计价而设立的

  C. 暂列金额由招标人支配,实际发生后才得以支付

  D. 暂列金额是指招标人暂定并包括在合同中的一笔款项

7. 总承包服务费计价表中的服务内容应由(   )填写。

  A. 投标人   B. 招标人   C. 项目经理   D. 监理人

三、多项选择题

1. 我国建设产品价格市场化经历了(   )等阶段。

  A. 企业定价   B. 国家定价

  C. 国家指导价   D. 业主定价

  E. 国家调控价

2. 下列有关定额计价基本方法描述正确的是(   )。

  A. 单位工程直接费 $=\sum$(假定建筑产品工程量×直接工程费单价)+措施费

  B. 单位工程直接费 $=\sum$(假定建筑产品工程量×直接费单价)

  C. 基本构造要素的直接工程费单价=人工费+材料费+施工机械使用费

  D. 基本构造要素的直接工程费单价=人工费+材料费+施工机械使用费+措施费

  E. 单项工程概预算造价 $=\sum$单位工程概预算造价

3. 在国家指导价形成过程中,国家和企业是价格的双重决策主体,其价格形成的特征是
(   )。

  A. 计价依据不同   B. 竞争性

  C. 编制工程量的主体不同   D. 国家指导性

  E. 计划控制性

4. 工程量清单计价中税金项目包括(   )。

  A. 营业税   B. 教育费附加

  C. 企业所得税   D. 城市维护建设税

  E. 消费税

5. 措施项目中可以计算工程量的项目清单宜采用分部分项工程量清单的方式编制,需列
出(   )。

  A. 计算基础   B. 项目名称

  C. 费率   D. 项目特征

E. 工程量计算规则

6. 招标工程量清单是招标人依据(　　)编制的,随招标文件发布供投标报价的工程量清单,包括对其的说明和表格。

　　A. 设计文件　　　　　　　　B. 招标文件

　　C. 投标文件　　　　　　　　D. 国家标准

　　E. 施工现场实际情况

7. 根据《建设工程工程量清单计价规范》的规定,分部分项工程量清单中的综合单价包括(　　)。

　　A. 人工费　　　　　　　　　B. 材料费

　　C. 措施费　　　　　　　　　D. 利润

　　E. 风险费

8. 下列选项中,工程量清单计价方法与定额计价方法的区别包括(　　)。

　　A. 两种规模的主要计价依据及其性质不同

　　B. 编制工程量的主体不同

　　C. 工程量清单计价方法下的分项工程单价是指综合单价

　　D. 适用阶段不同

　　E. 合同价格的调整方式不同

第5章　工程项目决策阶段的造价管理

 本章提要

项目决策正确与否,直接关系到项目建设的成败,关系到工程造价的高低及投资效果的好坏,正确决策是合理确定与控制工程造价的前提。本章介绍了建设项目决策的含义、与工程造价的关系以及影响工程造价的主要因素;项目可行性研究的基本理论;重点分析了项目投资的估算内容与方法,最后说明投资估算的审查内容与方法。

 学习目标

理解建设项目决策的含义与作用;理解建设项目决策与工程造价的关系,熟悉决策阶段影响工程造价的主要因素;熟悉可行性研究报告的作用、主要内容和审批程序;掌握投资估算的方法。

框架结构

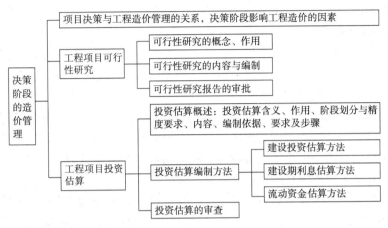

5.1　工程建设项目决策概述

5.1.1　建设项目决策的含义

1. 建设项目决策的含义

建设项目决策是选择和决定投资行动方案的过程,是指投资者按照自己的意图目的,在调查分析、研究的基础上对拟实施项目的投资规模、投资方向、投资结构、投资分配以及投资项目的选择和布局等方面进行技术经济分析,决定建设项目是否必要和可行的一种选择。由此可见,项目决策正确与否,直接关系到项目建设的成败,关系到工程造价高低及投资效果的好坏。

一个建设项目从投资意向开始到投资终结的全过程,大体分为 4 个阶段:即项目决策阶段;项目实施前的准备工作阶段;项目实施阶段;项目建成和总结阶段。长期以来,我国普遍忽视建设项目前期阶段的工作,而往往把工作的重点放在项目实施阶段,使一些没有经济效益或经济效益甚微的项目盲目上马,给国家和人民带来了巨大的损失。实际上项目决策阶段要决定建设项目的具体建设规模、产品方案、建设地址;决定采取什么工艺技术、购置什么样的设备以及建设哪些主体工程和配套工程、建设进度安排、资金筹措等事项,其中任何一项决策的失误,都有可能导致建设项目的失败,而且在现代激烈的市场竞争条件下,任何选择都具有一定的风险。因此,项目决策阶段的工作是建设项目的首要环节和重要方面,对建设项目能否取得预期的经济、社会效益起着关键作用。而且建设项目一般建设周期较长、风险也较大。建设项目具有不可逆转性,一旦投资建设,即使发现错了,也很难更改,损失很难挽回。

2. 对建设项目进行决策分析的目的

(1)拟建项目是否符合国家经济和社会发展的需要。

(2)产品方案、产品质量、生产规模是否符合市场需要,在市场竞争中是否有生命力。

(3)生产工艺是否先进、适用。

(4)项目建成后,投入品的供应和有关配套条件能否满足持续生产的需要。

（5）项目建成后,财务效益、国民经济效益、社会效益、环境效益能否满足各方的需要。

（6）资金投入和各项建设条件是否满足项目实施的要求。

（7）项目各项风险是否识别并采取了措施。

（8）建设方案是否进行了多方案比较,达到方案的最优化。

3. 建设项目决策的程序

（1）投资机会研究阶段。建设项目机会研究是进行项目决策的第一步,主要是把项目的设想变为概略的投资建议,以便进行下一步的深入研究,机会研究的重点是进行投资环境分析,鉴别投资方向,选定建设项目。

（2）初步可行性研究阶段。初步可行性研究阶段,亦称为项目建议书阶段,是根据国民经济和社会发展长期规划、行业规划和地区规划,以及国家产业政策,经过调查研究、市场预测及技术分析,对拟建项目的一个总体轮廓设想。初步可行性研究着重从客观上对项目建设的必要性做出分析,并初步分析项目建设的可能性。

（3）可行性研究阶段。在可行性研究中,对拟建项目的市场需求状况、建设条件、生产条件、协作条件、工艺技术、设备、投资、经济效益、环境和社会影响以及风险等问题,进行深入调查研究,进行充分的技术经济论证,做出项目是否可行的结论,选择并推荐优化的建设方案,为项目决策单位或业主提供决策依据。

从上可见,项目建议书是围绕项目的必要性进行分析研究;可行性研究则是围绕项目的可行性进行分析研究,必要时还需对项目的必要性进一步论证。

（4）项目评估阶段。在项目可行性研究报告出来后,由具有一定资质的咨询评估单位对拟建项目本身及可行性研究报告进行技术上、经济上的评价论证。这种评价论证是站在客观的角度,对项目进行分析评价,决定项目可行性研究报告提出的方案是否可行,科学、客观、公正地提出对项目可行性研究报告的评价意见,用于决策部门或业主对项目审批提供依据。

（5）项目决策审批阶段。项目主管部门或业主,根据咨询评估单位对项目可行性研究报告的评价结论,结合国家宏观经济条件,对项目是否建设、何时建设进行审定。

5.1.2 建设项目决策与工程造价的关系

1. 项目决策的正确性是工程造价合理性的前提

正确的项目决策,意味着对项目建设做出科学的决断,优选出最佳投资方案,达到资源的合理配置。这样才能合理地估计和计算工程造价,并且在实施最优投资方案过程中,有效地控制工程造价。项目决策失误,主要体现在对不该建设的项目进行投资建设,或者建设地点的选择错误,或者投资方案的确定不合理等。诸如此类的决策失误,会直接带来不必要的资金、人力、物力和财力的浪费,甚至造成不可弥补的损失。在此情况下,合理地进行工程造价的控制已经毫无意义了。因此,要达到工程造价的合理性,事先就要保证项目决策的正确性,避免决策失误。

2. 项目决策的内容是决定工程造价的基础

工程造价的计价与控制贯穿于项目建设全过程,但决策阶段各项技术经济决策,对该项目的工程造价有重大影响,特别是建设标准的确定、建设地点的选择、工艺的评选、设备选用等,直接关系到工程造价的高低。据有关资料统计,在项目建设各阶段,投资决策影响工程造价程度最高,达到 70%~90%。因此,决策阶段是决定工程造价的基础阶段,直接影响着决策阶段之后的各个建设阶段工程造价的计价与控制是否科学、合理。

3. 造价高低、投资多少也会影响项目决策

决策阶段的投资估算是进行投资方案选择的重要依据之一,同时也是决定项目是否可行及主管部门进行项目审批的参考依据。

4. 项目决策的深度影响投资估算的精确度,也影响工程造价的控制效果

投资决策的过程,是一个由浅入深、不断深化的过程,在不同的工作阶段投资估算的精度也不同。另外,由于在项目建设各阶段中,即决策阶段、初步设计阶段、技术设计阶段、施工图设计阶段、工程招标投标及承包发包阶段、施工阶段以及竣工验收阶段,通过工程造价的确定与控制,相应形成投资估算、设计概算、修正概算、施工图预算、承包合同价、结算价及竣工决算。这些工程造价形式之间存在着前者控制后者,后者补充前者这样的相互作用关系。按照"前者控制后者"的制约关系,意味着投资估算对后面各种形式的造价起着制约关系,作为限额目标。由此可见,只有加强项目决策的深度,采用科学的估算方法和可靠的数据资料,合理地计算投资估算,保证投资估算充足,才能保证其他阶段的造价被控制在合理范围内,使投资控制目标能够实现,避免"三超"现象发生。

5.1.3　建设项目决策阶段影响工程造价的主要因素

1. 项目合理规模的确定

项目合理规模的确定,就是要合理选择拟建项目的生产规模,解决"生产多少"的问题。每一个建设项目都存在着一个合理规模的选择问题。生产规模过小,使资源得不到有效配置,单位产品成本较高,经济效益低下;生产规模过大,超过了项目产品市场的需求量,则会导致开工不足、产品积压或降价销售,致使项目经济效益也会低下。因此,项目规模的合理选择关系着项目的成败,决定着工程造价合理与否。在确定项目规模时,不仅要考虑项目内部各因素之间的数量匹配、能力协调,还要使所有生产力因素共同形成的经济实体(如项目)在规模上大小适应。这样可以合理确定和有效控制工程造价,提高项目的经济效益。但同时也须注意,规模扩大所产生的效益不是无限的,它受到技术进步、管理水平、项目经济技术环境等多种因素的制约。项目规模合理化的制约因素如下:

(1)市场因素。市场因素是项目规模确定中需考虑的首要因素。其中,项目产品的市场需求状况是确定项目生产规模的前提。通过市场分析与预测,了解市场需要量及需求特征,才能合理确定项目建成时的产品方案和生产规模;除此之外,原材料市场、资金市场、劳动力市场、项目市场风险等因素也会对项目生产规模的选择产生一定的制约作用。

(2)技术因素。先进的生产技术及技术装备是项目规模效益赖以存在的基础,而相应的管理技术水平则是实现规模效益的保证。

(3)环境因素。项目的建设、生产和经营离不开一定的社会经济环境。项目规模确定中需考虑的主要环境因素有政策因素、燃料动力供应土地条件、运输及通信条件。

(4)建设规模方案比选。建设规模初步确定之后,可行性研究报告中还应根据经济和理性、市场容量、环境容量以及资金、原材料主要外部协作条件等方面对项目建设规模进行充分论证,必要时进行多方案技术经济比较。经过比较,在初步可行性研究阶段,提出项目建设规模的倾向意见,报上级机构审批。

2. 建设地区及建设地点(厂址)的确定

(1)建设地区的选择。建设地区的选择,在很大程度上决定着拟建项目的命运,影响着工程造价的高低、建设工期的长短、建设质量的好坏,以及项目建成后的经营状况。因此,建设地区的选择要充分考虑以下各种因素的制约。

①要符合国民经济发展战略规划、国家工业布局总体规划和地区经济发展规划的要求。

②要根据项目的特点和需要,充分考虑原材料条件、项目产品的需求及运输条件等。

③要综合考虑气象、地质、水文等建厂的自然条件。

④要充分考虑劳动力来源、生活环境、协作、施工力量、风俗文化等社会环境因素的影响。

在综合考虑上述因素的基础上,建设地区的选择要遵循以下两个基本原则:靠近原料、燃料提供地和产品消费地的原则;工业项目适当聚集的原则。

(2)建设地点(厂址)的选择。建设地点的选择是一项极为复杂的、技术经济综合性很强的系统工程,涉及项目建设条件、产品生产要素、生态环境和未来产品销售等重要问题,受社会、政治、经济、国防等多因素的制约,还直接影响项目建设投资、建设速度和施工条件,以及未来企业的经营管理及所在地点的城乡建设规划与发展。所以,必须从国民经济和社会发展的全局出发,运用系统观点和方法分析决策。

①选择建设地点的要求。

a.节约土地,少占耕地。

b.应尽量选在工程地质、水文地质、气象、防洪防涝、防潮、防台风、防震等条件较好的地段。

c.应尽量减少拆迁移民,降低工程造价。

d.厂区土地面积与外形能满足厂房与各种构筑物的需要,并适于按科学的工艺流程布置厂房与构筑物。厂区地形力求平坦而略有坡度(一般以5%～10%为宜),以减少平整土地的土方工程量,节约投资,又便于地面排水。

e.应尽量靠近交通运输条件和水电等供应条件好的地方,以减少投资和运营成本。

f.应尽量减少对环境的污染。

g.应尽量选择社会经济环境较好,具有可依托的基础设计和方便的生活服务设施的地方。

②厂址选择的决策分析。选择建设地点的各项要求能否满足不仅关系到建设期限的长短和建设工程造价的高低,对项目投产后的运营状况也有很大的影响。因此在确定厂址时,还应进行方案的技术经济分析比较,选择最佳方案。即通过实地调查和基础资料的搜集,拟定项目选址的备选方案,对多方案从建设条件、建设费用、经营费用、运输费用、环境影响和安全等方面进行技术经济分析比较,以确定最佳厂址方案。

3.技术方案

工程技术方案是指产品生产所采用的工艺流程和生产方法。技术方案的选择直接影响项目的建设投资和运营成本的大小。

(1)技术方案选择的基本原则。

①先进性和前瞻性。技术先进性主要体现在产品性能好,工艺水平高,装备自动控制程度高和可靠性高。

②适用性。强调技术先进性的同时还要从工艺技术与项目生产规模的相互匹配,与原材料、辅助材料及燃料的相互匹配,与设备的相互匹配,与资源条件、环境保护、经济发展水平、员工素质和管理水平等的相互匹配方面考察其适用性。

③经济合理性。经济合理性是指项目所采用的技术或工艺应能以尽可能小的消耗获得最大的经济效果。

④安全性与可靠性。项目所采用的生产工艺技术成熟,在正常使用过程中应确保安全生产运行,只有这样才能发挥项目的经济效益。

⑤符合清洁生产要求。项目所采用的生产工艺技术应能体现集约型的增长方式和发展循环经济的要求。

(2)技术方案选择。

①生产方法的选择。选择生产方法就是选择工艺路线。由于选择的结果将决定整个生产工艺能否达到技术先进、经济合理的要求,所以它是决定技术方案质量的关键。对于生产方法的评价,应从先进性、适用性、可靠性、可得性、安全环保性及经济合理性等方面进行论证,从备选方案中找出最好的方法,以此作为下一步进行工艺流程设计的依据。

②工艺流程的选择。选择工艺流程的目的是为了使从原材料投入到成品产出的整个生产过程达到优化。制造一种产品,可有多种工艺流程。采用不同的工艺流程,将得到不同的生产效率。所以,选择、采用消耗低、效率高的优化的工艺流程,是项目成功的重要保障。

工艺流程应从工艺流程各工序间衔接的通畅性、操作弹性、操作稳定性、控制水平、产品物耗和能耗、对产品性能的保证程度、安全环保、配套条件、建设费用和运营费用、效益等多方面进行评价。

4. 设备方案

在工艺技术方案确定之后,要根据工厂生产规模和工艺程序的要求,选择设备的型号和数量。设备的选择与工艺技术密切相关。选择设备时设备与项目建设规模、产品方案和技术方案之间要相互适应,设备之间的生产能力要相互匹配,设备质量可靠性能成熟且符合政府部门或专门机构发布的技术标准要求,同时力求经济合理。

在设备选用中,应注意处理好以下问题:要尽量选用国产设备;要注意进口设备之间以及国内外设备之间的衔接配套问题;要注意进口设备与原有国产设备、厂房之间的配套问题;要注意进口设备与原材料、备品备件及维修能力之间的配套问题。

5. 工程方案

工程方案也称建筑工程方案,是构成项目的实体。工程方案是在已选定项目建设规模、技术方案和设备方案的基础上,研究论证主要建筑物、构筑物的建造方案。

(1)工程方案研究内容。一般工业项目的厂房、工业窑炉、生产装置等建筑物、构筑物的工程方案,主要研究其建筑特征(面积、层数、高度、跨度),建筑物、构筑物的结构形式,以及特殊建筑要求(防火、防爆、防腐蚀、隔音、隔热等),基础工程方案,抗震设防等。

①矿产开采项目的工程方案主要研究开拓方式。根据矿体分布、形态、埋藏深度、地质构造等条件,结合矿产品位、可采资源量,确定井下开采或露天开采的工程方案。这类项目的工程方案将直接转化为生产方案。

②铁路公路项目工程方案,主要包括线路、路基、轨道、桥涵、隧道、站场以及通信信号等方案。

③水利水电项目工程方案,主要包括防洪、治涝、灌溉、供水、发电等工程方案。水利水电枢纽和水库工程方案主要研究坝址、坝型、坝体建筑结构、坝基处理以及各种建筑物、构筑物的工程方案。同时还应研究提出库区移民安置的工程方案。

(2)工程方案的选择。工程方案的选择是要注意以下基本要求:

①满足生产使用功能要求。确定项目工程规模、建筑面积和建筑结构时,应适应生产和使

用的要求。对分期建设的项目,应留有适当的发展空间和余地。

②适应已选定场址、线路走向的要求。在已选定的场址、线路走向的范围内,合理布置建筑物、构筑物及地下管线的位置。

③符合工程标准规范要求。建筑物、构筑物的基础、结构和所采用的建筑材料,应符合国家和有关部门颁布的工程标准规范要求,确保工程安全。

④符合经济合理要求。工程方案的设计在满足使用功能、确保质量的前提下,力求降低造价,节约建设资金。

6. 节能节水工程

在研究工艺方案、原料路线、设备选型的过程中,对能源、水消耗大的项目,提出节约能源、水措施,并对产品及工艺的能耗指标进行分析,提出对项目建设的节能要求。节约能源是指要求通过技术进步、合理利用和科学管理等手段,以最小的能源消耗,取得最大的经济效益。

7. 环境保护措施

建设项目一般会引起项目所在地自然环境、社会环境和生态环境的变化,对环境状况、环境质量产生不同程度的影响。因此,在厂址方案或技术方案中,应调查识别拟建项目影响环境的因素,研究提出治理和保护环境的措施,比选和优化环境保护方案。

(1)环境保护方案研究要求。

①符合国家环境保护法律、法规和环境功能规划的要求。

②实行"预防为主、综合治理、以管促治"的方针,做到保护环境与生产建设同步规划、同步实施、同步发展,实现经济效益、社会效益和环境效益的统一。

③坚持科学规划,突出预防为主的方针,从源头防治污染和生态破坏。

④采用无污染或少污染的先进技术和生产工艺,合理开发和综合利用各类资源、能源,坚持"达标排放、总量控制"的原则,创建清洁、优美、安静的生活和劳动环境。

⑤坚持环境治理设施应与项目的主体工程同时设计、同时施工、同时投产使用的"三同时"原则。

(2)环境保护方案研究内容。环境保护方案研究内容应包括环境质量现状分析、污染源和污染因素的分析、环境污染防治措施方案、建设项目环境风险评价、环境污染防治措施方案比较及推荐意见、清洁生产分析、环保投资、环境影响地分析与预测等内容。

其中,常用的环境污染防治措施包括水环境污染防治措施、大气环境污染防治措施、固体废物处理措施、危险废物处理措施、噪声防护措施、水土保持措施、公众参与及公众利益保护措施等。

环境污染防治措施方案比较从技术水平、治理效果、管理及监测方式、污染治理效果这几方面进行比较,比选后,提出推荐技术方案和环境保护设施(包括治理和监测设施)。

5.2 可行性研究报告的编制

5.2.1 可行性研究的概念

建设项目可行性研究是在投资决策前,对与拟建项目有关的社会、经济、技术、环境等各方面进行深入细致的调查研究,对各种可能采用的技术方案和建设方案进行认真的技术经济分析和比较论证,对项目建成后的经济效益进行科学地预测和评价,在此基础上,对拟建项目的技术先进性、经济合理性,以及建设的必要性和可行性进行全面地分析、系统论证、多方案比较和综合评价,由此得出该项目是否应该投资和如何投资等结论性意见,为项目投资决策提供可靠的科学依据。

一个好的可行性研究,应该向投资者推荐技术经济最优的方案,使投资者明确项目具有多大的财务获利能力,投资风险有多大,是否值得投资建设;可使主管部门领导明确,从国家角度看该项目是否值得支持和批准;使银行和其他资金供给者明确,该项目是否按期或者提前偿还他们提供的资金。

5.2.2　建设项目可行性研究的作用

1. 项目可行性研究是投资项目决策的依据

一方面项目可行性研究从市场、技术、工程建设、经济及社会等多方面通过详细、公正、客观而科学的项目论证,依据其结论可以给投资者提供是否值得投资的意见和建议;另外一方面项目可行性研究报告可以作为环保部门、地方政府和规划部门审批项目的依据。因此,项目可行性研究首先是确定项目是否实施的依据。

2. 项目可行性研究报告是向银行贷款的依据

在项目可行性研究工作中,详细预测了项目的盈利能力、偿债能力等。世界银行、亚洲银行、外国政府援助性贷款以及国内的金融机构在决定提供贷款之前都会审查项目的论证报告,对建设项目进行全面、细致的分析评估,确认项目的偿还能力及风险水平后,才做出是否提供贷款的决策。

3. 项目可行性研究是编制计划、设计、采购、施工以及机构设置、资源配置的依据

在项目可行性研究工作中,对项目选址、建设规模、主要生产流程、项目进度计划及设备选型等都进行了充分的论证,设计文件的编制、建设单位与各协作单位签订的协议、进度计划的编制都应以批准的项目可行性研究报告为基础,保证预定建设项目目标的实现。项目被列入年度投资计划之后,项目实施计划、施工材料及设备采购计划都要参照可行性研究报告提出的方案进行。项目建成后,企业组织管理、机构设置、职工培训等工作也要依据项目可行性研究确定的内容进行计划安排。

4. 项目可行性研究报告是作为建设项目后评估的依据

建设项目后评估,是指在项目建成运营一段时间后,根据收集的项目运行的实际信息和数据,对项目的实际运营效果进行考察,评价项目实际运营效果是否达到预期目标。由于项目的预期目标是在项目可行性研究报告中确定的,因此,建设项目后评估应以项目可行性研究报告为依据,评价项目目标的实现程度。

5.2.3　建设项目可行性研究阶段的划分

建设项目可行性研究一般分为机会研究、初步可行性研究、详细可行性研究 3 个阶段。各阶段的工作内容如表 5.1 所示。

表 5.1　项目可行性研究各阶段的工作

阶　　段	工　作　内　容
机会研究	寻求投资机会,鉴别投资方向,提出项目投资建议
初步可行性研究	初步判断项目是否具有生命力、宏观必要性、建设条件、能否盈利
详细可行性研究	详细技术经济论证,在多方案比较的基础上提出结论性建议,确定项目投资建设的可行性

1. 项目的机会研究

项目的机会研究,也称投资机会鉴别,是指为寻求有价值的投资机会而对项目的有关背景、资源条件、市场状况等所进行的初步调查研究和分析预测,是进行初步可行性研究之前的准备性调查研究。机会研究的方法主要是依靠经验进行粗略的估计,不进行详细的分析计算。投资机会的鉴别一般可以从 3 个方面入手。

(1)对投资环境的客观分析,预测客观环境可能发生的变化,寻求投资机会。特别是要对市场供需态势进行分析,在市场经济条件下,市场是反映投资机会的最佳机会的重要来源。

(2)对企业经营目标和战略分析,不同的企业战略,投资机会的选择也有所不同。

(3)对企业内外部资源条件分析,主要是企业财力、物力和人力资源力量,企业技术能力和管理能力的分析,以及外部建设条件的分析。

通过上述机会研究,选定拟建项目,并描述选定项目的背景和依据;市场与政策分析及预测;企业战略和内外部条件的分析;投资总体结构,以及其他具体建议。作为开展初步可行性研究工作的依据。

投资机会研究一般比较粗略,对于大中型项目,机会研究所用的时间一般为 1~2 个月,而小型项目或不太复杂的项目一般能在 2 个星期内完成。机会研究所需费用约占投资的 0.1%~1%。对投资额与初步效益分析的精确度要求为±30%左右。这一阶段的研究结论如为可行,则进入下一阶段的研究,否则研究终止。

2. 初步可行性研究

初步可行性研究是在机会研究的基础上,对项目方案的技术、经济条件进一步论证,对项目是否可行进行初步判断。研究的目的是判断项目的构想是否有生命力,评价是否应当开始进行详细的可行性研究和辅助研究。初步可行性研究内容包括以下方面。

(1)市场分析与预测。初步分析与预测项目产品在国内、国际市场的市场容量及供需状况;初步选定产品目标市场;初步预测产品价格走势,并初步识别市场风险。

(2)对资源开发项目,要初步研究资源的可利用量、自然品质、赋存条件及其开发价值等。

(3)初步进行建设方案的策划。

初步可行性研究是介于机会研究和详细可行性研究之间的中间阶段,其研究内容和结构与详细可行性研究基本相同,主要区别是所获资料的详尽程度不同、研究的深度不同。对项目投资和生产成本的估算精度一般要求控制在±20%左右,研究所需时间大致为 4~6 个月,所需费用约占投资总额的 0.25%~1.25%。

3. 详细可行性研究

详细可行性研究是在初步可行性研究的基础上,通过与项目有关的资料、数据的调查研究,对项目的技术、经济、工程、环境等进行最终论证和分析预测,从而提出项目是否值得投资和如何进行建设的可行性意见,为项目决策审批提供全面的依据。可行性研究必须坚持客观性、科学性、公正性、可靠性和实事求是的原则。详细可行性研究的内容与初步可行性研究内容基本相同。但在研究范围上有所扩大,在研究深度上有所提高。

可行性研究的内容比较详尽,所花费的时间和精力都比较大。这一阶段中投资额和成本都要根据该项目的实际情况进行认真调查、预测和详细计算,其计算精度应控制在±10%以内,大型项目可行性研究工作所花费的时间为 8~12 个月,所需费用占总投资额的0.2%~1%,中小型项目可行性研究工作所花费的时间为 4～6 个月,所需费用占总投资额的 1%～3%。

在本教材中,是以详细可行性研究工作为重点讲述的,后面的内容均指详细可行性研究工作的有关内容。

5.2.4 《建设项目可行性研究报告》的编制步骤

《建设项目可行性研究报告》是建设项目可行性研究工作成果的体现,是投资者进行项目最终决策的重要依据。为保证《建设项目可行性研究报告》的质量,应切实做好编制前的准备工作,充分占有信息资料,进行科学分析、比选论证,做到编制依据可靠、结构内容完整、文本格式规范、附图附表附件齐全。《建设项目可行性研究报告》表述形式尽可能数字化、图表化,《建设项目可行性研究报告》的编制深度能满足投资决策和编制项目初步设计的需要。建设项目可行性研究报告的编制步骤具体如下所述。

1. 签订委托协议

可行性研究报告编制单位与委托单位,就项目可行性研究报告编制工作的范围、重点、深度要求、完成时间、费用预算和质量要求交换意见,并签订委托协议,据以开展可行性研究各阶段的工作。

2. 组建工作小组

根据委托项目可行性研究的工作量、内容、范围、技术难度、时间要求等组建项目可行性研究工作小组。一般工业项目和交通运输项目可分为市场组、工艺技术组、设备组、工程组、总图运输及公用工程组、环保组、技术经济组等专业组。为使各专业组协调工作,保证《建设项目可行性研究报告》的总体质量,一般应由总工程师、总经济师负责统筹协调。

3. 制订工作计划

工作计划的内容包括研究工作的范围、重点、深度、进度安排、人员配置、费用预算及《建设项目可行性研究报告》的编制大纲,并与委托单位交换意见。

4. 调查研究收集资料

各专业组根据《建设项目可行性研究报告》编制大纲进行实地调查,收集整理有关资料,包括向市场和社会调查,向行业主管部门调查,向项目所在地区调查,向项目涉及的有关企业、单位调查,收集项目建设、生产运营等各方面所必需的信息资料和数据。

5. 方案编制与优化

在调查研究收集资料的基础上,对项目的建设规模与产品方案、场址方案、技术方案、设备方案、工程方案、原材料供应方案、总图布置与运输方案、公用工程与辅助工程方案、环境保护方案、组织机构布置方案、实施进度方案以及项目投资与资金筹措方案等,研究编制备选方案。进行方案论证比选优化后,提出推荐方案。

6. 项目评价

对推荐方案进行环境评价、财务评价、国民经济评价、社会评价及风险分析,以判别项目的环境可行性、经济可行性、社会可行性和抗风险能力。当有关评价指标结论不足以支持项目方案成立时,应对原设计方案进行调整或重新设计。

7. 编写《建设项目可行性研究报告》

项目可行性研究各专业方案,经过技术经济论证和优化之后,由各专业组分工编写。经过项目负责人衔接协调综合汇总,提出《建设项目可行性研究报告》初稿。

8. 与委托单位交换意见

《建设项目可行性研究报告》初稿形成后,与委托单位交换意见,修改完善,形成正式的《建设项目可行性研究报告》。

以上步骤只是进行建设项目可行性研究的一般步骤,而不是唯一的步骤。在实际工作中,根据所研究问题的性质、条件、方法的不同,也可采用其他适宜的步骤。

5.2.5 《建设项目可行性研究报告》编制的依据和要求

1.《建设项目可行性研究报告》编制的依据

一个拟建项目的可行性研究报告,应根据客户的要求在国家有关的规划、政策、法规的指导下完成。同时,还必须要有相应的各种技术资料、研究的依据和参考资料,主要包括以下资料。

(1) 项目建议书(初步可行性研究报告)及其批复文件。

(2)国家和地方的经济和社会发展规划,行业部门发展规划,如江河流域开发治理规划、铁路公路路网规划、电力电网规划、森林开发规划等。

(3)国家有关法律、法规、政策。

(4) 国家矿产储量委员会批准的矿产储量报告及矿产勘探最终报告。

(5)有关机构发布的工程建设方面的标准、规范、定额。

(6)中外合资、合作项目各方签订的协议书或意向书。

(7) 编制《建设项目可行性研究报告》的委托合同。

(8)其他有关依据资料。

2.《建设项目可行性研究报告》编制的一般要求

可行性研究工作对于整个项目建设过程乃至整个国民经济都有非常重要的意义,为了保证可行性研究工作的科学性、客观性和公正性,有效地防止错误和遗漏。在可行性研究中需注意以下情况。

(1) 必须站在客观公正的立场上进行调查研究,做好基础资料的收集工作。对于收集的基础资料,要按照客观实际情况进行论证评价,如实地反映客观经济规律,从客观数据出发,通过科学分析,得出项目是否可行的结论。

(2)可行性研究报告的内容必须达到国家规定的标准,基本内容要完整,应尽可能多地占有数据资料,避免粗制滥造,搞形式主义。

(3)为保证可行性研究的工作质量,应保证可行性研究有足够的工作周期,防止因各种原因的不负责任和草率行事。

5.2.6 《建设项目可行性研究报告》的结构和主要内容

各类建设项目可行性研究的结构和内容因行业不同而差异很大,在具体工作中应参考《投资项目可行性研究指南》的各种类型项目可行性研究报告编制大纲来进行编制。本教材以一般工业建设项目为例来阐述《建设项目可行性研究报告》的结构和主要内容,如表5.2所示。

表5.2 《建设项目可行性研究报告》的结构和主要内容

(一)总论	(二)市场预测	(三)资源条件评价
1.项目提出的背景 2.项目概况 3.问题与建议	1.市场现状调查 2.产品供需预测 3.价格预测 4.竞争力分析 5.市场风险分析	1.资源可利用量 2.资源品质情况 3.资源赋存条件 4.资源开发价值

续表

(四)建设规模与产品方案	(五)场址选择	(六)技术方案、设备方案和工程方案
1. 建设规模与产品方案构成 2. 建设规模与产品方案比选 3. 推荐的建设规模与产品方案 4. 技术改造项目与原有设施利用情况	1. 场址现状 2. 场址方案比选 3. 推荐的场址方案 4. 技术改造项目现有场址的利用情况	1. 技术方案选择 2. 主要设备方案选择 3. 工程方案选择 4. 技术改造项目改造前后的比较
(七)原材料燃料供应	(八)总图运输与公用辅助工程	(九)节能措施
1. 主要原材料供应方案 2. 燃料供应方案	1. 总图布置方案 2. 场内外运输方案 3. 公用工程与辅助工程方案 4. 技术改造项目现有公用辅助设施利用情况	1. 节能措施 2. 能耗指标分析
(十)节水措施	(十一)环境影响评价	(十二)劳动安全卫生与消防
1. 节水措施 2. 水耗指标分析	1. 环境条件调查 2. 影响环境因素分析 3. 环境保护措施	1. 危险因素和危害程度分析 2. 安全防范措施 3. 卫生保健措施 4. 消防设施
(十三)组织机构与人力资源配置	(十四)项目实施进度	(十五)投资估算
1. 组织机构设置及其适应性分析 2. 人力资源配置 3. 员工培训	1. 建设工期 2. 实施进度安排 3. 技术改造项目建设与生产的衔接	1. 建设投资估算 2. 流动资金估算 3. 投资估算表
(十六)融资方案	(十七)财务评价	(十八)国民经济评价
1. 融资组织形式 2. 资本金筹措 3. 债务资金筹措 4. 融资方案分析	1. 财务评价基础数据与参数选取 2. 销售收入与成本费用估算 3. 财务评价报表 4. 盈利能力分析 5. 偿债能力分析 6. 不确定性分析 7. 财务评价结论	1. 影子价格及评价参数 2. 效益费用范围与数值调整 3. 国民经济评价报表 4. 国民经济评价指标 5. 国民经济评价结论
(十九)社会评价	(二十)风险分析	(二十一)研究结论与建议
1. 项目对社会影响分析 2. 项目与所在地互适性分析 3. 社会评价结论	1. 项目主要风险识别 2. 风险程度分析 3. 防范风险对策	1. 推荐方案总体描述 2. 推荐方案优缺点描述 3. 主要对比方案 4. 结论与建议

　　建设项目可行性研究报告的内容可以概括为三大部分。首先是市场研究,包括产品的市场调查和预测研究,这是项目可行性研究的前提和基础,其主要任务是要解决项目的"必要性"问题;第二是工艺和技术研究,即技术方案和建设条件研究,这是项目可行性研究的技术基础,它是解决项目在技术上的"可行性"问题;第三是效益研究,即经济效益的分析和评价,这是项目可行性研究的核心部分,主要解决项目在经济上的"合理性"问题。市场研究、工艺技术研究和效益研究共同构成项目可行性研究的三大支柱。

5.2.7　《建设项目可行性研究报告》的审批

1. 政府对于投资项目的管理

　　根据《国务院关于投资体制改革的决定》,政府对于投资项目的管理分为审批、核准和备案3 种方式。

(1)对于政府投资项目,继续实行审批制。对于采用政府直接投资和资本金注入方式的项目,审批程序与传统的投资项目审批制度基本一致,继续审批项目建议书、可行性研究报告等;对于采用投资补助、转贷和贷款贴息方式的,不再审批项目建议书和可行性研究报告,只审批资金申请报告。

(2)对于企业不使用政府性资金投资建设的项目,一律不再实行审批制。对于企业不使用政府性资金投资建设的项目,区别不同情况实行核准制和备案制。其中,政府仅对重大项目和限制类项目从维护社会公共利益角度进行核准,其他项目无论规模大小,均改为备案制。《政府核准的投资项目目录》对于实行核准制的范围进行了明确界定。

(3)对于以投资补助、转贷或贷款贴息方式使用政府投资资金的企业投资项目,应在项目核准或备案后向政府有关部门提交资金申请报告;政府有关部门只对是否给予资金支持进行批复,不再对是否允许项目投资建设提出意见。以资本金注入方式使用政府投资资金的,实际上是政府、企业共同出资建设,项目单位应向政府有关部门报送项目建议书、可行性研究报告等。

由此可知,凡企业不使用政府性资金投资建设的项目,政府实行核准制或备案制,其中企业投资建设实行核准制的项目,仅需向政府提交项目申请报告,而无需报批项目建议书、可行性研究报告和开工报告;备案制无需提交项目申请报告,只要备案即可。因此,凡不使用政府性投资资金的项目,可行性研究报告无需经过任何部门审批。

对于外商投资项目和境外投资项目,除中央管理企业限额以下投资项目实行备案管理以外,其他均需政府核准。

2. 政府直接投资和资本金注入的项目审批

(1)报国务院审批的项目。

①使用中央预算内投资、中央专项建设基金、中央统还国外贷款 5 亿元及以上的项目。

②使用中央预算内投资、中央专项建设基金、统借自还国外贷款的总投资 50 亿元及以上项目。

(2)国家发展和改革委员会审批地方政府投资的项目。

①各级地方政府采用直接投资(含通过各类投资机构)或以资本金注入方式安排地方各类财政性资金,建设《政府核准的投资项目目录》范围内应由国务院或国务院投资主管部门管理的固定资产投资项目,需由省级投资主管部门(通常指省级发展改革委员会和具有投资管理职能的经贸委)报国家发展和改革委员会同有关部门审批或核报国务院审批。

②需上报审批的地方政府投资项目,只需报批项目建议书。国家发展和改革委员会主要从发展建设规划、产业政策以及经济安全等方面进行审查。

③地方政府投资项目申请中央政府投资补助、贴息和转贷的,按照国家发展和改革委员会发布的有关规定报批资金申请报告,也可在向国家发展和改革委员会报批项目建议书时,一并提出申请。

④本规定范围以外的地方政府投资项目,按照地方政府的有关规定审批。

可见,国家发展和改革委员会对地方政府投资项目只需审批项目建议书,无需审批可行性研究报告。

3. 使用国外援助性资金的项目审批

对于借用世界银行、亚洲开发银行、国际农业发展基金会等国际金融组织贷款和外国政府

贷款及与贷款混合使用的赠款、联合融资等国际金融组织和外国政府贷款投资项目,有关规定如下:

(1)由中央统借统还的项目,按照中央政府直接投资项目进行管理,其可行性研究报告由国务院发展改革部门审批或审核后报国务院审批。

(2)由省级政府负责偿还或提供还款担保的项目,按照省级政府直接投资项目进行管理,其项目审批权限,按国务院及国务院发展改革部门的有关规定执行。除应当报国务院及国务院发展改革部门审批的项目外,其他项目的可行性研究报告均由省级发展改革部门审批,审批权限不得下放。

(3)由项目用款单位自行偿还且不需政府担保的项目,参照《政府核准的投资项目目录》规定办理:凡《政府核准的投资项目目录》所列的项目,其项目申请报告分别由省级发展改革部门、国务院发展改革部门核准,或由国务院发展改革部门审核后报国务院核准;《政府核准的投资项目目录》之外的项目,报项目所在地省级发展改革部门备案,可行性研究报告无须审批。

5.3　工程项目投资估算概述与方法

5.3.1　投资估算概述

1. 投资估算的概念

投资估算是在项目的建设规模、产品方案、技术方案、设备方案、厂址方案和工程建设方案及项目进度计划等研究并确定的基础上,对建设项目总投资数额及分年资金需要量进行的估算。投资估算是项目决策前期编制项目建议书和可行性研究报告的重要组成部分,是项目决策的重要经济指标之一。全面准确地估算建设项目的工程造价,是可行性研究阶段乃至整个决策阶段总价管理的重要任务。

2. 投资估算的作用

投资估算既是拟建工程项目及投资决策必需的重要依据,也是该项目实施阶段投资控制的目标值。它对于建设工程的前期决策、价格控制、筹集资金等方面的作用及影响举足轻重。

(1)投资估算是建设项目前期决策的重要依据。任何一个拟建项目,都要通过全面的技术、经济论证后,才能决定其是否正式立项,在拟建项目的全面论证过程中,除考虑需要在技术上可行外,还要考虑经济上的合理性,而建设项目的投资估算在拟建项目前期各阶段工作中,作为论证拟建项目的重要经济文件,有着极其重要的作用。

项目建议书阶段的投资估算,是项目主管部门审批项目建议书的依据之一,并对项目的规划、规模起参考作用。项目可行性研究阶段的投资估算是项目投资决策的重要依据,也是研究、分析、计算项目投资经济效果的重要条件。

(2)投资估算是建设工程价格控制的重要依据。项目投资估算对工程设计概算起控制作用,它为设计提供了经济依据和投资限额,设计概算不得突破批准的投资估算额,并应控制在投资估算额以内。国家计委规定概算突破估算的 10%,则项目必须重新论证。投资估算一经确定,即成为限额设计的依据,用以对各设计专业实行投资切块分配,作为控制和指导设计的尺度。

(3)投资估算是建设工程设计招标的重要依据。投资估算是进行工程设计招标、优选设计单位和设计方案必需的重要依据。在进行工程设计招标时,投标单位报送的投标书中,除了设计方案之外还包括项目的投资估算和经济性分析,招标单位根据投资估算对各项设计方案的经济合理性进行分析、衡量、比较,在此基础上选择出最优的设计单位和设计方案。

(4)项目投资估算可作为项目资金筹措及制订建设贷款计划的依据。建设单位可根据批准的项目投资估算额,进行资金筹措和向银行申请贷款。

(5)项目投资估算也是核算建设项目固定资产投资需要额和编制固定资产投资计划的重要依据。

3. 投资估算阶段的划分与精度要求

我国建设项目的投资估算一般可分为以下几个阶段。

(1)项目规划阶段的投资估算。建设项目规划阶段是指有关部门根据国民经济发展规划、地区发展规划和行业发展规划的要求,编制一个建设项目的建设规划。其对投资估算精度的要求为允许误差大于 $\pm30\%$。

(2)项目建议书阶段的投资估算。在项目建议书阶段,是按项目建议书中的产品方案、项目建设规模、产品主要生产工艺、企业车间组成、初选建厂地点等,估算建设项目所需要的投资额。对投资估算精度的要求是将误差幅度控制在 $\pm30\%$ 以内。

(3)初步可行性研究阶段的投资估算。初步可行性研究阶段,是在掌握了更详细、更深入的资料条件下,估算建设项目所需的投资额。对投资估算精度的要求是将误差幅度控制在 $\pm20\%$ 以内。

(4)详细可行性研究阶段的投资估算。详细可行性研究阶段的投资估算至关重要,由于这个阶段的投资估算经审查批准之后,便是工程设计任务书中规定的项目投资限额,并可据此列入项目年度基本建设计划。因此投资估算的精度要求较高,误差幅度控制在 $\pm10\%$ 以内。

4. 投资估算的内容

根据《建设项目投资估算编审规程》CECA/GC1—2007 规定,投资估算按照编制估算的工程对象划分,分为建设项目投资估算、单项工程投资估算和单位工程投资估算等。投资估算文件一般由封面、签署页、编制说明、投资估算分析、总投资估算表、单项工程估算表、主要技术经济指标等内容组成。

(1)投资估算编制说明一般论述以下内容:

①工程概况。

②编制范围。说明建设项目总投资估算中所包括的和不包括的工程项目和费用;如果由几个单位共同编制时,说明分工编制的情况。

③编制方法。

④编制依据。

⑤主要技术经济指标。包括投资、用地和主要材料用量指标。

⑥有关参数、率值选定的说明。

⑦特殊问题的说明(包括采用新技术、新材料、新设备、新工艺),必须说明的价格的确定;进口材料、设备、技术费用的构成与计算参数;不包括项目或费用的必要说明等。

⑧采用限额设计的工程还应对投资限额和投资分解做进一步说明。

⑨采用方案比选的工程还应对方案比选的估算和经济指标做进一步说明。

(2)投资估算分析应包括以下内容:

①工程投资比例分析。

②分析设备购置费、建筑工程费、安装工程费、工程建设其他费用、预备费、建设期利息占建设总投资的比例；分析引进设备费用占全部设备费用的比例等。

③分析影响投资的主要因素。

④与国内类似工程项目的比较，分析说明投资高低的原因。

(3)总投资估算包括汇总单项工程估算、工程建设其他费用，基本预备费、价差预备费，计算建设期利息等。

(4)单项工程投资估算应按建设项目划分的各个单项工程分别计算组成工程费用的建筑工程费、设备购置费、安装工程费。

(5)工程建设其他费用估算应按预期将要发生的工程建设其他费用种类逐项具体估算其费用金额。

(6)主要技术经济指标。估算人员应根据项目特点，计算并分析整个建设项目、各单项工程和主要单位工程的主要技术经济指标。

5. 投资估算编制的依据

(1)部门或行业主管部门、专门机构颁发的建设工程造价费用构成、估算指标、计算方法，工程建设其他费用估算办法和费用标准，其他有关计算工程造价的文件以及有关机构发布的物价指数。

(2)工程勘察与设计文件，图示计量或有关专业提供的主要工程量和主要设备清单。

(3)类似工程的各种技术经济指标和参数。

(4)拟建项目所需的设备、材料、人工的市场价格，建筑、工艺及附属设备的市场价格和有关费用。

(5)政府有关部门、金融机构等部门发布的价格指数、利率、汇率、税率等有关参数。

(6)拟建项目建设方案确定的各项工程建设内容及工程量。

(7)与项目建设有关的工程地质材料、设计文件、图纸等。

(8)国家、行业和地方政府的有关规定。

(9)其他技术经济资料。

6. 投资估算的编制要求

要提高投资估算的准确性，应注意按照以下要求编制投资估算：

(1)应委托有相应工程造价咨询资质的单位编制。

(2)应根据主体专业设计的阶段和深度，结合各自行业的特点，所采用生产工艺流程的成熟性，以及编制单位所掌握的国家及地区、行业或部门相关投资估算基础资料和数据的合理、可靠、完整程度，采用合适的方法，对建设项目投资估算进行编制。

(3)工程内容和费用构成齐全，计算合理，不重复计算，不提高或者降低估算标准，不漏项、不少算。

(4)选用指标与具体工程之间存在标准或者条件差异时，应进行必要的换算或调整。应将所采用的估算系数和估算指标价格、费用水平调整到项目建设所在地及投资估算编制年的实际水平。

(5)投资估算精度应能满足控制初步设计概算要求。

(6)对影响造价变动的因素进行敏感性分析，充分估计物价上涨因素和市场供求情况对造价的影响。

7. 投资估算的步骤

(1)分别估算各单项工程所需的建筑工程费、安装工程费、设备及工器具购置费。

(2)在汇总各单项工程费用的基础上,估算工程建设其他费用和基本预备费。

(3)估算涨价预备费。

(4)估算建设期利息。

(5)估算流动资金。

5.3.2 投资估算方法

建设项目投资估算的内容包括建设投资估算、建设期利息估算、流动资金估算、项目总投资与分年投资计划的编制。

1. 建设投资估算方法

建设投资估算方法有简单估算法和分类估算法。简单估算法还分为单位生产能力估算法、生产能力指数法、比例估算法、系数估算法和指标估算法等。前4种估算方法估算准确度相对不高,主要适用于投资机会研究和初步可行性研究阶段。项目详细可行性研究阶段应采用指标估算法和分类估算法。

(1)建设投资简单估算法。

①单位生产能力估算法,是依据已建成的、性质类似的建设项目的单位生产能力投资额乘以拟建项目的生产能力,估算拟建项目所需投资额的方法。计算公式为

$$C_2 = \left(\frac{C_1}{Q_1}\right)Q_2 f \tag{5.1}$$

式中:C_1 为已建类似项目的投资额;C_2 为拟建项目的投资额;Q_1 为已建类似项目或装置的生产能力;Q_2 为拟建项目或装置的生产能力;f 为不同时期、不同地点的定额、单价、费用变更等的综合调整系数。

这种方法将项目的建设投资与其生产能力的关系视为简单的线性关系,估算简便迅速,但精确度低。使用这种方法要求拟建项目与已建项目类似,仅存在规模大小和时间上的差异。

【例5.1】已知2001年建设一座年产量50万t尿素的化肥厂的建设投资为28 650万元,2009年拟建一座年产量60万t尿素的化肥厂,工程条件与2001年已建项目类似,工程价格综合调整系数为1.25,估算该项目所需的建设投资额为多少?

解:$C_2 = \left(\frac{C_1}{Q_1}\right)Q_2 f = \left(\frac{28\,650}{50}\right) \times 60 \times 1.25 = 42\,975$(万元)

②生产能力指数法,是根据已建成的类似项目生产能力和投资额与拟建项目的生产能力,来估算拟建项目投资额的一种方法。其计算公式为

$$C_2 = C_1 \left(\frac{Q_2}{Q_1}\right)^n f \tag{5.2}$$

式中:n 为生产能力指数,其他符号含义同前。

式5.2表明,造价与规模(或容量)呈非线性关系,并且单位造价随工程规模(或容量)的增大而减小。在正常情况下,$0 \leqslant n \leqslant 1$。若已建类似项目的生产规模与拟建项目生产规模相差不大,Q_1 与 Q_2 的比值在0.5～2之间,则指数 n 的取值近似为1;若已建类似项目的生产规模与拟建项目生产规模相差不大于50倍,且拟建项目生产规模的扩大仅靠增大设备规模来达到时,则 n 的取值约在0.6～0.7之间;若是靠增加相同规格设备的数量达到时,n 的取值约在0.8～0.9之间。

生产能力指数法计算简单、速度快,但要求类似项目的资料可靠,条件基本相同。主要应用于拟建项目与用来参考的项目规模不同的场合。生产能力指数法的估算精度可以控制在 ±20% 以内,尽管估价误差较大,但这种估价方法不需要详细的工程设计资料,只需依据工艺流程及规模就可以做投资估算,故使用较为方便。

【例5.2】2003 年建设一座年产量50 万 t 的某生产装置,投资额为 10 000 万元,2008 年拟建一座 150 万 t 的类似生产装置,已知自 2003 年至 2008 年每年平均造价指数递增 5%,生产能力指数为 0.9。用生产能力指数法估算拟建生产装置的投资额。

解:$C_2 = C_1 \left(\dfrac{Q_2}{Q_1} \right)^n f = 1 \times \left(\dfrac{150}{50} \right)^{0.9} \times (1 + 5\%)^6 = 3.97$(亿元)

③系数估算法,也称为因子估算法,它是以拟建项目的主体工程费或主要设备购置费为基数,以其他工程费与主体工程费的百分比为系数估算项目的静态投资的方法。这种方法简单易行,但是精度较低,一般用于项目建议书阶段。系数估算法的种类很多,在我国国内常用的方法有设备系数法和主体专业系数法,朗格系数法是世行项目投资估算常用的方法。

a. 设备系数法以拟建项目的设备购置费为基数,根据已建成的同类项目的建筑安装工程费和其他工程费等与设备价值的百分比,求出拟建项目的建筑安装工程费和其他工程费,进而求出项目的静态投资,其总和即为拟建项目的建设投资。其计算公式为

$$C = E(1 + f_1 P_1 + f_2 P_2 + f_3 P_3 + \cdots + f_n P_n) + I \tag{5.3}$$

式中:C 为拟建项目的静态投资额;E 为拟建项目根据当时当地价格计算的设备购置费;P_1,P_2,P_3,$\cdots$,P_n 为已建项目中建筑工程费、安装工程费及其他工程费等占设备费的比重;f_1,f_2,f_3,$\cdots$,f_n 为由于时间因素引起的定额、价格、费用标准等变化的综合调整系数;I 为拟建项目的其他费用。

【例5.3】某拟建项目设备购置费为 12 000 万元,根据已建同类项目统计资料,建筑工程费占设备购置费的 21%,安装工程费用占设备购置费的 12%,该拟建项目的其他费用估算为 2 800 万元,调整系数 f_1、f_2 均为 1.1,试估算该项目的建设投资。

解:

$C = E(1 + f_1 P_1 + f_2 P_2 + f_3 P_3) + I = 12\,000 \times (1 + 21\% \times 1.1 + 12\% \times 1.1) + 2\,800 = 19\,156$(万元)

b. 主体专业系数法是以拟建项目中的最主要、投资比重较大并与生产规模直接相关的工艺设备的投资(包括运杂费及安装费)为基数,根据同类型的已建项目的有关统计资料,计算出拟建项目的各专业工程(总图、土建、暖通、给排水、管道、电气、电信及自控等)占工艺设备投资的百分比,求出各专业工程的投资额,然后汇总各部分的投资额(包括工艺设备投资)估算拟建项目所需的建设投资额。其计算公式为

$$C = E(1 + f_1 P'_1 + f_2 P'_2 + f_3 P'_3 + \cdots + f_n P'_n) + I \tag{5.4}$$

式中:E 为拟建项目根据当时当地价格计算的工艺设备投资;P'_1,P'_2,P'_3,$\cdots$,P'_n 为已建项目中各专业工程费用占工艺设备投资的百分比;其他符号含义同前。

c. 朗格系数法,是以设备购置费为基数,乘以适当系数来推算项目的建设投资。这种方法在国内不常见,是世行项目投资估算常采用的方法。该方法的基本原理是将项目建设中的总成本费用中的直接成本和间接成本分别计算,再合为项目的静态投资。其计算公式为

$$C = E \cdot (1 + \sum K_i) K_c \tag{5.5}$$

式中:C 为建设投资;E 为设备购置费;K_i 为管线、仪表、建筑物等项费用的估算系数;K_c 为管理费、合同费、应急费等项费用的总估算系数。其中,建设投资与设备购置费用之比称为朗格系数 K_L,即

$$K_L = (1 + \sum K_i)K_c \tag{5.6}$$

朗格系数法比较简单、快捷,但没有考虑设备规格、材质的差异,所以精度不高。一般常用于国际上工业项目的项目建议书阶段或投资机会研究阶段估算。

【例 5.4】某项目工艺设备及其安装费用估算为 2 800 万元,厂房土建费用估计为 3 200 万元,参照类似项目资料,其他各专业工程投资系数如表 5.3、表 5.4 所示,其他有关费用估算为 1 800 万元,试估算该项目的建设投资。

表 5.3 与设备投资有关的各专业工程投资系数

加热炉	汽化冷却	余热锅炉	自动化仪表	起重设备	供电与传动
0.12	0.01	0.04	0.02	0.09	0.18

表 5.4 与主厂房投资有关的辅助及附属设施投资系数

给排水	采暖通风	工业管道	电气照明
0.05	0.02	0.03	0.01

解:该项目的建设投资=2 800×(1+0.12+0.01+0.04+0.02+0.09+0.18)+3 200×(1+0.05+0.02+0.03+0.01)+1 800= 9 432(万元)

④比例估算法。根据统计资料,先求出已有同类企业主要设备投资占项目建设投资的比例,然后再估算出拟建项目的主要设备投资,即可按比例求出拟建项目的静态投资。其表达式为

$$I = \frac{1}{K}\sum_{i=1}^{n}Q_iP_i \tag{5.7}$$

⑤指标估算法是把建设项目划分为建筑工程、设备安装工程、设备购置费及其他基本建设费等费用项目或单位工程,再根据各种具体的投资估算指标,进行各项费用项目或单位工程投资的估算,在此基础上,计算每一单项工程的投资额。然后,再估算工程建设其他费用及预备费,汇总求得建设项目总投资。

估算指标是一种比概算指标更为扩大的单位工程指标或单项工程指标,表现形式较多,如:元/m、元/m²、元/m³、元/t 、元/(kV·A)等表示。

使用估算指标法应根据不同地区、年代进行调整。因为地区、年代不同,设备与材料的价格均有差异,调整方法可以按主要材料消耗量或"工程量"为计算依据;也可以按不同的工程项目的"万元工料消耗定额"而定不同的系数。如果有关部门已颁布了有关定额或材料价差系数(物价指数),也可以据其调整。使用估算指标法进行投资估算决不能生搬硬套,必须对工艺流程、定额、价格及费用标准进行分析,经过实事求是的调整与换算后,才能提高其精确度。

a.单位面积综合指标估算法。该方法适用于单项工程的投资估算,投资包括土建、给排水、采暖、通风、空调、电气、动力管道等所需费用。其计算公式为

单项工程投资额=建筑面积×单位面积造价×价格浮动指数±
结构和建筑标准部分的价差 (5.8)

b. 单位功能指标估算法。该法在实际工作中使用较多,可按式 5.9 计算。

$$项目投资额 = 单元指标 \times 民用建筑功能 \times 物价浮动指数 \quad (5.9)$$

单元指标是指每个估算单位的投资额。例如:饭店单位客房间投资指标、医院每个床位投资估算指标等。

(2)建设投资分类估算法。建设投资分类估算法是对构成建设投资的各类投资,即工程费用(建筑工程费、安装工程费、设备购置费)、工程建设其他费用和预备费(基本预备费、涨价预备费)分类进行估算。建设投资分类估算具体步骤包括:分别估算各单项工程所需的建筑工程费、安装工程费、设备及工器具购置费。汇总各单项工程的建筑工程费、安装工程费、设备及工器具购置费,得到各单项工程的工程费用,再合计得出建设项目所需的工程费用;在工程费用估算的基础上估算工程建设其他费用;以工程费用和工程建设其他费用之和为基数估算基本预备费;汇总工程费用和工程建设其他费用以及基本预备费,在确定分年投资计划的基础上估算涨价预备费;汇总得到项目建设投资。

①建筑工程费估算。建筑工程费的估算一般采用单位建筑工程投资估算法、单位实物工程量投资估算法、概算指标投资估算法等。

a. 单位建筑工程投资估算法,以单位建筑工程量乘以建筑工程总量计算。具体方法包括单位面积综合指标估算法、单位功能指标估算法。

b. 单位实物工程量投资估算法,以单位实物工程量的投资乘以实物工程总量计算。土方工程按每立方米投资,路面铺设工程按每平方米投资,矿井巷道衬砌工程按每延米投资乘以相应的实物工程量计算建筑工程费。

c. 概算指标投资估算法,对于没有上述估算指标且建筑工程投资比例较大的项目,可采用概算指标估算法。采用此方法,应拥有较为详细的工程资料、建筑材料价格和工程费用指标信息,投入的时间和工作量大。

②安装工程费估算。安装工程费通常按行业或专门机构发布的安装工程定额、取费标准和指标估算投资。具体可按安装费率、每吨设备安装费或单位安装实物工程量的费用估算,即

$$安装工程费 = 设备原价 \times 安装费费率 \quad (5.10)$$

$$安装工程费 = 设备吨位 \times 每吨设备安装费指标 \quad (5.11)$$

$$安装工程费 = 安装工程实物量 \times 每单位安装实物工程量费用指标 \quad (5.12)$$

③设备及工器具购置费估算。根据项目主要设备表及价格、费用资料编制,工器具购置费按设备费的一定比例计取。对于价值高的设备应按单台(套)估算购置费,价值小的设备可按类估算,国内设备和进口设备应分别估算。具体估算方法见本书第 2 章第 2.2 节。

④工程建设其他费估算。工程建设其他费的计算应结合具体建设项目的情况,有合同协议明确的费用按合同或协议列入。合同或协议没有明确的费用,根据国家和各行业部门、工程所在地地方政府的有关工程建设其他费用定额和计算办法估算。

⑤基本预备费估算。基本预备费是以工程费用和工程建设其他费之和为基数,按部门或行业主管部门规定的基本预备费费率估算。计算公式为

$$基本预备费 = (工程费用 + 工程建设其他费) \times 基本预备费费率 \quad (5.13)$$

⑥涨价预备费的估算。工程费用、工程建设其他费、基本预备费属于建设项目投资中的静态投资部分,涨价预备费、建设期利息则属于建设项目投资中的动态投资部分,如果是涉外项

目,还应该计算汇率的影响。动态部分的估算应以基准年静态投资的资金使用计划为基础来计算,而不是以编制的年静态投资为基础计算。

涨价预备费一般根据国家规定的投资综合价格指数,以估算年份价格水平的投资额为基数,采用复利方法计算。计算公式为

$$P_C = \sum_{t=1}^{n} I_t [(1+f)^m (1+f)^{0.5} (1+f)^{t-1} - 1] \tag{5.14}$$

式中:P_C 为涨价预备费;n 为建设期年份数;I_t 为建设期中第 t 年的投资计划额,包括工程费用、工程建设其他费用及基本预备费,即第 t 年的静态投资;f 为建设期年均价格上涨指数;m 为从编制估算到开工建设的年限,即建设前期年限。

⑦建设投资估算表的编制。建设投资是项目费用的重要组成,是项目财务分析的基础数据,可根据项目前期研究不同阶段、对投资估算精度的要求及相关规定选用估算方法。建设投资的构成可按概算法分类和按形成资产法分类,故建设投资估算可按两种建设投资的构成分别形成两种建设投资估算表,如表5.5、表5.6所示。

表5.5　建设投资估算表(概算法)

(人民币单位:万元,外币单位:万美元)

序号	工程或费用名称	建筑工程费	设备购置费	安装工程费	其他费用	合计	其中:外币	比例(%)
1	工程费用							
1.1	主体工程							
1.1.1	×××							
	⋮							
1.2	辅助工程							
1.2.1	×××							
	⋮							
1.3	公用工程							
1.3.1	×××							
	⋮							
1.4	服务性工程							
1.4.1	×××							
	⋮							
1.5	厂外工程							
1.5.1	×××							
	⋮							
1.6	×××							
2	工程建设其他费用							
2.1	×××							
	⋮							
3	预备费							

序号	工程或费用名称	建筑工程费	设备购置费	安装工程费	其他费用	合计	其中：外币	比例(%)
3.1	基本预备费							
3.2	涨价预备费							
4	建设投资合计							
	比例(%)							

注：(1)"比例"分别指主要科目的费用(包括横向和纵向)占建设投资的比例。

(2)本表适用于新设法人项目与既有法人项目的新增建设投资的估算。

(3)"工程或费用名称"可依不同行业的要求调整。

表 5.6　建设投资估算表(形成资产法)

(人民币单位：万元,外币单位：万美元)

序号	工程或费用名称	建筑工程费	设备购置费	安装工程费	其他费用	合计	其中：外币	比例(%)
1	固定资产费用							
1.1	工程费用							
1.1.1	×××							
1.1.2	×××							
1.1.3	×××							
	⋮							
1.2	固定资产其他费用							
	⋮							
2	无形资产费用							
2.1	×××							
	⋮							
3	其他资产费用							
3.1	×××							
	⋮							
4	预备费							
4.1	基本预备费							
4.2	涨价预备费							
5	建设投资合计							
	比例(%)							

注：(1)"比例"分别指主要科目的费用(包括横向和纵向)中建设投资的比例。

(2)本表适用于新设法人项目与既有法人项目的新增建设投资的估算。

(3)"工程或费用名称"可依不同行业的要求调整。

2. 建设期利息的估算

建设期利息是债务资金在建设期发生并应计入固定资产原值的利息,包括借款(或债券)利息及手续费、承诺费、发行费、管理费等融资费用。**进行建设期利息估算必须先估算出建设**

投资及其分年投资计划,确定项目资本金数额及其分年投入计划,确定项目债务资金的筹措方式及债务资金成本率。

在估算建设期利息时需要编制建设期利息估算表,如表5.7所示。

表5.7 建设期利息估算表　　　　　　　　　　　人民币单位:万元

序号	项目	合计	计算期					
			1	2	3	4	······	n
1	借款							
1.1	建设期利息							
1.1.1	期初借款余额							
1.1.2	当期借款							
1.1.3	当期应计利息							
1.1.4	期末借款余额							
1.2	其他融资费用							
1.3	小计(1.1+1.2)							
2	债券							
2.1	建设期利息							
2.1.1	期初债务余额							
2.1.2	当期债务金额							
2.1.3	当期应计利息							
2.1.4	期末债务余额							
2.2	其他融资费用							
2.3	小计(2.1+2.2)							
3	合计(1.3+2.3)							
3.1	建设期利息合计(1.1+2.1)							
3.2	其他融资费用合计(1.2+2.2)							

注:(1)本表适用于新设法人项目与既有法人项目的新增建设期利息的估算。

(2)原则上应分别估算外汇和人民币债务。

(3)如有多种借款或债券,必要时应分别列出。

(4)本表与财务分析表"借款还本付息计划表"可二表合一。

3. 流动资金估算方法

流动资金是指生产经营性项目投产后,为进行正常生产运营,用于购买原材料、燃料动力、备品备件、支付工资及其他生产经营费用所必需的周转资金,通常以现金及各种存款、存货、应收及应付账款的形态出现。

流动资金是项目运营期内长期占用并周转使用的营运资金,不包括运营中需要的临时性营运资金。到项目寿命期结束,全部流动资金才能退出生产与流通,以货币资金的形式被收回。

流动资金的估算基础主要是营业收入和经营成本。因此,流动资金估算应在营业收入和经营成本估算之后进行。流动资金的估算按行业或前期研究的不同阶段,可选用扩大指标估算法或分项详细估算法。

(1)扩大指标估算法。扩大指标估算法是参照同类企业流动资金占营业收入的比例(营业收入资金率)或流动资金占经营成本的比例(经营成本资金率)或单位产量占用营运资金的数额来估算流动资金。

扩大指标估算法简便易行,但准确度不高,在项目建议书阶段和初步可行性研究阶段可予以采用,某些流动资金需要量小的项目在可行性研究阶段也可采用扩大指标估算法。计算公式为

$$流动资金=年营业收入额×营业收入资金率 \tag{5.15}$$

或

$$流动资金=年经营成本×经营成本资金率 \tag{5.16}$$

或

$$流动资金=年产量×单位产量占用流动资金额 \tag{5.17}$$

(2)分项详细估算法。分项详细估算法是对构成流动资金的各项流动资产和流动负债分别进行估算。流动资产的构成要素一般包括存货、现金、应收账款、预付账款;流动负债的构成要素一般包括应付账款和预收账款,流动资金等于流动资产和流动负债的差额。

分项详细估算法虽然工作量较大,但准确度较高,一般项目在可行性研究阶段应采用分项详细估算法。计算公式为

$$流动资金=流动资产—流动负债 \tag{5.18}$$

其中:

$$流动资产=应收账款+预付账款+存货+现金 \tag{5.19}$$

$$流动负债=应付账款+预收账款 \tag{5.20}$$

$$流动资金本年增加额=本年流动资金-上年流动资金 \tag{5.21}$$

流动资金估算的具体步骤是首先确定各分项的最低周转天数,计算出各分项的年周转次数,然后再分项估算占用资金额。

①确定各项流动资产和流动负债最低周转天数。分项详细估算法的准确度取决于各项流动资产和流动负债的最低周转天数取值的合理性。在确定最低周转天数时,可参照同类企业的平均周转天数和项目的实际情况,并考虑适当的保险系数。如对于存货中的外购原材料、燃料的最低周转天数应根据不同品种和来源,考虑运输方式和运输距离,以及占用流动资金的比重大小等因素分别确定。

②年周转次数的计算。周转次数是指流动资金的各个构成项目在一年内完成多少个生产过程。周转次数可用1年天数(通常按360天计算)除以流动资金的最低周转天数计算。计算公式为

$$周转次数=\frac{360 \text{天}}{流动资金最低周转天数} \tag{5.22}$$

③应收账款估算。应收账款是指企业对外销售商品、提供劳务尚未收回的资金。计算公式为

$$应收账款=\frac{年经营成本}{应收账款周转次数} \tag{5.23}$$

④预付账款估算。预付账款是指企业为购买各类材料、半成品或服务所预先支付的款项。计算公式为

$$预付账款=\frac{外购商品或服务年费用金额}{预付账款周转次数} \tag{5.24}$$

⑤存货估算。存货是指企业在日常生产经营过程中持有以备出售,或者仍然处在生产过程,或者在生产或提供劳务过程中将消耗的材料或物料等,包括各类材料、商品、在产品、半成

品和产成品等。为简化计算,项目评价中仅考虑外购原材料、燃料、其他材料、在产品和产成品,并分项进行计算。计算公式为

$$存货=外购原材料、燃料+其他材料+在产品+产成品 \quad (5.25)$$

$$外购原材料、燃料=\frac{年外购原材料、燃料费用}{外购原材料、燃料周转次数} \quad (5.26)$$

$$其他材料=\frac{年其他材料费用}{其他材料周转次数} \quad (5.27)$$

$$在产品=\frac{(年外购原材料、燃料动力费用+年工资及福利费+年修理费+年其他制造用)}{在产品周转次数}$$
$$(5.28)$$

$$产成品=\frac{(年经营成本-年其他营业费用)}{产成品周转次数} \quad (5.29)$$

⑥现金估算。项目流动资金中的现金是指为维持正常生产运营必须预留的货币资金,包括库存现金和银行存款。计算公式为

$$现金=\frac{(年工资及福利费+年其他费用)}{现金周转次数} \quad (5.30)$$

年其他费用=制造费用+管理费用+营业费用-(以上3项费用中所含的工资及福利费、折旧费、摊销费、修理费) \quad (5.31)

⑦流动负债估算。流动负债是指将在一年或者超过一年的一个营业周期内,需要偿还的各种债务,包括短期借款、应付票据、应付账款、预收账款、应付工资、应付福利费、应付股利、应交税金、其他暂收应付款、预提费用和一年内到期的长期借款等。为简化计算,流动负债的估算只考虑应付账款和预收账款两项。计算公式为

$$应付账款=\frac{年外购原材料、燃料动力费及其他材料费用}{应付账款周转次数} \quad (5.32)$$

$$预收账款=\frac{预收的营业收入年金额}{预收账款周转次数} \quad (5.33)$$

(3)估算流动资金应注意的问题。

①投入物和产出物采用不含增值税价格时,估算中应注意将销项税额和进项税额分别包括在相应的年费用金额中。

②项目投产初期所需流动资金一般应在项目投产前开始筹措。为了简化计算,可从投产第一年开始按生产负荷安排流动资金需用量。借款部分按全年计算利息,流动资金利息应计入生产期间财务费用,项目计算期末收回全部流动资金(不含利息)。

③用详细估算法计算流动资金,需以经营成本及其中的某些科目为基数,因此,实际上流动资金估算应在经营成本估算之后进行,不能简单地按100%运营负荷下的流动资金乘以投产期运营负荷估算。

根据流动资金各项估算结果,编制流动资金估算表,如表5.8所示。

表5.8　流动资金估算表　　　　　　　　　　人民币单位:万元

序号	项目	最低周转次数	周转次数	计算期					
				1	2	3	4	……	n
1	流动资产								

序号	项目	最低周转次数	周转次数	计算期					
				1	2	3	4	······	n
1.1	应收账款								
1.2	存货								
1.2.1	原材料								
1.2.2	×××								
	⋮								
1.2.3	燃料								
	×××								
	⋮								
1.2.4	在产品								
1.2.5	产成品								
1.3	现金								
1.4	预付账款								
2	流动负债								
2.1	应付账款								
2.2	预收账款								
3	流动资金(1—2)								
4	流动资金当期增加额								

注:(1)本表适用于新设法人项目与既有法人项目的"有项目""无项目"和增量流动资金的估算。

　　(2)表中科目可视行业变动。

　　(3)如发生外币流动资金,应另行估算后予以说明,其数额应包括在本表数额内。

　　(4)不发生预付账款和预收账款的项目可不列此两项。

【例5.5】某项目流动资金的估算。

该项目依据市场开拓计划,确定计算期第3年(即投产第1年)生产负荷为30%,计算期第4年生产负荷为60%,计算期第5年起生产负荷为100%。该项目各年经营成本数据如表5.9所示。根据该项目生产、销售的实际情况确定其各项流动资产和流动负债的最低周转天数为:应收账款、应付账款均为45天,存货中各项原材料平均为45天,在产品为4天,产成品为120天;现金为30天,该项目不需要外购燃料,一般也不发生预付账款和预收账款。试估算该项目的流动资金数额。已知各年所需流动资金的30%由项目资本金支付,其余为借款,试确定各年所需流动资金借款额。

表5.9　某项目的经营成本数据　　　　　　单位:万元

序号	收入或成本项目	第3年	第4年	第5~第12年
1	经营成本(含进项税额)	5 646.5	9 089.7	13 680.5
1.1	外购原材料(含进项税额)	2 044.6	4 089.2	6 815.3
1.2	外购动力(含进项税额)	404	808.1	1 346.8
1.3	工资	442.5	442.5	442.5

序号	收入或成本项目	第3年	第4年	第5～第12年
1.4	修理费	436.4	436.4	436.4 ·
1.5	技术开发费	464.1	928.2	1 547.0
1.6	其他制造费用	218.2	218.2	218.2
1.7	其他管理费用	1 106.3	1 106.3	1 106.3
1.8	其他营业费用	530.4	1 060.8	1 768.0

解:以第3年为例用分项详细估算法估算流动资金。

流动资金＝流动资产－流动负债

(1)流动资产的估算。

流动资产＝应收账款＋现金＋存货＋预付账款

①应收账款。

应收账款周转次数＝360/45＝8(次)

应收账款＝年经营成本/应收账款周转次数＝5 646.5/8＝705.8(万元)

②现金。

现金周转次数＝360/30＝12(次)

现金＝(年工资及福利费＋年其他费用)/现金周转次数

　　　＝(年工资及福利费＋技术开发费＋年其他制造费用＋年其他管理费用＋年其他营业费用)/现金周转次数

　　　＝(442.5＋464.1＋218.2＋1 106.3＋530.4)/12＝230.1(万元)

③存货。

存货＝外购原材料、燃料＋其他材料＋在产品＋产成品

外购原材料周转次数＝360/45＝8(次)

外购原材料＝年外购原材料费用/外购原材料周转次数

　　　　　＝2 044.6/8＝255.6(万元)

在产品周转次数＝360/4＝90 次

在产品＝(年外购原材料、燃料动力费用＋年工资及福利费＋年修理费＋年其他制造费用)/在产品周转次数

　　　　＝(2 044.6＋404＋442.5＋436.4＋218.2)/90＝39.4(万元)

产成品周转次数＝360/120＝3(次)

产成品＝(年经营成本－年其他营业费用)/产成品周转次数

　　　　＝(5 646.5－530.4)/3＝1 705.4(万元)

存货＝255.6＋39.4＋1 705.4＝2 000.4(万元)

流动资产＝705.8＋230.1＋2 000.4＝2 936.3(万元)

(2)流动负债估算。

流动负债＝应付账款＋预收账款

应付账款周转次数＝360/45＝8(次)

应付账款＝年外购原材料、燃料动力费及其他材料费用/应付账款周转次数

$=(2\ 044.6+404)/8=306.1$（万元）

流动负债$=306.1$（万元）

（3）第 3 年流动资金$=2\ 936.3-306.1=2\ 630.2$（万元）

其他年份所需流动资金估算如表 5.10 所示。

表 5.10　流动资金估算表　　　　　　　　　单位:万元

序号	项目	最低周转次数	周转次数	运营期		
				第 3 年	第 4 年	第 5～第 12 年
1	流动资产			2 936.3	4 703.3	7 059.2
1.1	应收账款	45	8	705.8	1 136.2	1 710.1
1.2	存货			2 000.4	3 254.1	4 925.6
1.2.1	原材料	45	8	255.6	511.2	851.9
1.2.2	在产品	4	90	39.4	66.6	102.9
1.2.3	产成品	120	3	1 705.4	2 676.3	3 970.8
1.3	现金	30	12	230.1	313.0	423.5
1.4	预付账款					
2	流动负债			306.1	612.2	1 020.3
2.1	应付账款	45	8	306.1	612.2	1 020.3
2.2	预收账款					
3	流动资金(1－2)			2 630.2	4 091.1	6 038.9
4	流动资金当期增加额			2 630.2	1 460.9	1 947.8
5	用于流动资金的项目资本金			789.1	1 227.3	1 811.7
6	流动资金借款			1841.1	2 863.8	4 227.2

4. 项目总投资与分年投资计划

按照投资估算内容和估算方法估算各项投资并进行汇总,分别编制项目总投资估算汇总表,如表 5.11 所示。

表 5.11　项目总投资估算汇总表

序号	费用名称	投资额		占项目总投资比例(%)	估算说明
		合计	其中:外汇		
1	建设投资				
1.1	工程费用				
1.1.1	建筑工程费				
1.1.2	设备购置费				
1.1.3	安装工程费				
1.2	工程建设其他费用				
1.3	预备费				
2	建设期利息				
3	流动资金				
4	项目总投资(1＋2＋3)				

估算出项目建设投资、建设期利息和流动资金后,应根据项目计划进度的安排,编制分年度投资计划,见表5.12。该表的分年建设投资可作为安排融资计划、估算建设期利息的基础。分年投资计划表是编制项目资金筹措计划表的基础。

表5.12　分年投资计划表

序号	费用名称	人民币			外币		
		第1年	第2年	……	第1年	第2年	……
1	建设投资						
1.1	工程费用						
1.1.1	建筑工程费						
1.1.2	设备购置费						
1.1.3	安装工程费						
1.2	工程建设其他费用						
1.3	预备费						
2	建设期利息						
3	流动资金						
4	项目总投资(1+2+3)						

实际工作中往往将项目投资估算表、分年投资计划表和资金筹措表合而为一,编制"项目总投资使用计划与资金筹措表",如表5.13所示。

表5.13　项目总投资使用计划与资金筹措表

序号	项目	合计			1			……		
		人民币	外币	小计	人民币	外币	小计	人民币	外币	小计
1	总投资									
1.1	建设投资									
1.2	建设期利息									
1.3	流动资金									
2	资金筹措									
2.1	项目资本金									
2.1.1	用于建设投资									
	××方									
	⋮									
2.1.2	用于流动资金									
	××方									
	⋮									
2.1.3	用于建设期利息									
	××方									
	⋮									
2.2	债务资金									

续表

序号	项目	合计			1			······		
		人民币	外币	小计	人民币	外币	小计	人民币	外币	小计
2.2.1	用于建设投资									
	××借款									
	××债券									
	⋮									
2.2.2	用于建设期利息									
	××借款									
	××债券									
	⋮									
2.2.3	用于流动资金									
	××借款									
	××债券									
	⋮									
2.3	其他资金									
	××									
	⋮									

5.3.3　建设项目投资估算案例

【例5.6】拟建年产30万t炼钢厂,根据可行性研究报告提供的已建年产25万t类似工程的主厂房工艺设备投资约为2 400万元。已建类似项目资料如表5.14与表5.15所示。

表5.14　与设备投资有关的各专业工程投资系数

加热炉	汽化冷却	余热锅炉	自动化仪表	起重设备	供电与传动	建安工程
0.12	0.01	0.04	0.02	0.09	0.18	0.40

表5.15　与主厂房投资有关的辅助及附属设施投资系数

动力系统	机修系统	总图运输系统	行政及生活福利设施工程	工程建设其他费
0.30	0.12	0.20	0.30	0.20

本项目资金来源为自有资金和贷款,贷款总额8 000万元,贷款利率8%(按年计息)。建设期3年,第1年投入30%,第2年投入50%,第3年投入20%。预计建设期物价平均上涨率3%。投资估算编制年份到开工建设年份为2年。基本预备费率5%。

【问题】

(1)已知拟建项目建设期与类似项目建设期的综合价格差异系数为1.25,试用生产能力指数法估算该拟建项目的工艺设备投资额;试用系数估算法估算该项目主厂房投资和项目建设的工程费用与工程建设其他费投资。

(2)估算该项目的建设投资额,编制建设投资估算表。

(3)若单位产量占用流动资金额为33.67元/t,试用扩大指标法估算项目的流动资金,确定项目的总投资额。

【解答】

(1)工程费用与工程建设其他费的计算。

拟建项目主厂房工艺设备投资 $C_2 = C_1 \times (Q_2/Q_1)^n \times f$

$$= 2\,400 \times (30/25)^1 \times 1.25 = 3\,600(万元)$$

主厂房投资 = 设备投资 $\times (1 + \sum K)$

$$= 3\,600 \times (1 + 0.12 + 0.01 + 0.04 + 0.02 + 0.09 + 0.18 + 0.40) = 6\,696(万元)$$

其中,建筑安装工程费 = 设备投资 $\times 40\% = 3\,600 \times 40\% = 1\,440(万元)$

设备购置费 = 设备投资 $\times 1.46 = 3\,600 \times 1.46 = 5\,256(万元)$

工程费用与工程建设其他费 = 主厂房投资 $\times (1 + \sum K)$

$$= 6\,696 \times (1 + 0.3 + 0.12 + 0.2 + 0.3 + 0.2) = 14\,195.52(万元)$$

(2)基本预备费的计算。

基本预备费 = 工程费用与工程建设其他费 $\times$ 基本预备费率

$$= 14\,195.52 \times 5\% = 709.78(万元)$$

(3)涨价预备费的计算。

静态投资 = 工程费用与工程建设其他费 + 基本预备费

$$= 14\,195.52 + 709.78 = 14\,905.3(万元)$$

各年静态投资额:第1年　静态投资 $\times 30\% = 14\,905.3 \times 30\% = 4\,471.59(万元)$

第2年　静态投资 $\times 50\% = 14\,905.3 \times 50\% = 7\,452.65(万元)$

第3年　静态投资 $\times 20\% = 14\,905.3 \times 20\% = 2\,981.06(万元)$

各年涨价预备费:第1年　$4\,471.59 \times [(1+3\%)^{2.5} - 1] = 342.95(万元)$

第2年　$7\,452.65 \times [(1+3\%)^{3.5} - 1] = 812.31(万元)$

第3年　$2\,981.06 \times [(1+3\%)^{4.5} - 1] = 424.11(万元)$

涨价预备费 $= \sum$ 各年涨价预备费 $= 342.95 + 812.31 + 424.11 = 1\,579.37(万元)$

(4)项目建设投资的计算。

项目建设投资 = 工程费用与工程建设其他费 + 基预备费 + 涨价预备费

$$= 14\,195.52 + 709.78 + 1\,579.37 = 16\,484.67(万元)$$

项目建设的投资估算如表5.16所示。

表5.16　项目建设投资估算表

序号	工程费用名称	系数	建安工程费(万元)	设备购置(万元)	工程建设其他费用(万元)	合计(万元)	占总投资比例(%)
1	工程费用		7 600.32	5 256		12 856.32	77.99
1.1	主厂房		1 440	5 256		6 696	
1.2	动力系统	0.30	2 008.80			2 008.80	
1.3	机修系统	0.12	803.52			803.52	
1.4	总图运输工程	0.20	1 339.20			1 339.20	
1.5	行政、生活福利设施	0.30	2 008.80			2 008.80	
2	工程建设其他费用	0.20			1 339.20	1 339.20	8.12
	1+2 合计					14 195.52	

续表

序号	工程费用名称	系数	建安工程费（万元）	设备购置（万元）	工程建设其他费用（万元）	合计（万元）	占总投资比例（%）
3	预备费				2 289.15	2 289.15	13.89
3.1	基本预备费				709.78	709.78	
3.2	涨价预备费				1 579.37	1 579.37	
4	建设期利息						
5	项目建设投资总计		7 600.32	5 256	3 628.35	16 484.67	100

(5)建设期利息的计算。

第1年借款利息：$(0+8\,000×30\%/2)×8\%=96$(万元)

第2年借款利息：$(8\,000×30\%+96+8\,000×50\%/2)×8\%=359.68$(万元)

第3年借款利息：$(8\,000×30\%+96+8\,000×50\%+359.68+8\,000×20\%/2)×8\%=612.45$(万元)

建设期借款利息$=96+359.68+612.45=1\,068.13$(万元)

(6)流动资金估算$=30×33.67=1\,010.10$(万元)

项目总投资$=15\,769.74+1\,068.13+1\,010.10=17\,847.97$(万元)

【例5.7】拟建某工业建设项目，各项数据如下：

(1)主要生产项目7 400万元(其中：建筑工程费2 800万元，设备购置费3 900万元，安装工程费700万元)。

(2)辅助生产项目4 900万元(其中：建筑工程费1 900万元，设备购置费2 600万元，安装工程费400万元)。

(3)公用工程2 200万元(其中：建筑工程费1 320万元，设备购置费660万元，安装工程费220万元)。

(4)环境保护工程660万元(其中：建筑工程费330万元，设备购置费220万元，安装工程费110万元)。

(5)总图运输工程330万元(其中：建筑工程费220万元，设备购置费110万元)。

(6)服务性工程建筑工程费160万元。

(7)生活福利工程建筑工程费220万元。

(8)厂外工程建筑工程费110万元。

(9)工程建设其他费用400万元。

(10)基本预备费费率为10%。

(11)建设期各年平均价格上涨率为6%。

(12)建设期为2年，每年建设投资相等，建设资金来源为：第1年贷款5 000万元，第2年贷款4 800万元，其余为自有资金，贷款年利率为6%(每半年计息一次)。

(13)项目正常年份流动资金估算额为900万元。

【问题】

试编制该建设项目的投资估算表。

【解答】

(1)首先根据题目背景资料填写有关内容，并汇总出该建设项目工程费用和工程建设其他费用之和(见表5.17)为16 380万元。

(2)计算基本预备费。

基本预备费=(工程费用+工程建设其他费用)×基本预备费费率
　　　　　=16 380×10%=1 638(万元)

(3)计算涨价预备费。

$$涨价预备费=\frac{16\,380+1\,638}{2}[(1+6\%)^{0.5}-1]+\frac{16\,380+1\,638}{2}[(1+6\%)^{1.5}-1]$$
$$=1\,089.18(万元)$$

(4)计算预备费。

则该项目预备费=基本预备费+涨价预备费=1 638+1 089.18=2 727.18(万元)

(5)计算建设期利息。

$$年实际贷款利率=\left(1+\frac{6\%}{2}\right)^2-1=6.09\%$$

$$第1年贷款利息=\frac{1}{2}\times5\,000\times6.09\%=152(万元)$$

$$第2年贷款利息=\left(5\,000+152+\frac{1}{2}\times4\,800\right)\times6.09\%=460(万元)$$

则建设期贷款利息=第1年贷款利息+第2年贷款利息=152+460=612(万元)

(6)编制项目总投资估算汇总表(见表5.17)。

表5.17　项目总投资估算汇总表　　　　　　　　　　单位:万元

序号	工程费用名称	估算价值				
		建筑工程	设备购置	安装工程	其他费用	合计
1	工程费用	7 060	7 490	1 430		15 980
1.1	主要生产项目	2 800	3 900	700		7 400
1.2	辅助生产项目	1 900	2 600	400		4 900
1.3	公用工程	1 320	660	220		2 200
1.4	环境保护工程	330	220	110		660
1.5	总图运输工程	220	110			330
1.6	服务性工程	160				160
1.7	生活福利工程	220				220
1.8	厂外工程	110				110
2	工程建设其他费用				400	400
	1+2 合计	7 060	7 490	1 430	400	16 380
3	预备费					3 292
3.1	基本预备费					1 638
3.2	涨价预备费					1 089.18
4	建设期利息					612
5	流动资金					900
	总计	7 060	7 490	1 430	4 304	20 619.18

5.4　工程项目投资估算的管理

在项目决策阶段进行投资估算的管理,就是对投资估算的编制方法、数据测算、估算指标选择运用、影响估算的因素等进行全过程的分析控制与管理。其目的是保证投资估算的科学性、可靠性,保证各种资料和数据的时效性、准确性和适用性,为项目决策提供科学依据。

5.4.1　影响投资估算准确性的相关因素

建设项目投资估算是一项很复杂的工作,因为有很多因素会影响项目投资估算的准确性,其主要影响因素如下所述。

1.项目投资估算所需资料的可靠性

项目投资估算所选用的已运行项目的实际投资额、有关单元指标、物价指数、项目建设规模、建筑材料、设备价格等数据和资料的可靠性都直接影响投资估算的准确性。

2.项目本身的具体情况

项目本身的内容和复杂程度、设计深度和详细程度、建设工期等也必然对项目投资估算的准确性产生重大影响。当项目本身包括的内容繁多、技术要求比较复杂、建设工期较长时,那么在估算项目所需投资额时,就容易发生漏项和重复,导致投资估算的失真。

3.项目所在地的相关条件

项目所在地的相关条件主要是指项目所在地的自然条件、市场条件、基础设施条件等。项目所在地的自然条件,如建设场地条件、工程地质条件、水文地质、地震烈度等情况和有关数据的可靠性;项目所在地的市场条件,建筑材料供应情况、价格水平、物价波动幅度、施工协作条件等情况;基础设施条件,如给排水、供电、通信、燃气供应、热力供应、公共交通、消防等相关条件的具体情况,都会影响投资估算的准确性。

4.项目投资估算人员的水平

项目投资估算人员的业务水平、经验、职业道德等主观因素都会影响投资估算的准确性。

5.4.2　投资估算的审查

1.投资估算审查的意义

(1)投资估算审查是项目决策正确性的前提之一。投资估算、资金筹措、建设地点、资源利用等都影响项目是否可行,由于投资估算的正确与否关系到项目财务评价和经济分析是否正确,从而影响到项目在经济上是否可行。因此,必须对投资估算编制的正确性(误差范围)进行审查。

(2)投资估算审查为工程造价的控制奠定了基础。在项目建设各阶段中,通过工程造价的确定与控制,相应地形成了投资估算、设计概算、施工图预算、承包合同价、结算价及竣工决算。这些造价形成之间存在着前者控制后者,后者补充前者的相互作用关系,只有合理地计算投资估算,采用科学的估算方法和可靠的数据资料,保证投资估算的正确性,才能保证其他阶段的造价控制在合理的范围内,使投资控制目标能够实现。

2.投资估算审查的内容

(1)审查投资估算的编制依据。投资估算所采用的依据必须具有合法性和有效性。

①合法性。首先必须对投资估算编制依据的合法性进行鉴定,即投资估算所采用的各种编制依据必须经过国家和主管部门的批准,符合国家有关编制政策规定,未经批准的不能采用。

②有效性。即对编制依据的有效性进行鉴定。各种编制依据都应根据国家有关部门的现行规定进行,不能脱离现行的国家各种财务规定去做投资估算,如有新的管理规定和办法应按新的规定和办法执行。

(2)审查投资估算的构成内容。根据工程造价的构成,建设项目投资估算包括固定资产投资估算和包括铺底流动资金在内的流动资金估算。审查投资估算的构成内容,主要是审查项目投资估算内容的完整性和构成的合理性。

(3)审查投资估算的估算方法和计算的正确性。根据投资项目的特点、行业类别可选用的具体方法很多。一般说来,供决策用的投资估算,不宜使用单一的投资估算方法,而是综合使用几种投资估算方法,互相补充,相互校核。对于投资额不大、一般规模的工程项目,适宜使用类似比较或系数估算法。此外,还应对工程因项目建设前期阶段的不同,选用不同的投资估算方法。因此,审查投资估算时,应对投资估算采用的方法所适用的条件、范围、计算是否正确进行评价;对投资估算采用的工作量,设备、材料和价格等是否正确、合理进行评价;对投资比例是否合理,费用或费率是否漏项少算,是否有意压价或高估冒算、提高标准等进行评价;必须进口的国外设备的数量是否经过核实,价格是否合理(是否经过三家以上供应厂商的询价和对比),是否考虑汇率、税金、利息、物价上涨指数等因素进行评价。

(4)审查投资估算的费用划分及投资数额。

①审查投资估算中费用项目的划分是否正确。主要应审查费用项目与规定要求、实际情况是否相符,是否有多项、重项和漏项的情况;是否符合国家有关政策规定;是否针对具体情况作了适当增减。

②投资额的估算是否考虑了物价变化、费率变动、现行标准和规范与已建项目当时标准和规范的变化等对总投资的影响,所用的调整系数是否适当。

③投资估算中是否考虑了项目将采用的高新技术、材料、设备以及新结构、新工艺等导致的投资额的变化。

④审查投资估算中动态投资额的估算是否恰当等。

总之,在进行项目投资估算审查时,应在项目评估的基础上,将审查内容联系起来综合考虑,既要防止漏项少算,又要防止重复计算和高估冒算,保证投资估算的精确性,使项目投资估算真正能起到正确决策、控制投资的重要作用。

本 章 小 结

决策阶段是选择和决定投资行动方案的过程,正确的项目决策,意味着对项目建设做出科学的决断,优选出最佳投资方案,达到资源的合理配置。这样才能合理地估计和计算工程造价,并且在实施最优投资方案过程中,有效地控制工程造价。要达到工程造价的合理性,事先就要保证项目决策的正确性,避免决策失误。

决策阶段影响工程造价的因素很多,包括:项目合理规模、建设地区及建设地点(厂址)、技术方案、设备方案、工程方案、节能节水工程、环境保护措施等内容。

我国建设工程的投资估算包括建设投资估算、建设期利息估算和流动资金估算。其中,建筑工程费、安装工程费、设备购置费、工程建设其他费、基本预备费称为静态投资,涨价预备费和建设期利息称为动态投资。由于编制投资估算的方法很多,在具体编制某个项目的投资估算时,应根据项目的性质、技术资料和数据的具体情况,有针对性地选用适宜的方法。首先要进行静态投资部分的估算,对于静态投资部分的估算,要按照某一确定的时间来进行,一般是以开工前一年作为基准年,以这一年的价格为依据计算。一般情况下,工业生产项目的投资估算从设备费用入手,而民用项目则往往从建筑工程投资估算入手。

建设投资的估算方法有:简单估算法和分类估算法;简单估算法包括单位生产能力估算法、生产能力指数法、比例估算法、系数估算法、指标估算法。流动资金估算方法包括扩大指标估算法和分项详细估算法。

建设工程投资估算的审查内容:审查投资估算的编制依据;审查投资估算的构成内容;审查投资估算的估算方法和计算的正确性;审查投资估算的费用划分及投资数额。

 本章习题

一、简答题

1. 简述投资估算阶段的划分及各阶段的精度要求。

2. 简述投资估算编制的原则。

3. 投资估算的编制方法有哪些?

4. 影响投资估算的相关因素有哪些?

5. 对投资估算进行审查,主要审查什么?

二、选择题

1. 建设项目可行性研究报告的内容可以概括成几大部分,其核心部分是(　　)。

　　A. 市场研究　　　　　　　　　　B. 技术研究

　　C. 效益研究　　　　　　　　　　D. 环境评价

2. 朗格系数是指(　　)。

　　A. 总建设费用与建筑安装费用之比　　B. 总建设费用与设备费用之比

　　C. 建筑安装费用与总建设费用之比　　D. 设备费用与总建设费用之比

3. 确定项目生产规模的前提是项目的(　　)。

　　A. 盈利能力　　　　　　　　　　B. 资金情况

　　C. 产品市场需求状况　　　　　　D. 原材料、原料供应情况

4. 关于流动资金的计算公式,正确的有(　　)。

　　A. 流动资金＝应收账款＋存货＋现金

　　B. 应收账款＝(在产品＋产成品)/应收账款周转次数

　　C. 存货＝外购原材料、燃料＋在产品＋产成品

　　D. 现金＝(年工资及福利费＋年其他费用)/现金周转次数

5. 已知某工程设备、工器具购置费为 2 500 万元,建筑安装工程费为 1 500 万元,工程建设其他费用为 800 万元,基本预备费为 500 万元,建设期贷款利息为 600 万元,若该工程建设前期为 2 年,建设期为 3 年,其静态投资的各年计划额为:第 1 年 30%,第 2

年 50%,第 3 年 20%,假设在建设期年均价格上涨率为 5%,则该建设项目涨价预备费为( )万元。

    A. 518.21   B. 835.41   C. 1 114.57   D. 959.98

6. 关于项目决策与造价的关系,下列说法中错误的是( )。

    A. 项目决策的正确是工程造价合理性的前提

    B. 项目决策的内容是决定工程造价的基础

    C. 造价的高低并不直接影响项目决策

    D. 项目决策的深度影响投资估算精确度,也影响工程造价的控制效果

7. 有关工艺技术选择的原则,下列表述不正确的是( )。

    A. 先进性   B. 安全性   C. 通用性   D. 可靠性

8. 选择建设地点的基本要求包括( )。

    A. 靠近原料、燃料提供地和产品消费地

    B. 减少拆迁移民

    C. 要有利于厂区合理布置和安全运行

    D. 工业项目适当聚集

    E. 应尽量减少对环境的污染

9. 项目可行性研究报告的内容可以概括成几大部分,其核心部分是( )。

    A. 市场研究   B. 技术研究   C. 效益研究   D. 环境研究

三、案例分析题

某公司计划兴建某项目,有关资料如下。

1. 建设投资估算资料。

(1)项目拟全套引进国外设备,设备总重 100 t,离岸价 FOB 200 万美元(美元对人民币汇率按 1∶6.6 计算)。海外运费费率 6%,海外运输保险费率 2.66‰,关税税率 22%,增值税税率 17%,银行财务费率 0.4%,外贸手续费率 1.5%;到货口岸至安装现场 500 km,运输费 0.6 元/t·km,装卸费均为 50 元/t。现场保管费费率 0.2%。

(2)除设备购置费以外的其他费用项目分别按设备投资的一定比例计算(见表 5.18),由于时间因素引起的定额、价格、费用标准等变化的综合调整系数为 1。

表 5.18　其他费用项目占设备投资的比例

项目	比例	项目	比例	项目	比例
土建工程	36%	设备安装	12%	工艺管道	5%
给排水	10%	暖通	11%	电气照明	1%
自动化仪表	11%	附属工程	24%	总体工程	12%
其他投资	20%				

(3)其他投资估算资料:基本预备费按 5%计取;项目建设期 2 年,投资按等比例投入,预计年平均涨价率为 6%。

(4)项目自有资金投资 5 000 万元,其余为银行借款,年利率 10%,均按 2 年等比例投入。

2. 流动资金估算资料。

项目达到设计生产能力之后,全场定员 1 100 人,工资福利费按每人每年 7.2 万元计算;

每年的其他费 860 万元(其中:其他制造费用为 660 万元),年外购原材料、燃料动力费 19 200 万元,年经营成本 21 000 万元,年销售收入 33 000 万元,年修理费占年经营成本的 10%,年预付账款为 800 万元;年预收账款为 12 000 万元。各项流动资金最低周转天数:应收账款 30 天,现金 40 天,应付账款 30 天,存货为 40 天,预付账款为 30 天,预收账款为 30 天。

问题:(1)估算设备购置费。

(2)估算建设投资费。

(3)估算建设期利息及流动资金,并确定该项目建设项目总投资额。

第6章 工程项目设计阶段的造价管理

 本章提要

本章主要介绍工程项目设计阶段的造价管理。工程造价管理贯穿于项目建设全过程,而设计阶段的工程造价管理是建设工程造价管理的重点。本章首先介绍设计阶段进行工程造价管理的重要意义以及影响工程造价的因素,重点介绍设计阶段设计概算和施工图预算的计价与审查,最后介绍设计阶段工程造价控制的一些措施和方法,重点介绍限额设计和价值工程在工程造价控制中的应用。

 学习目标

通过本章内容的学习,要求了解设计阶段进行工程造价管理的意义;熟悉设计阶段影响工程造价的因素;掌握设计概算、施工图预算的计价与审查;熟悉限额设计、价值工程在工程造价控制中的应用。

 框架结构

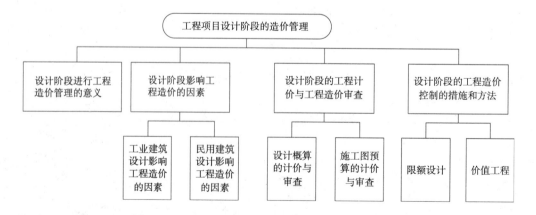

6.1 设计阶段进行工程造价管理的重要意义

工程设计是建设程序的一个环节,是对拟建工程的实施在技术上和经济上所进行的全面而详细的安排。工程设计是指在可行性研究批准之后,工程开始施工之前,根据已批准的设计任务书,为具体实现拟建项目的技术、经济要求,拟定建筑、安装及设备制造等所需的规划、图纸、数据等技术文件的工作。工程设计包括工业建筑设计和民用建筑设计。

设计工作的重要原则之一是保证设计的整体性,根据建设程序的进展,工程设计应划分阶段进行。一般工业项目与民用建设工程项目设计分2个阶段设计:即初步设计和施工图设计。对于技术上复杂而又缺乏设计经验的项目,分3个阶段进行设计:即初步设计、技术设计和施工图设计。在设计阶段进行工程造价管理的重要意义体现在以下方面。

1. 提高资金利用效率

设计阶段工程造价的计价形式是编制设计概预算,通过设计概预算可以了解工程造价的构成,分析资金分配的合理性,并可以利用价值工程理论分析项目各个组成部分功能与成本的匹配程度,调整项目功能与成本,使其更趋合理。

2. 提高投资控制效率

编制设计概预算并进行分析,可以了解工程各组成部分的投资比例。对于投资比例较大的部分应作为投资控制的重点,这样可以提高投资控制效率。

3. 使控制工作更主动

长期以来,人们把控制理解为目标值与实际值的比较,以及当实际值偏离目标值时分析产生差异的原因,确定下一步对策。这对于批量生产的制造业而言,是一种有效的管理方法。但是对于建筑业而言,由于建筑产品具有单件性的特点,这种管理方法只能发现差异,不能消除差异,也不能预防差异的发生,而且差异一旦发生,损失往往很大,因此是一种被动的控制方法。而如果在设计阶段控制工程造价,可以先按一定的质量标准,提出新建建筑物每一部分或分项的计划支出费用的报表,即造价计划。然后当详细设计制定出来以后,对工程的每一部分或分项的估算造价,对照造价计划中所列的指标进行审核,预先发现差异,主动采取一些控制方法消除差异,使设计更经济。

4. 便于技术与经济相结合

由于体制和传统习惯的原因,我国的工程设计工作往往是由建筑师等专业技术人员来完成的。他们在设计过程中往往更关注工程的使用功能,力求采用比较先进的技术方法实现项目所需功能,而对经济因素考虑较少。在设计阶段造价工程师应共同参与全过程设计,使设计从一开始就建立在健全的经济基础之上,在做出重要决定时就能充分认识其经济后果,另外投资限额一旦确定以后,设计只能在限额内进行,有利于建筑师发挥个人创造力,选择一种最经济的方式实现技术目标,从而确保设计方案能较好地体现技术与经济的结合。

5. 在设计阶段控制工程造价效果显著

工程造价控制贯穿于项目建设全过程,而设计阶段的工程造价控制是整个工程造价控制的龙头。在设计一开始就将控制投资的目标贯穿于设计工作中,可保证选择恰当的设计标准和合理的功能水平。

6.2 设计阶段影响工程造价的因素

设计阶段的工程造价控制是建设工程造价控制的重点。在拟建项目作出投资决策以后，设计就成为工程造价控制的关键阶段。在这个阶段，设计者的灵活性很大，修改、变更设计方案的成本比较低，对造价的影响度仅次于决策阶段。

由于工业项目的设计程序和民用项目的设计程序有所不同，影响工程造价的因素也有所区别，下面对其影响因素分别进行介绍。

6.2.1 工业建筑设计影响工程造价的因素

工业建设项目设计是由总平面设计、工艺设计及建筑设计三部分组成，它们之间是相互关联和制约的，对工程造价的影响因素也有所差异，分述如下。

1. 总平面设计对工程造价的影响因素

总平面设计是在按照批准的设计任务书选定厂址后进行的，它是对厂区内的建筑物、构筑物、露天堆场、运输线路、管线、绿化及美化设施等做全面合理的配置，以便使整个项目形成布置紧凑、流程顺畅、经济合理、方便使用的格局。

总平面图设计是否合理对于整个设计方案的经济合理性有重大影响，总平面设计中影响工程造价的因素有以下方面。

(1)占地面积。占地面积的大小会影响征地费用的高低，也会影响管线布置成本及项目建成运营的运输成本。因此，在总平面设计中应尽可能节约用地。

(2)功能分区。工业建筑有许多功能组成，合理的功能分区既可以使建筑物的各项功能充分发挥，又可以使总平面布置紧凑、安全，避免大挖大填，减少土石方量并节约用地，降低工程造价。同时，合理的功能分区还可以使生产工艺流程顺畅，运输简便，降低项目建成后的运营成本。

(3)运输方式的选择。不同的运输方式其运输效率及成本不同。有轨运输运量大，运输安全，但需要一次性投入大量资金；无轨运输无须一次性大规模投资，但是运量小，运输安全性较差。从降低工程造价的角度来看，应尽可能选择无轨运输，可以减少占地，节约投资。但是运输方式的选择不能仅仅考虑工程造价，还应考虑项目运营的需要，如果运输量较大，则有轨运输会比无轨运输成本低。

2. 工艺设计过程中影响工程造价的因素

工艺设计是工程设计的核心，它是根据工业企业生产的特点、生产性质和功能来确定的。工艺设计一般包括生产设备的选择、工艺流程设计、工艺定额的制定和生产方法的确定。

工艺设计标准的高低，不仅直接影响工程建设投资的大小和建设进度，而且还决定着未来企业的产品质量、数量和经营费用，工艺设计过程中影响工程造价的因素有以下方面。

(1)选择合适的生产方法。

①生产方法是否先进适用。落后的生产方法影响产品生产质量，造成生产维持费用较高，同时还需要追加投资改进生产方法；但是非常先进的生产方法往往需要较高的技术获取费，如果不能与企业的生产要求及生产环境相配套，将会带来不必要的浪费。

②生产方法是否符合所采用的原料路线。不同的工艺路线往往要求不同的原料路线，选择生产方法时，要考虑工艺路线对原料规格、型号、品质的要求，原料供应是否稳定可靠。

③生产方法是否符合清洁生产的要求。如果所选生产方法不符合清洁生产要求，项目主

管部门往往要求投资者追加环保设施投入,带来工程造价的提高。

(2)合理布置工艺流程。工艺流程设计是工艺设计的核心。合理的工艺流程应既能保证主要工序生产的稳定性,又能根据市场需要的变化,在产品生产的品种规格上保持一定的灵活性。合理布置应保证主要生产工艺流程无交叉和逆行现象,并使生产线路尽可能短,从而节省占地,减少技术管线的工程量,节约造价。

(3)合理的设备选型。在工业建筑中,设备及安装工程投资占有很大的比例,设备的选型不仅影响着工程造价,而且对生产方法及产品质量也有着决定作用。设备选择的重点因设计形式的不同而不同,应该选择能满足生产工艺和达到生产能力需要的最适用的设备。

3. 建筑设计影响工程造价的因素

建筑设计部分,应在兼顾施工过程的合理组织和施工条件的同时,重点考虑工程的平面立体设计和结构方案及工业要求等因素。

(1)平面形状。一般地说,建筑物平面形状越简单,它的单位面积造价就越低。当建筑物的外形复杂而不规则时,其周长与建筑面积的比率将增加,而且不规则的建筑物将导致室外工程、排水工程、砌砖工程及屋面工程等复杂化,从而增加工程费用。平面形状的选择除考虑造价因素外,还应注意对美观、采光和使用要求方面的影响。

(2)流通空间。建筑物平面布置的主要目标之一是在满足建筑物使用要求和必需的美观要求的前提下,将流通空间减少到最小,相应地降低造价。

(3)层高。在建筑面积不变的情况下,建筑层高增加会引起各项费用的增加。据有关资料分析,单层厂房层高每增加 1 m,单位面积造价增加 $1.8\%\sim3.6\%$,年度采暖费约增加 3%;多层厂房的层高每增加 0.6 m,单位面积造价提高 8.3% 左右。

单层厂房的高度主要取决于车间内的运输方式,在可能的条件下,特别是当起重量较小时,应考虑采用悬挂式运输设备来代替桥式吊车。多层厂房的高度应综合考虑生产工艺、采光、通风及建筑经济的因素来进行选择,多层厂房的建筑层高还取决于能否容纳车间内的最大生产设备和满足运输的要求。

(4)建筑物层数。工业厂房层数的选择应考虑生产性质和生产工艺的要求。对于需要大跨度和大层高,拥有重型生产设备和起重设备,生产时有较大振动及散发大量热和气的重型工业,采用单层厂房是经济合理的;而对于工艺过程紧凑,采用垂直工艺流程,并要求恒温条件的各种轻型车间,可采用多层厂房。

确定多层厂房的经济层数主要有两个因素:一是厂房展开面积的大小,展开面积越大,层数越可提高;二是厂房的宽度和长度,宽度和长度越大,经济层数越可增高,而造价相应降低。

(5)柱网布置。柱网布置就是确定柱子的行距(跨度)和间距(每行柱子中相邻两个柱子间的距离)。对于单跨厂房,当柱间距不变时,跨度越大单位面积造价越低,因为除屋架外,其他结构件分摊在单位面积上的平均造价随跨度的增大而减少。对于多跨厂房,当跨度不变时,中跨数量越多越经济,因为柱子和基础分摊在单位面积上的造价减少了。

(6)建筑物的体积与面积。随着建筑物体积和面积的增加,工程总造价会提高。对于工业建筑,在不影响生产能力的条件下,厂房、设备布置力求紧凑合理,尽量采用先进工艺和高效能的设备,采用大跨度、大柱距的大厂房平面设计形式。

(7)建筑结构。建筑结构是指建筑工程中由基础、梁、板、柱、墙、屋架等构件所组成的起骨架作用的、能承受直接和间接"作用"的体系。建筑结构按所用材料的不同可分为砌体结构、钢筋混凝土结构、钢结构和木结构等。建筑材料和建筑结构选择是否合理,不仅直接影响到工程质量、使用寿命、耐火抗震性能,而且对施工费用、工程造价有很大的影响。采用各种先进的结构形式和轻质高强度的建筑材料,能减轻建筑物自重,简化基础工程,减少建筑材料和构配件的费用及运费,并能提高劳动生产率和缩短建设工期,经济效果十分明显。

6.2.2 民用建筑设计影响工程造价的因素

民用建筑设计包括住宅设计、公共建筑设计以及住宅小区设计,住宅建筑是民用建筑中最大量、最主要的建筑形式。本节主要介绍住宅建筑设计中影响工程造价的因素。

1. 住宅小区规划中影响工程造价的主要因素

住宅小区是人们日常生活相对完整、独立的居住单元,是城市建设的组成部分,所以小区布置是否合理,直接关系到居民生活质量和城市建设发展等重大问题。小区规划设计的核心问题是提高土地利用率。

(1)占地面积。小区用地面积指标反映小区内居住房屋和非居住房屋、绿化园地、道路和工程管网等占地面积及比重,直接影响小区内道路管线长度和公用设备的多少,是考察建设用地利用率和经济性的重要指标。

(2)建筑群体的布置形式。建筑群体的布置形式对用地的影响不容忽视,通过采取高低搭配、点条结合、前后错列以及局部东西向布置、斜向布置或拐角单元等手法可节省用地。在保证小区居住功能的前提下,适当集中公共设施,合理布置道路,充分利用小区内的边角用地,有利于提高建筑密度,降低小区的总造价。

2. 民用住宅建筑设计影响工程造价的因素

(1)建筑物平面形状和周长系数。在同样的建筑面积下,由于住宅建筑平面形状不同,其建筑周长系数 K(即每平方米建筑面积所占的外墙长度)也不相同。圆形、正方形、矩形、T 形、L 形等,其建筑周长系数依次增长。但由于圆形建筑施工复杂,施工费用较矩形建筑增加20%30%。因此,正方形和矩形的住宅既有利于施工,又能降低工程造价,而在矩形住宅建筑中,又以长宽比为 2:1 最佳。一般小单元住宅以 4 个单元,大单元住宅以 3 个单元,房屋长度以 60~80 m 较为经济。

(2)住宅的层高和净高。根据不同性质的工程综合测算住宅层高每降低 10 cm,可降低造价 1.2%~1.5%。层高降低还可提高住宅区的建筑密度,节约土地成本及市政设施费。在一般情况下,民用住宅的层高一般在 2.5~2.8 m 之间。

(3)住宅的层数。民用住宅层数划分为低层住宅(1~3 层)、多层住宅(4~6 层)、中高层住宅(7~9 层)、高层住宅(10 层以上)。在民用建筑中,多层住宅具有降低工程造价和使用费、节约用地的优点,房间内部和外部的设施、供水管道、排水管道、煤气管道、电力照明和交通道路等费用,在一定范围内都随着住宅层数的增加而降低。通过大量数据资料分析表明,中小城市以建造多层住宅较为经济,对于地皮特别昂贵的地区,为了降低土地费用,中、高层住宅是比较经济的选择。

(4)住宅单元组成、户型和住户面积。衡量单元组成、户型设计的指标是结构面积系数,系数越小设计方案越经济。结构面积系数是指住宅结构面积与建筑面积之比。该指标除与房屋结构有关外,还与房屋外形及其长度和宽度有关,也与房间平均面积的大小和户型组成有关,房屋平均面积越大,内墙、隔墙在建筑面积中所占比重就越低。因而,结构面积系数是评比新型结构经济的重要指标。

(5)住宅建筑结构的选择。随着我国工业化水平的提高,住宅工业化建筑体系的结构形式多种多样,考虑工程造价时应根据实际情况,因地制宜、就地取材,采用适合本地区本部门的经济合理的结构形式。

6.3　设计阶段的工程计价

　　设计阶段的设计工作应遵循一定的先后顺序,即设计程序。随着工程设计工作的开展,各个设计阶段工程造价管理的内容有所不同,各阶段工程造价管理的主要工作内容和程序如图 6.1 所示。

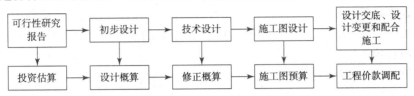

图 6.1　设计阶段工程造价控制程序

　　初步设计是设计过程的一个关键性阶段,也是整个设计构思基本形成的阶段。设计单位根据批准的可行性研究报告、投资估算或设计承包合同进行初步设计,再根据初步设计图(含有作业图)和说明书及概算定额(扩大预算定额或综合预算定额)等编制初步设计总概算。

　　技术设计是初步设计的具体化,也是各种技术问题的定案阶段。技术设计的详细程度应满足确定设计方案中重大技术问题和有关实验、设备选择等方面的要求,应能保证根据它进行施工图设计和提出设备订货明细表。在此阶段应根据技术设计的图样和说明书及概算定额(扩大预算定额或综合预算定额)等计价依据编制初步设计修正总概算。

　　施工图设计阶段主要是通过图纸把设计者的意图和全部设计结果表达出来,作为施工的依据,是设计工作和施工工作的桥梁。在此阶段应根据施工图和说明书及预算定额等计价依据编制施工图预算,用以核实施工图阶段造价是否超过批准的初步设计概算。

　　因此,设计阶段的工程计价主要包括设计概算和施工图预算两大部分。

6.3.1　设计概算

1. 设计概算的概念与作用

　　(1)设计概算的概念。设计概算是设计文件的重要组成部分,是在投资估算的控制下由设计单位根据初步设计(或技术设计)图纸及说明、概算定额(概算指标)、各项费用定额或取费标准(指标)、设备、材料预算价格等资料,编制和确定的建设项目从筹建至竣工交付使用所需全部建设费用的文件。

　　设计概算的编制内容包括静态投资和动态投资两部分。静态投资部分作为考核工程设计和施工图预算的依据,静、动态两部分投资之和作为筹措和控制资金使用的限额。

　　(2)设计概算的作用。设计概算是设计单位根据有关依据计算出来的工程建设的预期费用,用于衡量建设投资是否超过估算并控制下一阶段费用支出。设计概算的主要作用在于控制以后阶段的投资,具体表现为以下方面。

　　①设计概算是编制建设工程项目投资计划、确定和控制建设工程项目投资的依据。国家规定,编制年度固定资产投资计划,确定计划投资总额及其构成数额,要以批准的初步设计概算为依据,没有批准的初步设计及其概算的建设工程项目不能列入年度固定资产投资计划。

　　②设计概算是签订建设工程合同和贷款合同的依据。依据《中华人民共和国民法典》中的相关规定,建设工程合同价款是以设计概、预算价为依据,且总承包合同不得超过设计总概算

的投资额,银行贷款或各单项工程的拨款累计总额不能超过设计概算。

③设计概算是控制施工图设计和施工图预算的依据。经批准的设计概算是建设工程项目投资的最高限额,设计单位必须按照批准的初步设计及其总概算进行施工图设计,施工图预算不得突破设计概算。如确需突破总概算时,应按规定程序报经审批。

④设计概算是衡量设计方案技术经济合理性和选择最佳设计方案的依据。设计部门在初步设计阶段要选择最佳设计方案,设计概算是从经济角度衡量设计方案经济合理性的重要依据。

⑤设计概算是考核建设工程项目投资效果的依据。将以概算造价为基础计算的指标与以实际发生造价为基础计算的指标进行对比,从而对建设工程项目的投资效果进行评价。

2. 设计概算的编制依据和内容

(1)设计概算的编制依据。

①国家发布的有关法律、法规、规章、规程等。

②批准的可行性研究报告及投资估算、设计图纸等有关资料。

③有关部门颁布的现行概算定额、概算指标、费用定额等和建设项目设计概算编制办法。

④有关部门发布的人工、材料价格,有关设备原价及运杂费率,造价指数等。

⑤建设场地自然条件和施工条件,有关合同、协议等。

⑥其他有关资料。

(2)设计概算的内容。设计概算分为单位工程概算、单项工程综合概算、建设工程项目总概算三级,其相互关系如图6.2所示。

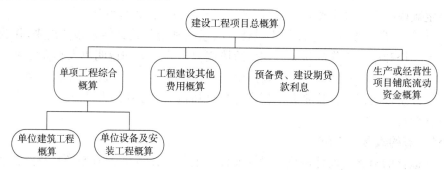

图6.2 设计概算的三级概算关系图

①单位工程概算是确定各种单位建筑工程、单位设备及安装工程所需建设费用的文件,单位工程概算确定的工程价格是单位工程建设所需的投资额。单位工程概算是编制单项工程综合概算的依据,是单项工程综合概算的组成部分。单位工程概算按其工作性质可分为建筑工程概算和设备及安装工程概算两大类,如图6.3所示。

②单项工程综合概算是确定一个单项工程所需建设费用的文件,它是由单项工程中的各单位工程概算汇总编制而成的,是建设项目总概算的组成部分。单项工程综合概算按其费用内容,包括单位建筑工程概算、单位设备及安装工程概算、工程建设其他费用概算(不编建设项目总概算时列入),如图6.4所示。

③建设工程项目总概算是确定整个建设项目从筹建到竣工验收所需全部费用的文件,是设计文件的重要组成部分。建设项目总概算是由各单项工程综合概算、工程建设其他费用概算、预备费、专项费用等汇总编制而成,具体如图6.5所示。

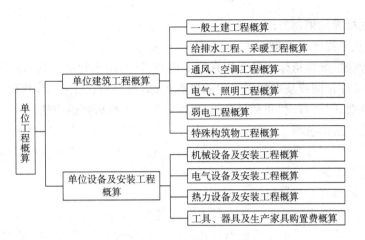

图 6.3　单位工程概算组成内容

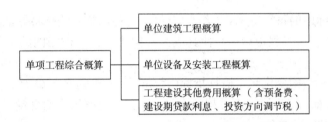

图 6.4　单项工程综合概算组成内容

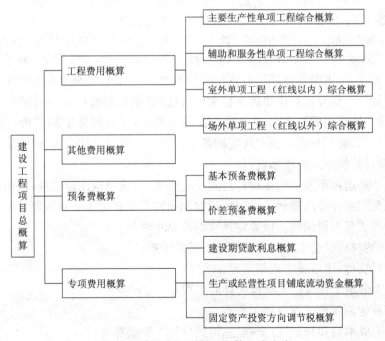

图 6.5　建设工程项目总概算组成内容

3. 单位工程概算的编制方法

(1)单位建筑工程概算编制方法。

①概算指标法。概算指标法是采用直接工程费指标,用拟建的厂房、住宅的建筑面积(或体积)乘以技术条件相同或基本相同工程的概算指标,得出直接工程费,然后按照有关的取费标准计算出措施费、间接费、利润和税金等,编制出单位工程概算的方法。

概算指标法的适用范围是当初步设计深度不够,不能准确计算出工程量,但工程设计技术比较成熟而又有类似工程概算指标可以利用时,可采用此法。概算指标法的编制步骤如下:

a. 根据拟建工程的具体情况,选择恰当的概算指标。

b. 根据选定的概算指标计算拟建工程概算造价。

c. 根据选定的概算指标计算拟建工程主要材料用量。

由于拟建工程往往与类似工程的概算指标的技术条件不尽相同,编制对象在结构特征上与原概算指标中规定的结构特征有部分出入,必须对概算指标进行调整后方可套用。调整方法如下所述。

a. 调整概算指标中的每平方米(立方米)造价。这种调整方法是将原概算指标中的单位造价进行调整(仍使用直接工程费指标),使其成为与拟建工程结构相同的工程单位直接工程费造价。计算公式为

$$结构变化修正概算指标(元/m^2) = J + Q_1 P_1 - Q_2 P_2 \tag{6.1}$$

式中:J 为原概算指标;Q_1 为换入新结构的含量;Q_2 为换出旧结构的含量;P_1 为换入新结构的单价;P_2 为换出旧结构的单价。

b. 调整概算指标中的工、料、机数量。这种调整方法是将原概算指标中每 100 m²(1 000 m³)建筑面积(体积)中的工、料、机数量进行调整,使其成为与拟建工程结构相同的每 1 00 m²(1 000 m³)建筑面积(体积)中的工、料、机数量。计算公式为

$$\begin{array}{l}结构变化修正概算指标\\的工、料、机数量\end{array} = \begin{array}{l}原概算指标的\\工、料、机数量\end{array} + \begin{array}{l}换入结构\\件工程量\end{array} \times \begin{array}{l}相应定额工、\\料、机消耗量\end{array} - \begin{array}{l}换出结构\\件工程量\end{array} \times \begin{array}{l}相应定额工、\\料、机消耗量\end{array} \tag{6.2}$$

以上两种方法,前者是直接修正概算指标的单价,后者是修正概算指标的工、料、机数量。

②概算定额法。概算定额法也称为扩大单价法,它是根据概算定额编制扩大单位估价表(概算定额单价),用算出的扩大分部分项工程的工程量,乘以概算定额单价,进行具体计算。其中工程量的计算,必须根据定额中规定的各个扩大分部分项工程内容,遵守定额中规定的计量单位、工程量计算规则及方法来进行。

概算定额法的适用范围是初步设计达到一定深度,建筑结构比较明确,能按照初步设计的平面、立面、剖面图纸计算出楼地面、墙身、门窗和屋面等概算定额子目所要求的扩大分项工程的工程量的单位工程概算编制。概算定额法的编制步骤如下:

a. 收集基础资料,最基本的资料即前面所提的编制依据。

b. 熟悉设计文件,了解施工现场情况。

c. 计算扩大分项工程或扩大结构构件的工程量。

d. 套用概算定额单价计算直接工程费。

e. 计算其他成本额和利润、税金,汇总得到单位工程概算价格。

③类似工程预算法。类似工程预算法是利用技术条件与编制对象类似的已完工程或在建工程的预算造价资料来编制拟建工程设计概算的方法。即以原有的相似工程的预算为基础,

按编制概算指标的方法,求出单位工程的概算指标,再按概算指标法编制建筑工程概算。

类似工程预算法适用于拟建工程初步设计与已完工程或在建工程的设计相近又无概算指标可用者的概算编制。但必须对建筑结构差异和价差进行调整。

a. 建筑结构差异的调整。调整方法与概算指标法的调整方法相同。即先确定有差别的项目,然后分别按每一项目算出结构构件的工程量和单位价格(按编制概算工程所在地区的单价),然后以类似预算中相应(有差别)的结构构件的工程数量和单价为基础,算出总差价。将类似预算的直接工程费总额减去(或加上)这部分差价,就得到结构差异换算后的直接工程费,再取费得到结构差异换算后的造价。

b. 价差调整。类似工程价差调整方法通常有两种:一是类似工程造价资料有具体的人工、材料、机械台班的用量时,可按类似工程造价资料中的工日数量、主要材料用量、机械台班用量乘以拟建工程所在地的人工工日单价、主要材料预算价格、机械台班单价,计算出直接工程费,再取费即可得出所需的造价指标;二是类似工程造价资料只有人工费、材料费、机械台班费用和其他费用时,可按式 6.3 调整。

$$D = A \times K \tag{6.3}$$
$$其中:K = a\% K_1 + b\% K_2 + c\% K_3 + d\% K_4 + e\% K_5$$
$$K_1 = \frac{拟建工程概算的人工费(或工资标准)}{类似工程预算人工费(或工资标准)}, K_2、K_3、K_4、K_5 \ 类同$$

式中:D 为拟建工程单方概算造价;A 为类似工程单方预算造价;K 为综合调整系数;$a\%$、$b\%$、$c\%$、$d\%$、$e\%$ 为类似工程预算的人工费、材料费、机械台班费、措施费、间接费占预算造价的比重;K_1、K_2、K_3、K_4、K_5 为拟建工程地区与类似工程地区人工费、材料费、机械台班费、措施费、间接费价差系数。

(2)单位设备及安装工程概算编制方法。设备及安装工程概算包括设备购置费用和设备安装工程概算两部分。

①设备购置费概算编制方法。设备购置费由设备原价和设备运杂费加总得到,其中设备原价的确定,具体见第 2 章的设备、工器具购置费用的论述。

②设备安装工程概算编制方法。根据初步设计的深度和要求明确程度,一般有预算单价法、扩大单价法、设备价值百分比法和综合吨位指标法。

a. 预算单价法。当初步设计或扩大初步设计文件具有一定深度,要求比较明确,有详细的设备清单,基本上能计算工程量时,可根据各类安装工程概算定额编制设备安装工程概算。

b. 扩大单价法。当初步设计的设备清单不完备,或仅有成套设备的数(质)量时,要采用主体设备、成套设备或工艺线的综合扩大安装单价编制概算。

c. 设备价值百分比法。设备价值百分比法,又称为安装设备百分比法,当初步设计深度不够,只有设备出厂价而无详细规格、重量时,安装费可按占设备费的百分比计算。计算公式为

$$设备安装费 = 设备原价 \times 设备安装费率(\%) \tag{6.4}$$

d. 综合吨位指标法。当初步设计提供的设备清单有规格和设备重量时,可采用综合吨位指标编制概算,其综合吨位指标由相关主管部门或由设计院根据已完类似工程资料确定。该法常用于设备价格波动较大的非标准设备和引进设备的安装工程概算。计算公式为

$$设备安装费 = 设备吨重 \times 每吨设备安装费指标(元/t) \tag{6.5}$$

4. 单项工程综合概算的编制方法

单项工程综合概算是确定一个单项工程所需建设费用的文件,它是由单项工程中的各单

位工程概算汇总编制而成的,是建设项目总概算的组成部分。当工程项目只有一个单项工程时,单项工程综合概算(实为总概算)还应包括工程建设其他费用(包括建设期贷款利息、预备费和固定资产投资方向调节税)。

单项工程综合概算文件一般包括编制说明(不编制总概算时列入)和综合概算表两部分。

(1)编制说明。主要包括工程概况、编制依据、编制方法、主要设备和材料的数量及其他有关问题的说明。

(2)综合概算表。综合概算表是根据单项工程所辖范围内的各单位工程概算等基础资料,按照国家或部委所规定的统一表格编制的。工业项目综合概算表由建筑工程和设备及安装工程两部分组成,民用工程项目综合概算表只有建筑工程一项。综合概算表如表 6.1 所示。

表 6.1　综合概算表

建设项目名称:　　　　单项工程名称:　　　　　　单位:万元　　　　　　　　　　　共　页　第　页

序号	概算编号	工程项目费用名称	概算价值							其中:引进部分	
			设计规模和主要工程量	建筑工程	安装工程	设备购置	工器具及生产家具购置	其他	总价	美元	折合人民币
1	2	3	4	5	6	7	8	9	10	11	12
(1)		一般土建工程									
(2)		给排水工程									
(3)		采暖工程									
(4)		通风工程									
(5)		电气照明工程									
		合计									

5. 建设工程项目总概算的编制方法

建设工程项目总概算是确定整个建设项目从筹建到竣工验收所预计花费的全部费用的文件,是设计文件的重要组成部分,建设项目总概算是由各单项工程综合概算、工程建设其他费用概算、建设期贷款利息、预备费、固定资产投资方向调节税和经营性项目的铺底流动资金概算所组成,按照主管部门规定的统一表格进行编制而成的。设计概算文件一般包括以下部分。

(1)封面、签署页及目录。

(2)编制说明。其内容应包括工程概况、资金来源及投资方式、编制依据及原则、编制方法、投资分析、其他需要说明的问题。

①工程概况。简要描述项目的性质、特点、生产规模、建设周期、建设地点等事项。对于引进项目还需说明引进的内容以及与国内配套工程等主要情况。

②编制依据及原则。编制依据应说明可行性研究报告及其上级主管机构的批复文件号;与概算有关的协议;会议纪要及内容摘要;概算定额或概算指标等;设备及材料价格和取费标准;采用的税率、费率、汇率等依据;工程建设其他费用的计算标准;编制中遵循的主要原则等。

③编制范围和编制方法。编制范围应说明总概算中所包括的具体工程项目内容及费用项目内容;编制方法则需要说明是采用概算定额法还是概算指标法。

④资金来源及投资方式。

⑤投资分析。投资分析要说明各项工程占建设项目总投资额的比例以及各项费用构成占

建设项目总投资额的比例,并且需和经批准的可行性研究报告中的控制数据作对比,分析其投资效果。

⑥主要设备和材料数量。说明主要机械设备、电气设备及建筑安装工程主要建筑材料(钢材、木材、水泥等)的总数量。

⑦其他需要说明的问题。

(3)总概算表。总概算表应反映静态投资和动态投资两个部分,如表6.2所示。

表 6.2　××建设工程项目总概算表

总概算编号:　　　工程名称:　　　　单位:万元　　　　　　共　页　第　页

序号	概算编号	工程项目和费用名称	概算价值						其中:引进部分		占总投资比例(%)
			建筑工程	安装工程	设备购置	工器具及生产家具购置	其他费用	合计	美元	折合人民币	
		第一部分 工程费用									
		一、主要生产和辅助生产项目									
1		×××厂房									
2		×××厂房									
		⋮									
3		机修车间									
4		电修车间									
5		工具车间									
6		木工车间									
7		模型车间									
8		仓库									
		⋮									
		小计									
		二、公用设施项目									
9		变电所									
10		锅炉房									
11		压缩空气站									
12		室外管道									
13		输电线路									
14		水泵房									
15		铁路专用线									
16		公路									
17		车库									
18		运输设备									
19		人防设备									
		⋮									
		小计									

续表

序号	概算编号	工程项目和费用名称	概算价值						其中:引进部分		占总投资比例（%）
			建筑工程	安装工程	设备购置	工器具及生产家具购置	其他费用	合计	美元	折合人民币	
		三、生活福利、文化教育及服务项目									
20		职工住宅									
21		俱乐部									
22		医院									
23		食堂及办公门卫									
24		学校托儿所									
25		浴室、厕所									
		⋮									
		小计									
		第一部分　工程费用合计									
		第二部分　其他费用项目									
26		土地征用费									
27		建设管理费									
28		研究试验费									
29		生产工人培训费									
30		办公和生活用具购置费									
31		联合试车费									
32		勘察设计费									
		⋮									
		第二部分　其他费用项目合计									
		第一、第二部分工程和费用合计									
		预备费									
		建设期利息									
		固定资产投资方向调节税									
		铺底流动资金									
		建设项目概算总投资									
		(其中回收金额)									
		投资比例(%)									

（4）工程建设其他费用概算表。工程建设其他费用概算按国家或地区或部委所规定的项目和标准确定，并按统一表式编制。

（5）单项工程综合概算表和单位工程概算表。

（6）工程量计算表和工、料数量汇总表。

6.3.2　施工图预算

1. 施工图预算的概念与作用

（1）施工图预算的概念。施工图预算又称为设计预算，是施工图设计预算的简称。施工图预算是在施工图设计完成后，工程开工前，根据已批准的施工图纸、现行的预算定额、费用定额和地区人工、材料、设备与机械台班等资源价格，在施工方案或施工组织设计已大致确定的前提下，按照规定的计算程序计算直接工程费、措施费，并计取间接费、利润、税金等费用，确定单位工程造价的技术经济文件。

按以上施工图预算的概念，只要是按照工程施工图以及计价所需的各种依据，在工程实施前所计算的工程价格，均可以称为施工图预算价格。该施工图预算价格既可以是按照政府统一规定的预算单价、取费标准、计价程序计算而得到的属于计划或预期性质的施工图预算价格，也可以是通过招标投标法定程序后施工企业根据自身的实力即企业定额、资源市场单价以及市场供求及竞争状况计算得到的反映市场性质的施工图预算价格。

施工图预算包括单位工程预算、单项工程预算和建设项目总预算。

（2）施工图预算的内容。施工图预算一般先编制单位工程预算。单位工程预算即单位工程施工图预算，是预先确定各单位建筑工程、单位安装工程预算价格的文件，它所确定的工程价格即是单位工程建设所需的投资额，通常分为建筑工程预算和设备安装工程预算两类。建筑工程预算按工程性质的不同又可分为建筑和装饰工程预算、电气照明工程预算、给水排水工程预算、通风空调工程预算、工业管道工程预算、特殊构筑物工程（如炉窑、烟囱、水塔）预算、园林绿化工程预算等；设备安装工程预算又可分为机械设备及安装工程预算、电气设备及安装工程预算、热力设备及安装工程预算、静置设备及安装工程预算、自动化控制装置及仪表工程预算等。

（3）施工图预算的作用。

① 施工图预算对投资方的作用。

a. 施工图预算是控制造价及资金合理使用的依据。施工图预算确定的预算造价是工程的计划成本，投资方按施工图预算造价筹集建设资金，并控制资金的合理使用。

b. 施工图预算是确定工程招标控制价的依据。在设置招标控制价的情况下，建筑安装工程的招标控制价可按照施工图预算来确定。

c. 施工图预算是拨付工程款及办理工程结算的依据。

② 施工图预算对施工企业的作用。

a. 施工图预算是建筑施工企业投标时"报价"的参考依据。在激烈的建筑市场竞争中，建筑施工企业需要根据施工图预算造价，结合企业的投标策略，确定投标报价。

b. 施工图预算是建筑工程预算包干的依据和签订施工合同的主要内容。在采用总价合同的情况下，施工单位通过与建设单位的协商，可在施工图预算的基础上，考虑设计或施工变更后可能发生的费用与其他风险因素，增加一定系数作为工程造价一次性包干。

c. 施工图预算是施工企业安排调配施工力量，组织材料供应的依据。施工单位各职能部门可根据施工图预算编制劳动力供应计划和材料供应计划，并由此做好施工前的准备工作。

d. 施工图预算是施工企业控制工程成本的依据。企业只有合理利用各项资源，采取先进技术和管理方法，将成本控制在施工图预算价格以内，才会获得良好的经济效益。

e. 施工图预算是进行"两算"对比的依据。施工企业可以通过施工图预算和施工预算的对比分析,找出差距,采取必要的措施。

③施工图预算对其他方面的作用。

a. 对于工程咨询单位来说,可以客观、准确地为委托方作出施工图预算,以强化投资方对工程造价的控制,有利于节省投资,提高建设项目的投资效益。

b. 对于工程造价管理部门来说,施工图预算是其监督检查执行定额标准、合理确定工程造价、测算造价指数及审定工程招标控制价的重要依据。

2. 施工图预算的计价模式

施工图预算价格可以按照政府统一规定的预算单价、取费标准、计价程序计算得到,也可以根据企业自身的实力和市场供求及竞争状况计算得到。根据预算造价的计算方式和管理方式不同,施工图预算可分为传统计价和工程量清单计价两种计价模式。

(1)传统计价模式。传统计价模式是采用国家、部门或地区统一规定的定额和取费标准进行工程造价计价的模式,通常也称为定额计价模式,是我国长期使用的一种施工图预算编制方法。

在传统计价模式下,由国家制定预算定额,规定间接费的内容和取费标准。建设单位和施工单位根据预算定额规定的工程量计算规则、定额单价,计算直接费,再根据规定的费率和取费程序计取间接费、利润和税金,汇总得到工程价格。

但是,由于制定预算定额时工、料、机的消耗量是根据"社会平均水平"综合测定,规定的取费标准是根据不同地区价格水平平均测算,使企业不能结合项目具体情况、自身技术管理水平和市场价格进行自主报价,也不能满足业主对建筑产品质优价廉的要求。因此,传统计价模式存在着一定的缺陷。

一般,传统计价模式采用的计价方法是工料单价法,按照分部分项工程单价产生方法的不同,它又可以分为预算单价法和实物法。

(2)工程量清单计价模式。为规范建设工程造价计价行为,统一建设工程计价文件的编制和计价方法,根据《中华人民共和国建筑法》《中华人民共和国民法典》《中华人民共和国招标投标法》等法律法规,由中华人民共和国住房和城乡建设部和中华人民共和国国家质量监督检验检疫总局联合发布了新的国家标准《建设工程工程量清单计价规范》(GB 50500—2013)(以下简称《13计价规范》),自2013年7月1日起实施。《13计价规范》适用于建设工程发承包及实施阶段的计价活动。对于使用国有资金投资的建设工程施工发承包,必须采用工程量清单计价。

《13计价规范》发布的同时发布了《房屋建筑与装饰工程工程量计算规范》(GB 50854—2013)等9本计量规范,明确了专业工程类别有9类,即房屋建筑与装饰工程、仿古建筑工程、通用安装工程、市政工程、园林绿化工程、矿山工程、构筑物工程、城市轨道交通工程和爆破工程。

工程量清单计价模式是一种区别于定额计价模式的新计价模式,是一种主要由市场定价的计价模式。它是由招标方按照各类工程工程量计算规范规定的工程量计算规则,提供工程量清单和有关技术说明,投标方根据自身的技术、财务、管理、设备等能力进行投标报价。

3. 传统计价模式下施工图预算的编制方法

(1)传统计价模式单位工程费用组成。根据建标[2013]44号文的规定,单位建筑安装工程费费用组成如表6.3所示。

表 6.3　传统计价模式单位工程费用组成

费用类别	费用项目
人工费	工资、奖金、津贴、加班加点工资、特殊情况下支付的工资
材料费	材料原价、运杂费、运输损耗费、采购及保管费
施工机具使用费	施工机械使用费、仪器仪表使用费
企业管理费	管理人员工资、办公费、差旅交通费、固定资产使用费、工具用具使用费、劳动保险和职工福利费、劳动保护费、检验试验费、工会经费、职工教育经费、财产保险费、财务费、税金、其他
利润	
规费	工程排污费、住房公积金、社会保障费(养老保险费、失业保险费、医疗保险费、生育保险费、工伤保险费)
税金	营业税、城市维护建设税、教育费附加、地方教育附加

(2)编制依据。

①设计施工图纸、各类标准配件图以及《建筑五金手册》。

②招标文件、施工合同。

③施工现场情况、施工组织设计或施工方案。

④建设行政主管部门发布的《消耗量定额》《措施费计算办法》《建设工程造价计价规则》等。

⑤建设行政主管部门发布的人工、材料、机械及设备的价格信息或承发包双方结合市场情况确认的人工、材料、机械台班单价。

⑥建设行政主管部门规定的计价程序和统一格式。

⑦建设行政主管部门发布的有关造价方面的文件。

⑧市场造价信息。

(3)计价方法。传统计价模式采用的计价方法是工料单价法,按照分部分项工程单价产生方法的不同,它又可以分为预算单价法和实物法。

①预算单价法是根据工程施工图纸和预算定额,用地区统一单位估价表中各分项工程单价乘以相应分项工程的工程量,求出各分项工程直接工程费,汇总后成为单位工程直接工程费。直接工程费另加措施费、间接费、利润和税金生成施工图预算。其中,直接工程费的计算公式为

$$\frac{\text{分项工程}}{\text{直接工程费}} = \sum \left(\frac{\text{分项工程定额人工、}}{\text{材料、机械耗用量}} \times \frac{\text{相应人工、材料、}}{\text{机械预算单价}} \right) \qquad (6.6)$$

措施费、间接费、利润和税金可根据统一规定的费率乘以相应的计费基数求得。

②实物法是一种"量"与"价"分离的预算编制方法。其中,"量"是各分项工程的实物工程量,"价"是当时当地的市场价格。即根据各分项工程量套用预算定额计算出人工、材料、机械台班消耗量,分别乘以当时当地人工、材料、机械台班实际单价,汇总得到直接工程费;再根据当时当地建筑市场供求情况计算出间接费、利润、税金、措施费等;汇总后得出单位工程的预算造价。实物法计价方法的计算公式为

$$\frac{\text{分项工程人工材料、}}{\text{机械台班总耗费用量}} = \sum \left(\frac{\text{分项工程}}{\text{的工程量}} \times \frac{\text{人工、材料、机械台班}}{\text{预算定额用量}} \right) \qquad (6.7)$$

$$\text{单位工程直接工程费} = \sum \left(\frac{\text{分项工程人工、材料、}}{\text{机械台班总耗用量}} \times \frac{\text{当时当地人工、材}}{\text{料、机械台班单价}} \right) \qquad (6.8)$$

$$单位工程措施费、间接费、利润、税金 = \sum(规定的计费基数 \times 相应的费率) \quad (6.9)$$
$$单位工程预算造价 = 直接费 + 间接费 + 利润 + 税金 \quad (6.10)$$

(4)编制步骤。

①预算单价法编制步骤。预算单价法编制施工图预算的基本步骤如图6.6所示。

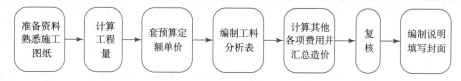

图6.6　预算单价法编制步骤

a.准备资料、熟悉施工图纸。全面收集、准备施工图纸、施工组织设计、施工方案、现行预算定额、取费标准、工程量计算规则和地区材料预算价格等各种相关资料。同时,熟悉施工图纸、全面分析各分部分项工程,了解施工组织设计和施工方案,掌握设计意图和工程全貌,力求准确计算工程量。

b.计算工程量。工程量的计算是编制预算最重要也是最烦琐的一个环节,它是预算的基础数据,直接关系到工程造价的准确性。计算工程量一般可按下列具体步骤进行。

第一,列出分部分项工程。根据施工图和定额项目,列出计算工程量的分部分项工程,应避免漏项或重项。

第二,根据一定的计算顺序和计算规则列出计算式。计算工程量是一项繁重而又细致的工作,要认真、细致,并要按照一定的计算规则和顺序进行,以避免和防止重算与漏算等现象,同时也便于校对和审核。

第三,根据施工图示尺寸及有关数据,代入计算式进行数学计算。

第四,按照定额中的分部分项工程的计量单位对相应的计算结果的计量单位进行调整,使之相一致。

c.套预算定额单价。工程量计算完并核实后,利用地区统一单位估价表中相应的各分项工程单价,相乘后进行汇总,便可以求得单位工程直接工程费。套预算定额单价时应注意以下几项内容。

第一,分项工程的名称、规格、计量单位与预算定额一致时,可直接套用预算定额。

第二,分项工程的主要材料品种与预算定额中规定材料不一致时,不可直接套用预算定额,需按实际使用材料价格换算定额单价,并在换算后的定额项目编号后加"换"字注明,以示区别。

第三,分项工程施工工艺条件与预算定额不一致而造成人工、机械的数量增减时,一般调量不调价。

第四,分项工程采用新材料、新工艺或新结构,不能直接套用预算定额,也不能换算或调整时,应编制补充定额,并在定额项目编号后加"补"字注明,以示区别。

d.编制工料分析表。根据各分部分项工程项目的实物工程量和预算定额中所列的人工、材料及机械台班的需用量,相乘计算出各分部分项工程所需的人工、材料、机械台班数量,汇总后计算出单位工程所需人工、材料、机械台班的数量。

e.计算其他各项费用并汇总造价。根据统一规定的税率、费率乘以相应的计费基数,分别计算措施费、间接费、利润和税金。与直接工程费汇总,计算出单位工程预算造价。

f. 复核。单位工程预算编制完成后,有关人员应对项目填列、工程量计算公式、计算结果、套用的单价、采用的取费费率、计费基数等进行全面复核,以便及时发现差错,提高预算的准确性。

g. 编制说明、填写封面。编制说明是编制者向审核者交待预算编制的有关情况,包括编制依据、预算所包括的工程内容及范围、套用单价及补充定额的情况、承包方式、有关部门现行文件号及其他需说明的问题。封面应填写工程编号、工程名称、预算总造价和单方造价、编制单位名称及负责人和编制日期,审核单位名称及负责人和审核日期等。

预算单价法是目前国内编制施工图预算的主要方法,具有计算简单、工作量较小和编制速度较快、便于工程造价管理部门集中统一管理的优点。但由于是采用事先编制好的单位估价表,其价格水平只能反映定额编制年份的价格水平。在市场价格波动较大的情况下,预算单价法的计算结果会偏离实际价格水平,虽然可以调价,但调价系数和指数从测定到颁布又有滞后且计算也较烦琐。另外,预算单价法采用的是地区统一的单位估价表,承包商之间竞争的并不是自身的施工、管理水平,所以预算单价法并不适应市场经济环境。

②实物法编制步骤。实物法编制施工图预算的基本步骤如图6.7所示。

图 6.7 实物法编制步骤

a. 准备资料、熟悉施工图纸。全面收集各种人工、材料、机械的当时当地的实际市场价格,应包括不同工种、不同等级的人工工资单价;不同品种、不同规格的材料市场价格;不同种类、不同型号的机械台班单价等。其余内容可参考预算单价法。

b. 计算工程量。本步骤的内容和预算单价法相同。

c. 套用人工、材料、机械预算定额耗用量。现行的《全国统一建筑工程基础定额》(土建部分)和《全国统一安装工程基础定额》以及各地区颁布的预算定额中的实物消耗量,在相关规定和工艺水平等没有较大突破性变化的情况下具有相对稳定性。用计算出的各分部分项工程量乘以预算定额中的人工、材料、机械台班消耗量标准,汇总得到各分部分项工程的人工、材料、机械台班总耗费量。

d. 计算并汇总人工费、材料费、机械使用费。用计算得到的各分部分项工程的人工、材料、机械台班总耗用量乘以相应的当时当地的人工、材料、机械台班单价,计算出人工费、材料费和施工机械使用费,汇总后即得到单位工程直接工程费。

e. 计算其他各项费用,汇总造价。对于措施费、间接费、利润和税金等的计算,可以参考预算单价法的计算方法,只是有关的费率应根据当时当地建筑市场供求情况予以确定。

f. 复核。有关人员应全面复核套用的定额是否正确;人工、材料、机械总耗用量计算是否准确;采用的当时当地的市场实际价格是否合理。其他内容可参考预算单价法。

g. 编制说明、填写封面。本步骤内容与预算单价法相同。

实物法与预算单价法的主要不同是:套用定额消耗量、采用当时当地的各类人工、材料和机械台班的实际单价。在市场经济条件下,人工、材料和机械台班单价是随市场变化的,而他们是影响工程造价最活跃、最主要的因素。用实物法编制施工图预算,能较好地反映实际价格水平,工程造价的准确性高。因此,实物法是与市场经济体制相适应的预算编制方法。

4. 工程量清单计价模式下施工图预算的编制方法

(1)工程量清单计价模式的费用组成。《建设工程工程量清单计价规范》GB 50500—2013规定工程量清单计价费用的组成如表 6.4 所示。

表 6.4 工程量清单计价费用组成

计价费用	费用项目
分部分项工程费	人工费、材料费、施工机械使用费、企业管理费、利润
措施项目费	安全文明施工费(含环境保护、文明施工、安全施工、临时设施);夜间施工增加费;非夜间施工照明费;二次搬运费;冬雨季施工增加费;地上、地下设施、建筑物的临时保护设施费;已完工程及设备保护费;各专业工程的单价措施项目费
其他项目费	暂列金额;暂估价;计日工;总承包服务费
规费	社会保险费(养老保险费、失业保险费、医疗保险费、工伤保险费、生育保险费);住房公积金;工程排污费
税金	营业税、城市维护建设税、教育费附加、地方教育附加

(2)编制依据。

①招标文件及工程量清单。

②设计施工图纸、各类标准配件图以及《建筑五金手册》。

③施工现场实际情况、施工组织设计或施工方案。

④国家标准《建设工程工程量清单计价规范》GB 50500—2013。

⑤《企业定额》或建设行政主管部门发布的《消耗量定额》。

⑥建设行政主管部门发布的计价办法、工程造价计价规则等。

⑦建设行政主管部门发布的人工、材料和设备的价格信息,或者承发包双方依据市场情况确认的人工、材料、机械单价。

⑧建设行政主管部门规定的计价程序和统一格式。

⑨建设行政主管部门发布的有关造价方面的文件。

(3)综合单价法。《建设工程工程量清单计价规范》GB 50500—2013 规定,工程量清单应采用综合单价计价。综合单价是指完成一个规定清单项目所需的人工费、材料和工程设备费、施工机具使用费和企业管理费、利润以及一定范围内的风险费用。按照单价综合内容的不同,综合单价法可分为全费用综合单价和部分费用综合单价。

①全费用综合单价。全费用综合单价综合了人工费、材料费、机械费、有关文件规定的调价、利润、税金,现行取费中有关费用、材料价差,以及采用固定价格的工程所测算的风险金等全部费用。

全费用综合单价法与工料单价法相比较,主要区别在于:间接费和利润等是用一个综合管理费率分摊到分项工程单价中,从而组成分项工程全费用单价,某分项工程综合单价乘以工程量即为该分项工程的完全价格。

②部分费用综合单价。我国目前实行的工程量清单计价采用的综合单价是部分费用综合单价,分部分项工程单价中综合了人工费、材料费、管理费、利润,并考虑了风险因素,单价中未包括措施费、规费和税金,是不完全费用单价。以各分项工程量乘以部分费用综合单价,汇总

后再加上项目措施费、规费和税金后,形成该工程的发承包价。

(4)工程量清单计价方法。工程量清单计价方法是建设工程招标投标中,招标人按照国家统一的工程量计算规则或委托其有相应资质的工程造价咨询人编制反映工程实体消耗和措施消耗的工程量清单,由投标人依据工程量清单自主报价,并按照经评审低价中标的工程造价的计价方式。

利用综合单价法计价需分项计算清单项目,汇总得到总报价,计算公式为

$$分部分项工程费 = \sum(分部分项工程量 \times 相应分部分项工程综合单价) \qquad (6.11)$$

式中:分部分项工程综合单价由人工费、材料和工程设备费、施工机具使用费、企业管理费与利润等组成,以及一定范围内的风险费用。

$$措施项目费 = \sum 各项措施项目费 \qquad (6.12)$$

式中:措施项目中能计算工程量的措施项目采用单价项目的方式——分部分项工程项目清单的方式编制;不能计算工程量的措施项目,采用总价项目的方式,以"项"为计量单位。措施项目中的安全文明施工费应按照国家或省级、行业建设主管部门的规定计算确定。

$$其他项目费 = \sum(暂列金额 + 暂估价 + 计日工 + 总承包服务费) \qquad (6.13)$$

$$单位工程报价 = \sum(分部分项工程费 + 措施项目费 + 其他项目费 + 规费 + 税金) \qquad (6.14)$$

$$单项工程报价 = \sum 单位工程报价 \qquad (6.15)$$

$$建设项目总报价 = \sum 单项工程报价 \qquad (6.16)$$

6.4　设计阶段工程造价的审查

6.4.1　设计概算的审查

1. 审查设计概算的意义

(1)审查设计概算,有利于合理分配投资资金、加强投资计划管理,有助于合理确定和有效控制工程造价。

(2)审查设计概算,有利于促进概算编制单位严格执行国家有关概算的编制规定和费用标准,从而提高概算的编制质量。

(3)审查设计概算,有利于促进设计的技术先进性与经济合理性。概算中的技术经济指标是概算的综合反映,与同类工程对比,便可看出它的先进与合理程度。

(4)审查设计概算,有利于核定建设项目的投资规模,可以使建设项目总投资力求做到准确、完整,防止任意扩大投资规模或出现漏项,从而减少投资缺口、缩小概算与预算之间的差距,避免故意压低概算投资,最后导致实际造价大幅度地突破概算。

(5)经审查的概算,有利于为建设项目投资的落实提供可靠的依据。打足投资,不留缺口,有助于提高建设项目的投资效益。

2. 设计概算的审查内容

设计概算编制的准确合理,才能保证投资计划的真实性。审查设计概算的目的就是力求投资的准确、完整,提高建设项目的经济效益。设计概算的审查内容一般包括以下几项内容。

(1)审查设计概算的编制依据。审查编制依据的合法性、时效性和适用范围。采用的各种编制依据必须经过国家和授权机关的批准,符合国家的现行编制规定,并且在规定的适用范围之内使用。

(2)审查设计概算的编制深度。

①审查编制说明。审查编制说明可以检查概算的编制方法、深度和编制依据等重大原则问题,若编制说明有差错,具体概算必有差错。

②审查概算编制深度。审查是否有符合规定的"三级概算",各级概算的编制、校对、审查是否按规定签署,有无随意简化,有无把"三级概算"简化为"二级概算",甚至"一级概算"的现象。

③审查概算编制范围。审查概算的编制范围及具体内容是否与主管部门批准的建设项目范围及具体工程内容一致;审查分期建设项目的建筑范围及具体工程内容有无重复交叉,是否重复计算或漏算。

(3)审查建设规模、标准。审查设计概算的投资规模、生产能力、设计标准、建设用地、建筑面积、主要设计、配套工程、设计定员等是否符合原批准可行性研究报告或立项批文的标准。如概算总投资超过原批准投资估算10%以上,应进一步审查超过估算的原因。

(4)审查设计规格、数量和配置。审查所选用的设备规格、台数是否与生产规模一致,材质、自动化程度有无提高标准,引进设备是否配套、合理,备用设备台数是否适当,消防、环保设备是否合理等。此外,还要重点审查设备价格是否合理、是否符合有关规定。

(5)审查工程量。建筑安装工程投资随工程量增加而增加,要认真审核。要根据初步设计图纸、概算定额及工程量计算规则、专业设备材料表、建(构)筑物和总图运输一览表进行审核,有无多算、重算、漏算的现象。

(6)审查计价指标。审查建筑工程采用工程所在地区的定额、价格指数有关的人工、材料、机械台班单价是否符合现行规定;审查安装工程所采用的专业或地区定额是否符合工程所在地区的市场价格水平,概算指标调整系数,以及主材价格、人工、机械台班和辅材调整系数是否按当时最新规定执行;审查引进设备安装费率或计取标准、部分行业专业设备安装费率是否按有关规定计算等。

(7)审查其他费用。审查费用项目是否符合国家统一规定计列,具体费率或计取标准是否按国家、行业或有关部门规定计算,有无随意列项,有无重复计算或漏算;审查其他费用应列的项目是否符合规定,静态投资、动态投资和经营性项目铺底流动资金是否分别列出等。

3. 设计概算审查的方法

采用适当方法审查设计概算,可以确保审查质量、提高审查效率。常用的设计概算审查方法有对比分析法、查询核实法、联合会审法等。

(1)对比分析法。对比分析法主要是指通过建设规模、标准与立项批文对比,工程数量与设计图纸对比,综合范围、内容与编制方法、规定对比,各项取费与规定标准对比,材料、人工单价与统一信息对比,引进设备、技术投资与报价要求对比,技经指标与同类工程对比等。通过以上对比分析,容易发现设计概算存在的主要问题和偏差。

(2)查询核实法。查询核实法是对一些关键设备和设施、重要装置、引进工程图纸不全、难以核算的较大投资进行多方查询核对,逐项落实的方法。主要设备的市场价向设备供应部门或招标公司查询核实;重要生产装置、设施向同类企业(工程)查询了解;引进设备价格及有关税费向进出口公司调查落实,复杂的建安工程向同类工程建设、承包、施工单位征求意见;深度不够或不清楚的问题直接向原概算人员、设计者询问清楚。

(3)联合会审法。联合会审前,可先采取多种形式分头审查,包括:设计单位自查,主管、建设、承包单位初审,工程造价咨询公司评审,邀请同行专家预审,审批部门复审等,经层层审查把关后,由有关单位和专家进行联合会审。在会审大会上,由设计单位介绍概算编制情况及有关问题,各有关单位、专家汇报初审及预审意见。然后进行认真分析、讨论,结合对各专业技术方案的审查意见所产生的投资增减,逐一核实原概算出现的问题。经过充分协商,认真听取设计单位意见后,实事求是的处理、调整。

6.4.2　施工图预算的审查

1. 审查施工图预算的意义

施工图预算编完之后,需要认真进行审查。加强施工图预算的审查,对于提高预算的准确性,正确贯彻党和国家的有关方针政策,降低工程造价具有重要的现实意义。

(1)有利于控制工程造价,克服和防止预算超概算。

(2)有利于加强固定资产投资管理,节约建设资金。

(3)有利于施工承包合同价的合理确定和控制。施工图预算是对于招标工程还是编制招标控制价的依据。对于不宜招标工程,它又是合同价款结算的基础。

(4)有利于积累和分析各项技术经济指标,不断提高设计水平。通过审查工程预算,核实了预算价值,为积累和分析技术经济指标提供了准确数据,进而通过有关指标的比较,找出设计中的薄弱环节,以便及时改进,不断提高设计水平。

2. 施工图预算审查的内容

施工图预算的审查目标是施工图预算不超过设计概算。审查施工图预算的重点应该放在工程量计算、预算单价套用、设备材料预算价格取定是否正确,各项费用标准是否符合现行规定等方面。

(1)审查工程量。审查工程量是否按照规定的计算规则计算,是否考虑了施工方案对工程量的影响,定额中要求扣除项或合并项是否按规定执行,工程计量单位是否与要求的计量单位一致。

(2)审查预算单价的套用。审查预算单价的套用是否正确,是审查预算工作的重要内容之一,应注意以下几个方面。

①审查预算中各分项工程的预算单价是否与预算定额一致,其名称、规格、计量单位和所包括的工程内容是否与单位估价表一致。

②审查换算的定额单价是否是定额中允许换算的、换算是否正确。

③审查补充定额的编制是否符合编制原则。

(3)审查设备、材料的预算价格。设备、材料预算价格是施工图预算造价所占比重最大、变化最大的内容,因此是施工图预算审查的重点。

①审查设备、材料预算价格是否符合工程所在地的真实价格及价格水平。

②审查设备、材料原价的确定方法是否正确。

③审查设备的运杂费率及运杂费的计算是否正确,材料预算价格的其他各项费用计算是否正确。

(4)审查有关费用项目及其计取。审查措施费的计算是否符合有关的规定标准,间接费、利润和税金的计费基础和费用是否符合现行规定,有无巧立名目、乱计费、乱摊费用的现象。

3. 施工图预算审查的方法

施工图预算审查方式有单审和会审两种。一般,中小型建设项目采用单审,会审仅用于复杂的大中型建设项目。施工图预算审查涉及的单位多、工作量大,应正确选定审查方法。常用的审查方法有如下 8 种。

(1)全面审查法。全面审查法又称逐项审查法,即按预算定额顺序或施工的先后顺序,对全部工程细目进行逐一审查的方法。其优点是全面、细致、审查的工程预算差错较少,质量较高;缺点是工作量大,费时多。这种方法适用于工程量小、工艺比较简单、编制工程预算的技术力量又比较薄弱的工程。

(2)标准预算审查法。标准预算审查法就是对利用标准图纸或者通用图纸施工的工程,先集中力量编制标准预算,以此为标准审查工程预算的一种方法。按标准图纸或通用图纸施工的工程,一般上部结构和做法相同,只是根据施工现场条件或地质情况不同需对基础部分作局部改变。对这样的工程,以标准预算审查上部结构,对局部改变部分进行单独审查。其优点是实践短,效果好,易定案;缺点是只适用于采用标准图纸的工程,使用范围小。

(3)分组计算审查法。分组计算审查法是一种加快审查工程量速度的方法。这种方法先把若干分部分项工程按相邻且有一定内在联系的项目进行编组,利用同组分部分项工程间具有相同或相似计算基数的关系,审查或计算同一组中某个分部分项工程量,以此判断同组中其他几个分部分项工程量计算的准确程度。

(4)对比审查法。对比审查法是用已完工程预算或未完成但已审查修正的工程预算对比审查拟建工程预算的一种方法。这种方法的特点是易于找出差异所在,便于快速发现问题。

(5)"筛选"审查法。"筛选"审查法是统筹法的一种,也是一种对比方法。建筑工程虽然建筑面积和高度不同,但其各分部分项的工程量、造价、用工量在每个单位面积上的数值变化不大。将这样的分部分项工程数据加以汇集、优选,编制出工程量、造价、用工 3 个单方基本指标,并注明基本指标适用的建筑标准。用这些基本指标来筛选各分部分项工程,"筛"下去的就不审查了,没有"筛"下去的就意味着此分部分项工程单位面积数值不在基本指标值范围之内,应对其进行详细审查。当审查对象的预算标准与基本指标值所适用的建筑标准不同时,应对其进行调整。

"筛选"审查法的优点是简单易懂,便于掌握,审查速度快,便于发现问题。但分析产生问题差错的原因仍需继续审查。因此,该方法适用于住宅工程或不具备全面审查条件的工程。

(6)重点抽查法。重点抽查法是抓住工程预算中的重点进行审查,审查的重点一般是:工程量大或者造价较高、工程结构复杂的工程,补充定额,计取的各项费用(计费基础、取费标准等)。其优点是重点突出,审查时间短、效果好。

(7)利用手册审查法。利用手册审查法是把工程中常用的构件、配件,如常用的预制构件配件洗脸池、坐便器、检查井、化粪池等,按标准图集计算出工程量,套上预算定额单价,编制成预算手册,按手册对照审查,这样可以大大简化预估算得编制与审查工作。

(8)分解对比审查法。分解对比审查法是将一个单位工程按直接费与间接费进行分解,然后再将直接费部分按分部工程和分项工程进行分解,分别计算出他们的每平方米预算价格,最后将拟审工程的预算与审定的标准预算进行对比分析。若对比分析出入在 1%~3%以内(根据地区要求),再按分部分项工程进行分解,边分解边对比,对出入较大者,就需要进一步审查。

6.5　设计阶段工程造价编制实例

6.5.1　设计概算编制实例

1. 概算定额法编制实例

【例 6.1】某乡镇拟建一座教学楼,请按概算定额法编制出该教学楼土建工程设计概算造价。按有关规定标准计算得到其他措施费为 394 000 元,各项费率分别为:间接费费率为 5%,利润率为 7%,综合税率为 3.35%(以直接费为计算基础)。

解:根据已知条件,计算该教学楼土建工程设计概算造价如表 6.5 所示。

表 6.5　某教学楼土建工程设计概算造价计算表

序号	分部工程或费用名称	单位	工程量	单价(元)	合价(元)
1	直接工程费				2 926 000
1.1	基础工程	10 m³	160	2 500	400 000
1.2	混凝土及钢筋混凝土	10 m³	150	6 800	1 020 000
1.3	砌筑工程	10 m³	280	3 300	924 000
1.4	地面工程	100 m²	40	1 100	44 000
1.5	楼面工程	100 m²	90	1 800	162 000
1.6	屋面工程	100 m²	40	4 500	180 000
1.7	门窗工程	100 m²	35	5 600	196 000
2	措施费				502 000
2.1	脚手架	100 m²	180	600	108 000
2.2	其他措施费				394 000
3	直接费(1+2)				3 428 000
4	间接费		(3)×5%		171 400
5	利润		[(3)+(4)]×7%		251 958
6	税金		[(3)+(4)+(5)]×3.35%		129 020
	工程概算造价		(3)+(4)+(5)+(6)		3 980 378

2. 概算指标法编制实例

【例 6.2】假设新建单身宿舍一座,其建筑面积为 3 500 m²,按概算指标和地区材料预算价格等算出单位造价为 738 元/m²。其中,一般土建工程 640 元/m²,采暖工程 32 元/m²,给排水工程 36 元/m²,照明工程 30 元/m²。但新建单身宿舍设计资料与概算指标相比较,其结构构件有部分变更。设计资料表明,外墙为 1.5 砖外墙,而概算指标中外墙为 1 砖墙。根据当地土建工程预算定额,外墙带形毛石基础的预算单价为 147.87 元/m³,1 砖外墙的预算单价为 177.10 元/m³,1.5 砖外墙的预算单价为 178.08 元/m³;概算指标中每 100 m² 中含外墙带形毛石基础为 18 m³,1 砖外墙为 46.5 m³。新建工程设计资料表明,每 100 m² 中含外墙带形毛石基础为 19.6 m³,1.5 砖外墙为 61.2 m³。请计算调整后的概算单价和新建宿舍的概算造价。

解:土建工程中对结构构件的变更和单价调整如表6.6所示。

表6.6 结构变化引起的单价调整

序号	结构名称	单位	数量(每100 m² 含量)	单价(元)	合价(元)
	土建工程单位面积造价				640
	换出部分				
1	外墙带形毛石基础	m³	18	147.87	2 661.66
2	1砖外墙	m³	46.5	177.10	8 235.15
	合计	元			10 896.81
	换入部分				
3	外墙带形毛石基础	m³	19.6	147.87	2 898.25
4	1.5砖外墙	m³	61.2	178.08	10 898.50
	合计	元			13 796.75

单位造价修正系数:640－(10 896.81/100)＋(13 796.75/100)＝669(元)

其余的单价指标都不变,因此经调整后的概算造价为:669＋32＋36＋30＝767(元/ m²)。新建宿舍的概算造价＝767×3 500＝2 684 500(元)

3. 类似工程预算法编制实例

【例6.3】拟建办公楼建筑面积为5 000 m²,类似工程建筑面积为3 500 m²,预算造价为4 000 000元。各种费用占预算造价的比例为:人工费8%,材料费65%,机械使用费8%,措施费4%,其他费用15%。试用类似工程预算法编制设计概算。

解:假设根据公式计算出各种价格差异系数为

人工费 K_1＝1.02,材料费 K_2＝1.05,机械使用费 K_3＝0.99,措施费 K_4＝1.04,其他费用 K_5＝0.95。

综合调整系数 K＝8%×1.02＋65%×1.05＋8%×0.99＋4%×1.04＋15%×0.95＝1.027

价差修正后的类似工程预算造价＝4 000 000×1.027＝4 108 000(元)

价差修正后的类似工程预算单方造价＝4 108 000/3 500＝1 173.71(元/ m²)

则:拟建办公楼设计概算造价＝1 173.71×5 000＝5 868 550(元)

4. 设备安装工程概算编制实例

【例6.4】某桥式起重机净重8 t,每吨设备安装费指标为190 元/t,试计算设备安装工程费。

解:依题意可采用概算指标法计算设备安装工程费

桥式起重机安装工程费＝8×190＝1 520(元)

6.5.2 施工图预算编制实例

1. 预算单价法编制实例

现以某镇一砖混结构传达室土建工程为例,用直接费为计费基础,采用预算单价法编制施工图预算,如表6.7所示。

表 6.7 砖混结构传达室土建工程预算书(预算单价法)

序号	定额编号	项目名称	单位	工程量	基价(元)	合价(元)
一、砖石工程						
1	4-4	砖墙	10 m³	3.034	1 357.20	4 117.74
二、混凝土及钢筋混凝土工程						
2	5-322	现浇圈梁	10 m³	0.200	1 941.86	388.37
3	5-330	现浇有梁板	10 m³	0.978	1 832.86	1 792.54
4	5-318	现浇构造柱	10 m³	0.121	1 986.02	240.31
5	5-316	现浇矩形柱	10 m³	0.121	1 905.04	230.51
6	5-356	预制窗过梁	10 m³	0.014	2 033.87	28.47
7	5-323	预制门过梁	10 m³	0.007	1 999.79	14.00
8	5-337	现浇雨篷板	10 m²	0.300	217.87	65.36
三、门窗工程						
9	7-29	木门框制作	100 m²	0.049	1 469.52	72.01
10	7-30	木门框安装	100 m²	0.049	556.25	27.26
11	7-31	木门扇制作	100 m²	0.049	4 762.84	233.38
12	7-32	木门扇安装	100 m²	0.049	207.29	10.16
13	7-142	窗框制作	100 m²	0.081	5 154.00	417.47
14	7-143	窗框安装	100 m²	0.081	1 656.23	134.16
15	7-144	窗扇制作	100 m²	0.081	2 136.55	173.06
16	7-145	窗扇安装	100 m²	0.081	1 342.75	108.76
四、地面工程						
17	8-13	混凝土垫层	10 m³	0.538	1 442.81	776.23
18	8-20	水泥砂浆面层	100 m²	0.672	664.88	446.80
19	8-24	水泥砂浆踢脚	100m	0.338	143.66	48.56
五、屋面工程						
20	9-98	屋面防水	100 m²	0.755	1 851.08	1 397.57
六、装饰工程						
21	11-33	内墙面混合砂浆抹灰	100 m²	1.352	551.82	746.06
22	11-407	内墙面及天棚 106 涂料 2 遍	100 m²	2.162	139.72	302.07
23	11-194	天棚面混合砂浆抹灰	100 m²	0.809	371.86	300.83
24	11-135	外墙面贴釉面砖	100 m²	1.586	3 148.27	4 993.16
(一)直接工程费小计			人工费+材料费+机械费			17 064.84
(二)措施费						4 034.10
(三)直接费小计			(一)+(二)			21 098.94
(四)间接费			(三)×7%			1 476.93
(五)利润			[(三)+(四)]×5%			1 128.79
(六)税金			[(三)+(四)+(五)]×3.35%			794.11
工程造价(建筑安装工程费)			(三)+(四)+(五)+(六)			24 498.77

2. 实物法编制实例

现以某镇一砖混结构警卫室土建工程为例,用直接费为计费基础,采用实物法编制施工图预算,如表 6.8 所示。

表6.8 砖混结构暨卫生间土建工程预算书（实物法）

序号	工程和费用名称	计量单位	工程量数量	人工用量（工日）		土石屑（m³）		C10素混凝土（m³）		C20钢筋混凝土（m³）		M5主体砂浆（m³）		机砖（千块）		脚手架材料费（元）		黄土（m³）		蛙式打夯机（台班）		挖土机（台班）		推土机（台班）		其他机械费（元）	
				单位用量	合计用量	单位用量	合计用量	单位用量	合计用量	单位用量	合计用量	单位用量	合计用量	单位用量	合计用量	单位用量	合计用量	单位用量	合计用量	单位用量	合计用量	单位用量	合计用量	单位用量	合计用量	单位用量	合计用量
1	2	3	4	5	6	7	8	9	10	11	12	13	14	15	16	17	18	19	20	21	22	23	24	25	26	27	28
1	平整场地	m²	1 393.59	0.06	80.83																						
2	挖土机挖土	m³	2 781.73	0.03	82.81																	0.02	12.52		2.50		
3	平铺石屑层	m³	892.68	0.44	396.35	1.34	1196.19													0.02	21.42						
4	C10混凝土基础垫层（10 cm内）	m³	110.03	2.21	243.28			1.01	111.13																	3.68	404.47
5	排水费	元	10 487.0																								
6	C20带形钢筋混凝土基础（有梁式）	m³	372.32	2.10	780.76					1.02	377.05															5.53	205.07
7	C20独立式钢筋混凝土基础	m³	43.26	1.81	78.43					1.02	43.91															4.90	211.84
8	C20矩形钢筋混凝土柱（1.8 m外）	m³	9.23	6.32	58.36					1.02	9.37															17.19	158.65
9	矩形柱与异形柱差价	元	61.00																								
10	M5砂浆砌筑基础	m³	34.99	1.05	36.84							0.24	8.40	0.51	17.81											0.61	21.34
11	C10带形无筋混凝土基础	m³	54.22	1.80	95.60			1.02	55.03																	4.60	249.50
12	满堂脚手架（3.6 m内）	m²	370.13	0.09	34.50											0.26	96.09									0.09	34.31
13	槽底钎探	m²	1 233.77	0.06	71.31																						
14	回填土（夯填）	m³	1 260.94	0.22	277.41													1.50	1 891.41	0.06	74.40						
15	基础抹隔潮层（有防水粉）	元	89.00																								
16	履带式挖土机场外运费（161.81 km）	元	529.00																								
17	推土机场外运费	元	693.00																								
18	混凝土增加费	元	1 027.00																								
19	商品混凝土运费	元	10 991																								
	合计				2 238.47		1196.19		166.16		431.18		8.40		17.81		96.09		1 891.41		95.82		12.52		2.50		3 137.19

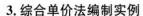

3. 综合单价法编制实例

现以某办公楼部分工程为例,采用综合单价法编制施工图预算,如表6.9所示。

表6.9 某办公楼分部分项工程量清单计价

序号	项目编码	项目名称	计量单位	工程数量	金额(元)	
					综合单价	合价
楼地面装饰工程						
1	011101001001	水泥砂浆楼地面	m²	35.252	9.77	344.41
2	011102003001	块料楼地面	m²	43.176	144.29	6 229.78
3	011102003002	块料楼地面	m²	21.937	128.31	2 814.67
4	011104002001	竹木地板	m²	15.592	176.72	2 755.35
5	011106002001	块料楼梯面层	m²	6.640	78.73	522.76
6	011107004001	水泥砂浆台阶面	m²	6.240	18.55	115.75
7	011105001001	水泥砂浆踢脚线	m²	4.114	18.61	76.56
8	011105002001	石材踢脚线	m²	7.550	356.07	2 688.33
墙、柱面装饰与隔断、幕墙工程						
1	011201001001	墙面一般抹灰	m²	361.646	15.13	5 470.24
2	011201001002	墙面一般抹灰	m²	7.104	29.94	212.70
3	011201002001	墙面装饰抹灰	m²	6.264	42.99	269.29
4	011204003001	块料墙面	m²	30.182	68.42	2 065.05
5	011204003002	块料墙面	m²	220.606	68.42	15 093.86
6	011207001001	墙面装饰板	m²	14.196	92.79	1 317.25
天棚工程						
1	011301001001	天棚抹灰	m²	109.853	10.81	1 187.51
2	011302001001	吊顶天棚	m²	15.592	72.94	1 137.28
门窗工程						
1	010801001001	镶板木门(2 400×2 700)	樘	1.000	619.73	619.73
2	010801001002	胶合板门(900×2 100)	樘	2.000	185.77	371.54
3	010801001003	胶合板门(900×2 400)	樘	4.000	208.06	832.22
4	010802001001	塑钢门-MLC	樘	1.000	726.79	726.79
5	010807001001	塑钢窗(1 500×1 800)	樘	8.000	686.53	5 492.23
6	010807001002	塑钢窗-MLC	樘	1.000	735.67	735.67
7	010807001003	塑钢窗(1 800×1 800)	樘	2.000	823.84	1 647.67

6.6 工程项目设计阶段的工程造价控制

6.6.1 设计阶段工程造价管理的意义

在拟建项目经过投资决策阶段后,设计阶段就成为工程造价控制的关键阶段。它对建设项目的建设工期、工程造价、工程质量及建成后能否产生较好的经济效益和使用效益,起着决定性的作用。

1. 设计阶段造价控制有利于合理分配建设资金

设计阶段编制设计概算可以了解工程造价的构成,分析资金分配的合理性。工程产品价格是编制固定资产投资计划的依据,比实际偏低或偏高都将影响固定资产投资计划的真实性与合理性。可以利用价值工程等计价分析方法对造价各个组成部分功能与成本的匹配程度进行分析,调整项目功能与成本使其趋于合理。

2. 设计阶段造价控制可以提高投资控制效率

在设计阶段分析设计概算可以了解工程各组成部分的投资比例,对于投资比例比较大的部分应作为投资控制的重点,这样可以调高投资控制效率。

3. 设计阶段造价控制会使控制工作更主动

在设计阶段采取主动控制,拟订造价计划,将工程的每一分部分项工程的估算造价与造价计划中所列的指标进行比照,预防差异的发生。差异一旦发生,主动采取相应控制方法消除差异。

4. 设计阶段造价控制便于技术与经济相结合

在设计阶段吸收造价工程师参与全过程设计,在力求采用比较先进的技术方案时,能充分考虑其经济后果,使方案达到技术和经济的协调统一。

5. 设计阶段造价控制效果显著

工程造价控制贯穿于项目建设全过程,而设计阶段的工程造价控制是整个工程造价控制的关键。从国内外工程实践及工程造价资料分析表明,投资决策阶段对整个项目投资的影响度约为95%~100%,设计阶段的影响度约为10%~95%,其中:初步设计阶段约为75%~95%,技术设计阶段约为35%~75%,施工图设计阶段约为10%~35%。由此可见,控制工程造价的关键是在设计阶段。

6.6.2 设计阶段工程造价控制的措施和方法

设计阶段控制造价的方法有:推广限额设计和标准化设计,运用价值工程对设计方案进行优选或优化设计,推行设计索赔及设计监理等制度,加强对设计概算、施工图预算的编制管理和审查。

1. 推广限额设计和标准化设计

限额设计是设计阶段控制工程造价的重要手段,它能有效地克服和控制"三超"现象,使设计单位加强技术与经济的对立统一管理。标准化设计又称通用设计,是工程建设标准化的组成部分。广泛推广标准化设计能够加快设计速度,缩短设计周期,节约设计费用;可使工艺定型,易提高工人技术水平,调高劳动生产率和节约材料;可加快施工准备和定制预制构件等项工作,大大加快施工速度。因此,推广限额设计和标准化设计有利于工程造价的控制。

2. 运用价值工程对设计方案的优化和比选

为了提高工程建设投资效果,从选择建设场地和工程总平面布置开始,直到最后结构构件的设计,都应进行多方案比选,从中选取技术先进、经济合理的最佳设计方案,或者对现有的设计方案进行优化,使其能够更加经济合理。在设计阶段实施价值工程意义重大,可以使设计人员准确了解用户所需,从而使设计更加合理,有效控制工程造价,节约社会资源。

3. 推行设计索赔及设计监理等制度,加强设计变更管理

设计索赔和设计监理等制度的推行,能够真正提高设计者对设计工作的重视程度,从而使设计阶段的造价控制得以有效开展,同时也可以促进设计单位建立完善的管理制度,提高设计人员的质量意识和造价意识。设计索赔制度的推行和加大索赔力度是切实保障设计质量和控制造价的必要手段。工程设计人员应建立设计施工轮训或继续教育制度,尽可能避免设计与施工相脱节的现象发生。

4. 加强对设计概算和施工图预算的编制与审查

设计阶段加强对设计概算和施工图预算编制的管理和审查至关重要。实际工作中经常发现有的限额设计的目标值缺乏合理性,有的概算不够正确,有的施工图预算不够精确,影响到设计过程中各个阶段造价控制目标的制定,最终不能达到以造价目标控制设计工作的目的。

设计概算的审查不仅局限于设计单位,建设单位和概算审批部门也应加强对初步设计概算的审查。施工图预算是签订施工承包合同,确定承包合同价,进行工程结算的重要依据,其质量的高低直接影响到施工阶段的造价控制。可以通过加强对编制施工图预算的单位和人员的资质审查,以及加强对他们的管理方式以提高施工图预算的质量。

6.6.3　限额设计

1. 限额设计的概念

限额设计就是按批准的设计任务书中的投资限额控制初步设计,按批准的初步设计总概算造价限额控制施工图设计,按施工图预算造价,并考虑确保各个专业使用功能的前提下,对施工图设计的各个专业设计分配投资限额以便控制设计,并严格控制技术和施工图设计的不合理变更对项目投资额的影响,以确保项目的总投资额不超过项目的投资限额。

在项目建设过程中采用限额设计是我国工程建设领域控制投资支出和有效使用建设资金的有力措施。但是推行限额设计,必须注意从实际出发,使项目的建设标准与客观许可条件相适应。合理有效地使用项目资金,严禁攀比、盲目追求高水平、高标准,而忽视项目投入与产出的经济效益。为保证限额设计的顺利进行,扭转设计概预算造价的失控现象,要求设计者必须树立和加强设计工作的投入与产出观念。

2. 限额设计的目标

(1)限额设计目标的确定。限额设计的目标(指标),一般是在初步设计开始之前,根据批准的可行性研究报告及其投资估算(原值)确定的。限额设计指标经项目经理或总设计师提出,经主管院长审批下达,其总额度一般只下达直接工程费的 90%,以便项目经理或总设计师及各专业设计室主任留有一定的调节指标,限额设计指标用完后,必须经过批准才能调整。专业之间或专业内部节约下来的单项费用,未经批准,不能相互平衡及相互调用。

(2)采用优化设计,确保限额设计目标的实现。优化设计(最优化设计)是以系统工程理论为基础,应用现代数学成就——最优化技术,借助计算机技术,对工程设计方案、设备选型、参数匹配、效益分析、项目可行性等方面进行最优化的设计方法,它是保证投资限额的重要措施和行之有效的重要方法。在进行优化设计时,必须根据最优化问题的性质,选择不同的最优化方法。

优化设计通常是通过数学模型进行的。一般工作步骤是:分析设计对象综合数据建立目标、构筑模型;选择合适的最优化方法;用计算机对问题求解;对计算结果进行分析和比较,并侧重分析实现的可行性。以上 4 个步骤反复进行,直到结果满意为止。

3. 限额设计的全过程

限额设计的全过程实际上就是对工程项目投资目标管理的过程，是合理确定项目投资限额、科学分解投资目标、进行分目标的设计实施、设计实施的跟踪检查、检查信息反馈用于再控制的循环控制过程。具体控制过程如图6.8所示。

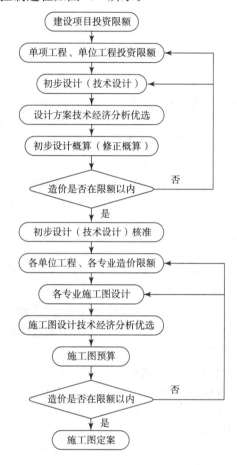

图6.8　限额设计控制全过程框图

4. 限额设计的纵向与横向控制

限额设计控制工程造价可以从两个角度入手，一种是按照限额设计过程从前往后依次进行控制，称为纵向控制；另一种是对设计单位及其内部各专业、科室及设计人员进行考核，实施奖惩，进而保证设计质量，称为横向控制。

纵向控制涉及初步设计阶段、施工图设计阶段的限额设计，对设计变更应实行限额动态控制。初步设计阶段的限额设计工程量应以可行性研究阶段审定的设计工程量和设备、材质标准为依据，对可行性研究阶段不易确定的某些工程量，可参照通用设计或类似已建工程的实物工程量确定。施工图设计阶段的限额设计应在专业设计、总图设计阶段下达任务书，并附上审定的概算书、工程量和设备单价表等，供设计人员在限额设计中参考使用。在市场经济条件下，要改变过去造价的静态管理做法，考虑涉及时间变化的因素，及时掌握工程进展和投资情况，利用计算机掌握市场信息，变静态控制为动态控制，保证限额设计的有效实施。

横向控制首先必须明确各设计单位以及设计单位内部各专业科室对限额设计所负的责

任,将工程投资按专业进行分配,并分段考核,下段指标不得突破上段指标,责任落实越接近于个人,效果就越明显,并赋予责任者履行责任的权利;其次,要建立健全奖惩制度。设计单位在保证工程安全和不降低工程功能的前提下,采用新材料、新工艺、新设备、新方案节约了投资的,应根据节约投资额的大小,对设计单位给予奖励;因设计单位设计错误,漏项或扩大规模和提高标准而导致工程静态投资超支,要视其超支比例扣减相应比例的设计费。

5. 限额设计的发展

(1)限额设计的不足。限额设计的理论及其操作技术有待于进一步发展,应充分认识到它的不足,以便在推行过程中加以发展、完善和改进。主要表现在以下方面:

①价值工程中,限额设计突出强调了限额设计的重要性,而忽视了工程功能水平的要求,及功能与成本的匹配性,可能会出现功能水平过低而增加工程运营维护成本的情况,或者在投资限额内没有达到最佳功能水平的现象。

②限额设计中的限额包括投资估算、设计概算、施工图预算等,均是指建设项目的一次性投资,而对项目建成后的维护使用费、项目使用期满后的报废拆除费用则考虑较少,这样就可能出现限额设计效果较好,但项目的全寿命费用不一定很经济的现象。

③可能出现当设计完成后,才发现超投资估算或概算再进行设计变更,如果为满足限额设计要求,给予变更则会使投资控制处于被动;如满足投资限额要求,不予变更,会出现降低设计的合理性。

(2)限额设计的完善。在分析限额设计不足,总结限额设计的实践经验和教训之后,可在限额设计的理论发展及其操作技术上做如下改进和完善。

①正确理解限额设计的含义。限额设计的本质特征虽然是投资控制的主动性,但限额设计同样包括对建设项目的全寿命费用的充分考虑。

②合理确定和正确理解限额设计。要合理确定限额设计,就必须在各设计阶段运用价值工程的原理进行设计,尤其在限额设计目标确定之前的可行性研究及方案设计时,加强价值工程活动分析,认真选择功能与工程造价相匹配的最佳设计方案。

③要合理分解及使用投资限额。现行的限额设计的投资限额通常是以可行性研究的投资估算为最高限额的,并按直接工程费的 90% 下达分解,留下 10% 作为调整使用。因此,提高投资估算的科学性非常重要。同时,为了克服投资限额的不足,也可以根据项目具体情况适当增加调整使用比例,如留 15%~20% 作调整使用,按 80%~85% 下达分解,以保证设计取得创造性及最优设计方案的实现,从而更好地解决限额设计不足的一面。

6.6.4　价值工程

1. 价值工程的基本原理

价值工程是通过各相关领域的协作,对所研究对象的功能与费用进行系统分析,不断创新,旨在提高研究对象的价值的思想方法和管理技术。其目的是研究对象的最低寿命周期成本以可靠地实现使用者所需的功能,最终获取最佳的综合效益。

在价值工程方法中,价值是一个核心的概念。价值是指研究对象所具有的功能与获得这些功能的全部费用之比,其表达式为:价值＝功能/寿命周期成本。因此,提高价值的途径有以下 5 种。

(1)在提高功能水平的同时,降低成本。

(2)在保持成本不变的情况下,提高功能水平。

(3)在保持功能水平不变的情况下,降低成本。

(4)成本稍有增加,但功能水平大幅度提高。

(5)功能水平稍有下降,但成本大幅度下降。

价值工程是一项有组织的管理活动,涉及面广,研究过程复杂,必须按照一定的程序进行。价值工程的一般工作程序如表 6.10 所示。

表 6.10　价值工程的一般工作程序

阶　　段	步　　骤	应依次回答的问题(主要应解决的问题)
准备阶段	①对象选择 ②组成价值工程领导小组 ③制订工作计划	价值工程的对象是什么
分析阶段	①收集整理信息资料 ②功能系统分析 ③功能评价	"产品"的作用、功能如何 "产品"成本是多少 "产品"的价值如何
创新阶段	①方案创新 ②方案评价 ③提案编写	有无实现同样功能的新方案
实施阶段	①审批 ②实施与检查 ③成果鉴定	新方案能满足要求吗 还能继续改进吗

2. 价值工程在设计方案评价中的应用

(1)功能分析。建筑功能是指建筑产品满足社会需要的各种性能的总和。不同的建筑产品有不同的使用功能,它们通过一系列建筑因素体现出来,反映建筑物的使用要求。建筑产品的功能一般分为社会性功能、适用性功能、技术性功能、物理性功能和美学功能五类。功能分析应明确研究对象的功能,哪些是主要功能,哪些是辅助功能。并对功能进行定义和整理,分析功能之间的关系,并绘制功能系统图。

(2)功能评价。功能评价主要是比较各项功能的重要程度,运用 0～1 评分法、0～4 评分法、环比评分法等方法,计算各项功能的功能评价系数,作为该功能的重要度权数。

(3)方案创新。根据功能分析的结果,提出各种实现功能的方案。

(4)方案评价。根据上一步方案创新提出的各种方案对各项功能的满足程度打分,然后用功能重要度权数计算各方案的功能评价系数,结合成本评价系数计算各方案的价值系数,以价值系数最大者为最优。

3. 价值工程在设计方案优化中的应用

(1)对象选择。设计方案优化应以对造价影响较大的项目作为应用价值工程优化的对象。因此,可以用 ABC 分析法,将设计方案的成本分解,分成 A、B、C 三类,将成本比重大、品种数量少的 A 类作为实施价值工程的重点。

(2)功能分析。分析研究对象具有哪些功能,各项功能之间的关系如何。

(3)功能评价。评价各项功能,确定功能评价系数,并计算实现各项功能的现实成本,以计算价值系数。价值系数小于1的,应该在功能水平不变的条件下降低成本或在成本不变的条件下,提高功能水平;价值系数大于1的,如果是重要的功能,应该提高成本,保证重要功能的实现。如果该项功能不重要,可以不做改变。

(4)分配目标成本。根据限额设计的要求,确定研究对象的目标成本,并以功能评价系数为基础,将目标成本分摊到各项功能上,与各项功能的现实成本进行对比,确定成本改进期望值,成本改进期望值大的,应首先重点改进。

(5)方案优化。根据价值分析结果及目标成本分配结果的要求,使设计方案更加合理。

【例6.5】某工程项目设计人员根据业主的使用要求,提出了三个设计方案。有关专家决定从五个方面(分别以F1～F5表示)对不同方案的功能进行评价,并对功能的重要性分析如下:F3相对于F4很重要,F3相对于F1较重要,F2和F5同样重要,F4和F5同样重要。各方案单位面积造价及专家对三个方案满足程度的评分结果如表6.11所示。

表6.11　各方案评分结果

功　能	方　案		
	A	B	C
F1	9	8	9
F2	8	7	8
F3	8	10	10
F4	7	6	8
F5	10	9	8
单位面积造价 (元/m²)	1 680	1 720	1 590

【问题】

(1)试用0～4评分法计算各功能的权重。

(2)用价值分析选择最佳设计方案。

(3)在确定某一个设计方案后,设计人员按限额设计要求,确定建安工程目标成本额为14 000万元。然后以主要分部工程为对象进一步开展价值工程分析。各分部工程评分值及目前成本如表6.12所示。试分析各功能项目的功能指数、目标成本及成本改进期望值,并确定功能改进顺序。(注意:计算结果保留小数点后3位。)

表6.12　各分部工程评分值

功能项目	功能得分	目前成本(万元)
A.基础工程	21	3 854
B.主体结构工程	35	4 633
C.装饰装修工程	28	4 364
D.水电安装工程	32	3 219

解:(1)各功能权重计算如表6.13所示。

表6.13　功能权重计算表

功能	F1	F2	F3	F4	F5	得分	权重
F1	×	3	1	3	3	10	0.250

续表

功能	F1	F2	F3	F4	F5	得分	权重
F2	1	×	0	2	2	5	0.125
F3	3	4	×	4	4	15	0.375
F4	1	2	0	×	2	5	0.125
F5	1	2	0	2	×	5	0.125
合计						40	1

(2)价值系数计算如表6.14所示。

表6.14 价值系数计算表

项目功能	权重系数	A		B		C	
		功能得分	功能加权得分	功能得分	功能加权得分	功能得分	功能加权得分
F1	0.250	9	2.250	8	2.000	9	2.250
F2	0.125	8	1.000	7	0.875	8	1.000
F3	0.375	8	3.000	10	3.750	10	3.750
F4	0.125	7	0.875	6	0.750	8	1.000
F5	0.125	10	1.250	9	1.125	8	1.000
方案加权得分			8.375		8.500		9.000
方案功能评价系数		8.375/25.875=0.324		0.328		0.348	
方案成本评价系数		1 680/4 990=0.337		0.345		0.319	
方案价值系数		0.324/0.337=0.961		0.954		1.091	

由表中数据可知,C方案的价值系数最大,所以C方案为最优方案。

(3)功能改进分析计算如表6.15所示。

表6.15 功能改进分析计算表

功能项目	功能指数	目前成本(万元)	目标成本(万元)	成本改进期望值(万元)	功能改进顺序
A. 基础工程	21/116=0.181	3 854	0.181×14 000 =2 534	1 320	1
B. 主体结构工程	0.302	4 633	4 228	405	3
C. 装饰装修工程	0.241	4 364	3 374	990	2
D. 水电安装工程	0.276	3 219	3 864	−645	4

本 章 小 结

本章介绍了设计阶段进行工程造价管理的意义以及影响工程造价的因素,设计阶段设计概算、施工图预算的计价与审查,限额设计、价值工程在设计阶段工程造价控制中的应用。

设计概算是设计文件的重要组成部分,是在投资估算的控制下由设计单位根据初步设计(或技术设计)图纸及说明、概算定额(概算指标)、各项费用定额或取费标准(指标)、设备、材料预算价格等资料,编制和确定的建设项目从筹建至竣工交付使用所需全部建设费用的文件。设计概算分为单位工程概算、单项工程综合概算、建设工程项目总概算三级。

施工图预算又称为设计预算,是在施工图设计完成后,工程开工前,根据已批准的施工图纸、现行的预算定额、费用定额和地区人工、材料、设备与机械台班等资源价格,在施工方案或施工组织设计已大致确定的前提下,按照规定的计算程序计算直接工程费、措施费、并计取间接费、利润、税金等费用,确定单位工程造价的技术经济文件。施工图预算包括单位工程预算、单项工程预算和建设项目总预算。

按照预算造价的计算方式和管理方式不同,施工图预算可分为传统计价模式和工程量清单计价模式两种计价模式。传统计价模式采用的计价方法是工料单价法,按照分部分项工程单价产生方法的不同,工料单价法又可以分为预算单价法和实物法。工程量清单计价模式严格执行《建设工程工程量清单计价规范》GB 50500—2013 相关规定,采用综合单价法计价。

为了投资的准确、完整,提高建设项目的经济效益,设计概算编制要准确合理,才能保证投资计划的真实性。为了提高预算的准确性,正确贯彻党和国家的有关方针政策,降低工程造价,必须加强对施工图预算的审查。

在拟建项目经过投资决策阶段后,设计阶段就成为工程造价控制的关键阶段。它对建设项目的建设工期、工程造价、工程质量及建成后能否产生较好的经济效益和使用效益,起着决定性的作用。设计阶段控制造价的方法有:推广限额设计和标准化设计,运用价值工程对设计方案进行优选或优化设计,推行设计索赔及设计监理等制度,加强对设计概算、施工图预算的编制管理和审查。

在项目建设过程中采用限额设计是我国工程建设领域控制投资支出和有效使用建设资金的有力措施。价值工程是通过各相关领域的协作,对所研究对象的功能与费用进行系统分析,不断创新,旨在提高研究对象的价值的思想方法和管理技术。其目的是以研究对象的最低寿命周期成本可靠的实现使用者所需的功能,以获取最佳的综合效益。

 本章习题

一、简答题
1.简述设计概算的编制方法。
2.简述施工图预算的编制方法和编制程序。

二、单项选择题
1.某新建住宅土建单位工程概算的直接工程费为 800 万元,措施费按直接工程费的 8% 计算,间接费费率为 15%,利润率为 7%,税率为 3.4%,则该住宅的土建单位工程概算造价为( )万元。

    A.1 067.2　　　　B.1 075.4　　　　C.1 089.9　　　　D.1 099.3

2. 某政府投资项目已批准的投资估算为 8 000 万元,其总概算投资为 9 000 万元,则概算审查处理办法应是( )。

A. 查明原因,调减至 8 000 万元以内

B. 对超投资估算部分,重新上报审批

C. 查明原因,重新上报审批

D. 如确实需要,即可直接作为预算控制依据

3. 拟建工程与已完工程采用同一个施工图,但两者基础部分和现场施工条件不同,则对相同部分的施工图预算,宜采用的审查方法是( )。

A. 分组计算审查法　　　　　　　　B. 筛选审查法

C. 对比审查法　　　　　　　　　　D. 标准预算审查法

4. 按照建设部现行《建筑工程设计文件编制深度规定》,民用项目方案设计的内容是( )。

A. 各专业设计说明书、投资估算书、建筑设计图纸

B. 建筑设计说明书、工程概算书、建筑设计图纸

C. 设计说明书、总平面图、建筑设计图、鸟瞰图

D. 投资估算书、总平面图、透视图

5. 对于多层厂房,在其结构形式一定的条件下,若厂房宽度和长度越大,则经济层数和单方造价的变化趋势是( )。

A. 经济层数降低,单方造价随之相应增高

B. 经济层数增高,单方造价随之相应降低

C. 经济层数降低,单方造价随之相应降低

D. 经济层数增高,单方造价随之相应增高

6. 对于一些牵涉面较广的大型工业建设项目,设计者根据搜集的设计资料,对工程主要内容(包括功能和形式)有一个大概的布局设想,然后考虑工程与周围环境之间的关系。这一阶段工作属于( )。

A. 方案设计　　　　　　　　　　　B. 总体设计

C. 初步设计　　　　　　　　　　　D. 技术设计

7. 设计概算的三级概算是指( )。

A. 建筑工程概算、安装工程概算、设备及工器具购置费概算

B. 建设投资概算、建设期利息概算、铺底流动资金概算

C. 主要工程项目概算、辅助和服务性工程项目概算、室内外工程项目概算

D. 单位工程概算、单项工程综合概算、建设项目总概算

8. 设计概算审查的常用方法不包括( )。

A. 联合会审法　　　　　　　　　　B. 概算指标法

C. 查询核实法　　　　　　　　　　D. 对比分析法

9. 某类别建筑工程的 10 m³ 砖墙砌筑工程的人工费、材料费、机械费分别为 370 元、980元、50 元,当地公布的该类典型工程材料费占分项直接工程费的比例为 68%,有关费率如表 6.16 所示,按照综合单价法确定的该砌墙砌筑(10 m³)的综合单价中,利润为( )元。

表 6.16　费率明细表

费用名称	计算基数		
	直接费	人工费＋机械费	人工费
间接费	8％	20％	55％
利润	5％	16％	30％

    A. 67.2　　　　　B. 70.0　　　　　C. 75.6　　　　D. 111.0

10. 编制施工图预算时,措施费应在( )时计算。

    A. 套单价　　　　B. 计算主材费　　C. 按费用定额取费　D. 工料分析

11. 在编制施工图预算时,计算工程造价和计算工程中劳动、机械台班、材料需要量时使用定额是( )。

    A. 施工定额　　　B. 概算定额　　　C. 预算定额　　　D. 概算指标

12. 在工业项目的工艺设计过程中,影响工程造价的主要因素包括( )。

    A. 生产方法、工艺流程、功能分区　　　B. 工艺流程、功能分区、运输方式
    C. 生产方法、工艺流程、设备选型　　　D. 工艺流程、设备选型、运输方式

13. 对于某些重大工程、特殊工程,或技术上复杂而又缺乏设计经验的项目,为进一步解决某些技术问题或进一步研究某些技术方案而进行的设计,被称为( )。

    A. 扩大初步设计　B. 工艺设计　　　C. 施工图设计　　D. 建筑设计

14. 给排水、采暖通风概算应列入( )。

    A. 建筑工程概算　　　　　　　　　　　B. 设备工器具费用概算
    C. 设备安装工程概算　　　　　　　　　D. 工程建设其他费用概算

15. 当初步设计达到一定深度,建筑结构比较明确,并能够较准确地计算出概算工程量时,编制概算可采用( )。

    A. 概算定额法　　B. 概算指标法　　C. 类似工程预算法　D. 预算定额法

16. 用单价法编制施工图预算,当某些设计要求与定额单价特征完全不同时,应( )。

    A. 直接套用　　　　　　　　　　　　　B. 按定额说明对定额基价进行调整
    C. 按定额说明对定额基价进行换算　　　D. 补充单位估价表或补充定额

17. 审查工程较小和编制力量较弱的工程的施工图预算,比较适用的方法是( )。

    A. 全面审查法　　B. 筛选审查法　　C. 重点审查法　　D. 分解审查法

18. 设备及安装工程概算的编制方法主要有( )。

    A. 扩大单价法、概算指标法、类似工程预算法
    B. 扩大单价法、综合指标法、类似工程预算法
    C. 预算单价法、概算指标法、设备价值百分比法
    D. 预算单价法、扩大单价法、设备价值百分比法

19. 下列方法中,属于设计概算审查方法的是( )法。

    A. 重点审查　　　B. 分阶段审核　　C. 利用手册审查　D. 联合会审

20. 下列各项中,属于建筑单位工程预算的是( )工程预算。

    A. 卫生　　　　　B. 机械设备　　　C. 电气设备　　　D. 热力设备

第7章 工程项目发承包阶段的工程造价管理

 本章提要

本章在介绍了建设工程招投标的概念、分类，招标范围、方式，招标程序等基本知识的基础上，主要介绍了发承包阶段招标工程量清单、招标控制价、投标报价与合同价等的编制方法。

 学习目标

通过本章的学习，需要了解招投标的基本知识，掌握招标工程量清单、招标控制价、投标报价与合同价的编制方法；熟悉投标报价策略、施工合同的基本条款。

 框架结构

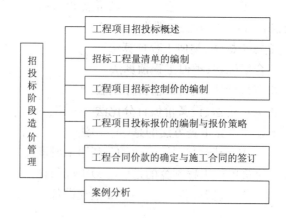

7.1　工程项目招投标概述

建设工程发承包既是完善市场经济体制的重要举措,也是维护工程建设市场竞争秩序的有效途径。建设工程分为直接发包与招标发包,但不论采用哪种方式,一旦确定了发承包关系,则发包人与承包人均应本着公平、公正、诚实、信用的原则通过签订合同来明确双方的权利和义务,而实现项目预期建设目标的核心内容是合同价款的约定。

建设工程发包与承包是一组对称概念,通常简称为发承包。发包是指建筑工程的建设单位(发包人)将建筑工程任务(勘察、设计、施工等)的全部或一部分通过招标或其他方式,交付给具有从事建筑活动的法定从业资格的单位(承包人)完成,并按约定支付报酬的行为;承包则是指具有从事建筑活动的法定从业资格的承包人,通过投标或其他方式,承揽建筑工程任务,并按约定取得报酬的行为。

7.1.1　建设工程招投标的概念

1. 建设工程招标的概念

建设工程招标是指招标人(或招标单位)在发包建设项目之前,以公告或邀请书的方式提出招标项目的有关要求,公布的招标条件,投标人(或投标单位),根据招标人的意图和要求提出报价,择日当场开标,以便从中择优选定中标人的一种经济活动。

2. 建设工程投标的概念

建设工程投标是工程招标的对称概念,指具有合法资格和能力的投标人(或投标单位)根据招标条件,经过初步研究和估算,在指定期限内填写标书,根据实际情况提出自己的报价,通过竞争企图为招标人选中,并等待开标,决定能否中标的经济活动。

3. 招标投标的性质

我国法学界一般认为,建设工程招标是要约邀请,而投标是要约,中标通知书是承诺。《中华人民共和国民法典》也明确规定,招标公告是要约邀请。也就是说,招标实际上是邀请投标人对招标人提出要约(即报价),属于要约邀请。投标则是要约,它符合要约的所有条件,如具有缔结合同的主观目的;一旦中标,投标人将受投标书的约束;投标书的内容具有足以使合同成立的主要条件等。招标人向中标的投标人发出的中标通知书,则是招标人同意接受中标的投标人的投标条件,即同意接受该投标人的要约的意思表示,应属于承诺。

7.1.2　建设工程招投标的分类

建设工程招投标可分为建设项目总承包招投标、建设工程勘察设计招投标、建设工程施工招投标、建设工程监理招投标和建设工程材料设备招投标等。

1. 建设项目总承包招投标

建设项目总承包招投标又称建设项目全过程招投标,在国外也称之为"交钥匙"工程招标,它是指在项目决策阶段从项目建议书开始,包括可行性研究、勘察设计、设备材料询价与采购、工程施工、生产准备,直至竣工投产、交付使用全面实行招标。

工程总承包企业根据建设单位所提出的工程要求,对项目建议书、可行性研究、勘察设计、设备询价与选购、材料订货、工程施工、职工培训、试生产、竣工投产等实行全面投标报价。

2. 建设工程勘察设计招投标

建设工程勘察设计招投标是指招标人就拟建工程的勘察和设计任务发布通告,以法定方式吸引勘察单位或设计单位参加竞争,经招标人审查获得投标资格的勘察、设计单位按照招标文件的要求,在规定时间内向招标人填报投标书,招标人从中择优确定中标人完成勘察和设计任务。

3. 建设工程施工招投标

建设工程施工招投标是指招标人就拟建的工程发布公告,以法定方式吸引建筑施工企业参加竞争,招标人从中选择条件优越者完成建设任务。施工招标分为全部工程招标、单项工程招标和专业工程招标。

4. 建设工程监理招投标

建设工程监理招投标是指招标人就拟建工程的监理任务发布通告,以法定方式吸引工程监理单位参加竞争,招标人从中选择优越者完成监理任务。

监理招标的标的是"监理服务",这与工程建设中其他各类招标的最大区别表现为监理单位不承担物质生产任务,只是受招标人委托对生产建设过程提供监督、管理、协调、咨询等服务。鉴于标的的特殊性,招标人选择中标人的基本原则是"基于能力的选择"。

5. 建设工程材料设备招投标

建设工程材料设备招投标是指招标人就拟购买的材料设备发布通告或邀请,以法定方式吸引材料设备供应商参加竞争,招标人从中选择优越者的法律行为。是针对设备、材料供应及设备安装调试等工作进行的招投标。

7.1.3 建设工程招投标的范围与方式

1. 建设工程招投标的范围

根据《中华人民共和国招标投标法》规定:凡在中华人民共和国境内进行下列工程建设项目,包括项目的勘察、设计、施工、监理以及与工程建设有关的重要设备、材料等的采购,必须进行招标。

(1)大型基础设施、公用事业等关系社会公共利益、公共安全的项目。

(2)全部或者部分使用国有资金投资或者国家融资的项目。

(3)使用国际组织或者外国政府贷款、援助资金的项目。

以上规定范围内的各类工程建设项目,包括项目的勘察、设计、施工、监理以及与工程有关的重要设备、材料等的采购,达到下列标准之一的,必须进行招标:

①施工单项合同估算价在200万元人民币以上的。

②重要设备、材料等货物的采购,单项合同估算价在100万元人民币以上的。

③勘察、设计、监理等服务的采购,单项合同估算价在50万元人民币以上的。

④单项合同估算价低于第①、②、③项规定的标准,但项目总投资额在3 000万元人民币以上的。

2. 可以不进行招标的范围

按照有关规定,属于下列情形之一的,可以不进行招标,采用直接委托的方式发包建设任务:

(1)涉及国家安全、国家秘密或抢险救灾而不适宜招标的。

(2)属于利用扶贫资金实行以工代赈、需要使用农民工的。

(3)施工主要技术采用特定的专利或者专有技术的。

(4)建设项目的勘察、设计采用特定专利或者专有技术的。

(5)建筑艺术造型有特殊要求的。

(6)施工企业自建自用的工程,且该施工企业资质等级符合工程要求的。

(7)在建工程追加的附属小型工程或者主体加层工程,原中标人仍具备承包能力的。

(8)法律、行政法规规定的其他情形。

3. 建设工程招投标的方式

《中华人民共和国招标投标法》规定:招标分为公开招标和邀请招标。

(1)公开招标。公开招标又称为无限竞争招标,是由招标单位通过指定的报刊、信息网络或其他媒体上发布招标公告,有意的承包商均可参加资格审查,合格的承包商可购买招标文件,参加投标的招标方式。

公开招标的优点是:投标的承包商多、范围广、竞争激烈,业主有较大的选择余地,有利于降低工程造价,提高工程质量和缩短工期。缺点是:由于投标的承包商多,招标工作量大,组织工作复杂,需投入较多的人力、物力,招标过程所需时间较长。

(2)邀请招标。邀请招标又称为有限竞争性招标。这种方式不发布广告,业主根据自己的经验和所掌握的信息资料,向有承担该项工程施工能力的3个以上(含3个)承包商发出招标邀请书,收到邀请书的单位才有资格参加投标。

邀请招标的优点是:经过选择的投标单位在施工经验、技术力量、经济和信誉上都比较可靠,因而一般能保证进度和质量要求。此外,参加投标的承包商数量少,招标时间相对缩短,招标费用也较少。缺点是:由于参加的投标单位较少,竞争性较差,使招标单位对投标单位的选择余地较少,如果招标单位在选择邀请单位前所掌握的信息资料不足,则会失去发现最适合承担该项目的承包商的机会。

(3)公开招标与邀请招标在招标程序上的主要区别包括:

①招标信息的发布方式不同。公开招标是利用招标公告发布招标信息,而邀请招标则是采用向三家以上具有实施能力的投标人发出投标邀请书,请他们参与投标竞争。

②对投标人资格预审的时间不同。进行公开招标时,由于投标响应者较多,为了保证投标人具备相应的实施能力,以及缩短评标时间,突出投标的竞争性,通常设置资格预审程序。而邀请招标由于竞争范围小,且招标人对邀请对象的能力有所了解,不需要再进行资格预审,但评标阶段还要对各投标人的资格和能力进行审查和比较,通常称为"资格后审"。

③邀请的对象不同。邀请招标邀请的是特定的法人或者其他组织,而公开招标则是向不特定的法人或者其他组织邀请投标。

7.1.4 建设工程招投标的程序

建设工程招标投标流程一般如图7.1所示。

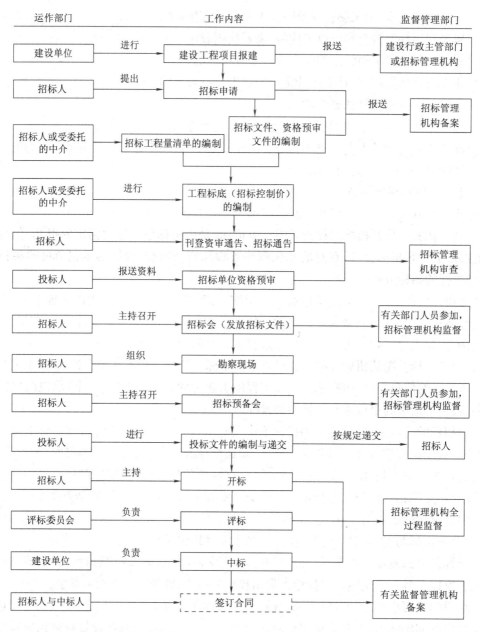

图 7.1 建设工程招标投标流程

7.1.5 建设工程招投标对工程造价的重要影响

建设工程招投标制是我国建筑市场走向规范化、完善化的重要举措之一。建设工程招投标制的推行,使计划经济条件下建设任务的发包从以计划分配为主转变到以投标竞争为主,使我国承发包方式发生了质的变化。推行建设工程招投标制,对降低工程造价,进而使工程造价得到合理的控制具有非常重要的影响。

(1)推行招投标制使市场定价的价格机制基本形成,使工程价格更加趋于合理。在建设市场推行招标投标制最直接、最集中的表现就是在价格上的竞争。通过竞争确定出工程价格,使其趋于合理或下降,这将有利于节约投资、提高投资效益。

（2）推行招投标制能够不断降低社会平均劳动消耗水平，使工程价格得到有效控制。在建筑市场中，不同投标者的个别成本是有差异的。通过推行招标制总是那些个别成本最低或接近最低，生产力水平较高的投标者获胜，这样便实现了生产力资源的较优配置，也对不同投标者实行了优胜劣汰。面对激烈竞争的压力，为了自身的生存与发展，每个投标者都必须切实在降低自己个别劳动消耗水平上下功夫，这样将逐步而全面地降低社会平均劳动消耗水平，使工程价格更为合理。

（3）推行招投标制便于供求双方更好地相互选择，使工程价格更加符合价值基础，进而更好地控制工程造价。采用招标投标方式为供求双方在较大范围内进行相互选择创造了条件，为需求者（如业主）与供给者（如勘察设计单位、承包商、供应商）在最佳点上结合提供了可能。需求者对供给者选择的基本出发点是"择优选择"，即选择那些报价较低、工期较短、质量较高、具有良好业绩和管理水平的供给者，这样即为合理控制工程造价奠定了基础。

（4）推行招投标制有利于规范价格行为，使公开、公平、公正的原则得以贯彻。我国招标投标活动有特定的机构进行管理，有严格的程序来遵循，有高素质的专家提供支持。工程技术人员的群体评估与决策，能够避免盲目过度的竞争和徇私舞弊现象的发生，对建筑领域中的腐败现象起到强有力的遏制作用，使价格形成过程变得透明而规范。

（5）推行招投标制能够减少交易费用，节省人力、物力、财力，进而使工程造价有所降低。我国目前从招标、投标、开标、评标直至定标，均有一些法律、法规规定，已进入制度化操作。招投标中，若干投标人在同一时间、地点报价竞争，在专家支持系统的评估下，以群体决策方式确定中标者，必然减少交易过程的费用，这本身就意味着招标人收益的增加，对工程造价必然产生积极的影响。

7.2　招标工程量清单的编制

7.2.1　招标工程量清单编制依据及准备工作

招标工程量清单是招标人依据国家标准、招标文件、设计文件以及施工现场实际情况编制的，随招标文件发布供投标报价的工程量清单，包括对其的说明和表格。编制招标工程量清单，应充分体现"量价分离"的"风险分担"原则。招标阶段，由招标人或其委托的工程造价咨询人根据工程项目设计文件，编制出招标工程项目的工程量清单，并将其作为招标文件的组成部分。招标工程量清单的准确性和完整性由招标人负责；投标人应结合企业自身实际、参考市场有关价格信息完成清单项目工程的组合报价，并对其承担风险。

1. 招标工程量清单的编制依据

（1）《建设工程工程量清单计价规范》GB 50500—2013 以及各专业工程计量规范等。

（2）国家或省级、行业建设主管部门颁发的计价定额和办法。

（3）建设工程设计文件及相关资料。

（4）与建设工程有关的标准、规范、技术资料。

（5）拟定的招标文件。

（6）施工现场情况、地勘水文资料、工程特点及常规施工方案。

（7）其他相关资料。

2. 招标工程量清单编制的准备工作

招标工程量清单编制的相关工作在收集资料包括编制依据的基础上,需进行如下工作:

(1)初步研究。对各种资料进行认真研究,为工程量清单的编制做准备。主要包括:

①熟悉《建设工程工程量清单计价规范》GB 50500—2013 和各专业工程计量规范、当地计价规定及相关文件;熟悉设计文件,掌握工程全貌,便于清单项目列项的完整、工程量的准确计算及清单项目的准确描述,对设计文件中出现的问题应及时提出。

②熟悉招标文件、招标图纸,确定工程量清单编审的范围及需要设定的暂估价;收集相关市场价格信息,为暂估价的确定提供依据。

③对《建设工程工程量清单计价规范》GB 50500—2013 缺项的新材料、新技术、新工艺,收集足够的基础资料,为补充项目的制定提供依据。

(2)现场踏勘。为了选用合理的施工组织设计和施工技术方案,需进行现场踏勘,以充分了解施工现场情况及工程特点,主要对以下两方面进行调查。

①自然地理条件。工程所在地的地理位置、地形、地貌、用地范围等;气象、水文情况,包括气温、湿度、降雨量等;地质情况,包括地质构造及特征、承载能力等;地震、洪水及其他自然灾害情况。

②施工条件。工程现场周围的道路、进出场条件、交通限制情况;工程现场施工临时设施、大型施工机具、材料堆放场地安排情况;工程现场邻近建筑物与招标工程的间距、结构形式、基础埋深、新旧程度、高度;市政给排水管线位置、管径、压力,废水、污水处理方式,市政、消防供水管道管径、压力、位置等;现场供电方式、方位、距离、电压等;工程现场通信线路的连接和铺设;当地政府有关部门对施工现场管理的一般要求、特殊要求及规定等。

(3)拟订常规施工组织设计。施工组织设计是指导拟建工程项目的施工准备和施工的技术经济文件。根据项目的具体情况编制施工组织设计,拟定工程的施工方案、施工顺序、施工方法等,便于工程量清单的编制及准确计算,特别是工程量清单中的措施项目。

施工组织设计编制的主要依据包括:招标文件中的相关要求,设计文件中的图纸及相关说明,现场踏勘资料,有关定额,现行有关技术标准、施工规范或规则等。作为招标人,仅需拟订常规的施工组织设计即可。在拟定常规的施工组织设计时需注意以下问题:

①估算整体工程量。根据概算指标或类似工程进行估算,且仅对主要项目加以估算即可,如土石方、混凝土等。

②拟定施工总方案。施工总方案仅需对重大问题和关键工艺做原则性的规定,不需考虑施工步骤,主要包括:施工方法,施工机械设备的选择,科学的施工组织,合理的施工进度,现场的平面布置及各种技术措施。制定总方案要满足以下原则;从实际出发,符合现场的实际情况,在切实可行的范围内尽量要求其先进和快速;满足工期的要求;确保工程质量和施工安全;尽量降低施工成本,使方案更加经济合理。

③确定施工顺序。合理确定施工顺序需要考虑以下几点:各分部分项工程之间的关系;施工方法和施工机械的要求;当地的气候条件和水文要求;施工顺序对工期的影响。

④编制施工进度计划。施工进度计划要满足合同对工期的要求,在不增加资源的前提下尽量提前。编制施工进度计划时要处理好工程中各分部、分项、单位工程之间的关系,避免出现施工顺序的颠倒或工种相互冲突。

⑤计算人、材、机资源需要量。人工工日数量根据估算的工程量、选用的定额、拟定的施工总方案、施工方法及要求的工期来确定，并考虑节假日、气候等的影响。材料需要量主要根据估算的工程量和选用的材料消耗定额进行计算。机械台班数量则根据施工方案确定选择机械设备方案及机械种类的匹配要求，再根据估算的工程量和机械时间定额进行计算。

⑥施工平面的布置。施工平面布置是根据施工方案、施工进度要求，对施工现场的道路交通、材料仓库、临时设施等做出合理的规划布置，主要包括：建设项目施工总平面图上的一切地上、地下已有和拟建的建筑物、构筑物以及其他设施的位置和尺寸；所有为施工服务的临时设施的位置布置，如施工用地范围，施工用道路，材料仓库，取土与弃土位置，水源、电源位置，安全、消防设施位置，永久性测量放线标桩位置等。

7.2.2　招标工程量清单的编制内容

1. 分部分项工程量清单的编制

分部分项工程量清单所反映的是拟建工程分项实体工程项目名称和相应数量的明细清单，招标人负责包括项目编码、项目名称、项目特征描述、计量单位和工程量的计算在内的五项内容。

(1)项目编码。分部分项工程量清单的项目编码，应根据拟建工程的工程量清单项目名称设置，同一招标工程的项目编码不得有重码。

(2)项目名称。分部分项工程量清单的项目名称应按专业工程计量规范附录的项目名称结合拟建工程的实际确定。

在分部分项工程量清单中所列出的项目，应是在单位工程的施工过程中以其本身构成该单位工程实体的分项工程，但应注意：

①当在拟建工程的施工图纸中有体现，并且在专业工程计量规范附录中也有相对应的项目时，则根据附录中的规定直接列项，计算工程量，确定其项目编码。

②当在拟建工程的施工图纸中有体现，但在专业工程计量规范附录中没有相对应的项目，并且在附录项目的"项目特征"或"工程内容"中也没有提示时，则必须编制针对这些分项工程的补充项目，在清单中单独列项并在清单的编制说明中注明。

(3)项目特征描述。分部分项工程量清单项目特征应依据专业工程计量规范附录中规定的项目特征，并结合拟建工程项目的实际，按照以下要求予以描述：

①必须描述的内容。

a. 涉及可准确计量的内容，如门窗洞口尺寸或框外围尺寸。

b. 涉及结构要求的内容，如混凝土构件的混凝土的强度等级。

c. 涉及材质要求的内容，如油漆的品种、管材的材质等。

d. 涉及安装方式的内容，如管道工程中的钢管的连接方式。

②可不描述的内容。

a. 对计量计价没有实质影响的内容，如对现浇混凝土柱的高度，断面大小等特征。

b. 应由投标人根据施工方案确定的内容，如对石方的预裂爆破的单孔深度及装药量的特征规定。

c. 应由投标人根据当地材料和施工要求确定的内容，如对混凝土构件中的混凝土搅拌和材料使用的石子种类及粒径、砂的种类及特征规定。

d. 应由施工措施解决的内容，如对现浇混凝土板、梁的标高的特征规定。

③可不详细描述的内容。

a. 无法准确描述的内容,如土壤类别,可考虑其描述为"综合",注明由投标人根据地质勘探资料自行确定土壤类别,决定报价。

b. 施工图纸、标准图集标注明确的,对这些项目可描述为见××图集××页号及节点大样等。

c. 清单编制人在项目特征描述中应注明由投标人自定的,如土石方工程中的"取土运距""弃土运距"等。

(4)计量单位。分部分项工程量清单的计量单位与有效位数应遵守《建设工程工程量清单计价规范》规定。当附录中有两个或两个以上计量单位的,应结合拟建工程项目的实际选择其中一个确定。

(5)工程量的计算。分部分项工程量清单中所列工程量应按专业工程计量规范规定的工程量计算规则计算。另外,对补充项的工程量计算规则必须符合下述原则:一是其计算规则要具有可计算性,二是计算结果要具有唯一性。

工程量的计算是一项繁杂而细致的工作,为了计算的快速准确并尽量避免漏算或重算,必须依据一定的计算原则及方法。

①计算口径一致。根据施工图列出的工程量清单项目,必须与专业工程计量规范中相应清单项目的口径相一致。

②按工程量计算规则计算。工程量计算规则是综合确定各项消耗指标的基本依据,也是具体工程测算和分析资料的基准。

③按图纸计算。工程量按每一分项工程,根据设计图纸进行计算,计算时采用的原始数据必须以施工图纸所表示的尺寸或施工图纸能读出的尺寸为准进行计算,不得任意增减。

④按一定顺序计算。计算分部分项工程量时,可以按照定额编目顺序或按照施工图专业顺序依次进行计算。对于计算同一张图纸的分项工程量时,一般可采用以下几种顺序:按顺时针或逆时针顺序计算;按先横后纵顺序计算;按轴线编号顺序计算;按施工先后顺序计算;按定额分部分项顺序计算。

2. 措施项目清单的编制

措施项目清单指为完成工程项目施工,发生于该工程施工前和施工过程中与技术、生活、文明、安全等方面有关的非工程实体项目清单。

措施项目清单的编制需考虑多种因素,除工程本身的因素外,还涉及水文、气象、环境、安全等因素。措施项目清单应根据拟建工程的实际情况列项,若出现《建设工程工程量清单计价规范》GB 50500—2013 中未列的项目,可根据工程实际情况补充。项目清单的设置要考虑拟建工程的施工组织设计,施工技术方案,相关的施工规范与施工验收规范,招标文件中提出的某些必须通过一定的技术措施才能实现的要求,设计文件中一些不足以写进技术方案的、但是要通过一定的技术措施才能实现的内容。

有一些措施项目费用的发生与使用时间、施工方法或者两个以上的工序相关并大都与实际完成的实体工程量的大小关系不大,如安全文明施工、冬雨季施工、已完工程及设备保护等,对于这些措施项目可列入"措施项目清单与计价表(一)(见表 4.5)"中,另外一些可以精确计算工程量的措施项目可用分部分项工程量清单的方式采用综合单价进行计算,列入"措施项目清单与计价表(二)(见表 4.6)"中。

3. 其他项目清单的编制

其他项目清单是应招标人的特殊要求而发生的与拟建工程有关的其他费用项目和相应数量的清单。工程建设标准的高低、工程的复杂程度、工程的工期长短、工程的组成内容、发包人对工程管理的要求等都直接影响到其具体内容。当出现未包含在表格中的内容的项目时,可根据实际情况补充。其中:

(1)暂列金额是指招标人暂定并包括在合同中的一笔款项。用于工程合同签订时尚未确定或者不可预见的所需材料、工程设备、服务的采购,施工中可能发生的工程变更、合同约定调整因素出现时的合同价款调整以及发生的索赔、现场签证确认等的费用。此项费用由招标人填写其项目名称、计量单位、暂定金额等,若不能详列,也可只列暂定金额总额。由于暂列金额由招标人支配,实际发生后才得以支付,因此,在确定暂列金额时应根据施工图纸的深度、暂估价设定的水平、合同价款约定调整的因素以及工程实际情况合理确定。一般可按分部分项工程量清单的 10%～15% 确定,不同专业预留的暂列金额应分别列项。

(2)暂估价是招标人在招标文件中提供的用于支付必然要发生但暂时不能确定价格的材料、工程设备的单价以及专业工程的金额。一般而言,为方便合同管理和计价,需要纳入分部分项工程量项目综合单价中的暂估价,最好只限于材料费,以方便投标与组价。以"项"为计量单位给出的专业工程暂估价一般应是综合暂估价,即应当包括除规费、税金以外的管理费、利润等。

(3)计日工是为了解决现场发生的零星工作或项目的计价而设立的。计日工为额外工作的计价提供一个方便快捷的途径。计日工对完成零星工作所消耗的人工工时、材料数量、机械台班进行计量,并按照计日工表中填报的适用项目的单价进行计价支付。编制计日工表格时,一定要给出暂定数量,并且需要根据经验,尽可能估算一个比较贴近实际的数量,且尽可能把项目列全,以消除因此而产生的争议。

(4)总承包服务费是为了解决招标人在法律法规允许的条件下,进行专业工程发包以及自行采购供应材料、设备时,要求总承包人对发包的专业工程提供协调和配合服务,对供应的材料、设备提供收、发和保管服务以及对施工现场进行统一管理,对竣工资料进行统一汇总整理等发生并向承包人支付的费用。招标人应当按照投标人的投标报价支付该项费用。

4. 规费税金项目清单的编制

规费税金项目清单应按照规定的内容列项,当出现规范中没有的项目,应根据省级政府或有关部门的规定列项。税金项目清单除规定的内容外,如国家税法发生变化或增加税种,应对税金项目清单进行补充。规费、税金的计算基础和费率均应按国家或地方相关部门的规定执行。

5. 工程量清单总说明的编制

(1)工程概况。工程概况中要对建设规模、工程特征、计划工期、施工现场实际情况、自然地理条件、环境保护要求等作出描述。其中建设规模是指建筑面积;工程特征应说明基础及结构类型、建筑层数、高度、门窗类型及各部位装饰、装修做法;计划工期是指按工期定额计算的施工天数;施工现场实际情况是指施工场地的地表状况;自然地理条件,是指建筑场地所处地理位置的气候及交通运输条件;环境保护要求,是针对施工噪声及材料运输可能对周围环境造成的影响和污染所提出的防护要求。

(2)工程招标及分包范围。招标范围是指单位工程的招标范围,如建筑工程招标范围为

"全部建筑工程",装饰装修工程招标范围为"全部装饰装修工程",或招标范围不含桩基础、幕墙头、门窗等。工程分包是指特殊工程项目的分包,如招标人自行采购安装"铝合金闸窗"等。

(3)工程量清单编制依据。包括建设工程工程量清单计价规范、设计文件、招标文件、施工现场情况、工程特点及常规施工方案等。

(4)工程质量、材料、施工等的特殊要求。工程质量的要求,是指招标人要求拟建工程的质量应达到合格或优良标准;对材料的要求,是指招标人根据工程的重要性、使用功能及装饰装修标准提出的,诸如对水泥的品牌、钢材的生产厂家、花岗石的出产地、品牌等的要求;施工要求,一般是指建设项目中对单项工程的施工顺序等的要求。

(5)其他需要说明的事项。

6. 招标工程量清单汇总

在分部分项工程量清单、措施项目清单、其他项目清单、规费和税金项目清单编制完成以后,经审查复核,与工程量清单封面及总说明汇总并装订,由相关责任人签字和盖章,形成完整的招标工程量清单文件。随招标文件发布供投标报价的工程量清单,通常用表格形式表示并加以说明。由于招标人所用工程量清单表格与投标人报价所用表格是同一表格,招标人发布的表格中,除暂列金额、暂估价列有"金额"外只是列出工程量,且工程量为"实体净量"。

7.3 工程项目招标控制价的编制

7.3.1 招标控制价的概念

1. 招标控制价的概念

招标控制价是指根据国家或省级建设行政主管部门颁发的有关计价依据和办法,依据拟订的招标文件和招标工程量清单,结合工程具体情况发布的招标工程的最高投标限价。

《中华人民共和国招标投标法实施条例》规定,招标人可以自行决定是否编制标底,一个招标项目只能有一个标底,标底必须保密。同时规定,招标人设有最高投标限价的,应当在招标文件中明确最高投标限价或者最高投标限价的计算方法,招标人不得规定最低投标限价。

2. 招标控制价与标底的关系

招标控制价是推行工程量清单计价过程中对传统标底概念的性质进行界定后所设置的专业术语,它使招标时评标定价的管理方式发生了很大的变化。设标底招标、无标底招标以及招标控制价招标的利弊分析如下:

(1)设标底招标。

①设标底时易发生泄露标底及暗箱操作的现象,失去招标的公平公正性,容易诱发违法违规行为。

②编制的标底价是预期价格,因较难考虑施工方案、技术措施对造价的影响,容易与市场造价水平脱节,不利于引导投标人理性竞争。

③标底在评标过程的特殊地位使标底价成为左右工程造价的杠杆,不合理的标底会使合理的投标报价在评标中显得不合理,有可能成为地方或行业保护的手段。

④将标底作为衡量投标人报价的基准,导致投标人尽力地去迎合标底,往往招标投标过程反映的不是投标人实力的竞争,而是投标人编制预算文件能力的竞争,或者各种合法或非法的"投标策略"的竞争。

(2)无标底招标。

①容易出现围标串标现象,各投标人哄抬价格,给招标人带来投资失控的风险。

②容易出现低价中标后偷工减料,以牺牲工程质量来降低工程成本,或产生先低价中标,后高额索赔等不良后果。

③评标时,招标人对投标人的报价没有参考依据和评判基准。

(3)招标控制价招标。

①采用招标控制价招标的优点。

a. 可有效控制投资,防止恶性哄抬报价带来的投资风险。

b. 提高了透明度,避免了暗箱操作、寻租等违法活动的产生。

c. 可使各投标人自主报价、公平竞争,符合市场规律。投标人自主报价,不受标底的左右。

d. 既设置了控制上限又尽量地减少了业主依赖评标基准价的影响。

②采用招标控制价招标的缺点。

a. 若"最高限价"大大高于市场平均价时,就预示中标后利润很丰厚,只要投标不超过公布的限额都是有效投标,从而可能诱导投标人串标围标。

b. 若公布的最高限价远远低于市场平均价,就会影响招标效率,即可能出现只有1~2人投标或出现无人投标情况,因为按此限额投标将无利可图,超出此限额投标又成为无效投标,结果使招标人不得不修改招标控制价进行二次招标。

7.3.2　招标控制价的编制依据

1. 招标控制价的编制依据

招标控制价的编制依据是指在编制招标控制价时需要进行工程量计量、价格确认、工程计价的有关参数、率值的确定等工作时所需的基础性资料,主要包括:

(1)现行国家标准《建设工程工程量清单计价规范》GB 50500—2013 与专业工程计量规范。

(2)国家或省级、行业建设主管部门颁发的计价定额和计价办法。

(3)建设工程设计文件及相关资料。

(4)拟定的招标文件及招标工程量清单。

(5)与建设项目相关的标准、规范、技术资料。

(6)施工现场情况、工程特点及常规施工方案。

(7)工程造价管理机构发布的工程造价信息;工程造价信息没有发布的,参照市场价。

(8)其他的相关资料。

2. 编制招标控制价的规定

(1)国有资金投资的工程建设项目应实行工程量清单招标,招标人应编制招标控制价,并应当拒绝高于招标控制价的投标报价,即投标人的投标报价若超过公布的招标控制价,则其投标作为废标处理。

(2)招标控制价应由具有编制能力的招标人或受其委托、具有相应资质的工程造价咨询人编制。工程造价咨询人不得同时接受招标人和投标人对同一工程的招标控制价和投标报价的编制。

(3)招标控制价应在招标文件中公布,对所编制的招标控制价不得进行上浮或下调。在公布招标控制价时,应公布招标控制价各组成部分的详细内容,不得只公布招标控制价总价。

(4)招标控制价超过批准的概算时,招标人应将其报原概算审批部门审核。这是由于我国对国有资金投资项目的投资控制实行的是设计概算审批制度,国有资金投资的工程原则上不能超过批准的设计概算。

(5)投标人经复核认为招标人公布的招标控制价未按照《建设工程工程量清单计价规范》GB 50500—2013 的规定进行编制的,应在开标前 5 日向招标投标监督机构或(和)工程造价管理机构投诉。招标投标监督机构应会同工程造价管理机构对投诉进行处理,当招标控制价误差>±3%的应责成招标人改正。

(6)招标人应将招标控制价及有关资料报送工程所在地工程造价管理机构备查。

7.3.3 招标控制价的编制内容

招标控制价的编制内容包括分部分项工程费、措施项目费、其他项目费、规费和税金,各个部分有不同的计价要求。

1. 分部分项工程费的编制要求

(1)分部分项工程费应根据招标文件中的分部分项工程量清单及有关要求,按照《建设工程工程量清单计价规范》GB 50500—2013 的有关规定确定综合单价计价。

(2)工程量依据招标文件中提供的分部分项工程量清单确定。

(3)招标文件提供了暂估单价的材料,应按暂估的单价计入综合单价。

(4)为使招标控制价与投标报价所包含的内容一致,综合单价中应包括招标文件中要求投标人所承担的风险内容及其范围(幅度)产生的风险费用。

2. 措施项目费的编制要求

(1)措施项目费中的安全文明施工费应当按照国家或省级、行业建设主管部门的规定标准计价,该部分不得作为竞争性费用。

(2)措施项目应按招标文件中提供的措施项目清单确定,措施项目分为以"量"计算和以"项"计算两种。对于可精确计量的措施项目,应采用以"量"计算,即按其工程量用与分部分项工程工程量清单单价相同的方式确定综合单价;对于不可精确计量的措施项目,则应采用以"项"为单位,即采用费率法按有关规定综合取定,采用费率法时需确定某项费用的计费基数及其费率,结果应是包括除规费、税金以外的全部费用。计算公式为

$$以"项"计算的措施项目清单费=措施项目计费基数×费率 \tag{7.1}$$

3. 其他项目费的编制要求

(1)暂列金额。暂列金额可根据工程的复杂程度、设计深度、工程环境条件(包括地质、水文、气候条件等)进行估算,一般可以分部分项工程费的 5%10%为参考。

(2)暂估价。暂估价中的材料单价应按照工程造价管理机构发布的工程造价信息中的材料单价计算,工程造价信息未发布的材料单价,其单价参考市场价格估算;暂估价中的专业工程暂估价应分不同专业,按有关计价规定估算。

(3)计日工。在编制招标控制价时,对计日工中的人工单价和施工机械台班单价应按省级、行业建设主管部门或其授权的工程造价管理机构公布的单价计算;材料应按工程造价管理机构发布的工程造价信息中的材料单价计算,工程造价信息未发布单价的材料,其价格应按市场调查确定的单价计算。

(4)总承包服务费。总承包服务费应按照省级或行业建设主管部门的规定计算,在计算时可参考以下标准:

①招标人仅要求对分包的专业工程进行总承包管理和协调时,按分包的专业工程估算造价的 1.5% 计算。

②招标人要求对分包的专业工程进行总承包管理和协调,并同时要求提供配合服务时,根据招标文件中列出的配合服务内容和提出的要求,按分包的专业工程估算造价的 3%～5% 计算。

③招标人自行供应材料的,按招标人供应材料价值的 1% 计算。

4. 规费和税金的编制要求

规费和税金必须按国家或省级、行业建设主管部门的规定计算。税金的计算公式为

$$税金＝(分部分项工程量清单费＋措施项目清单费＋$$
$$其他项目清单费＋规费)×综合税率\qquad(7.2)$$

7.3.4　招标控制价的计价与组价

1. 招标控制价计价程序

建设工程的招标控制价反映的是单位工程费用,各单位工程费用是由分部分项工程费、措施项目费、其他项目费、规费和税金组成。单位工程招标控制价计价程序如表 7.1 所示。

表 7.1　单位工程招标控制价计价程序(施工企业投标报价计价程序)

工程名称:　　　　　　　　　　标段:　　　　　　　　　第　页　共　页

序号	汇总内容	计算方法	金额(元)
1	分部分项工程	按计价规定计算/(自主报价)	
1.1			
1.2			
2	措施项目	按计价规定计算/(自主报价)	
2.1	其中:安全文明施工费	按规定标准估算/(按规定标准计算)	
3	其他项目		
3.1	其中:暂列金额	按计价规定估算/(按招标文件提供金额计列)	
3.2	其中:专业工程暂估价	按计价规定估算/(按招标文件提供金额计列)	
3.3	其中:计日工	按计价规定估算/(自主报价)	
3.4	其中:总承包服务费	按计价规定估算/(自主报价)	
4	规费	按规定标准计算	
5	税金(扣除不列入计税范围的工程设备金额)	(1+2+3+4)×规定税率	
招标控制价/(投标报价)合计＝1+2+3+4+5			

注:本表适用于单位工程招标控制价计算或投标报价计算,如无单位工程划分,单项工程也使用本表。

由于投标人(施工企业)投标报价计价程序与招标人(建设单位)招标控制价计价程序具有相同的表格,为便于对比分析,此处将两种表格合并列出,其中表格栏目中斜线后带括号的内容用于投标报价,其余为通用栏目。

2. 综合单价的组价

招标控制价的分部分项工程费应由各单位工程的招标工程量清单乘以其相应综合单价汇总而成。综合单价的组价,首先依据提供的工程量清单和施工图纸,按照工程所在地区颁发的计价定额的规定,确定所组价的定额项目名称,并计算出相应的工程量;其次,依据工程造价政策规定或工程造价信息确定其人工、材料、机械台班单价;同时,在考虑风险因素确定管理费率

和利润率的基础上,按规定程序计算出所组价定额项目的合价,如公式(7.3)所示,然后将若干项所组价的定额项目合价相加除以工程量清单项目工程量,便得到工程量清单项目综合单价,如公式(7.4)所示,对于未计价材料费(包括暂估单价的材料费)应计入综合单价。

$$定额项目合价=定额项目工程量×[\sum(定额人工消耗量×人工单价)+$$

$$\sum(定额材料消耗量×材料单价)+\sum(定额机械台班消耗量×$$

$$机械台班单价)+价差(基价或人工、材料、机械费用)+$$

$$管理费和利润] \tag{7.3}$$

$$工程量清单综合单价=\frac{\sum(定额项目合价)+未计价材料}{工程量清单项目工程量} \tag{7.4}$$

3. 确定综合单价应考虑的因素

编制招标控制价在确定其综合单价时,应考虑一定范围内的风险因素。在招标文件中应通过预留一定的风险费用,或明确说明风险所包括的范围及超出该范围的价格调整方法。对于招标文件中未作要求的可按以下原则确定。

(1)对于技术难度较大和管理复杂的项目,可考虑一定的风险费用,并纳入到综合单价中。

(2)对于工程设备、材料价格的市场风险,应依据招标文件的规定,工程所在地或行业工程造价管理机构的有关规定,以及市场价格趋势考虑一定率值的风险费用,纳入到综合单价中。

(3)税金、规费等法律、法规、规章和政策变化的风险和人工单价等风险费用不应纳入综合单价。

招标工程发布的分部分项工程量清单对应的综合单价,应按照招标人发布的分部分项工程量清单的项目名称、工程量、项目特征描述,依据工程所在地区颁发的计价定额和人工、材料、机械台班价格信息等进行组价确定,并应编制工程量清单综合单价分析表。

7.3.5 编制招标控制价时应注意的问题

(1)采用的材料价格应是工程造价管理机构通过工程造价信息发布的材料价格,工程造价信息未发布材料单价的材料,其材料价格应通过市场调查确定。另外,未采用工程造价管理机构发布的工程造价信息时,需在招标文件或答疑补充文件中对招标控制价采用的与造价信息不一致的市场价格予以说明,采用的市场价格则应通过调查、分析确定,有可靠的信息来源。

(2)施工机械设备的选型直接关系到综合单价水平,应根据工程项目特点和施工条件,本着经济实用、先进高效的原则确定。

(3)应该正确、全面地使用行业和地方的计价定额与相关文件。

(4)不可竞争的措施项目和规费、税金等费用的计算均属于强制性的条款,编制招标控制价时应按国家有关规定计算。

(5)不同工程项目。不同施工单位会有不同的施工组织方法,所发生的措施费也会有所不同,因此,对于竞争性的措施费用的确定,招标人应首先编制常规的施工组织设计或施工方案,然后经专家论证确认后再进行合理确定措施项目与费用。

7.4 工程项目投标报价的编制与报价策略

7.4.1 投标报价的概念

投标报价是在工程招标发包过程中,由投标人按照招标文件的要求,根据工程特点,并结合自身的施工技术、装备和管理水平,依据有关计价规定自主确定的工程造价,是投标人希望达成工程承包交易的期望价格,它不能高于招标人设定的招标控制价。作为投标计算的必要条件,应预先确定施工方案和施工进度,此外,投标计算还必须与采用的合同形式相协调。

7.4.2　投标报价的编制依据

(1)《建设工程工程量清单计价规范》GB 50500—2013。

(2)国家或省级、行业建设主管部门颁发的计价办法。

(3)企业定额,国家或省级、行业建设主管部门颁发的计价定额和计价办法。

(4)招标文件、招标工程量清单及其补充通知、答疑纪要。

(5)建设工程设计文件及相关资料。

(6)施工现场情况、工程特点及投标时拟定的施工组织设计或施工方案。

(7)与建设项目相关的标准、规范等技术资料。

(8)市场价格信息或工程造价管理机构发布的工程造价信息。

(9)其他的相关资料。

7.4.3　投标报价的编制原则

报价是投标的关键性工作,报价是否合理不仅直接关系到投标的成败,还关系到中标后企业的盈亏。投标报价编制原则如下:

(1)投标报价由投标人自主确定,但必须执行《建设工程工程量清单计价规范》GB 50500—2013 的强制性规定。投标价应由投标人或受其委托,具有相应资质的工程造价咨询人员编制。

(2)投标人的投标报价不得低于成本。《评标委员会和评标方法暂行规定》第二十一条规定:"在评标过程中,评标委员会发现投标人的报价明显低于其他投标报价或者在设有标底时明显低于标底,使得其投标报价可能低于其个别成本的,应当要求该投标人作出书面说明并提供相关证明材料。投标人不能合理说明或者不能提供相关证明材料的,由评标委员会认定该投标人以低于成本报价竞标,其投标应作为废标处理"。根据上述法律、规章的规定,特别要求投标人的投标报价不得低于成本。

(3)投标报价要以招标文件中设定的发承包双方责任划分,作为考虑投标报价费用项目和费用计算的基础,发承包双方的责任划分不同,会导致合同风险不同的分摊,从而导致投标人选择不同的报价;根据工程发承包模式考虑投标报价的费用内容和计算深度。

(4)以施工方案、技术措施等作为投标报价计算的基本条件;以反映企业技术和管理水平的企业定额作为计算人工、材料和机械台班消耗量的基本依据;充分利用现场考察、调研成果、市场价格信息和行情资料,编制基础标价。

(5)报价计算方法要科学严谨,简明适用。

7.4.4　投标报价的编制方法和内容

投标报价的编制过程,应首先根据招标人提供的工程量清单编制分部分项工程量清单计价表、措施项目清单计价表、其他项目清单计价表、规费、税金项目清单计价表,计算完毕之后,汇总得到单位工程投标报价汇总表,再层层汇总,分别得出单项工程投标报价汇总表和工程项目投标总价汇总表,建设项目施工投标总价的组成如图 7.2 所示。在编制过程中,投标人应按招标人提供的工程量清单填报价格。填写的项目编码、项目名称、项目特征、计量单位、工程量必须与招标人提供的一致。

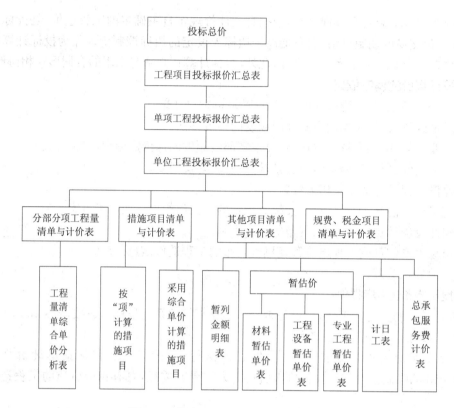

图 7.2　建设项目施工投标总价的组成

1. 分部分项工程量清单与计价表的编制

承包人投标价中的分部分项工程费应按招标文件中分部分项工程量清单项目的特征描述,确定综合单价计算。因此确定综合单价是分部分项工程工程量清单与计价表编制过程中最主要的内容。分部分项工程量清单综合单价,包括完成单位分部分项工程所需的人工费、材料费、施工机具使用费、管理费、利润,并考虑风险费用的分摊。确定分部分项工程综合单价时应注意以下事项。

(1)以项目特征描述为依据。项目特征是确定综合单价的重要依据之一,投标人投标报价时应依据招标文件中分部分项工程量清单项目的特征描述确定清单项目的综合单价。在招标投标过程中,当出现招标文件中分部分项工程量清单特征描述与设计图纸不符时,投标人应以分部分项工程量清单的项目特征描述为准,确定投标报价的综合单价。当施工中施工图纸或设计变更与工程量清单项目特征描述不一致时,发承包双方应按实际施工的项目特征,依据合同约定重新确定综合单价。

(2)材料、工程设备暂估价的处理。招标文件中在其他项目清单中提供了暂估单价的材料和工程设备,应按其暂估的单价计入分部分项工程量清单项目的综合单价中。

(3)考虑合理的风险。招标文件中要求投标人承担的风险费用,投标人应考虑进入综合单价。在施工过程中,当出现的风险内容及其范围(幅度)在招标文件规定的范围(幅度)内时,综合单价不得变动,合同价款不做调整。根据国际惯例并结合我国工程建设的特点,发承包双方对工程施工阶段的风险宜采用如下分摊原则。

①对于主要由市场价格波动导致的价格风险,如工程造价中的建筑材料、燃料等价格风

险,发承包双方应当在招标文件中或在合同中对此类风险的范围和幅度予以明确约定,进行合理分摊。根据工程特点和工期要求,一般采取的方式是承包人承担5%以内的材料、工程设备价格风险,10%以内的施工机具使用费风险。

②对于法律、法规、规章或有关政策出台导致工程税金、规费、人工费发生变化,并由省级、行业建设行政主管部门或其授权的工程造价管理机构根据上述变化发布的政策性调整,承包人不应承担此类风险,应按照有关调整规定执行。

③对于承包人根据自身技术水平、管理、经营状况能够自主控制的风险,如承包人的管理费、利润的风险,承包人应结合市场情况,根据企业自身的实际合理确定、自主报价,该部分风险由承包人全部承担。

2. 措施项目清单与计价表的编制

编制内容主要是计算各项措施项目费,措施项目费应根据招标文件中的措施项目清单及投标时拟定的施工组织设计或施工方案按不同报价方式自主报价。计算时应遵循以下原则。

(1)投标人可根据工程实际情况结合施工组织设计,自主确定措施项目费。对招标人所列的措施项目可以进行增补。这是由于各投标人拥有的施工装备、技术水平和采用的施工方法有所差异,招标人提出的措施项目清单是根据一般情况确定的,没有考虑不同投标人的"个性",投标人投标时应根据自身编制的投标施工组织设计或施工方案确定措施项目,对招标人提供的措施项目进行调整。投标人根据投标施工组织设计或施工方案调整和确定的措施项目应通过评标委员会的评审。

(2)措施项目清单计价应根据拟建工程的施工组织设计,对于可以精确计"量"的措施项目宜采用分部分项工程量清单方式的综合单价计价;对于不能精确计"量"的措施项目可以"项"为单位的方式按"率值"计价,应包括除规费、税金外的全部费用,以"项"为计量单位的,按"项"计价,其价格组成与综合单价相同,应包括除规费、税金以外的全部费用。

(3)措施项目清单中的安全文明施工费应按照国家或省级、行业建设主管部门的规定计价,不得作为竞争性费用。招标人不得要求投标人对该项费用进行优惠,投标人也不得将该项费用参与市场竞争。

3. 其他项目清单与计价表的编制

其他项目费主要包括暂列金额、暂估价、计日工以及总承包服务费组成。投标人对其他项目费投标报价时应遵循以下原则:

(1)暂列金额明细表应按照其他项目清单中列出的金额填写,不得变动。

(2)暂估价不得变动和更改。材料暂估单价表中的材料暂估价必须按照招标人提供的暂估单价计入分部分项工程费用中的综合单价;专业工程暂估单价表必须按照招标人提供的其他项目清单中列出的金额填写。材料暂估单价和专业工程暂估价均由招标人提供,为暂估价格,在工程实施过程中,对于不同类型的材料与专业工程采用不同的计价方法。

①招标人在工程量清单中提供了暂估价的材料和专业工程属于依法必须招标的,由承包人和招标人共同通过招标确定材料单价与专业工程中标价。

②若材料不属于依法必须招标的,经发、承包双方协商确认单价后计价。

③若专业工程不属于依法必须招标的,由发包人、总承包人与分包人按有关计价依据进行计价。

(3)计日工应按照其他项目清单列出的项目和估算的数量,自主确定各项综合单价并计算费用。

(4)总承包服务费应根据招标人在招标文件中列出的分包专业工程内容和供应材料、设备情况,按照招标人提出的协调、配合与服务要求和施工现场管理需要自主确定。

4. 规费、税金项目清单与计价表的编制

规费和税金应按国家或省级、行业建设主管部门的规定计算,不得作为竞争性费用。这是由于规费和税金的计取标准是依据有关法律、法规和政策规定制定的,具有强制性。因此,投标人在投标报价时必须按照国家或省级、行业建设主管部门的有关规定计算规费和税金。

5. 投标价的汇总

投标人的投标总价应当与组成工程量清单的分部分项工程费、措施项目费、其他项目费和规费、税金的合计金额相一致,即投标人在进行工程量清单招标的投标报价时,不能进行投标总价优惠(或降价、让利),投标人对投标报价的任何优惠(或降价、让利)均应反映在相应清单项目的综合单价中。

7.4.5 投标报价的工作程序

投标是一种要约,需要严格遵守关于招投标的法律规定及程序,还需对招标文件作出实质性响应,并符合招标文件的各项要求,科学规范地编制投标文件与合理策略地提出报价,直接关系到承揽工程项目的中标率。

任何一个施工项目的投标报价都是一项复杂的系统工程,需要周密思考,统筹安排。在取得招标信息后,投标人首先要决定是否参加投标,如果参加投标,即进行前期工作:准备资料,申请并参加资格预审;获取招标文件;组建投标报价班子;然后进入询价与编制阶段,整个投标过程需遵循一定的程序(见图7.3)进行。

1. 投标报价的前期工作

(1)通过资格预审,获取招标文件。为了能够顺利地通过资格预审,承包商申报资格预审时应当注意:

①平时对资格预审有关资料注意积累,随时存入计算机内,经常整理,以备填写资格预审表格之用。

②填表时应重点突出,除满足资格预审要求外,还应适当地反映出本企业的技术管理水平、财务能力、施工经验和良好业绩。

③如果资格预审准备中,发现本公司某些方面难以满足投标要求时,则应考虑组成"联合体"参加资格预审。

(2)组建投标报价班子。组织一个专业水平高、经验丰富、精力充沛的投标报价班子是投标获得成功的基本保证。班子成员可分为3个层次,即投标决策人员、报价分析人员和基础数据采集和配备人员。各类专业人员之间应分工明确、通力合作配合,协调发挥各自的主动性、积极性和专长,完成既定投标报价工作。另外,还要注意保持报价班子成员的相对稳定,以便积累经验,不断提高其素质和水平,提高报价工作效率。

(3)研究招标文件。投标人取得招标文件后,为保证工程量清单报价的合理性,应对投标人须知、合同条件、技术规范、图纸和工程量清单等重点内容进行分析,深刻而正确地理解招标文件和业主的意图。

①投标须知。它反映了招标人对投标的要求,特别要注意项目的资金来源、投标书的编制

和递交、投标保证金、更改或备选方案、评标方法等,重点在于防止废标。

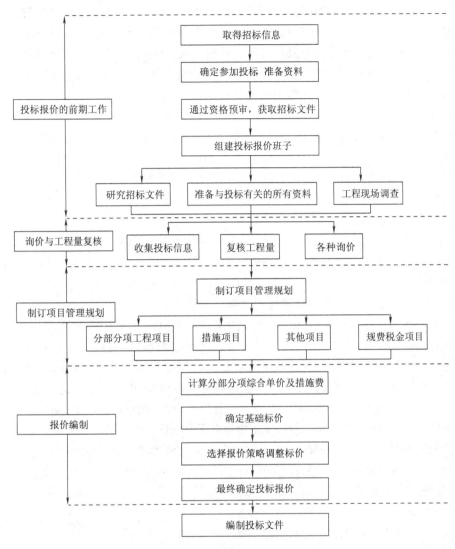

图 7.3　施工投标报价流程图

②合同分析。投标人要了解与自己承包的工程内容有关的合同背景,分析承包方式、计价方式,注意合同条款中关于工程变更及相应合同价款调整的内容;分析合同条款中关于合同工期、竣工日期、部分工程分期交付工期等规定;注意合同条款中关于业主责任措辞的严密性,以及关于索赔的有关规定等。

(4)工程现场调查。招标人在招标文件中一般会明确进行工程现场踏勘的时间和地点。投标人对一般区域调查重点注意以下几个方面:

①自然条件调查,如气象资料、水文资料、地震、洪水及其他自然灾害情况,地质情况等。

②施工条件调查,主要包括:工程现场的用地范围、地形、地貌、地物、高程,地上或地下障碍物,现场的三通一平情况;工程现场周围的道路、进出场条件、有无特殊交通限制等。

2. 询价与工程量复核

投标报价之前,投标人必须通过各种渠道,采用各种手段对工程所需各种材料、设备等的价格、质量、供应时间、供应数量等进行系统的调查,同时还要了解分包项目的分包形式、分包范围、分包人报价、分包人履约能力及信誉等。询价是投标报价的基础,它为投标报价提供可靠的依据。询价时要特别注意两个问题,一是产品质量必须可靠,并满足招标文件的有关规定;二是供货方式、时间、地点,有无附加条件和费用。

工程量清单作为招标文件的组成部分,是由招标人提供的。工程量的大小是投标报价最直接的依据。复核工程量的准确程度,将影响承包商的经营行为;一是根据复核后的工程量与招标文件提供的工程量之间的差距,考虑相应的投标策略,决定报价尺度;二是根据工程量的大小采取合适的施工方法,选择适用、经济的施工机具设备、投入使用相应的劳动力数量等。

3. 制订项目管理规划

项目管理规划是工程投标报价的重要依据,项目管理规划应分为项目管理规划大纲和项目管理实施规划。根据《建设工程项目管理规范》GB/T 50326—2006,当承包商以编制施工组织设计代替项目管理规划时,施工组织设计应满足项目管理规划的要求。

(1)项目管理规划大纲。项目管理规划大纲是投标人管理层在投标之前编制的,旨在作为投标依据、满足招标文件要求及签订合同要求的文件。可包括下列内容(根据需要选定):项目概况;项目范围管理规划;项目管理目标规划;项目管理组织规划;项目成本管理规划;项目进度管理规划;项目质量管理规划;项目职业健康安全与环境管理规划;项目采购与资源管理规划;项目信息管理规划;项目沟通管理规划;项目风险管理规划;项目收尾管理规划。

(2)项目管理实施规划。项目管理实施规划是指在开工之前由项目经理主持编制的,旨在指导施工项目实施阶段管理的文件。项目管理实施规划必须由项目经理组织项目部在工程开工之前编制完成。应包括下列内容:项目概况;总体工作计划;组织方案;技术方案;进度计划;质量计划;职业健康安全与环境管理计划;成本计划;资源需求计划;风险管理规划;信息管理计划;项目沟通管理计划;项目收尾管理计划;项目现场平面布置图;项目目标控制措施;技术经济指标。

4. 报价编制

见 7.4.4 投标报价的编制方法和内容。

5. 编制投标文件

(1)投标文件编制的内容。投标人应当按照招标文件的要求编制投标文件。投标文件应当包括下列内容。

①投标函及投标函附录。

②法定代表人身份证明或附有法定代表人身份证明的授权委托书。

③联合体协议书(如工程允许采用联合体投标)。

④投标保证金。

⑤已标价工程量清单。

⑥施工组织设计。

⑦项目管理机构。

⑧拟分包项目情况表。

⑨资格审查资料。

⑩规定的其他材料。

（2）投标文件编制时应遵循的规定。

①投标文件应按"投标文件格式"进行编写，如有必要，可以增加附页，作为投标文件的组成部分。其中，投标函附录在满足招标文件实质性要求的基础上，可以提出比招标文件要求更能吸引招标人的承诺。

②投标文件应当对招标文件有关工期、投标有效期、质量要求、技术标准和要求、招标范围等实质性内容作出响应。

③投标文件应由投标人的法定代表人或其委托代理人签字或盖单位章。委托代理人签字的，投标文件应附法定代表人签署的授权委托书。投标文件应尽量避免涂改、行间插字或删除。如果出现上述情况，改动之处应加盖单位章或由投标人的法定代表人或其授权的代理人签字确认。

④投标文件正本一份，副本份数按招标文件有关规定。正本和副本的封面上应清楚地标记"正本"或"副本"的字样。投标文件的正本与副本应分别装订成册，并编制目录。当副本和正本不一致时，以正本为准。

⑤除招标文件另有规定外，投标人不得递交备选投标方案。允许投标人递交备选投标方案的，只有中标人所递交的备选投标方案方可予以考虑。评标委员会认为中标人的备选投标方案优于其按照招标文件要求编制的投标方案的，招标人可以接受该备选投标方案。

7.4.6　投标报价的策略

投标报价策略是指承包商在投标竞争中的系统工作部署及其参与投标竞争的方式和手段。投标报价策略对承包人有着十分重要的意义和作用。常用的策略主要有以下几种。

1. 根据招标项目的不同特点采用不同报价

投标报价时，既要考虑自身的优势和劣势，也要分析招标项目的特点。按照工程项目的不同特点、类别、施工条件等来选择报价策略。

遇到如下情况报价可高一些：施工条件差的工程；专业要求高的技术密集型工程，而本公司在这方面又有专长，声望也较高；总价低的小工程，以及自己不愿做、又不方便不投标的工程；特殊的工程，如港口码头、地下开挖工程等；工期要求急的工程；投标对手少的工程；支付条件不理想的工程。

遇到如下情况报价可低一些：施工条件好的工程，工作简单、工程量大而一般公司都可以做的工程；本公司目前急于打入某一市场、某一地区，或在该地区面临工程结束，机械设备等无工地转移时；本公司在附近有工程，而本项目又可利用该工程的设备、劳务，或有条件短期内突击完成的工程；投标对手多，竞争激烈的工程；非急需工程；支付条件好的工程。

2. 不平衡报价法

不平衡报价法是指一个工程项目总报价基本确定后，通过调整内部各个项目的报价，某些项目的报价比正常水平高，另一些项目的报价比正常水平低一些，以期既不提高总报价和不影响中标，又能在结算时得到更理想的经济效益，加快资金周转。一般可以考虑在以下几方面采用不平衡报价。

（1）能够早日结账收款的项目（如开办费、基础工程、土方开挖、桩基等）可适当提高。

（2）预计今后工程量会增加的项目，单价适当提高，这样在最终结算时可多赚钱；将工程量可能减少的项目单价降低，工程结算时损失不大。

（3）设计图纸不明确,估计修改后工程量要增加的,可以提高单价;而工程内容说不清楚的,则可适当降低一些单价,待澄清后可再要求提价。

（4）暂定项目,又称为任意项目或选择项目,对这类项目要具体分析。因为这类项目要在开工后再由业主研究决定是否实施,以及由哪家承包商实施。如果工程不分标,不会另由一家承包商施工,则其中肯定要做的单价可高些,不一定做的则应低些;如果工程分标,该暂定项目也可能由其他承包商施工时,则不宜报高价,以免抬高总报价。

采用不平衡报价一定要建立在对工程量表中工程量仔细校对分析的基础上,特别是对报低单价的项目,工程实施过程中工程量的增加将造成承包商的重大损失;不平衡报价过多和过于明显,可能会引起业主反对,甚至导致废标。

3. 多方案报价法

多方案报价法是承包商在工程说明书或合同条款不够明确时采用的一种方法。当发现工程范围不很明确、条款不清楚或很不公正,或技术规范要求过于苛刻时,则要在充分估计投标风险的基础上,按多方案报价法处理。即是按原招标文件报一个价,然后再加以注释,如某某条款作某些变动,报价可降低多少,由此可报出一个较低的价。这样可以降低总价,吸引业主改变说明书和合同条款,同时也提高竞争力。

4. 增加建议方案

有时招标文件中规定,可以提一个建议方案,即可以修改原设计方案,提出投标者的方案。投标人这时应抓住机会,组织一批有经验的设计和施工工程师,对原招标文件的设计和施工方案仔细研究,提出更为合理的方案以吸引业主,促成自己的方案中标。这种新建议方案可以降低总造价或是缩短工期,或使工程运用更为合理。但要注意对原招标方案一定也要报价。建议方案不要写得太具体,要保留方案的技术关键,防止招标人将此方案交给其他投标人。同时要强调的是,建议方案一定要比较成熟,有很好的可操作性。

当然,结合具体情况,还可以在诸如零星用工单价的报价,可供选择的项目的报价,暂定工程量的报价,分包商报价的采用、无利润报价等方面制定相应的策略,以获得中标。

7.5　工程合同价款的确定与施工合同的签订

7.5.1　工程合同价款的确定方式

工程合同价款是发包人和承包人在协议中约定,发包人用以支付承包人按照合同约定完成承包范围内全部工程并承担质量保修责任的价款,是工程合同中双方当事人最关心的核心条款,是由发包人、承包人依据中标通知书中的中标价格在协议书内的约定。合同价款在协议书内约定后,任何一方不能擅自更改。

《建设工程施工合同(示范文本)》(GF—2013—0201)规定,工程合同价可以采用3种方式:单价合同、总价合同和成本加酬金合同。

1. 单价合同

单价合同是指合同当事人约定以工程量清单及其综合单价进行合同价格计算、调整和确认的建设工程施工合同,在约定的范围内合同单价不作调整。合同当事人应在专用合同条款中约定综合单价包含的风险范围和风险费用的计算方法,并约定风险范围以外的合同价格的调整方法。其中因市场价格波动引起的调整按照《建设工程施工合同(示范文本)》(GF—

2013—0201)第 11.1 款(市场价格波动引起的调整)约定执行。

根据《建设工程工程量清单计价规范》(GB 50500—2013)第 7.1.3 款规定,实行工程量清单计价的工程,应采用单价合同。单价合同约定的合同价款中所包含的工程量清单项目综合单价在约定条件内是固定的,不予调整,工程量允许调整。工程量清单项目综合单价约定的条件外,允许调整。但调整方式、方法应在合同中约定。

工程量清单计价是以工程量清单作为投标人投标报价和合同签订时签约合同价的唯一载体,采用单价合同形式时,经标价的工程量清单是合同文件必不可少的组成内容,其中的工程量在合同价款结算时按照合同中约定应予计量并实际完成的工程量进行调整,由招标人提供统一的工程量清单彰显了工程量清单计价的主要优点。

2. 总价合同

总价合同是指合同当事人约定以施工图、已标价工程量清单或预算书及有关条件进行合同价格计算、调整和确认的建设工程施工合同,在约定的范围内合同总价不作调整。合同当事人应在专用合同条款中约定总价包含的风险范围和风险费用的计算方法,并约定风险范围以外的合同价格的调整方法,其中因市场价格波动引起的调整按照《建设工程施工合同(示范文本)》(GF—2013—0201)第 11.1 款(市场价格波动引起的调整)、因法律变化引起的调整按照《建设工程施工合同(示范文本)》(GF—2013—0201)第 11.2 款(法律变化引起的调整)约定执行。

根据《建设工程工程量清单计价规范》(GB 50500—2013)第 7.1.3 款规定,建设规模较小,技术难度较低,工期较短,且施工图设计已审查批准的建设工程可采用总价合同。

3. 成本加酬金合同价

合同中确定的工程合同价,其工程成本中的直接费(一般包括人工、材料及机械设备费)按实支付,管理费及利润按事先协议好的某一种方式支付。

这种合同形式主要适用于:在工程内容及技术指标尚未全面确定,报价依据尚不充分的情况下,业主方又因工期要求紧迫急于上马的工程;施工风险很大的工程,或者业主和承包商之间具有良好的合作经历和高度的信任,承包商在某方面具有独特的技术、特长和经验的工程。这种合同形式的缺点是发包单位对工程总造价不易控制,而承包商在施工中也不注意精打细算,因为是按照一定比例提取管理费及利润,往往成本越高,管理费及利润也越高。

成本补偿合同有多种形式,部分形式如下所述。

(1)成本加固定百分比酬金合同价。这种合同形式,承包商实际成本实报实销,同时按照实际直接成本的固定百分比付给承包商相应的酬金。因此该类合同的工程总造价及付给承包方的酬金随工程成本而水涨船高,这不利于鼓励承包商降低成本,正是由于这种弊病所在,使得这种合同形式很少被采用。

(2)成本加固定费用合同价。这种合同形式与成本加固定百分比酬金合同相似,其不同之处在于酬金一般是固定不变的。它是根据双方讨论同意的工程规模、估计工期、技术要求、工作性质及复杂性,以及所涉及的风险等来考虑确定一笔固定数目的报酬金额作为管理费及利润。对人工、材料、机械台班费等直接成本则实报实销。如果设计变更或增加新项目,即直接费用超过原定估算成本的 10% 左右时,固定的报酬费也要增加。这种方式也不能鼓励承包商关心降低成本,因此也可在固定费用之外根据工程质量、工期和节约成本等因素,给承包商另加奖金,以鼓励承包商积极工作。

（3）成本加奖罚合同价。采用这种形式的合同,首先要确定一个目标成本,这个目标成本是根据粗略估算的工程量和单价表编制出来的。在此基础上,根据目标成本来确定酬金的数额,可以是百分比的形式,也可以是一笔固定酬金,同时以目标成本为基础确定一个奖罚的上下限。在项目实施工程中,当实际成本低于确定的下限时,承包商在获得实际成本、酬金补偿外,还可根据成本降低额来得到一笔奖金。当实际成本高于上限成本时,承包方仅能从发包方得到成本和酬金的补偿,并对超出合同规定的限额,还要处以一笔罚金。

这种合同形式可以促使承包商关心成本的降低和工期的缩短,而且目标成本是随着设计的进展而加以调整的,承发包双方都不会承担太大风险,故这种合同形式应用较多。

（4）最高限额成本加固定最大酬金合同价。在这种形式的合同中,首先要确定最高限额成本、报价成本和最低成本,当实际成本没有超过最低成本时,承包商发生的实际成本费用及应得酬金等都可得到业主的支付,并可与业主分享节约额;如果实际工程成本在最低成本和报价成本之间,承包方只有成本和酬金可以得到支付;如果实际工程成本在报价成本与最高限额成本之间,则全部成本可以得到支付;实际工程成本超过最高限额成本时,则超过部分业主不予支付。

这种合同形式有利于控制工程造价,并能鼓励承包商最大限度地降低工程成本。

具体工程承包的计价方式不一定是单一的方式,在合同内可以明确约定具体工作内容采用的计价方式,也可以采用组合计价方式。

7.5.2 施工合同的签订

1. 施工合同格式的选择

合同是双方对招标成果的认可,是招标之后、开工之前双方签订的工程施工、付款和结算的凭证。合同的形式应在招标文件中确定,投标人应在投标文件中做出响应。目前的建筑工程施工合同格式一般采用如下几种方式。

（1）参考 FIDIC 合同格式订立的合同。FIDIC 合同是国际通用的规范合同文本。它一般用于大型的国家投资项目和世界银行贷款项目。采用这种合同格式,可以有效避免工程竣工结算时的经济纠纷;但因其使用条件较严格,因而在一般中小型项目中较少采用。

（2）《建设工程施工合同示范文本》（简称示范文本合同）。按照国家工商管理部门和原建设部推荐的《建设工程施工合同示范文本》格式订立的合同是比较规范的,也是公开招标的中小型工程项目采用最多的一种合同格式。该合同格式由 4 部分组成:协议书、通用条款、专用条款和附件。

①协议书明确了双方最主要的权利义务,经当事人签字盖章,具有最高的法律效力。

②通用条款具有通用性,基本适用于各类建筑施工和设备安装。

③专用条款是对通用条款必要的修改与补充,其与通用条款相对应,多为空格形式,需双方协商完成,更好地针对工程的实际情况,体现了双方的统一意志。

④附件对双方的某项义务以确定格式予以明确,便于实际工作中的执行与管理。整个示范文本合同是招标文件的延续,故一些项目在招标文件中就拟定了补充条款内容以表明招标人的意向;投标人若对此有异议时,可在招标答疑（澄清）会上提出,并在投标函中提出施工单位能接受的补充条款;双方对补充条款再有异议时可在询标时得到最终统一。

（3）自由格式合同。自由格式合同是由建设单位和施工单位协商订立的合同,它一般适用于通过邀请招标或议标发包而定的工程项目,这种合同是一种非正规的合同形式,往往由于一方(主要是建设单位)对建筑工程复杂性、特殊性等方面考虑不周,从而使其在工程实施阶段陷于被动。

2. 施工合同签订过程中的注意事项

(1)关于合同文件部分。招投标过程中形成的补遗、修改、书面答疑、各种协议等均应作为合同文件的组成部分。特别应注意作为付款和结算依据的工程量和价格清单,应根据评标阶段做出的修正稿重新整理、审定,并且应标明按完成的工程量测算付款和按总价付款的内容。

(2)关于合同条款的约定。在编制合同条款时,应注重有关风险和责任的约定,将项目管理的理念融入合同条款中,尽量将风险量化,责任明确,公正地维护双方的利益。其中主要重视以下几类条款。

①程序性条款。目的在于规范工程价款结算依据的形成,预防不必要的纠纷。程序性条款贯穿于合同行为的始终。包括信息往来程序、计量程序、工程变更程序、索赔处理程序、价款支付程序、争议处理程序等。编写时注意明确具体步骤,约定时间期限。

②有关工程计量的条款。注重计算方法的约定,应严格确定计量内容(一般按净值计量),加强隐蔽工程计量的约定。计量方法一般按工程部位和工程特性确定,以便于核定工程量及便于计算工程价款为原则。

③有关工程计价的条款。应特别注意价格调整条款,如对未标明价格或无单独标价的工程,是采用重新报价方法,还是采用定额及取费方法,或者协商解决,在合同中应约定相应的计价方法。对于工程量变化的价格调整,应约定费用调整公式;对工程延期的价格调整、材料价格上涨等因素造成的价格调整,是采用补偿方式,还是变更合同价,应在合同中约定。

④有关双方职责的条款。为进一步划清双方责任,量化风险,应对双方的职责进行恰当地描述。对那些未来很可能发生并影响工作、增加合同价款及延误工期的事件和情况加以明确,防止索赔、争议的发生。

⑤工程变更的条款。适当规定工程变更和增减总量的限额及时间期限。如在 FIDIC 合同条款中规定,单位工程的增减量超过原工程量 15% 应相应调整该项的综合单价。

⑥索赔条款。明确索赔程序、索赔的支付、争端解决方式等。

7.5.3　工程合同价款的确定

合同价款是合同文件的核心要素,建设项目不论是招标发包还是直接发包,合同价款的具体数额均在"合同协议书"中载明。

1. 合同价款与发承包的关系

建设工程发承包最核心的问题是合同价款的确定,而建设工程项目签约合同价(合同价款)的确定取决于发承包方式。目前,发承包方式有直接发包和招标发包两种,其中招标发包是主要发承包方式。同时,签约合同价还因采用不同的计价方法,会产生较大的价款差额。对于招标发包的项目,即以招标投标方式签订的合同中,应以中标时确定的金额为准;对于直接发包的项目,如按初步设计总概算投资包干时,应以经审批的概算投资中与承包内容相应部分的投资(包括相应的不可预见费)为签约合同价;如按施工图预算包干,则应以审查后的施工图总预算或综合预算为准。在建筑安装合同中,能准确确定合同价款的,需要明确相应的价款调整规定,如在合同签订时尚不能准确计算出合同价款的,尤其是按施工图预算加现场签证和按实结算的工程,在合同中需要明确规定合同价款的计算原则,具体约定执行的计价依据与计算标准,以及合同价款的审定方式等。

2. 签约合同价与中标价的关系

签约合同价是指合同双方签订合同时在协议书中列明的合同价格,对于以单价合同形式招标的项目,工程量清单中各种价格的总计即为合同价。合同价就是中标价,因为中标价是指评标时经过算术修正的、并在中标通知书中申明招标人接受的投标价格。法理上,经公示后招标人向投标人所发出的中标通知书(投标人向招标人回复确认中标通知书已收到),中标的中标价就受到法律保护,招标人不得以任何理由反悔。这是因为,合同价格属于招投标活动中的核心内容,根据《中华人民共和国招标投标法》第四十六条有关"招标人和中标人应当……按照招标文件和中标人的投标文件订立书面合同,招标人和中标人不得再行订立背离合同实质性内容的其他协议"之规定,发包人应根据中标通知书确定的价格签订合同。

3. 合同价款约定的规定和内容

(1)合同签订的时间及规定。招标人和中标人应当自中标通知书发出之日起 30 天内,根据招标文件和中标人的投标文件订立书面合同。中标人无正当理由拒签合同的,招标人取消其中标资格,其投标保证金不予退还,给招标人造成的损失超过投标保证金数额的,中标人还应当对超过部分予以赔偿。发出中标通知书后,招标人无正当理由拒签合同的,招标人向中标人退还投标保证金;给中标人造成损失的,还应当赔偿损失。招标人与中标人签订合同后 5 个工作日内,应当向中标人和未中标的投标人退还投标保证金。

实行招标的工程合同价款应由发承包双方依据招标文件和中标人的投标文件在书面合同中约定。合同约定不得违背招、投标文件中关于工期、造价、质量等方面的实质性内容。招标文件与中标人投标文件不一致的地方,以投标文件为准。不实行招标的工程合同价款,在发承包双方认可的合同价款基础上,由发承包双方在合同中约定。

(2)合同价款约定的内容。发承包双方应在合同条款中对下列事项进行约定。

①预付工程款的数额、支付时间及抵扣方式。

②安全文明施工措施的支付计划,使用要求等。

③工程计量与支付工程进度款的方式、数额及时间。

④合同价款的调整因素、方法、程序、支付及时间。

⑤施工索赔与现场签证的程序、金额确认与支付时间。

⑥承担计价风险的内容、范围以及超出约定内容、范围的调整办法。

⑦工程竣工价款结算编制与核对、支付及时间。

⑧工程质量保证金的数额、扣留方式及时间。

⑨违约责任以及发生合同价款争议的解决方法及时间。

⑩与履行合同、支付价款有关的其他事项等。

7.6 案例分析

7.6.1 投标报价案例

【资料】

某工程建筑面积为 1 600 m²,纵横外墙基础均采用同一断面的带形基础,无内墙,基础总长度为 80 m,基础上部为 370 实心砖墙。带形基础尺寸如图 7.4 所示。混凝土现场浇筑,强度等级:基础垫层 C15,带形基础及其他构件均为 C30。项目编码及工程量或费用已给出(见表 7.2)。

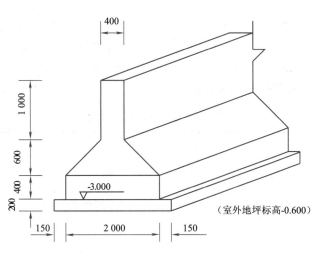

图 7.4　某带形基础图(单位:m)

表 7.2　分部分项工程量清单与计价表

序号	项目编码	项目名称	项目特征	计量单位	工程量
1	010101002001	挖沟槽土方	三类土,挖土深度 4 m 以内弃土运距 200 m	m³	478.40
2	010103001001	基础回填土	夯填	m³	276.32
3	010501001001	带形基础垫层	C15,厚 200 mm	m³	36.80
4	010501002001	带形基础	C30 混凝土	m³	153.60
5	010505001001	有梁板	C30,厚 120 mm	m³	189.00
6	010506001001	直形楼梯	C30	m²	31.60
7		其他分项工程	略	元	1 000 000.00

招标文件要求:

(1)弃土采用翻斗车运输,运距 200 m,基坑夯实回填,挖、填方计算均按天然密实土;

(2)土建单位工程投标总报价,根据清单计价的金额确定。某承包商拟投标此项工程,并根据本企业的管理水平确定管理费费率为 12%,利润和风险系数为 4.5%(以工料机和管理费为基数计算)。

【问题】

(1)根据表 7.3、表 7.4 和表 7.5,编制该工程分部分项工程量清单综合单价表(见表 7.11)和分部分项工程量清单与计价表(见表 7.12)。

(2)表 7.6 所示为措施项目企业定额费用;表 7.7 所示为工程量清单措施项目统一编码;措施费中安全文明施工费(含环境保护、文明施工、安全施工、临时设施)、夜间施工增加费、二次搬运费、冬雨季施工、已完工程和设备保护设施费的计取费率分别为:3.12%、0.7%、0.6%、0.8%、0.15%,其计取基数均为分部分项工程量清单合价。基础模板、楼梯模板、有梁板模板、综合脚手架工程量分别为 224 m²、31.6 m²、1 260 m²、1 600 m²,垂直运输按建筑面积计算其工程量。依据上述条件和《房屋建筑与装饰工程计量规范》的规定,计算并编制该工程的措施项目清单计价表(一)(见表 7.13)、措施项目清单计价表(二)(见表 7.14)。

(3)其他项目清单与计价汇总表中明确:暂列金额 300 000 元,业主采购钢材暂估价

300 000元(总承包服务费按1‰计取)。专业工程暂估价500 000元(总承包服务费按4‰计取),计日工暂估60个工日,单价为80元/工日。编制其他项目清单与计价汇总表(见表7.15);若现行规费与税金分别按5‰、3.48‰计取,编制单位工程投标报价汇总表(见表7.16)。确定该土建单位工程的投标报价。

表7.3 企业定额消耗量(节选)

企业定额编号			8-16	5-394	5-417	5-421	1-9	1-46	1-54
项目		单位	混凝土垫层	混凝土基础	混凝土有梁板	混凝土楼梯	人工挖三类土	回填夯实土	翻斗车
人工 材料	综合工日	工日	1.225	0.956	1.307	0.575	0.661	0.294	0.100
	现浇混凝土	m³	1.010	1.015	1.015	0.260			
	草袋	m²	0.000	0.252	1.099	0.218			
	水	m³	0.500	0.919	1.204	0.290			
机械	混凝土搅拌机400 L	台班	0.101	0.039	0.063	0.025			
	插入式振捣器	台班	0.000	0.077	0.063	0.052			
	平板式振捣器	台班	0.079	0.000	0.063	0.000			
	机动翻斗车	台班	0.000	0.078	0.000	0.000			0.069
	电动打夯机	台班	0.000	0.000	0.000	0.000		0.008	

表7.4 市场资源价格表

序号	资源名称	单位	价格(元)	序号	资源名称	单位	价格(元)
1	综合工日	工日	50.00	7	草袋	m²	2.20
2	325# 水泥	t	460.00	8	混凝土搅拌机400 L	台班	96.85
3	粗沙	m³	90.00	9	插入式振捣器	台班	10.74
4	砾石40	m³	52.00	10	平板式振捣器	台班	12.89
5	砾石20	m³	52.00	11	机动翻斗车	台班	83.31
6	水	m³	3.90	12	电动打夯机	台班	25.61

表7.5 《全国统一建筑工程基础定额》混凝土配合比表

项目		单位	C10	C20 带形基础	C20 有梁板及楼梯
材料	325# 水泥	kg	249.00	312.00	359.00
	粗沙	m³	0.510	0.430	0.460
	砾石40	m³	0.850	0.890	0.000
	砾石20	m³	0.000	0.000	0.830
	水	m³	0.170	0.170	0.190

表 7.6 措施项目企业定额费用表

定额编号	项目名称	计量单位	人工费（元）	材料费（元）	机械费（元）
10-6	带形基础竹胶板木支撑	m²	10.04	30.86	0.84
10-21	直形楼梯木模板木支撑	m²	39.34	65.12	3.72
10-50	有梁板竹胶板木支撑	m²	11.58	42.24	1.59
11-1	综合脚手架	m²	7.07	15.02	1.58
12-5	垂直运输机械	m²	0	0	25.43

表 7.7 工程量清单措施项目的统一编码

项目编码	项目名称	项目编码	项目名称
011701001	综合脚手架	011707001	安全文明施工费
011702001	基础模板	011707002	夜间施工增加费
011702014	有梁板模板	011707004	二次搬运费
011702024	楼梯模板	011707005	冬雨季施工
011703001	垂直运输机械	011707007	已完工程和设备保护设施费

【解答】

问题 1：编制该工程分部分项工程量清单综合单价表与计价表。

（1）编制人工挖基础土方综合单价分析表，如表 7.8 所示。

表 7.8 人工挖基础土方综合单价分析表

项目编码	010101002001		项目名称		人工挖基础		计量单位		m³

清单综合单价组成明细

定额编号	定额名称	计量单位	数量	单价（元）				合价（元）			
				人工费	材料费	机械费	管理费和利润	人工费	材料费	机械费	管理费和利润
1-9	基础挖土	m³	1.579	33.05			5.63	52.19	0	0	8.89
1-54	土方运输	m³	0.422	5.00		5.75	1.83	2.11	0	2.43	0.77
人工单价			小计					54.30	0	2.43	9.66
50 元/工日			未计价材料（元）								
			清单项目综合单价（元/m³）						66.39		

材料费明细	主要材料名称、规格、型号	单位	数量	单价（元）	合价（元）	暂估单价（元）	暂估合价（元）
	其他材料费（元）						
	材料费小计（元）						

（2）编制基础回填土综合单价表，如表 7.9 所示。

表 7.9　基础回填土综合单价表

项目编码	010103001001	项目名称	基础回填土	计量单位	m³

清单综合单价组成明细

定额编号	定额名称	计量单位	数量	单价(元)				合价(元)			
				人工费	材料费	机械费	管理费和利润	人工费	材料费	机械费	管理费和利润
1-46	基础回填土	m³	2.002	14.7		0.205	2.54	29.43		0.41	5.09
人工单价		小计						29.43		0.41	5.09
35 元/工日		未计价材料(元)									
清单项目综合单价(元/m³)								34.93			

材料费明细	主要材料名称、规格、型号	单位	数量	单价(元)	合价(元)	暂估单价(元)	暂估合价(元)
	其他材料费(元)						
	材料费小计(元)						

(3)编制带形基础综合单价表,如表 7.10 所示。

表 7.10　带形基础综合单价表

项目编码	010501002001	项目名称	基础回填土	计量单位	m³

清单综合单价组成明细

定额编号	定额名称	计量单位	数量	单价(元)				合价(元)			
				人工费	材料费	机械费	管理费和利润	人工费	材料费	机械费	管理费和利润
5-394	带形基础	m³	1.000	47.80	236.74	11.10	50.38	47.80	236.74	11.10	50.38
人工单价		小计						47.80	236.74	11.10	50.38
35 元/工日		未计价材料(元)									
清单项目综合单价(元/m³)								346.02			

材料费明细	主要材料名称、规格、型号	单位	数量	单价(元)	合价(元)	暂估单价(元)	暂估合价(元)
	32.5 水泥	kg	316.68	0.46	145.67		
	砂	m³	0.44	90.00	39.60		
	石子	m³	0.90	52.00	46.80		
	其他材料费(元)				4.67		
	材料费小计(元)				236.74		

(4)编制分部分项工程量清单综合单价表,如表 7.11 所示。

表 7.11 分部分项清单综合单价表 单位:元/m³

序号	项目编码	项目名称	工作内容	综合单价组成				综合单价
				人工费	材料费	机械费	管理费利润	
1	010101003001	挖基础土方	四类以内三类土(含运输)	54.30		2.43	9.67	66.39
2	010103001001	基础回填土	夯实回填	29.43		0.41	5.09	34.93
3	010401006001	带形基础垫层	C15 混凝土,厚 200 m	61.25	210.69	10.80	48.18	330.91
4	010401001001	带形基础	C30 混凝土	47.80	236.74	11.10	50.38	346.02
5	010405001001	有梁板	C30 厚 120 mm	65.35	258.45	7.59	56.47	387.85
6	010406001001	直形楼梯	C30 混凝土	28.75	69.52	3.08	16.66	114.40
7		其他分项工程(略)						

(5)编制分部分项工程量清单与计价表,如表 7.12 所示。

表 7.12 分部分项工程工程量清单与计价表

序号	项目编码	项目名称	项目特征	计量单位	工程量	金额(元)	
						综合单价	合价
1	010101003001	挖基础土方	四类以内三类土(含运输)	m³	478.40	66.39	3 170.98
2	010103001001	基础回填土	夯实回填	m³	276.32	34.93	9 651.86
3	010401006001	带形基础垫层	C15 混凝土,厚 200m	m³	36.80	330.91	12 177.49
4	010401001001	带形基础	C30 混凝土	m³	153.60	346.02	53 148.67
5	010405001001	有梁板	C30 厚 120 mm	m³	189.00	387.85	73 303.65
6	010406001001	直形楼梯	C30 混凝土	m²	31.60	114.40	3 615.04
7	……	其他分项工程	略	略			1 000 000.00
合计							1 183 657.69

问题 2:编制该工程措施项目清单计价表,如表 7.13、表 7.14 所示。

表 7.13 措施项目清单计价表(一)

序号	项目名称	计算基础	费率(%)	金额(元)
1	安全文明施工费	1 183 657.69	3.12	36 930.12
2	夜间施工增加费	1 183 657.69	0.7	8 285.60
3	二次搬运费	1 183 657.69	0.6	7 101.95
4	冬雨季施工增加费	1 183 657.69	0.8	9 469.26
5	已完工程和设备保护设施费	1 183 657.69	0.15	1 775.49
合计				63 562.42

表 7.14 措施项目清单计价表(二)

序号	项目编码	项目名称	项目特征	计量单位	工程量	金额(元) 综合单价	金额(元) 合价
1	011702001001	基础模板	竹胶板木支撑	m²	224.00	48.85	10 942.40
2	011702014001	有梁板模板	竹胶板木支撑,模板支撑高度3.4 m	m²	1 260.00	64.85	81 711.00
3	011702024001	楼梯模板	木模板木支撑	m²	31.60	126.61	4 000.88
4	011701001001	综合脚手架	钢管脚手架	m²	1 600.00	27.70	44 320.00
5	011703001001	垂直运输机械	塔吊	m²	1 600.00	29.76	47 616.00
合计							117 391.12

问题 3:(1)编制该工程其他项目清单与计价汇总表,如表 7.15 所示。

表 7.15 其他项目清单与计价汇总表

序号	项目名称	计量单位	金额(元)	备注
1	暂列金额	元	300 000.00	
2	业主采购钢材暂估价	元	300 000.00	不计入总价
3	专业工程暂估价	元	500 000.00	
4	计日工 60×80=4 800	元	4 800.00	
5	总包服务费 500 000×4%=20 000 总包服务费 300 000×1%=3 000	元	23 000.00	
合计			827 800.00	

(2)编制土建单位工程投标报价汇总表,如表 7.16 所示。

表 7.16 单位工程投标报价汇总表

序号	项目名称	金额(元)
1	分部分项工程量清单合计	1 183 657.69
1.1	略	
1.2	略	
⋮	略	
2	措施项目清单合计	252 152.70
2.1	措施项目(一)	63 562.42
2.2	措施项目(二)	188 590.28
3	其他项目清单合计	827 800.00
3.1	暂列金额	300 000.00
3.2	业主采购钢材	
3.3	专业工程暂估价	500 000.00
3.4	计日工	4 800.00
3.5	总包服务费	23 000.00

序号	项目名称	金额(元)
4	规费〔(1+2+3)〕×5%=2 263 610.39×5%	113 180.52
5	税金〔(1+2+3+4)〕×3.41%=2 376 790.91×3.48%	82 712.32
	合计	2 459 503.23

7.6.2　不平衡报价法案例

【资料】

某承包商对某办公楼建筑工程进行投标(安装工程由业主另行通知招标)。为了既不影响中标,又能在中标后取得较好的效益,决定采用不平衡报价法对原估价做出适当的调整,如表 7.17 所示。

表 7.17　采用不平衡报价法对原估价做出适当调整

	桩基围护工程	主体结构工程	装饰工程	总价
调整前(投标估价)	2 680	8 100	7 600	18 380
调整后(正式报价)	2 600	8 900	6 880	18 380

现假设桩基围护工程、主体结构工程、装饰工程的工期分别为 5 个月、12 个月、8 个月,贷款年利率为 12%,并假设各分部工程每月完成的工作量相同且能按月份及时收到工程款(不考虑工程款结算所需要的时间)。

【问题】

1. 该承包商所运用的不平衡报价法是否恰当? 为什么?

2. 采用不平衡报价法后,该承包商所得工程款的现值比原估价增加多少(以开工日期为折算点)?

【解答】

问题 1:

恰当。因为该承包商是将属于前期工程的桩基围护工程和主体结构工程的单价调高,而将属于后期工程的装饰工程单价调低,可以在施工的早期阶段收到较多的工程款,从而可以提高承包商所得工程款的现值;而且,这 3 类工程单价的调整幅度均在 ±10% 以内,属于合理范围。

问题 2:

(1)计算单价调整前的工程款现值。

桩基围护工程每月工程款:$A=2\ 680/5=536$(万元)

主体结构工程每月工程款:$D=8\ 100/12=675$(万元)

装饰工程每月工程款:$C=7\ 600/9=844$(万元)

则单价调整前的工程款现值:

$$PV_1 = A(P/A,1\%,5)+B(P/A,1\%,12)(P/F,1\%,5)+C(P/A,1\%,8)(P/F,1\%,17)$$

$$=536×4.853+675×11.255×0.951+844×7.652×0.844$$

$$=2\ 601.208+7\ 224.866+5\ 450.795$$

$$=15\ 276.869(万元)$$

(2)计算单价调整后的工程款现值。

桩基围护工程每月工程款 $A = 2\ 600/5 = 520$(万元)

主体结构工程每月工程款 $B = 8\ 900/12 = 741.67$(万元)

装饰工程每月工程款 $C = 6\ 880/8 = 860$(万元)

则单价调整前的工程款现值:

$$PV_2 = A(P/A,1\%,5) + B(P/A,1\%,12)(P/F,1\%,5) + C(P/A,1\%,8)(P/F,1\%,17)$$
$$= 520 \times 4.853 + 741.67 \times 11.255 \times 0.951 + 860 \times 7.652 \times 0.844$$
$$= 2\ 523.56 + 7\ 938.468 + 5\ 554.128$$
$$= 16\ 016.16(万元)$$

(3)两者的差额。

$$PV_1 - PV_2 = 16\ 016.16 - 15\ 276.869 = 739.291(万元)$$

因此,采用不平衡报价后,该承包商所得工程款的现值比原估价增加 739.291 万元。

7.6.3 合同价款的案例

【资料】

某建设单位(甲方)拟建一栋 3 600 m² 的职工住宅楼,采用工程量清单招标方式由某施工单位(乙方)承建。甲乙双方签订的施工合同摘要如下:

1. 协议书中的部分条款

(1)本协议书与下列文件一起构成合同文件。

①中标通知书;②投标函及投标函附录;③专用合同条款;④通用合同条款;⑤技术标准和要求;⑥图纸;⑦已标价工程量清单;⑧其他合同文件。

(2)上述文件互相补充和解释,如有不明确或不一致之处,以合同约定在先者为准。

(3)签约合同价。人民币(大写)陆佰捌拾玖万元(￥6 890 000.00 元)。

(4)承包人项目经理。在开工前由承包人采用内部竞聘方式确定。

(5)工程质量。甲方规定的质量标准。

2. 专用条款中有关合同价款的条款

(1)合同价款及其调整。本合同价款采用总价合同方式确定,除如下约定外,合同价款不得调整。

①当工程量清单项目工程量的变化幅度在 10% 以内时,其综合单价不做调整,执行原有综合单价。

②当工程量清单项目工程量的变化幅度在 10% 以外,且其影响分部分项工程费超过0.1% 时,其综合单价以及对应的措施项目费可作调整。调整方法为:由上述监理人对增加的工程量或减少后剩余的工程量测算出新的综合单价和措施项目费,经发包人确认后调整。

③当材料价格上涨超过 5%、机械使用费上涨超过 10% 时,可以调整。调整方法为:按实际市场价格调整。

(2)合同价款的支付。

①工程预付款。于开工之日支付合同总价的 10% 作为预付款。工程实施后,预付款从工程后期进度款中扣回。

②工程进度款。基础工程完成后,支付合同总价的 10%;主体结构三层完成后,支付合同总价的 20%;主体结构全部封顶后,支付合同总价的 20%;工程基本竣工时,支付合同总价的

30％。为确保工程如期竣工,乙方不得因甲方资金的暂时不到位而停工和拖延工期。

③竣工结算。工程竣工验收后,进行竣工结算。结算时按全部工程造价的 3％扣留工程质量保证金。在保修期(50 年)满后,质量保证金及其利息扣除已支出费用后的剩余部分退还给乙方。

3. 补充协议条款

在上述施工合同协议条款签订后,甲乙双方又接着签订了补充施工合同协议条款。摘要如下:

①补 1:木门窗均用水曲柳板包门窗套。

②补 2:铝合金 90 系列改用 42 型系列某铝合金厂产品。

③补 3:挑阳台均采用 42 型系列某铝合金厂铝合金窗封闭。

【问题】

(1)按计价方式不同,建设工程施工合同分为哪些类型?对实行工程量清单计价的工程,适宜采用何种类型?本案例采用总价合同方式是否违法?

(2)该合同签订的条款有哪些不妥当之处?应如何修改?

【解答】

(1)按计价方式不同,建设工程施工合同分为:总价合同;单价合同;成本加酬金合同。

根据《建设工程工程量清单计价规范》(GB 50500—2013)的规定,对实行工程量清单计价的工程,宜采用单价合同方式。

本案例所涉及的是一般住宅工程,且工程规模不大,可以采用总价合同方式,并不违法,因为《建设工程工程量清单计价规范》(GB 50500—2013)并未强制性规定采用单价合同方式。

(2)该合同条款存在的不妥当之处及其修改。

①承包人在开工前采用内部竞聘方式确定项目经理不妥。应明确为投标文件中拟订的项目经理。如果项目经理人选发生变动,应征得监理人和(或)甲方同意。

②工程质量标准为甲方规定的质量标准不妥。本工程是住宅楼工程,目前对该类工程尚不存在其他可以明示的企业或行业的质量标准。因此,不应以甲方规定的质量标准作为该工程的质量标准,而应以《建设工程施工质量验收统一标准》(GB 50300—2001)中规定的质量标准作为该工程的质量标准。

③除背景给出的调整内容约定合同款不得调整不妥。根据《建设工程工程量清单计价规范》(GB 50500—2013)的规定:

a. 如果工程施工期间,由省级或行业建设主管部门或其授权的工程造价管理机构发布了人工费调整文件,应调整合同价款。

b. 如果工程施工期间,由省级或行业建设主管部门或其授权的工程造价管理机构发布了措施费的不可竞争性费用的费率、规费费率、税率发生变化,应调整合同价款。

c. 如果工程施工期间发生了不可抗力事件造成了乙方实际费用损失,应调整合同价款。

d. 当乙方按有关规定程序就发生的工程变更、现场签证和索赔等事件提出补偿费用要求,而且该要求有充分依据时,应调整合同价款。

④背景给出的合同价款调整范围和方法不妥。根据《建设工程工程量清单计价规范》(GB 50500—2013)的规定:

a. 当工程量清单项目工程量的变化幅度在 10％以外,且影响分部分项工程费超过 0.1％

时,其综合单价以及对应的措施费可作调整,调整方法是由承包人对增加的工程量或减少后剩余的工程量提出新的综合单价和措施项目费,经发包人确认后调整。

b. 当材料价格变化幅度超过 5%、机械使用费变化幅度超过 10%时,可以调整合同价款,调整方法需要在合同中约定。

⑤工程预付款预付额度和时间不妥。根据《建设工程工程量清单计价规范》(GB 50500—2013)的规定:

a. 工程预付款的额度原则上不低于合同金额(扣除暂列金额)的 10%,不高于合同金额(扣除暂列金额)的 30%,对重大工程项目,按年度工程计划逐年预付。实行工程量清单计价的工程,实体性消耗和非实体性消耗部分宜在合同中分别约定预付款比例(或金额)。

b. 在具备施工条件的前提下,发包人应在双方签订合同后的一个月内或约定的开工日期前的 7 天内支付工程预付款。

c. 应明确约定工程预付款的起扣点和扣回方式。

⑥工程价款支付条款约定不妥。"基本竣工时间"不明确,应修订为具体明确的时间;"乙方不得因甲方资金的暂时不到位而停工和拖延工期"条款显失公平,应说明甲方资金不到位在什么期限内乙方不得停工和拖延工期,逾期支付的利息如何计算。

⑦工程质量保证金返还时间不妥。根据原建设部、财政部颁布的《关于印发〈建设工程质量保证金管理暂行办法〉的通知》(建质[2005]7 号)的规定,在施工合同中双方约定的工程质量保证金保留时间应为 6 个月、12 个月或 24 个月。保留时间应从工程通过竣(交)工验收之日算起。

⑧质量保修期(50 年)不妥,应按《建设工程质量管理条例》的有关规定进行修改。

⑨补充施工合同协议条款不妥。在补充协议中,不仅要补充工程内容,而且要说明工期和合同价款是否需要调整,若需调整则如何调整。

本 章 小 结

建设工程发包与承包是一组对称概念,通常简称为发承包。发包是指建筑工程的建设单位(发包人)将建筑工程任务(勘察、设计、施工等)的全部或一部分通过招标或其他方式,交付给具有从事建筑活动的法定从业资格的单位(承包人)完成,并按约定支付报酬的行为;承包则是指具有从事建筑活动的法定从业资格的承包人,通过投标或其他方式,承揽建筑工程任务,并按约定取得报酬的行为。

建设工程招标是指招标人(或招标单位)在发包建设项目之前,以公告或邀请书的方式提出招标项目的有关要求,公布的招标条件,投标人(或投标单位),根据招标人的意图和要求提出报价,择日当场开标,以便从中择优选定中标人的一种经济活动。

建设工程投标是工程招标的对称概念,指具有合法资格和能力的投标人(或投标单位)根据招标条件,经过初步研究和估算,在指定期限内填写标书,根据实际情况提出自己的报价,通过竞争企图为招标人选中,并等待开标,决定能否中标的经济活动。

我国法学界一般认为,建设工程招标是要约邀请,而投标是要约,中标通知书是承诺。

建设工程招投标可分为建设项目总承包招投标、建设工程勘察设计招投标、建设工程施工招投标、建设工程监理招投标和建设工程材料设备招投标等。

根据《中华人民共和国招标投标法》规定：凡在中华人民共和国境内进行的大型基础设施、公用事业等关系社会公共利益、公共安全的项目；全部或者部分使用国有资金投资或者国家融资的项目；使用国际组织或者外国政府贷款、援助资金的项目，项目的勘察、设计、施工、监理以及与工程建设有关的重要设备、材料等的采购，必须进行招标。

建设工程招投标的方式分为公开招标和邀请招标。

在招投标阶段的造价计价主要包括招标控制价、投标报价、合同价款的确定。

合同是双方对招标成果的认可，是招标之后、开工之前双方签订的工程施工、付款和结算的凭证。合同的形式应在招标文件中确定，投标人应在投标文件中做出响应。目前的建筑工程施工合同格式一般采用如下几种方式：

(1)参考 FIDIC 合同格式订立的合同。FIDIC 合同是国际通用的规范合同文本。

(2)《建设工程施工合同示范文本》(简称《示范文本合同》)。

 本章习题

一、简答题

1. 什么是招标控制价？

2. 简述以工程量清单计价模式投标报价的计算过程。

3. 简述工程投标报价编制的一般程序。

4. 简述工程投标报价的策略。

5. 确定合同价款的方式有哪些？

二、单项选择题

1. 编制招标工程量清单中分部分项工程量清单时，项目特征可以不描述的是(　　)。

    A. 梁的标高　　　　　　　　　　B. 混凝土的强度等级

    C. 门(窗)框外围尺寸或洞口尺寸　　D. 油漆(涂科)的品种

2. 关于标底与招标控制价的编制，下列说法中正确的是(　　)。

    A. 招标人不得自行决定是否编制标底

    B. 招标人不得规定最低投标限价

    C. 编制标底时必须同时设有最高投标限价

    D. 招标人不编制标底时应规定最低投标限价

3. 招标控制价综合单价的组价包括如下工作：①根据政策规定或造价信息确定工料机单价；②根据工程所在地的定额规定计算工程量；③将定额项目的合价除以清单项目的工程量；④根据费率和利率计算出组价定额项目的合价。则正确的工作顺序是(　　)。

    A. ①④②③　　　B. ①③②④　　　C. ②①③④　　　D. ②①④③

4. 关于规费的计算，下列说法中正确的是(　　)。

    A. 规费虽具有强制性，但根据其组成又可细分为可竞争性的费用和不可竞争性的费用

    B. 规费由社会保险费和工程排污费组成

    C. 社会保险费由养老保险费、失业保险费、医疗保险费、生育保险费、工伤保险费组成

    D. 规费由意外伤害保险费、住房公积金、工程排污费组成

5. 关于合同价款与合同类型,下列说法中正确的是(   )。

    A. 招标文件与投标文件不一致的地方,以招标文件为准

    B. 中标人应当自中标通知书收到之日起30天内与招标人订立书面合同

    C. 工期特别紧、技术特别复杂的项目应采用总价合同

    D. 实行工程量清单计价的工程,应采用单价合同

6. 招标工程量清单的编制主体是(   )。

    A. 投标人   B. 评标委员会   C. 招标人   D. 招标代理机构

7. 招标控制价是指根据国家或省级建设行政主管部门颁发的有关计价依据和办法,依据拟订的招标文件和招标工程量清单,结合工程具体情况发布的招标工程的(   )。

    A. 最高投标限价 B. 最低投标限价   C. 平均投标限价   D. 中标价

8. 招标人仅要求对分包的专业工程进行总承包管理和协调时,总承包服务费按分包的专业工程估算造价的(   )计算。

    A. 0.5%   B. 1.5%   C. 2.5%   D. 3.5%

9. 招标人最迟应当在书面合同签订后(   )天内向中标人和未中标的投标人退还投标保证金及银行同期存款利息。

    A. 5   B. 10   C. 15   D. 20

10. 招标控制价应在招标文件中公布,对所编制的招标控制价(   )。

    A. 只公布招标控制价总价

    B. 可以进行上浮或下调

    C. 在公布招标控制价时,应公布招标控制价各组成部分的详细内容

    D. 只公布招标控制价单价

11. 下列关于投标报价编制原则的表述,错误的是(   )。

    A. 投标报价由投标人自主确定

    B. 投标人的投标报价不得低于成本

    C. 投标报价要以投标须知中设定的发承包双方责任划分,作为考虑投标报价费用项目和费用计算的基础

    D. 投标报价计算方法要科学严谨,简明适用

12. 投标人取得招标文件后,对(   )进行分析研究的目的在于防止废标。

    A. 投标人须知 B. 施工现场条件   C. 技术标准和要求   D. 施工图纸

13. 招标人和中标人应当自中标通知书发出之日起(   )天内,根据招标文件和中标人的投标文件订立书面合同。

    A. 15   B. 20   C. 30   D. 45

14. 对于建设规模较小,技术难度较低的建设工程应采用(   )。

    A. 单价合同   B. 成本加酬金合同   C. 总价合同   D. 工时及材料补偿合同

15. 关于招标工程量清单与招标控制价,下列说法中正确的有(   )。

    A. 专业工程暂估价应包括除规费、税金以外的管理费和利润等

    B. 招标控制价必须公布其总价而不得公布各组成部分的详细内容

    C. 投标报价若超过公布的招标控制价则按废标处理

    D. 招标控制价原则上不得超过批准的设计概算

E. 招标人仅要求对分包的专业工程进行总承包管理和协调时,总承包服务费按专业
工程估算的 3%~5% 计算

16. 关于投标文件的编制与递交,下列说法中正确的有(   )。

A. 投标函附录中可以提出比招标文件要求更能吸引招标人的承诺

B. 当投标文件的正本与副本不一致时以正本为准

C. 允许递交备选投标方案时,所有投标人的备选方案应同等对待

D. 在要求提交投标文件的截止时间后送达的投票文件为无效的投标文件

E. 境内投标人以现金形式提交的投标保证金应当出自投标人的基本账户

第8章 工程项目施工阶段的造价管理

 本章提要

本章内容是项目施工阶段的造价管理,为了准确计算施工阶段支付给承包商的建筑安装工程价款,首先介绍了工程项目施工阶段的合同价款调整的确定;其次,介绍了工程索赔及索赔费用的计算;在此基础上介绍了工程计量与合同价款的计算以及施工阶段造价的控制。

 学习目标

通过本章内容的学习,要求掌握工程合同价款调整的方法;掌握工程索赔的处理和计算;掌握工程价款的结算;熟悉项目资金计划的编制;熟悉挣得值分析法。

 框架结构

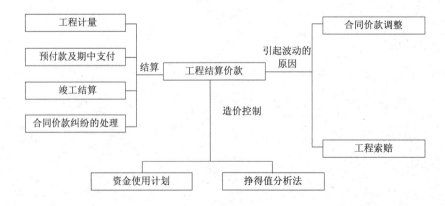

8.1　合同价款调整

发承包双方应当在施工合同中约定合同价款,实行招标工程的合同价款由合同双方依据中标通知书的中标价款在合同协议书中约定;不实行招标工程的合同价款由合同双方依据双方确定的施工图预算的总造价在合同协议书中约定。在施工阶段,由于项目实际情况的变化,发承包双方在施工合同中约定的合同价款可能会出现变动。为合理分配双方的合同价款变动风险,有效地控制工程造价,发承包双方应当在施工合同中明确约定合同价款的调整事件、调整方法及调整程序。

8.1.1　可以调整合同价款的事件

以下事项(但不限于)发生,发承包双方应当按照合同约定调整合同价款:①法律法规变化;②工程变更;③项目特征描述不符;④工程量清单缺项;⑤工程量偏差;⑥物价变化;⑦工期延误;⑧暂估价;⑨计日工;⑩现场签证;⑪不可抗力;⑫提前竣工(赶工补偿);⑬误期赔偿;⑭暂列金额;⑮发承包双方约定的其他调整事项。

8.1.2　《建设工程工程量清单计价规范》(GB 50500—2013)条件下合同价款的调整方法

1. 法律法规变化引起的变更

招标工程以投标截止日前 28 天,非招标工程以合同签订前 28 天为基准日,其后国家的法律、法规、规章和政策发生变化引起工程造价增减变化的,发承包双方应当按照省级或行业建设主管部门或其授权的工程造价管理机构据此发布的规定调整合同价款。因承包人原因导致工期延误,且规定的调整时间在合同工程原定竣工时间之后,不予调整合同价款。

2. 工程变更

工程变更引起已标价工程量清单项目或其工程数量发生变化,应按照下列规定调整。

(1)已标价工程量清单中有适用于变更工程项目的,采用该项目的单价;但当工程变更导致该清单项目的工程数量发生变化,且工程量偏差超过 15%,此时,该项目单价的调整应按照规范的规定调整。

(2)已标价工程量清单中没有适用、但有类似于变更工程项目的,可在合理范围内参照类似项目的单价。

(3)已标价工程量清单中没有适用也没有类似于变更工程项目的,由承包人根据变更工程资料、计量规则和计价办法、工程造价管理机构发布的信息价格和承包人报价浮动率提出变更工程项目的单价,报发包人确认后调整。承包人报价浮动率的计算公式为

①实行招标的工程。

$$承包人报价浮动率(L)=(1-\frac{中标价}{招标控制价})\times100\% \tag{8.1}$$

②不实行招标的工程。

$$承包人报价浮动率(L)=(1-\frac{报价值}{施工图预算})\times100\% \tag{8.2}$$

(4)已标价工程量清单中没有适用也没有类似于变更工程项目,且工程造价管理机构发布的信息价格缺价的,由承包人根据变更工程资料、计量规则、计价办法和通过市场调查等取得有合法依据的市场价格提出变更工程项目的单价,报发包人确认后调整。

(5)工程变更引起施工方案改变,并使措施项目发生变化的,承包人提出调整措施项目费的,应事先将拟实施的方案提交发包人确认,并详细说明与原方案措施项目相比的变化情况。拟实施的方案经发承包双方确认后执行。该情况下,应按照下列规定调整措施项目费。

①安全文明施工费,按照实际发生变化的措施项目调整,不得浮动。

②采用单价计算的措施项目费,按照实际发生变化的措施项目按规范的规定确定单价。

③按总价(或系数)计算的措施项目费,按照实际发生变化的措施项目调整,但应考虑承包人报价浮动因素,即调整金额按照实际调整金额乘以规范规定的承包人报价浮动率计算。

如果承包人未事先将拟实施的方案提交给发包人确认,则视为工程变更不引起措施项目费的调整或承包人放弃调整措施项目费的权利。

(6)如果工程变更项目出现承包人在工程量清单中填报的综合单价与发包人招标控制价或施工图预算相应清单项目的综合单价偏差超过15%,则工程变更项目的综合单价可由发承包双方按照下列规定调整。

①当 $P_0 < P_1 \times (1-L) \times (1-15\%)$ 时,该类项目的综合单价按照 $P_1 \times (1-L) \times (1-15\%)$ 调整;

②当 $P_0 > P_1 \times (1+15\%)$ 时,该类项目的综合单价按照 $P_1 \times (1+15\%)$ 调整。

上式中, P_0 为承包人在工程量清单中填报的综合单价; P_1 为发包人招标控制价或施工预算相应清单项目的综合单价; L 为承包人报价浮动率。

(7)如果发包人提出的工程变更,因为非承包人原因删减了合同中的某项原定工作或工程,致使承包人发生的费用或(和)得到的收益不能被包括在其他已支付或应支付的项目中,也未被包含在任何替代的工作或工程中,则承包人有权提出并得到合理的利润补偿。

3. 项目特征描述不符

承包人在招标工程量清单中对项目特征的描述,应被认为是准确的和全面的,并且与实际施工要求相符合。承包人应按照发包人提供的工程量清单,根据其项目特征描述的内容及有关要求实施合同工程,直到其被改变为止。合同履行期间,出现实际施工设计图纸(含设计变更)与招标工程量清单任一项目的特征描述不符,且该变化引起该项目的工程造价增减变化的,应按照实际施工的项目特征重新确定相应工程量清单项目的综合单价,计算调整的合同价款。

4. 工程量清单缺项

合同履行期间,出现招标工程量清单项目缺项的,发承包双方应调整合同价款。招标工程量清单中出现缺项,造成新增工程量清单项目的,应按照规范规定确定单价,调整分部分项工程费。由于招标工程量清单中分部分项工程出现缺项,引起措施项目发生变化的,应按照规范的规定,在承包人提交的实施方案被发包人批准后,计算调整的措施费用。

5. 工程量偏差

合同履行期间,对于任一项招标工程量清单项目,非承包商原因导致工程量偏差超过15%,调整的原则为:当工程量增加15%以上时,其增加部分的工程量的综合单价应予调低;当工程量减少15%以上时,减少后剩余部分的工程量的综合单价应予调高。此时,按下列公式调整结算分部分项工程费:

$$当 Q_1 > 1.15 Q_0 \text{ 时}, S = 1.15 Q_0 \times P_0 + (Q_1 - 1.15 Q_0) \times P_1 \tag{8.3}$$

$$当 Q_1 < 0.85 Q_0 \text{ 时}, S = Q_1 \times P_1 \tag{8.4}$$

式中:S 为调整后的某一分部分项工程费结算价;Q_1 为最终完成的工程量;Q_0 为招标工程量清单中列出的工程量;P_1 为按照最终完成工程量重新调整后的综合单价;P_0 为承包人在工程量清单中填报的综合单价。

6. 物价变化

合同履行期间,出现工程造价管理机构发布的人工、材料、工程设备和施工机械台班单价或价格与合同工程基准日期相应单价或价格比较出现涨落影响合同价款时,发承包双方可以根据合同约定的调整方法,对合同价款进行调整。

因物价变化引起的合同价款调整方法有两种:一种是采用价格指数调整价格差额,另一种是采用造价信息调整价格差额。承包人采购材料和工程设备的,应在合同中约定可调材料、工程设备价格变化的范围或幅度,如没有约定,则按照规范规定的材料、工程设备单价变化超过 5%,施工机械台班单价变化超过 10%,超过部分的价格按上述两种方法之一进行调整。

(1)采用价格指数调整价格差额。采用价格指数调整价格差额的方法,主要适用于施工中所用的材料品种较少,但每种材料使用量较大的土木工程,如公路、水坝等。其计算公式为

$$\Delta P = P_0 \left[A + \left(B_1 \times \frac{F_{t1}}{F_{01}} + B_2 \times \frac{F_{t2}}{F_{02}} + \cdots + B_n \times \frac{F_{tn}}{F_{0n}} \right) - 1 \right] \tag{8.5}$$

式中:ΔP 为需调整的价格差额;P_0 为根据进度付款、竣工付款和最终结清等付款证书中,承包人应得到的已完成工程量的金额(此项金额应不包括价格调整、不计质量保证金的扣留和支付、预付款的支付和扣回,变更及其他金额已按现行价格计价的,也不计在内);A 为定值权重(即不调部分的权重);$B_1,B_2,B_3\cdots B_n$ 为各可调因子的变值权重(即可调部分的权重),为各可调因子在投标函投标总报价中所占的比例;$F_{t1},F_{t2},F_{t3}\cdots F_{tn}$ 为各可调因子的现行价格指数,指根据进度付款、竣工付款和最终结清等约定的付款证书相关周期最后一天的前 42 天的各可调因子的价格指数;$F_{01},F_{02},F_{03}\cdots F_{0n}$ 为各可调因子的基本价格指数,指基准日的各可调因子的价格指数。

(2)采用造价信息调整价格差额。采用造价信息调整价格差额的方法,主要适用于使用的材料品种较多,相对而言每种材料使用量较小的房屋建筑与装饰工程。

施工合同履行期间,因人工、材料、工程设备和施工机械台班价格波动影响合同价格时,人工、施工机械使用费按照国家或省、自治区、直辖市建设行政管理部门、行业建设管理部门或其授权的工程造价管理机构发布的人工成本信息、施工机械台班单价或施工机械使用费系数进行调整;需要进行价格调整的材料,其单价和采购数量应由发包人复核,发包人确认需调整的材料单价及数量,作为调整合同价款差额的依据。

7. 工期延误

发生合同工程工期延误的,应按照下列规定确定合同履行期用于调整的价格或单价:因发包人原因导致工期延误的,则计划进度日期后续工程的价格或单价,采用计划进度日期与实际进度日期两者的较高者;因承包人原因导致工期延误的,则计划进度日期后续工程的价格或单价,采用计划进度日期与实际进度日期两者的较低者。

8. 暂估价

发包人在招标工程量清单中给定暂估价的材料、工程设备属于依法必须招标的,由发承包双方以招标的方式选择供应商。中标价与招标工程量清单中所列的暂估价的差额以及相应的规费、税金等费用,应列入合同价格。发包人在招标工程量清单中给定暂估价的材料和工程

设备不属于依法必须招标的,由承包人按照合同约定采购。经发包人确认的材料和工程设备价格与招标工程量清单中所列的暂估价的差额以及相应的规费、税金等费用,应列入合同价格。发包人在工程量清单中给定暂估价的专业工程不属于依法必须招标的,应按照规范相应条款的规定确定专业工程价款。经确认的专业工程价款与招标工程量清单中所列的暂估价的差额以及相应的规费、税金等费用,应列入合同价格。发包人在招标工程量清单中给定暂估价的专业工程,依法必须招标的,应当由发承包双方依法组织招标选择专业分包人,并接受有管辖权的建设工程招标投标管理机构的监督。除合同另有约定外,承包人不参与投标的专业工程分包招标,应由承包人作为招标人,但招标文件评标工作、评标结果应报送发包人批准。与组织招标工作有关的费用应当被认为已经包括在承包人的签约合同价(投标总报价)中。承包人参加投标的专业工程分包招标,应由发包人作为招标人,与组织招标工作有关的费用由发包人承担。同等条件下,应优先选择承包人中标。专业工程分包中标价格与招标工程量清单中所列的暂估价的差额以及相应的规费、税金等费用,应列入合同价格。

9. 计日工

发包人通知承包人以计日工方式实施的零星工作,承包人应予执行。采用计日工计价的任何一项变更工作,承包人应在该项变更的实施过程中,每天提交以下报表和有关凭证送发包人复核:

(1)工作名称、内容和数量。

(2)投入该工作所有人员的姓名、工种、级别和耗用工时。

(3)投入该工作的材料名称、类别和数量。

(4)投入该工作的施工设备型号、台数和耗用台时。

(5)发包人要求提交的其他资料和凭证。

任一计日工项目持续进行时,承包人应在该项工作实施结束后的 24 小时内,向发包人提交有计日工记录汇总的现场签证报告一式三份。发包人在收到承包人提交现场签证报告后的2 天内予以确认并将其中一份返还给承包人,作为计日工计价和支付的依据。发包人逾期未确认也未提出修改意见的,视为承包人提交的现场签证报告已被发包人认可。任一计日工项目实施结束,发包人应按照确认的计日工现场签证报告核实该类项目的工程数量,并根据核实的工程数量和承包人已标价工程量清单中的计日工单价计算,提出应付价款;已标价工程量清单中没有该类计日工单价的,由发承包双方按规范规定商定计日工单价计算。每个支付期末,承包人应按照规范的规定向发包人提交本期间所有计日工记录的签证汇总表,以说明本期间自己认为有权得到的计日工价款,列入进度款支付。

10. 现场签证

承包人应发包人要求完成合同以外的零星项目、非承包人责任事件等工作的,发包人应及时以书面形式向承包人发出指令,提供所需的相关资料;承包人在收到指令后,应及时向发包人提出现场签证要求。承包人应在收到发包人指令后的 7 天内,向发包人提交现场签证报告,报告中应写明所需的人工、材料和施工机械台班的消耗量等内容。发包人应在收到现场签证报告后的 48 小时内对报告内容进行核实,予以确认或提出修改意见。发包人在收到承包人现场签证报告后的 48 小时内未确认也未提出修改意见的,视为承包人提交的现场签证报告已被发包人认可。现场签证的工作如已有相应的计日工单价,则现场签证中应列明完成该类项目所需的人工、材料、工程设备和施工机械台班的数量。如现场签证的工作没有相应的计日工单价,应在现场签证报告中列明完成该签证工作所需的人工、材料设备和施工机械台班的数量及其单价。合同工程发生现场签证事项,未经发包人签证确认,承包人便擅自施工的,除非征得发包人同意,否则发生的费用由承包人承担。现场签证工作完成后的 7 天内,承包人应按照现场签证内容计算价款,报送发包人确认后,作为追加合同价款,与工程进度款同期支付。

11. 不可抗力

因不可抗力事件导致的费用,发、承包双方应按以下原则分别承担并调整工程价款。

(1)工程本身的损害、因工程损害导致第三方人员伤亡和财产损失以及运至施工场地用于施工的材料和待安装的设备的损害,由发包人承担。

(2)发包人、承包人人员伤亡由其所在单位负责,并承担相应费用。

(3)承包人的施工机械设备损坏及停工损失,由承包人承担。

(4)停工期间,承包人应发包人要求留在施工场地的必要的管理人员及保卫人员的费用由发包人承担。

(5)工程所需清理、修复费用,由发包人承担。

12. 提前竣工(赶工补偿)

发包人要求承包人提前竣工,应征得承包人同意后与承包人商定采取加快工程进度的措施,并修订合同工程进度计划。合同工程提前竣工,发包人应承担承包人由此增加的费用,并按照合同约定向承包人支付提前竣工(赶工补偿)费。发承包双方应在合同中约定提前竣工每日历天应补偿额度。除合同另有约定外,提前竣工补偿的最高限额为合同价款的 5%。此项费用列入竣工结算文件中,与结算款一并支付。

13. 误期赔偿

如果承包人未按照合同约定施工,导致实际进度迟于计划进度的,发包人应要求承包人加快进度,实现合同工期。合同工程发生误期,承包人应赔偿发包人由此造成的损失,并按照合同约定向发包人支付误期赔偿费。即使承包人支付误期赔偿费,也不能免除承包人按照合同约定应承担的任何责任和应履行的任何义务。发承包双方应在合同中约定误期赔偿费,明确每日历天应赔额度。除合同另有约定外,误期赔偿费的最高限额为合同价款的 5%。误期赔偿费列入竣工结算文件中,在结算款中扣除。如果在工程竣工之前,合同工程内的某单位工程已通过了竣工验收,且该单位工程接收证书中表明的竣工日期并未延误,而是合同工程的其他部分产生了工期延误,则误期赔偿费应按照已颁发工程接收证书的单位工程造价占合同价款的比例幅度予以扣减。

14. 暂列金额

已签约合同价中的暂列金额由发包人掌握。发包人按照规范规定所作支付金额后,暂列金额如有余额归发包人。

15. 发承包双方约定的其他事项

除上述约定外的事项。

8.1.3　工程合同价款调整的程序

(1)出现合同价款调增事项(不含工程量偏差、计日工、现场签证、施工索赔)后的 14 天内,承包人应向发包人提交合同价款调增报告并附上相关资料,若承包人在 14 天内未提交合同价款调增报告的,视为承包人对该事项不存在调整价款。

(2)发包人应在收到承包人合同价款调增报告及相关资料之日起 14 天内对其核实,予以确认的应书面通知承包人。如有疑问,应向承包人提出协商意见。发包人在收到合同价款调增报告之日起14天内未确认也未提出协商意见的,视为承包人提交的合同价款调增报告已被发包人认可。发包人提出协商意见的,承包人应在收到协商意见后的14天内对其核实,予以确认的应书面通知发包人。如承包人在收到发包人的协商意见后14天内既不确认也未提出不同意见的,视为发包人提出的意见已被承包人认可。

(3)如发包人与承包人对不同意见不能达成一致的,只要不实质影响发承包双方履约的,双方应实施该结果,直到其按照合同争议的解决被改变为止。

(4)出现合同价款调减事项(不含工程量偏差、施工索赔)后的14天内,发包人应向承包人提交合同价款调减报告并附相关资料,若发包人在14天内未提交合同价款调减报告的,视为发包人对该事项不存在调整价款。

(5)经发承包双方确认调整的合同价款,作为追加(减)合同价款,与工程进度款或结算款同期支付。

8.1.4 FIDIC合同条件下的工程变更

在FIDIC合同条件下,业主提供的设计一般较为粗略,有的设计(施工图)是由承包商完成的,因此设计变更少于我国施工合同条件下的施工。

1. 工程变更的范围

由于工程变更属于合同履行过程中的正常管理工作,工程师可以根据施工进展的实际情况,在认为必要时就以下几个方面发布变更指令。

(1)对合同中任何工作工程量的改变。

(2)任何工作质量或其他特性的变更。

(3)工程任何部分标高、位置和尺寸的改变。

(4)删减任何合同约定的工作内容。

(5)新增工程按单独合同对待。

(6)改变原定的施工顺序或时间安排。

2. 变更程序

颁发工程接收证书前的任何时间,工程师可以通过发布变更指示或以要求承包商递交建议书的任何一种方式提出变更。

(1)指令变更。工程师在业主授权范围内根据施工现场的实际情况,在确属需要时有权发布变更指示。指示的内容应包括详细的变更内容、变更工程量、变更项目的施工技术要求和有关部门文件图纸,以及变更处理的原则。

(2)要求承包商递交建议书后再确定的变更。其程序为:

①工程师将计划变更事项通知承包商,并要求其递交实施变更的建议书。

②承包商应尽快予以答复。

③工程师做出是否变更的决定,尽快通知承包商说明批准与否或提出意见。

④承包商在等待答复期间,不应延误任何工作。

⑤工程师发出每一项实施变更的指示,应要求承包商记录支出的费用。

⑥承包商提出的变更建议书,只是作为工程师决定是否实施变更的参考。

3. 变更估价

(1)变更估价的原则。承包人按照工程师的变更指示实施变更工作后,往往会涉及对变更工程的估价问题。变更工程的价格或费率,往往是双方协商时的焦点。计算变更工程应采用的费率或价格,可分为 3 种情况。

①变更工作在工程量表中有同种工作内容的单价或价格,应以该单价计算变更工程费用。实施变更工作未引起工程施工组织和施工方法发生实质性变动,不应调整该项目的单价。

②工程量表中虽然列有同类工作的单价或价格,但对具体变更工作而言已不适用,则应在原单价或价格的基础上制定合理的新单价或价格。

③变更工作的内容在工程量表中没有同类工作的单价或价格,应按照与合同单价水平相一致的原则,确定新的单价或价格。任何一方不能以工程量表中没有此项价格为借口,将变更工作的单价定得过高或过低。

(2)可以调整合同工作单价的原则。具备以下条件时,允许对某一项工作规定的单价或价格加以调整。

①此项工作实际测量的工程量比工程量表或其他报表中规定的工程量的变动大于 10%。

②工程量的变更与对该项工作规定的具体单价的乘积超过了接受的合同款额的 0.01%。

③由此工程量的变更直接造成该项工作每单位工程量费用的变动超过 1%。

(3)删减原定工作后对承包商的补偿。工程师发布删减工作的变更指示后承包商不再实施部分工作,合同价款中包括的直接费部分没有受到损害,但摊销在该部分的间接费、税金和利润则实际不能合理回收。因此承包商可以就其损失向工程师发出通知并提供具体的证明资料,工程师与合同双方协商后确定一笔补偿金额加入到合同价内。

8.2　工　程　索　赔

8.2.1　索赔的概念

索赔是指当事人在合同实施过程中,根据法律、合同规定及惯例,对并非由于自己的过错,而是属于应由对方承担责任的情况造成,且实际发生了损失,向对方提出给予补偿或赔偿的权利要求。

索赔有较广泛的含义,可以概括为如下 3 个方面。

(1)一方违约使另一方蒙受损失,受损方向对方提出赔偿损失的要求。

(2)发生应由业主承担责任的特殊风险或遇到不利自然条件等情况,使承包人蒙受较大损失而向业主提出补偿损失要求。

(3)承包人本人应当获得的正当利益,由于没能及时得到监理工程师的确认和业主应给予的支付,而以正式函件向业主索赔。

索赔的性质属于经济补偿行为,而不是惩罚。索赔方所受到的损害,与被索赔方的行为并不一定存在法律上的因果关系。索赔是一种正当的权利要求,它是业主、监理工程师和承包人之间一项正常的、大量发生而且普遍存在的合同管理业务,是一种以法律和合同为依据的、合情合理的行为。

8.2.2　工程索赔的分类

工程索赔从不同的角度可以进行不同的分类,但最常见的是按当事人的不同和索赔的目的不同进行分类。

1. 按索赔有关当事人不同分类

(1)承包人同业主之间的索赔。这是承包施工中最普遍的索赔形式,最常见的是承包人向业主提出的工期索赔和费用索赔,也是本节要探讨的主要内容。有时,业主也向承包人提出经济赔偿的要求,即"反索赔"。

(2)总承包人和分包人之间的索赔。总承包人和分包人,按照他们之间所签订的分包合同,都有向对方提出索赔的权利,以维护自己的利益,获得额外开支的经济补偿。分包人向总承包人提出的索赔要求,经过总承包人审核后,凡是属于业主方面责任范围内的事项,均由总承包人汇总后向业主提出;凡是属于总承包人责任范围内的事项,则由总承包人同分包人协商解决。

2. 按索赔的目的不同分类

(1)工期索赔。承包人向发包人要求延长工期,合理顺延合同工期。由于合理的工期延长,可以使承包人免于承担误期罚款(或误期损害赔偿金)。

(2)费用索赔。承包人要求取得合理的经济补偿,即要求发包人补偿不应该由承包人自己承担的经济损失或额外费用,或者发包人向承包人要求因为承包人违约导致业主的经济损失补偿。

3. 按索赔事件的性质不同分类

根据索赔事件的性质不同,可以将工程索赔分为:

(1)工程延误索赔。因发包人未按合同要求提供施工条件,或因发包人指令工程暂停或不可抗力事件等原因造成工期拖延的,承包人可以向发包人提出索赔;如果由于承包人原因导致工期拖延,发包人可以向承包人提出索赔。

(2)加速施工索赔。由于发包人指令承包人加快施工速度、缩短工期、引起承包人的人力、物力、财力的额外开支,承包人提出的索赔。

(3)工程变更索赔。由于发包人指令增加或减少工程量或增加附加工程、修改设计、变更工程顺序等,造成工期延长或费用增加,承包人就此提出索赔。

(4)合同终止的索赔。由于发包人违约或发生不可抗力事件等原因造成合同非正常终止,承包人因其遭受经济损失而提出索赔。如果由于承包人的原因导致合同非正常终止,或者合同无法继续履行,发包人可以就此提出索赔。

(5)不可预见的不利条件索赔。承包人在工程施工期间,施工现场遇到一个有经验的承包人通常不能合理预见的不利施工条件或外界障碍,例如地质条件与发包人提供的资料不符,出现不可预见的地下水、地质断层、溶洞、地下障碍物等,承包人可以就因此遭受的损失提出索赔。

(6)不可抗力事件的索赔。工程施工期间,因不可抗力事件的发生而遭受损失的一方,可以根据合同中对不可抗力风险分担的约定,向双方当事人提出索赔。

(7)其他索赔。如因货币贬值、汇率变化、物价上涨、政策法令变化等原因引起的索赔。

8.2.3 索赔产生的原因

施工过程中,索赔产生的原因很多,经常引发索赔的原因有:

1. 发包人违约

发包人违约常常表现为没有为承包人提供合同约定的施工条件、未按照合同约定的期限和数额付款等。工程师未能按照合同约定完成工作,如未能及时发出图纸、指令等也视为发包人违约。

2. 合同文件缺陷

合同文件缺陷表现为合同文件规定不严谨甚至矛盾、合同中的遗漏或错误。在这种情况下,工程师应当给予解释,如果这种解释将导致成本增加或工期延长,发包人应当给予补偿。

3. 合同变更

合同变更表现为设计变更、施工方法变更、追加或者取消某些工作、合同其他规定的变更等。

4. 不可抗力事件

不可抗力又可以分为自然事件和社会事件。自然事件主要是指不利的自然条件和客观障碍,如在施工过程中遇到了经现场调查无法发现、发包人提供的资料中也未提到的、无法预料的情况,如地下水、地质断层等。社会事件则包括国家政策、法律、法令的变更、战争、罢工等。

5. 发包人代表或监理工程师的指令

发包人代表或监理工程师的指令有时也会产生索赔,如监理工程师指令承包人加速施工速度、进行某项工作、更换某些材料、采取某些措施等,并且这些指令不是由于承包人的原因造成的。

6. 其他第三方原因

其他第三方原因常常表现为与工程有关的第三方的问题而引起的对本工程的不利影响,如业主指定的供应商违约,业主付款被银行延误等。

8.2.4　施工索赔的程序

1. 我国《标准施工招标文件》中规定的索赔程序

(1)索赔的提出。根据合同约定,承包人认为有权得到追加付款和(或)延长工期的,应按以下程序向发包人提出索赔。

①承包人应在知道或应当知道索赔事件发生后 28 天内,向监理人递交索赔意向通知书,并说明发生索赔事件的事由。承包人未在前述 28 天内发出索赔意向通知书的,丧失要求追加付款和(或)延长工期的权利。

②承包人应在发出索赔意向通知书后 28 天内,向监理人正式递交索赔通知书。索赔通知书应详细说明索赔理由以及要求追加的付款金额和(或)延长的工期,并附必要的记录和证明材料。

③索赔事件具有连续影响的,承包人应按合理时间间隔继续递交延续索赔通知,说明连续影响的实际情况和记录,列出累计的追加付款金额和(或)工期延长天数。

④在索赔事件影响结束后的 28 天内,承包人应向监理人递交最终索赔通知书,说明最终要求索赔的追加付款金额和延长的工期,并附必要的记录和证明材料。

(2)承包人索赔处理程序。

①监理人收到承包人提交的索赔通知书后,应及时审查索赔通知书的内容、查验承包人的记录和证明材料,必要时监理人可要求承包人提交全部原始记录副本。

②监理人应按商定或确定追加的付款和(或)延长的工期,并在收到上述索赔通知书或有关索赔的进一步证明材料后的 42 天内,将索赔处理结果答复承包人。

③承包人接受索赔处理结果的,发包人应在做出索赔处理结果答复后 28 天内完成赔付。承包人不接受索赔处理结果的,按《标准施工拓标文件》第 24 条的约定办理。

(3)承包人提出索赔的期限。承包人按约定接受了竣工付款证书后,应被认为已无权再提出在合同工程接收证书颁发前所发生的任何索赔。承包人按约定提交的最终结清申请单中,只限于提出工程接收证书颁发后发生的索赔。提出索赔的期限自接受最终结清证书时终止。

(4)在处理工程索赔时要注意的问题。

①若承包人的费用索赔与工程延期索赔要求相关联时,发包人在做出费用索赔的批准决定时,应结合工程延期的批准,综合做出费用索赔和工程延期的决定。

②若发包人认为由于承包人的原因造成额外损失,发包人应在确认引起索赔的事件后,按合同约定向承包人发出索赔通知。

③承包人在收到发包人索赔通知后并在合同约定时间内,未向发包人做出答复,视为该项索赔已经认可。

④承包人应发包人要求完成合同以外的零星工作或非承包人责任事件发生时,承包人应按合同约定及时向发包人提出现场签证。

⑤发、承包双方确认的索赔与现场签证费用与工程进度款同期支付。

2. FIDIC 合同条件规定的工程索赔程序

FIDIC 合同条件只对承包商的索赔做出了规定,包括以下方面。

(1)承包商发出索赔通知。如果承包商认为有权得到竣工时间的任何延长期和(或)任何追加付款,承包商应当向工程师发出通知,说明索赔的事件或情况。该通知应当尽快在承包商察觉或者应当察觉该事件或情况后 28 天内发出。

(2)承包商未及时发出索赔通知的后果。如果承包商未能在上述 28 天期限内发出索赔通知,则竣工时间不得延长,承包商无权获得追加付款,而业主应免除有关该索赔的全部责任。

(3)承包商递交详细的索赔报告。在承包商察觉或者应当察觉该事件或情况后 42 天内,或在承包商可能建议并经工程师认可的其他期限内,承包商应当向工程师递交一份充分详细的索赔报告,包括索赔的依据、要求延长的时间和(或)追加付款的全部详细资料。如果引起索赔的事件或者情况具有连续影响,则:

①上述充分详细索赔报告应被视为中间的。

②承包商应当按月递交进一步的中间索赔报告,说明累计索赔延误时间和(或)金额,以及所有可能的合理要求的详细资料。

③承包商应当在索赔的事件或者情况产生影响结束后 28 天内,或在承包商可能建议并经工程师认可的其他期限内,递交一份最终索赔报告。

(4)工程师的答复。工程师在收到索赔报告或对过去索赔的任何进一步证明资料后 42 天内,或在工程师可能建议并经承包商认可的其他期限内,做出回应,表示批准、或不批准并附具体意见。工程师应当商定或者确定应给予竣工时间的延长期及承包商有权得到的追加付款。

8.2.5 索赔的依据

(1)招标文件、施工合同文本及附件,其他各签约(如备忘录、修正案等),经认可的工程实施计划,各种工程图纸、技术规范等。

(2)双方的往来信件及各种会谈纪要。

(3)进度计划和具体的进度以及项目现场的有关文件。

(4)气象资料、工程检查验收报告和各种技术鉴定报告,工程中送停电、送停水、道路开通和封闭的记录和证明。

（5）国家有关法律、法令、政策文件，官方的物价指数、工资指数，各种会计核算资料，材料的采购、订货、运输、进场、使用方面的凭据。

8.2.6　索赔费用的计算

1. 索赔费用的组成

索赔费用的内容与工程造价的构成基本类似，一般可以归结为人工费、材料费、施工机械使用费、现场管理费、总部（企业）管理费、保险费、保函手续费、利息、利润、分包费用等。

（1）人工费。人工费的索赔包括：由于完成合同之外的额外工作所花费的人工费用；超过法定工作时间加班劳动；法定人工费增长；非因承包商原因导致工效降低所增加的人工费用；非因承包商原因导致工程停工的人员窝工费和工资上涨费等。在计算停工损失中人工费时，通常采取人工单价乘以折算系数计算。

（2）材料费。材料费的索赔包括：由于索赔事件的发生造成材料实际用量超过计划用量而增加的材料费；由于发包人原因导致工程延期期间的材料价格上涨和超期储存费用。材料费中应包括：运输费，仓储费以及合理的损耗费用。如果由于承包商管理不善，造成材料损坏失效，则不能列入索赔款项内。

（3）施工机械使用费。施工机械使用费的索赔包括：由于完成合同之外的额外工作所增加的机械使用费；非因承包人原因导致工效降低所增加的机械使用费；由于发包人或工程师指令错误或迟延导致机械停工的台班停滞费。在计算机械设备台班停滞费时，不能按机械设备台班费计算，因为台班费中包括设备使用费。如果机械设备是承包人自有设备，一般按台班折旧费计算；如果是承包人租赁的设备，一般按台班租金加上每台班分摊的施工机械进退场费计算。

（4）现场管理费。现场管理费的索赔包括承包人完成合同之外的额外工作以及由于发包人原因导致工期延期期间的现场管理费，包括管理人员工资、办公费、通信费、交通费等。现场管理费索赔金额的计算公式为

$$现场管理费索赔金额＝索赔的直接成本费用×现场管理费率 \qquad (8.6)$$

其中，现场管理费费率的确定可以选用下面的方法：

①合同百分比法，即管理费比率在合同中规定。

②行业平均水平法，即采用公开认可的行业标准费率。

③原始估价法，即采用投标报价时确定的费率。

④历史数据法，即采用以往相似工程的管理费费率。

（5）总部（企业）管理费。总部管理费的索赔主要是指由于发包人原因导致工程延期期间所增加的承包人向公司总部提交的管理费，包括总部职工工资、办公大楼折旧、办公用品、财务管理、通信设施以及总部领导人员赴工地检查指导工作等开支。总部管理费索赔金额的计算，目前还没有统一的方法。通常可以下几种方法。

①按总部管理费的比率计算：

$$总部管理费索赔金额＝（直接费索赔金额＋现场管理费索赔金额）×$$
$$总部管理费比率（\%） \qquad (8.7)$$

其中，总部管理费的比率可以按照投标书中的总部管理费比率计算（一般为 3%～8%），也可以按照承办人公司总部统一规定的管理费比率计算。

②按已获补偿的工程延期天数为基础计算。该方法是在承包人已经获得工程延期索赔的

批准后,进一步获得总部管理费索赔的计算方法。计算步骤如下:

a.计算被延期工程应当分摊的总部管理费。

$$\frac{\text{延期工程应当分摊}}{\text{的总部管理费}} = \frac{\text{同期公司计划}}{\text{总部管理费}} \times \frac{\text{延期工程合同价格}}{\text{同期公司所有工程合同总价}} \tag{8.8}$$

b.计算被延期工程的日平均总部管理费。

$$\text{延期工程的日平均总部管理费} = \frac{\text{延期工程应分摊的总部管理费}}{\text{延期工程计划工期}} \tag{8.9}$$

c.计算索赔的总部管理费。

$$\text{索赔的总部管理费} = \text{延期工程的日平均总部管理费} \times \text{工程延期的天数} \tag{8.10}$$

(6)保险费。因发包人原因导致工程延期时,承包人必须办理工程保险、施工人员意外伤害保险等各项保险的延期手续,对于由此而增加的费用,承包人可以提出索赔。

(7)保函手续费。因发包人原因导致工期延期时,承包人必须办理相关履约保函的延期手续,对于由此而增加的手续费,承包人可以提出索赔。

(8)利息。利息的索赔包括:发包人拖延支付工程款利息;发包人迟延退还工程保留金的利息;承包人垫资施工的垫资利息;发包人错误扣款的利息等。至于具体的利率标准,双方可以在合同中明确约定,没有约定或约定不明的,可以按照中国人民银行发布的同期同类贷款利率计算。

(9)利润。一般来说,由于工程范围的变更、发包人提供的文件有缺陷或错误、发包人未能提供施工场地以及因发包人违约导致的合同终止等事件引起的索赔,承包人都可以列入利润。由于一些引起索赔的事件,同时也可能是合同中约定的合同价款调整因素(如工程变更、法律法规的变化以及物价变化等),因此,对于已经进行了合同价款调整的索赔事件,承包人在费用索赔的计算时,不能重复计算。

(10)分包费用。由于发包人的原因导致分包工程费用增加时,分包人只能向总承包人提出索赔,但分包人的索赔款项应当列入总承包人对发包人的索赔款项中。分包费用索赔是指分包人的索赔费用,一般也包括与上述费用类似的内容索赔。

2.《标准施工招标文件》中规定可索赔的条款

根据《标准施工招标文件》中通用合同条款的内容,可以合理补偿承包人的条款如表8.1所示。

表8.1　《标准施工招标文件》中合同条款规定可以合理补偿承包人的条款

序号	条款号	主要内容	可补偿内容		
			工期	费用	利润
1	1.10.1	施工过程中发现文物、古迹以及其他遗迹、化石、钱币或物品	√	√	
2	4.11.2	承包人遇到不利物质条件	√	√	
3	5.2.4	发包人要求向承包人提前交付材料和工程设备		√	
4	5.2.6	发包人提供的材料和工程设备不符合合同要求	√	√	√
5	8.3	发包人提供基准资料错误导致承包人的返工或造成工程损失	√	√	√
6	11.3	发包人的原因造成工期延误	√	√	√
7	11.4	异常恶劣的气候条件	√		

序号	条款号	主要内容	可补偿内容		
			工期	费用	利润
8	11.6	发包人要求承包人提前竣工		√	
9	12.2	发包人原因引起的暂停施工	√	√	√
10	12.4.2	发包人原因造成暂停施工后无法按时复工	√	√	√
11	13.1.3	发包人原因造成工程质量达不到合同约定验收标准的	√	√	√
12	13.5.3	承包人按第 13.5.1 项或 13.5.2 项覆盖工程隐蔽部位后,监理人对隐蔽工程重新检查,经检验证明工程质量符合合同要求的	√	√	√
13	16.2	法律变化引起的价格调整		√	
14	18.4.2	发包人在全部工程竣工前,使用已接受的单位工程导致承包人费用增加	√	√	√
15	18.6.2	发包人的原因导致试运行失败的		√	√
16	19.2	发包人原因导致的工程缺陷和损失		√	√
17	21.3.1	不可抗力	√	√	

3. 费用索赔的计算

费用索赔的计算应以赔偿实际损失为原则,包括直接损失和间接损失。费用索赔的计算方法通常有三种,即实际费用法、总费用法和修正的总费用法。

(1)实际费用法。实际费用法又称分项法,即根据索赔事件所造成的损失或成本增加,按费用项目逐项进行分析、计算索赔金额的方法。这种方法比较复杂,但能客观地反映施工单位的实际损失,比较合理,易于被当事人接受,在国际工程中被广泛采用。

由于索赔费用组成的多样化,不同原因引起的索赔,承包人可索赔的具体费用内容有所不同,必须具体问题具体分析。由于实际费用法所依据的是实际发生的成本记录或单据,所以,在施工过程中,系统而准确地积累记录资料是非常重要的。

(2)总费用法。总费用法也称总成本法,即当发生多次索赔事件后,重新计算工程的实际总费用,再从该实际总费用中减去投标报价时的估算总费用,即为索赔金额。总费用法计算索赔金额的公式为

$$索赔金额 = 实际总费用 - 标报价估算总费用 \tag{8.11}$$

在总费用法的计算方法中,没有考虑实际总费用中可能包括由于承包商的原因(如施工组织不善)而增加的费用,投标报价估算总费用也可能由于承包人为谋取中标而导致过低的报价,因此,总费用法并不科学。只有在难以精确地确定某些索赔事件导致的各项费用增加额时,总费用法才得以采用。

(3)修正的总费用法。这种方法是对总费用法的改进,即在总费用计算的原则上,去掉一些不合理的因素,对总费用法进行相应的修改和调整,使其更加合理。修正的内容如下:

①将计算索赔款的时段局限于受到索赔事件影响的时间,而不是整个施工期。

②只计算受到索赔事件影响时段内的某项工作所受影响的损失,而不是计算该时段内所有施工工作所受的损失。

③与该项工作无关的费用不列入总费用中。

④对投标报价费用重新进行核算,即按受影响时段内该项工作的实际单价进行核算,乘以实际完成的该项工作的工程量,得出调整后的报价费用。按修正后的总费用计算索赔金额的公式为

$$索赔金额＝某项工作调整后的实际总费用－该项工作的报价费用 \qquad (8.12)$$

修正总费用法与总费用法相比,有了实质性的改进,它的准确程度已接近于实际费用法。

【例 8.1】某市地下工程,业主与施工单位参照相关 FIDIC 合同条件签订了施工合同,除税金外的合同总价为 8 600 万元,其中:现场管理费率 15%,企业管理费率 8%,利润率 5%,合同工期 730 天。为保证施工安全,合同中规定施工单位应安装满足最小排水能力 1.5 t/min 的排水设施,并安装 1.5 t/min 的备用排水设施,两套设施合计 15 900 元。合同中还规定,施工中若遇业主原因造成工程停工或窝工,业主对施工单位自有机械按台班单价的 60% 给予补偿,对施工单位租赁机械按租赁费给予补偿(不包括转运费)。

该工程施工过程中发生以下 3 项事件:

事件 1:施工过程中业主通知施工单位某分项工程(非关键工作)需进行设计变更,由此造成施工单位的机械设备窝工 12 天。

事件 2:施工过程中遇到了非季节性大暴雨天气,由于地下断层相互通及地下水位不断上升等不利条件,原有排水设施满足不了排水要求,施工工区涌水量逐渐增加,使用权施工单位被迫停工,并造成施工设备被淹没。

为保证施工安全和施工进度,业主指令施工单位紧急购买增加额外负担外排水设施,尽快恢复施工,施工单位业主要求购买并安装了两套 1.5 t/min 的排水设施,恢复了施工。

事件 3:施工中发现地下文物,处理地下文物工作造成工期拖延 40 天。

就以上 3 项事件,施工单位按合同规定的索赔程序向业主提出索赔。

事件 1:由于业主修改工程设计 12 天造成施工单位机械设备窝工费用索赔(见表 8.2)。

表 8.2 施工单位机械设备窝工费用索赔

项目	机械台班单价(元/台班)	时间(天)	金额(元)
9 m³ 空压机	310	12	3 720
25 t 履带吊车(租赁)	1 500	12	18 000
塔吊	1 000	12	12 000
混凝土泵车(租赁)	600	12	7 200
合计			40 920

现场管理费:$40\ 920 \times 15\% = 6\ 138$(元)

企业管理费:$(40\ 920 + 6\ 138) \times 8\% = 3\ 764.64$(元)

利润:$(40\ 920 + 6\ 138 + 3\ 764.64) \times 5\% = 2\ 541.13$(元)

合计:53 363.77 元

事件 2:由于非季节性大暴雨天气费用索赔。

备用排水设施及额外增加排水设施费:$15\ 900 \div 2 \times 3 = 23\ 850$(元)

被地下涌水淹没的机械设备损失费:16 000(元)

额外排水工作的劳务费 8 650(元)

合计 48 500(元)

事件 3：由于处理地下文物延长工期 40 天，工期、费用的索赔。

索赔现场管理费增加额：

现场管理费：$8\,600 \times 15\% = 1\,290$（万元）

相当于每天：$1\,290 \times 10\,000 \div 730 = 17\,671.23$（元/天）

40 天合计：$17\,671.23 \times 40 = 706\,849.20$（元）

【问题】

1. 指出事件 1 中施工单位的哪些索赔要求不合理化，为什么？造价工程师审核施工单位机械设备窝工费用索赔时，核定施工单位提供的机械化台班单价属实，并核定机械台班单价中运转费用分别为：9 m 空压机为 93 元/台班，25 t 履带车为 300 元/台班，塔吊为 190 元/台班，混凝土泵车为 140 元/台班，造价工程师核定的索赔费应是多少？

2. 事件 2 中施工单位可获得几项费用的索赔？核定的索赔费用应是多少？

3. 事件 3 中造价工程师是否应同意 40 天的工期延长？为什么？补偿的现场管理费如何计算，应补偿多少元？

【解答】

问题 1：

(1)事件 1：①自有机械索赔要求不合理。因合同规定业主应按自有机械使用费的 60% 补偿；②租赁机械索赔要求不合理。因合同中规定租赁业主按租赁补偿；③现场管理费、企业管理费索赔要求不合理，因分项工程窝工没有造成全工地的停工；④利润索赔要求不合理，因机械化窝工并未造成利润的减少。

(2)造价工程师核定的索赔费用为：

$3\,720 \times 60\% = 2\,232$（元）

$18\,000 - 300 \times 12 = 14\,400$（元）

$12\,000 \times 60\% = 7\,200$（元）

$7\,200 - 140 \times 12 = 5\,520$（元）

$2\,232 + 14\,400 + 7\,200 + 5\,520 = 29\,352$（元）

问题 2：

(1)事件 2：①可索赔额外增加的排水设施费；②可索赔额外增加的排水工作劳务费；

(2)核定的索赔费用应为：$15\,900 + 8\,650 = 24\,550$（元）

问题 3：

(1)事件 3：应同意 40 天工期延长，因地下文物处理是有经验的承包商不可预见的（或：地下文物处理是业主承担的风险）。

(2)现场管理费用应为：

①现场管理费应补偿额为：$86\,000\,000 \div (1.15 \times 1.08 \times 1.05) \times 0.15 = 9\,891\,879.46$（元）

②每天的现场管理费：$9\,891\,879.46$ 元 $\div 730 = 13\,550.52$（元）

③应补偿的现场管理费：$13\,550.52 \times 40 = 542\,020.80$（元）

或采用以下方法计算

合同价中的 8\,600 万元减去 5% 的利润为：

$86\,000\,000 \times 0.05 \div 1.05 = 4\,095\,238.10$（元）

$86\,000\,000 - 4\,095\,238.10 = 81\,904\,761.90$（元）

减去的企业管理费：

81 904 761.90×0.08÷1.08＝6 067 019.40(元)

81 904 761.90－6 067 019.40＝75 837 742.50(元)

现场管理费为:75 837 742.5×0.15÷1.15＝9 891 879.46(元)

每天的现场管理费:9 891 879.46 元÷730＝13 550.52(元)

应补偿的现场管理费:13 550.52×40＝542 020.80(元)

8.2.7 索赔报告的内容

一个完整的索赔报告应包括以下 4 个部分。

1. 总论部分

一般包括以下内容:序言;索赔事项概述;具体索赔要求;索赔报告编写及审核人员名单。

2. 根据部分

本部分主要是说明自己具有的索赔权利,这是索赔能否成立的关键。根据部分的内容主要来自该工程项目的合同文件,并参照有关法律规定。该部分中施工单位应引用合同中的具体条款,说明自己理应获得经济补偿或工期延长。

3. 计算部分

索赔计算的目的,是以具体的计算方法和计算过程,说明自己应得经济补偿的款额或延长时间。如果说根据部分的任务是解决索赔能否成立,则计算部分的任务就是决定应得到多少索赔款额和工期。

4. 证据部分

证据部分包括该索赔事件所涉及的一切证据资料,以及对这些证据的说明,证据是索赔报告的重要组成部分,没有翔实可靠的证据,索赔是不能成功的。在引用证据时,要注意该证据的效力或可信程度。为此,对重要的证据资料最好附以文字证明或确认件。

8.3 工程计量与合同价款结算

对承包人已经完成的合格工程进行计量并予以确认,是发包人支付工程价款的前提工作。因此,工程计量不仅是发包人控制施工阶段工程造价的关键环节,也是约束承包人履行合同义务的重要手段。

8.3.1 工程计量

1. 工程计量的概念

工程计量是指发承包双方根据合同约定,对承包人完成合同工程的数量进行的计算和确认。具体来说,就是双方根据设计图纸、技术规范以及施工合同约定的计量方式和计算方法,对承包人已经完成的质量合格的工程实体数量进行测量与计算,并以物理计量单位或自然计量单位进行表示、确认的过程。

招标工程量清单所列的数量,通常是根据设计图纸计算的数量,是对合同工程的估计工程量。工程施工过程中,通常会由于一些原因导致承包人实际完成工程量与工程量清单中所列的工程量不一致,比如:招标工程量清单缺项、漏项或项目特征描述与实际不符;工程变更;现场施工条件的变化;现场签证;暂列金额中的专业工程发包等。因此,在工程合同价款结算前,必须对承包人履行合同义务所完成的实际工程进行准确地计量。

2. 工程计量的原则

（1）不符合合同条件要求的工程不予计量。即工程必须满足设计图纸、技术规范等合同文件对其在工程质量上的要求，同时有关的工程质量验收资料齐全、手续完备，满足合同文件对其在工程管理上的要求。

（2）按合同文件所规定的方法、范围、内容和单位计量。工程计量的方法、范围、内容和单位受合同文件所约束，其中工程量清单（说明）、技术规范、合同条款均会从不同角度、不同侧面涉及这方面的内容。在计量中要严格遵循这些文件的规定，并且一定要结合起来使用。

（3）因承包人原因造成的超出合同范围施工或返工的工程量，发包人不予计量。

3. 工程计量的范围与依据

（1）工程计量的范围。工程计量的范围包括：工程量清单及工程变更所修订的工程量清单的内容；合同文件中所规定的各种费用支付项目，如费用索赔、各种预付款、价格调整、违约金等。

（2）工程计量的依据。工程计量的依据包括：工程量清单及说明；合同图纸；工程变更令及其修订的工程量清单；合同条件；技术规范；有关计量的补充协议；质量合格证书等。

8.3.2　工程计量的方法

工程量应当按照相关工程的现行国家计量规范规定的工程量计算规则计算。工程计量可选择按月或按工程形象进度分段计量，具体计量周期在合同中约定。因承包人原因造成的超范围施工或返工的工程量，发包人不予计量。通常单价合同和总价合同规定有不同的计量方法，成本加酬金合同按照单价合同的计量规定进行计量。

1. 单价合同的计量

单价合同工程量必须以承包人完成合同工程应予计量的按照现行国家计量规范规定的工程量计算规则计算。施工中工程计量时，若发现招标工程量清单中出现缺项、工程量偏差，或因工程变更引起工程量的增减，应按承包人在履行合同义务中完成的工程量计算。具体的计量方法如下：

（1）承包人应当按照合同约定的计量周期和时间，向发包人提交当期已完工程量报告。发包人应在收到报告后 7 天内核实，并将核实计量结果通知承包人。发包人未在约定时间内进行核实的，则承包人提交的计量报告中所列的工程量视为承包人实际完成的工程量。

（2）发包人认为需要进行现场计量核实时，应在计量前 24 小时通知承包人，承包人应为计量提供便利条件并派人参加。双方均同意核实结果时，则双方应在上述记录上签字确认。承包人收到通知后不派人参加计量，视为认可发包人的计量核实结果。发包人不按照约定时间通知承包人，致使承包人未能派人参加计量，计量核实结果无效。

（3）如果承包人认为发包人的计量结果有误，应在收到计量结果通知后的 7 天内向发包人提出书面意见，并附上其认为正确的计量结果和详细的计算资料。发包人收到书面意见后，应对承包人的计量结果进行复核后通知承包人。承包人对复核计量结果仍有异议的，按照合同约定的争议解决办法处理。

（4）承包人完成已标价工程量清单中每个项目的工程量后，发包人应要求承包人派员共同对每个项目的历次计量报表进行汇总，以核实最终结算工程量。发承包双方应在汇总表上签字确认。

2. 总价合同的计量

采用经审定批准的施工图纸及其预算方式发包形成的总价合同,除按照工程变更规定引起的工程量增减外,总价合同各项目的工程量是承包人用于结算的最终工程量。总价合同项目的计量和支付应以总价为基础,发承包双方应在合同中约定工程计量的形象目标或时间节点。承包人实际完成的工程量,是进行工程目标管理和控制进度支付的依据。具体计量方法如下:

(1)承包人应在合同约定的每个计量周期内,对已完成的工程进行计量,并向发包人提交达到工程形象目标完成的工程量和有关计量资料的报告。

(2)发包人应在收到报告后7天内对承包人提交的上述资料进行复核,以确定实际完成的工程量和工程形象目标。对其有异议的,应通知承包人进行共同复核。

8.3.3 预付款

1. 预付款的概念

工程预付款是指建设工程施工合同订立后,由发包人按照合同约定,在正式开工前预先支付给承包人的工程款。它是施工准备和所需要材料、结构件等流动资金的主要来源,国内习惯上又称其为预付备料款。

2. 预付款的支付

(1)预付款的额度。各地区、各部门对工程预付款额度的规定不完全相同,主要是保证施工所需材料和构建的正常储备。工程预付款额度一般是根据施工工期、建安工作量、主要材料和构建费用占建安工程费的比例以及材料储备周期等因素经测算来确定。

①百分比法。发包人根据工程的特点、工期长短、市场行情、供求规律等因素,招标时在合同条件中约定工程预付款的百分比。根据《建设工程价款结算暂行办法》的规定,预付款的支付比例原则上不低于合同金额的10%,不高于合同金额的30%。承包人对预付款必须专用于合同工程。

②公式计算法。利用公式计算法是指根据主要材料(含结构件等)占年度承包工程总价的比重,材料储备定额天数和年度施工天数等因素,通过公式计算预付备料款额度的一种方法。计算公式为

$$工程预付款数额=\frac{工程造价×材料比重(\%)}{年度施工天数}×材料储备定额天数 \qquad (8.13)$$

式中:年度施工天数按365天日历天计算;材料储备定额天数由当地材料供应的在途天数、加工天数、整理天数、供应间隔天数、保险天数等因素确定。

(2)预付款的支付时间。根据《建设工程工程量清单计价规范》(GB 50500—2013)规定,承包人应在签订合同或向发包人提供与预付款等额的预付款保函(如有)后向发包人提交预付款支付申请。发包人应对在收到支付申请的7天内进行核实后向承包人发出预付款支付证书,并在签发支付证书后的7天内向承包人支付预付款。发包人没有按时支付预付款的,承包人可催告发包人支付;发包人在付款期满后的7天内仍未支付的,承包人可在付款期满后的第8天起暂停施工。发包人应承担由此增加的费用和(或)延误的工期,并向承包人支付合理利润。

(3)预付款的扣回。发包人支付给承包人的工程预付款属于预支性质,随着工程的逐步实施后,原已支付的预付款应以充抵工程价款的方式陆续扣回,抵扣方式应当由双方当事人在合同中明确约定。扣款的方法主要有以下两种:

（1）可以在承包方完成金额累计达到合同总价的一定比例后，由承包方开始向发包方还款，发包方从每次应付给承包方的金额中扣回工程预付款。

（2）从未施工工程尚需的主要材料及构件价值相当于工程预付款数额时扣起，预付款应从每支付期应支付给承包人的工程进度款中按材料及构件比重扣抵工程价款，直到扣回的金额达到合同约定的预付款金额为止。因此确定起扣点是工程预付款起扣的关键。

确定起扣点的依据是：未施工工程所需主要材料和构件的费用等于预付款的数额。

工程预付款起扣点的计算公式为

$$T = P - \frac{M}{N} \tag{8.14}$$

式中：T 为起扣点（即工程预付款开始扣回时）的累计完成工程金额；M 为工程预付款总额；N 为主要材料及构建所占比重；P 为承包工程合同总额。

【例 8.2】某工程合同总额 200 万元，工程预付款为合同总额的 12%，主要材料、构件所占比重为 60%，问：该工程预付款的起扣点是多少万元？

解：工程预付款：$M = 200 \times 12\% = 24$（万元）

起扣点：$T = 200 - \dfrac{24}{60\%} = 160$（万元）

3. 安全文明施工费

安全文明施工费的内容和范围，应以国家和工程所在地省级建设行政主管部门的规定为准。发包人应在工程开工后的 28 天内预付不低于当年的安全文明施工费总额的 50%，其余部分与进度款同期支付。发包人没有按时支付安全文明施工费的，承包人可催告发包人支付；发包人在付款期满后的 7 天内仍未支付的，若发生安全事故的，发包人应承担连带责任。

承包人应对安全文明施工费专款专用，在财务账目中单独列项备查，不得挪作他用，否则发包人有权要求其限期改正；逾期未改正的，造成的损失和（或）延误的工期由承包人承担。

4. 总承包服务费

发包人应在工程开工后的 28 天内向承包人预付总承包服务费的 20%，分包进场后，其余部分与进度款同期支付。发包人未给合同约定向承包人支付总承包服务费，承包人可不履行总包服务义务，由此造成的损失（如有）由发包人承担。

8.3.4　进度款期中支付

合同价款的期中支付，是指发包人在合同工程施工过程中，按照合同约定对付款周期内承包人完成的合同价款给予支付的款项，也就是工程进度款的结算支付。发承包双方应按照合同约定的事件、程序和方法，根据工程计量结果，办理期中价款结算，支付进度款。进度款支付周期，应与合同约定的计量周期一致。

1. 期中支付价款的计算

（1）已完工程的结算价款。已标价工程量清单中的单价项目，承包人应按工程计量确认的工程量与综合单价计算。如综合单价发生调整的，以发承包双方确认调整的综合单价计算进度款。已标价工程量清单中的总价项目，承包人应按合同中约定的进度款支付分解，分别列入进度款支付申请中的安全文明施工费和本周期应支付的总价项目的金额中。

（2）结算价款的调整。承包人现场签证和得到发包人确认的索赔金额列入本周期应增加的金额中。由发包人提供的材料、工程设备金额,应按照发包人签约提供的单价和数量从进度款支付中扣除,列入本周期应扣减的金额中。

2. 期中支付价款的程序

(1)承包人提交进度款支付申请。承包人应在每个计量周期到期后的 7 天内向发包人提交已完工程进度款支付申请一式四份,详细说明此周期自己认为有权得到的款额,包括分包人已完工程的价款。支付申请的内容包括:①累计已完成工程的工程价款;②累计已实际支付的工程价款;③本期间完成的工程价款;④本期间已完成的计日工价款;⑤应支付的调整工程价款;⑥本期间应扣回的预付款;⑦本期间应支付的安全文明施工费;⑧本期间应支付的总承包服务费;⑨本期间应扣留的质量保证金;⑩本期间应支付的、应扣除的索赔金额;⑪本期间应支付或扣留(扣回)的其他款项;⑫本期间实际应支付的工程价款。

(2)发包人签发进度款支付证书。发包人应在收到承包人进度款支付申请后的 14 天内根据计量结果和合同约定对申请内容予以核实。确认后向承包人出具进度款支付证书。

(3)发包人支付进度款。发包人应在签发进度款支付证书后的 14 天内,按照支付证书列明的金额向承包人支付进度款。若发包人逾期未签发进度款支付证书,则视为承包人提交的进度款支付申请已被发包人认可,承包人可向发包人发出催告付款的通知。发包人应在收到通知后的 14 天内,按照承包人支付申请阐明的金额向承包人支付进度款。

发包人未按照规定程序支付进度款的,承包人可催告发包人支付,并有权获得延迟支付的利息;发包人在付款期满后的 7 天内仍未支付的,承包人可在付款期满后的第 8 天起暂停施工。发包人应承担由此增加的费用和(或)延误的工期,向承包人支付合理的利润,并承担违约责任。

(4)进度款支付的比例。进度款的支付比例按照合同约定,按期中结算价款总额计量,不低于 60%,不高于 90%。

(5)支付证书的修正。发现已签发的任何支付证书有错、漏或重复的数额,发包人有权予以修正,承包人也有权提出修正申请。经发承包双方复核同意修正的,应在本次到期的进度款中支付或扣除。

8.3.5 竣工结算

1. 竣工结算的概念

竣工结算是指工程项目完工并经竣工验收合格后,发承包双方按照施工合同的约定对所完成的工程项目进行的工程价款的计算、调整和确认。工程竣工结算分为单位工程竣工结算、单项工程竣工结算和建设项目竣工总结算,其中,单位工程竣工结算和单项工程竣工结算也可看作分阶段结算。

2. 工程竣工结算的编制

(1)不同工程类型竣工结算的编制。单位工程竣工结算由承包人编制,发包人审查;实行总承包的工程,由具体承包人编制,在总包人审查的基础上,发包人审查。单项工程竣工结算或建设项目竣工总结算由总(承)包人编制,发包人可直接进行审查,也可以委托具有相应资质的工程造价咨询机构进行审查。政府投资项目,由同级财政部门审查。单项工程竣工结算或建设项目竣工总结算经发承包人签字盖章后有效。承包人应在合同约定期限内完成项目竣工结算编制工作,未在规定期限内完成的并且提不出正当理由延期的,责任自负。

(2)竣工结算的编制依据。

①国家有关法律、法规、规章制度和有关的司法解释。

②国务院建设主管部门以及省、自治区、直辖市和有关部门发布的工程造价计价标准、计价方法、有关规定及相关解释。

③《建设工程工程量清单计价规范》(GB 50500—2013)

④施工承发包合同、专业分包合同及补充合同,有关材料、设备采购合同。

⑤招投标文件,包括招标答疑文件、投标承诺、中标报价书及其组成内容。

⑥工程竣工图或施工图、施工图会审记录,经批准的施工组织设计,以及设计变更、工程洽商和相关会议纪要。

⑦经批准的开、竣工报告或停、复工报告。

⑧发承包双方实施过程中已确认的工程量及其结算的合同价款。

⑨发承包双方实施过程中已确认调整后追加(减)的合同价款。

⑩其他依据。

3. 竣工结算价的计价原则

在采用工程量清单计价的方式下,工程竣工结算的计价原则如下:

(1)分部分项工程和措施项目中的单价项目应依据双方确认的工程量与已标价工程量清单的综合单价计算;如发生调整的,以发承包双方确认的综合单价计算。

(2)措施项目中的总价项目应依据合同约定的项目和金额计算;如发生调整的,以发承包双方确认的金额计算,其中安全文明施工费必须按照国家或省级、行业建设主管部门的规定计算。

(3)其他项目应按下列规定计价。

①计日工应按发包人实际签证确认的事项计算。

②暂估价应按照《建设工程工程量清单计价规范》(GB 50500—2013)的相关规定计算。

③总承包服务费应依据合同约定金额计算,如发生调整的,以发承包双方确认调整的金额计算。

④施工索赔费用应依据发承包双方确认的索赔事项和金额计算。

⑤现场签证费用应依据发承包双方签证资料确认的金额计算。

⑥暂列金额应减去工程价款调整(包括索赔、现场签证)金额计算,如有余额归发包人。

(4)规费和税金应按照国家或省级、行业主管建设行政部门的规定计算。规费中的工程排污费应按工程所在地环境保护部门规定标准缴纳后按实列入。

此外,发承包双方在合同工程实施过程中已经确认的工程计量结果和合同价款,在竣工结算办理中应直接进入结算。

4. 竣工结算价款的支付

(1)承包人提交竣工结算款支付申请。承包人应根据办理的竣工结算文件,向发包人提交竣工结算款支付申请,该申请应包括下列内容:

①竣工结算合同价款总额。

②累计已实际支付的合同价款。

③应扣留的质量保证金。

④实际应支付的竣工结算款金额。

(2)发包人签发竣工结算支付证书。发包人应当在收到承包人提交竣工结算支付申请后7 天内予以核实,向承包人签发竣工结算支付证书。

(3)支付竣工结算款。发包人签发竣工结算支付证书后的 14 天内,按照竣工结算支付证书列明的金额向承包人支付结算款。

发包人在收到承包人提交的竣工结算支付申请后 7 天内不予核实,不向承包人签发竣工结算支付证书的,视为承包人的竣工结算款支付申请已被发包人认可;发包人应在收到承包人提交的竣工结算款支付申请 7 天后的 14 天内,按照承包人提交的竣工结算款支付申请列明的金额向承包人支付结算款。

发包人未按照规定的程序支付竣工结算款的,承包人可催告发包人支付,并有权获得延迟支付的利息。发包人在竣工结算支付证书签发后或者在收到承包人提交的竣工结算款支付申请 7 天后的 56 天内仍未支付的,除法律另有规定外,承包人可与发包人协商将该工程折价,也可直接向人民法院申请将该工程依法拍卖。承包人就该工程折价或拍卖的价款优先受偿。

5. 质量保证(修)金

承包人未按照法律法规有关规定和合同约定履行质量保修义务的,发包人有权从质量保证金中扣留用于质量保修的各项支出。发包人应按照合同约定的质量保修金比例从每支付期应支付给承包人的进度款或结算款中扣留,直到扣留的金额达到质量保证金的金额为止。在保修责任期终止后的 14 天内,发包人应将剩余的质量保证金返还给承包人。剩余质量保证金的返还,并不能免除承包人按照合同约定应承担的质量保修责任和应履行的质量保修义务。

6. 最终结清

发承包双方应在合同中约定最终结清款的支付时限。承包人应按照合同约定的期限向发包人提交最终结清支付申请。发包人对最终结清支付申请有异议的,有权要求承包人进行修正和提供补充资料。承包人修正后,应再次向发包人提交修正后的最终结清支付申请。发包人应在收到最终结清支付申请后的 14 天内予以核实,向承包人签发最终结清支付证书。发包人应在签发最终结清支付证书后的 14 天内,按照最终结清支付证书列明的金额向承包人支付最终结清款。若发包人未在约定的时间内核实,又未提出具体意见的,视为承包人提交的最终结清支付申请已被发包人认可。

发包人未按期最终结清支付的,承包人可催告发包人支付,并有权获得延迟支付的利息。承包人对发包人支付的最终结清款有异议的,按照合同约定的争议解决方式处理。

7. 竣工结算的程序

(1)承包人提交竣工结算文件。合同工程完工后,承包人应在提交竣工验收申请前编制完成竣工结算文件,并在提交竣工验收申请的同时向发包人提交竣工结算文件。承包人未在规定的时间内提交竣工结算文件的,经发包人催促后 14 天内仍未提交或没有明确答复的,发包人有权根据已有资料编制竣工结算文件,作为办理竣工结算和支付结算款的依据,承包人应予以认可。

(2)发包人核对竣工结算文件。发包人应在收到承包人提交的竣工结算文件后的 28 天内审核完毕。发包人经核实,认为承包人还应进一步补充资料和修改结算文件,应在上述时限内向承包人提出核实意见,承包人在收到核实意见后的 14 天内按照发包人提出的合理要求补充资料,修改竣工结算文件,并再次提交给发包人复核后批准。

发包人应在收到承包人再次提交的竣工结算文件后的 28 天内予以复核,并将复核结果通知承包人。发包人、承包人对复核结果无异议的,应于 7 天内在竣工结算文件上签字确认,竣工结算办理完毕;发包人或承包人对复核结果认为有误的,无异议部分规定办理不完全竣工结算;有异议部分由发承包双方协商解决,协商不成的,按照合同约定的争议解决方式处理。发包人在收到承包人竣工结算文件后的 28 天内,不审核竣工结算或未提出审核意见的,视为承包人提交的竣工结算文件已被发包人认可,竣工结算办理完毕。承包人在收到发包人提出的核实意见后的 28 天内,不确认也未提出异议的,视为发包人提出的核实意见已被承包人认可,竣工结算办理完毕。

(3)发包人委托造价咨询人审核竣工结算。发包人委托造价咨询人审核竣工结算的,工程造价咨询人应在 28 天内审核完毕,审核结论与承包人竣工结算文件不一致的,应提交给承包人复核,承包人应在 14 天内将同意审核结论或不同意见的说明提交工程造价咨询人。工程造价咨询人收到承包人提出的异议后,应再次复核,复核无异议的,发承包双方应在 7 天内在竣工结算文件上签字确认,竣工结算办理完毕;复核后仍有异议的,对于无异议部分办理不完全竣工结算;有异议部分由发承包双方协商解决,协商不成的,按照合同约定的争议解决方式处理。承包人逾期未提出书面异议,视为工程造价咨询人审核的竣工结算文件已经承包人认可。

(4)发包人确认。对发包人或造价咨询人指派的专业人员与承包人经审核后无异议的竣工结算文件,除非发包人能提出具体、详细的不同意见,发包人应在竣工结算文件上签名确认,拒不签认的,承包人可不交付竣工工程。承包人并有权拒绝与发包人或其上级部门委托的工程造价咨询人重新核对竣工结算文件。承包人未及时提交竣工结算文件的,发包人要求交付竣工工程,承包人应当交付;发包人不要求交付竣工工程,承包人承担照管所建工程的责任。发承包双方或一方对工程造价咨询人出具的竣工结算文件有异议时,可向当地工程造价管理机构投诉,申请对其进行执业质量鉴定。工程造价管理机构受理投诉后,应当组织专家对投诉的竣工结算文件进行质量鉴定,并做出鉴定意见。

(5)办理备案。竣工结算办理完毕,发包人应将竣工结算书报送工程所在地(或有该工程管辖权的行业主管部门)工程造价管理机构备案,竣工结算书作为工程竣工验收备案、交付使用的必备文件。

8.3.6　合同解除的价款结算与支付

发承包双方协商一致解除合同的,按照达成的协议办理结算和支付工程款。

1. 不可抗力解除合同

由于不可抗力解除合同的,发包人应向承包人支付合同解除之日前已完成工程但尚未支付的工程款,并退回质量保证金。此外,发包人还应支付下列款项:

(1)已实施或部分实施的措施项目应付款项。

(2)承包人为合同工程合理订购且已交付的材料和工程设备货款。发包人一经支付此项货款,该材料和工程设备即成为发包人的财产。

(3)承包人为完成合同工程而预期开支的任何合理款项,且该项款项未包括在本款其他各项支付之内。

(4)由于不可抗力规定的任何工作应支付的款项。

(5)承包人撤离现场所需的合理款项,包括雇员遣送费和临时工程拆除、施工设备运离现场的款项。发承包双方办理结算工程款时,应扣除合同解除之日前发包人向承包人收回的任何款项。当发包人应扣除的款项超过了应支付的款项,则承包人应在合同解除后的 56 天内将其差额退还给发包人。

2. 违约解除合同

(1)因承包人违约解除合同的,发包人应暂停向承包人支付任何款项。发包人应在合同解除后 28 天内核实合同解除时承包人已完成的全部工程款以及已运至现场的材料和工程设备货款,并扣除误期赔偿费(如有)和发包人已支付给承包人的各项款项,同时将结果通知承包人。发承包双方应在 28 天内予以确认或提出意见,并办理结算工程款。如果发包人应扣除的款项超过了应支付的款项,则承包人应在合同解除后的 56 天内将其差额退还给发包人。

(2)因发包人违约解除合同的,发包人除应按照规定向承包人支付各项款项外,还应支付给承包人由于解除合同而引起的损失或损害的款项。该笔款项由承包人提出,发包人核实后与承包人协商确定后的 7 天内向承包人签发支付证书。协商不能达成一致的,按照合同约定的争议解决方式处理。

8.3.7 合同价款纠纷的解决

建设工程合同价款纠纷,是指发承包双方在建设工程合同价款的确定、调整以及结算等过程中所发生的争议。建设工程合同价款纠纷的解决途径主要有四种:和解、调解、仲裁和诉讼。建设工程合同发生纠纷后,当事人可以通过和解或者调解解决合同争议。当事人不愿和解、调解或者和解、调解不成的,可以根据仲裁协议向仲裁机构申请仲裁。当事人没有订立仲裁协议或者仲裁协议无效的,可以向人民法院起诉。当事人应当履行发生法律效力的法院判决或裁定以及仲裁调解书;拒不履行的,双方当事人可以请求人民法院执行。

1. 和解

和解是指当事人在自愿互谅的基础上,就已经发生的争议进行协商并达成协议,自行解决争议的一种方式。根据《建设工程工程量清单计价规范》(GB 50500—2013)的规定,双方可以通过以下方式进行和解。

(1)协商和解。合同价款争议发生后,发承包双方任何时候都可以进行协商。协商达成一致的,双方应签订书面和解协议,和解协议对发承包双方均有约束力。如果协商不能达成一致协议,发包人或承包人都可以按合同约定的其他方式解决争议。

(2)监理或造价工程师暂定。若发包人和承包人之间就工程质量、进度、价款支付与扣除、工期延期、索赔、价款调整等发生任何法律上、经济上或技术上的争议,首先应根据已签约合同的规定,提交合同约定职责范围内的总监理工程师或造价工程师解决,并抄给另一方。总监理工程师或造价工程师在收到此提交件后 14 天之内应将暂定结果通知发包人和承包人。发承包双方对暂定结果认可的,应以书面形式予以确认,暂定结果成为最终决定。

发承包双方在收到总监理工程师或造价工程师的暂定结果通知之后的 14 天内,未对暂定结果予以确认也未提出不同意见的,视为发承包双方已认可该暂定结果。

发承包双方或一方不同意暂定结果的,应以书面形式向总监理工程师或造价工程师提出,说明自己认为正确的结果,同时抄送另一方,此时该暂定结果成为争议。在暂定结果不实质影响发承包双方当事人履约的前提下,发承包双方应实施该结果,直到其被改变为止。

2. 调解

调解是指双方当事人以外的第三人应纠纷当事人的请求,依据法律规定或合同约定,对双方当事人进行疏导、劝说,促使他们相互谅解、自愿达成协议解决纠纷的一种途径。《建设工程工程量清单计价规范》(GB 50500—2013)规定了以下的调解方式。

(1)管理机构的解释或认定。合同价款争议发生后,发承包双方可就下列事项以书面形式提请下列机构对争议作出解释或认定。

①有关工程安全标准等方面的争议应提请建设工程安全监督机构作出。

②有关工程质量标准等方面的争议应提请建设工程质量监督机构作出。

③有关工程计价依据等方面的争议应提请建设工程造价管理机构作出。

上述机构应对上述事项就发承包双方书面提请的争议问题作出书面解释或认定。发承包双方或一方在收到管理机构书面解释或认定后仍可按照合同约定的争议解决方式提请仲裁或诉讼。除上述管理机构的上级管理部门作出了不同的解释或认定,或在仲裁裁决或法院判决中不予采信的外,管理机构作出的书面解释或认定是最终结果,对发承包双方均有约束力。

(2)双方约定争议调解人进行调解。通常按照以下程序进行。

①约定调解人。发承包双方应在合同中约定争议调解人,负责双方在合同履行过程中发生争议的调解。对任何调解人的任命,可以经过双方相互协议终止,但发包人或承包人都不能单独采取行动。除非双方另有协议,在最终结清支付证书生效后,调解人的任期即终止。

②争议的提交。如果发承包双方发生了争议,任一方可以将该争议以书面形式提交调解人,并将副本送另一方,委托调解人做出调解决定。发承包双方应按照调解人可能提出的要求,立即给调解人提供所需要的资料、现场进入权及相应设施。调解人应被视为不是在进行仲裁人的工作。

③进行调解。调解人应在收到调解委托后28天内,或由调解人建议并经发承包双方认可的其他期限内,提出调解决定,发承包双方接受调解意见的,经双方签字后作为合同的补充文件,对发承包双方具有约束力,双方都应立即遵照执行。

④异议通知。如果任一方对调解人的调解决定有异议,应在收到调解决定后28天内,向另一方发出异议通知,并说明争议的事项和理由。但除非并直到调解决定在友好协商或仲裁裁决中作出修改,或合同已经解除,承包人应继续按照合同实施工程。

如果调解人已就争议事项向发承包双方提交了调解决定,而任一方在收到调解人决定后28天内,均未发出表示异议的通知,则调解决定对发承包双方均具有约束力。

3. 仲裁或诉讼

仲裁是当事人根据在纠纷发生前或纠纷发生后达成的仲裁协议,自愿将纠纷提交仲裁机构作出裁决的一种纠纷解决方式。民事诉讼是指人民法院在当事人和其他诉讼参与人的参加下,以审理、判决、执行等方式解决民事纠纷的活动。

(1)仲裁方式的选择。如果发承包双方的友好协商或调解均未达成一致意见,其中的一方已就此争议事项根据合同约定的仲裁协议申请仲裁,应同时通知另一方。

仲裁可在竣工之前或之后进行,但发包人、承包人、调解人各自的义务不得因在工程实施期间进行仲裁而有所改变。如果仲裁是在仲裁机构要求停止施工的情况下进行,则对合同工程应采取保护措施,由此增加的费用由败诉方承担。

若双方通过和解或调解形成的有关的暂定或和解协议或调解书已经有约束力的情况下,如果发承包中一方未能遵守暂定或友好协议或调解决定,则另一方可在不损害他可能具有的任何其他权利的情况下,将未能遵守暂定或不执行友好协议或调解达成书面协议的事项提交仲裁。

(2)诉讼方式的选择。发包人、承包人在履行合同时发生争议,双方不愿和解、调解或者和解、调解不成,又没有达成仲裁协议的,可依法向人民法院提起诉讼。

【例8.3】某建筑总承包企业,承包某建筑安装工程的合同总额为600万元,工期为10个月。承包合同规定:

(1)主要材料及构配件金额占合同金额的60%。

(2)预付款额度为15%,工程预付款应从未施工工程尚需的主要材料及构配件的价值相当于预付备料款时起扣,每月以抵充工程款的方式陆续收回。

(3)工程保修金为承包合同价的3%,业主从每月承包商的工程款中按3%的比例扣留。

(4)除设计变更和其他不可抗力因素外,合同总价不做调整。

由业主的工程师代表签认的承包商各月计划和实际完成的建筑安装工程量如表8.3所示。

表8.3 工程结算数据表　　　　　　　　　　单位:万元

月份	1~6	7	8	9	10
计划完成的建安工程量	260	110	80	90	60
实际完成的建安工程量	270	90	80	100	60

【问题】

(1)本例的预付备料款是多少?

(2)工程预付备料款从几月份开始起扣?

(3)1~6月及其他各月工程师代表签证的工程款是多少?

【解答】

(1)本例的预付备料款 $M = 600 \times 15\% = 90$(万元)

(2)工程预付款的起扣点为:

$$T = 600 - 90 \div 60\% = 450(万元)$$

(3)1~6月及其他各月工程师代表签证的工程款、应签发付款凭证金额如表8.4所示。

表8.4 各月工程师代表签证的工程款、应签发付款凭证金额　　　　单位:万元

月份	工程师代表签证的工程款	工程师代表累计签证的工程款	应签发付款凭证金额
1~6	270	270	$270 \times (1-3\%) = 261.9$
7	90	360	$90 \times (1-3\%) = 87.3$
8	80	440	$80 \times (1-3\%) = 77.6$
9	100	540>450	$100 \times (1-3\%) - (540-450) \times 60\% = 43$
10	60	600	$60 \times (1-3\%) - 60 \times 60\% = 22.2$

【例8.4】某施工项目经理部承包某住宅楼工程项目,甲、乙双方签订关于工程价款的合同内容如下:

(1)建筑安装工程造价600万元,主要材料占施工产值的比重为62.5%。

(2)预付备料款为建筑安装工程造价的15%,每月平均扣回。

(3)工程进度款逐月结算。

(4)工程保修金为建筑安装工程造价的3%,保修期半年,在最后一个月结算时扣除。

(5)材料价差调整按规定进行(规定:上半年材料价差上调10%,在6月份一次调增)。

工程各月实际完成产值如表 8.5 所示。

表 8.5　某工程各月实际完成产值　　　　　　　　　单位:万元

月份	1	2	3	4	5	6
完成产值	75	95	110	130	100	90

【问题】

(1)该工程的预付备料款为多少？每月平均扣回预付备料款为多少？

(2)该工程 1 月至 6 月,每月拨付工程款为多少？累计工程款为多少？

(3)6 月份办理工程竣工结算,该工程结算总造价为多少？

【解答】

(1)该工程的预付备料款＝600×15％＝90(万元)

每月平均扣回预付备料款＝90÷6＝15(万元)

(2)该工程 1 月至 6 月,每月拨付工程款、累计工程款如表 8.6 所示。

表 8.6　每月拨付工程款、累计工程款明细表　　　　　单位:万元

月份	每月拨付工程款	累计拨付工程款
1	75－15＝60	60
2	95－15＝80	140
3	110－15＝95	235
4	130－15＝115	350
5	11－15＝85	435
6	本月材料价调增:600×62.5％×10％＝37.5 本月扣留保修金:600×3％＝18 本月拨付工程款:600＋37.5－15－18＝94.5	529.5

(3)工程结算总造价为 600＋600×62.5％×10％＝637.5(万元)

8.4　工程项目施工阶段的造价控制

施工阶段是项目投入费用最多,效果最明显的阶段。要完成好施工阶段费用控制工作,首要的工作就是建立目标控制措施,把计划费用额作为费用控制的目标值,在工程施工过程中运用动态控制原理,定期地进行费用实际值与目标值的比较。发现并找出实际支出额与目标值之间的偏差,分析产生偏差的原因,并采取有效措施加以控制以确保费用目标的实现。

8.4.1　资金使用计划的编制

费用控制的目的是为了确保费用目标的实现。因此,必须编制资金使用计划,合理确定费用控制目标值,包括费用的总目标值、分目标值、各详细目标值。只有这样,才能进行费用实际值与目标值的比较,从而发现并找到偏差,控制费用。

因此,费用控制的首要工作就是费用目标分解。根据费用控制目标和要求的不同,费用目标的分解可以分为按投资构成、按子项目、按时间分解 3 种类型。

1. 按投资构成分解的资金使用计划

工程项目的投资主要分为建筑安装工程投资、设备工器具购置投资以及工程建设其他投资,各个部分可以根据实际投资控制要求进一步分解。工程项目投资的总目标就可以按图8.1分解。

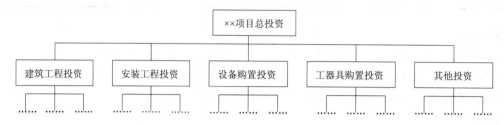

图8.1　按投资构成分解目标

当然,实际工程实施过程中,可能仅仅按其中一部分或几部分进行投资构成分解,主要依据工程具体情况以及发包方委托合同的要求而定。

2. 按子项目分解的资金使用计划

大中型的项目通常是由若干单项工程构成的,而每个单项工程包括了多个单位工程,每个单位工程又是由若干分部分项工程构成,因此,项目总投资可以按照图8.2所示分解。

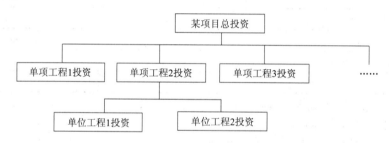

图8.2　按子项目分解投资目标

需要注意的是,按照这种方法分解项目总投资,不能只是分解建筑工程投资、安装工程投资和设备及工器具投资,还应该分解项目的其他投资。应该把项目的其他投资合理地分解到各个单项工程和单位工程中。

3. 按时间进度分解的资金使用计划

工程项目的投资总是分阶段、分期支出的,资金应用是否合理与资金的时间安排有密切的关系。所以有必要将项目总投资按其使用时间进行分解。通常可以利用控制项目进度的网络图进一步扩充而得到。即在建立网络图时,一方面确定完成各项工作所花费的时间,另一方面同时确定完成这一工作的合适的投资支出。当然,在编制网络计划时应在充分考虑进度控制对项目划分要求的同时,还要考虑确定投资支出预算对项目划分的要求,做到两者兼顾。

以上3种编制资金使用计划的方法并不是相互独立的,实践中,往往将这几种方法结合起来使用。

8.4.2　挣得值分析法

挣得值分析法,又称偏差分析法,实际上是一种分析目标实施与目标期望之间差异的方法。挣得值法通过测量和计算已完成工作的预算费用与已完成工作的实际费用和计划工作预算费用得到有关计划实施的进度和费用偏差,而达到判断项目预算和进度计划执行情况的目的。它的独特之处在于以预算费用来衡量工程的进度偏差。

1. 挣得值分析法的基本参数

(1)计划工作量的预算费用(Budgeted Cost for Work Scheduled,BCWS)是指根据进度计划安排在某一确定时间内所应完成的工程内容的预算费用。

$$计划工作量的预算费用＝计划工作量×预算单价 \tag{8.15}$$

(2)已完成工程量的实际费用(Actual Cost for Work Performed,ACWP)是指项目实施过程中某一确定时间内所实际完成的工程内容的实际费用。

$$已完成工程量的实际费用＝已完成工程量×实际单价 \tag{8.16}$$

在上式中的已完成工程量并不等同于实际完成的工程量,准确地讲,应该是指实际完成的计划工作量。也就是说它并不考虑在工程实施过程中实际工作总量不等于计划工作总量的情况。

例如:某工程项目的计划挖土方工程量为 1 000 m³,等到 6 天已完成了计划的 80%,实际开挖土方工程量 900 m³,则此时的已完成工程量应该为 800 m³,而不是 900 m³。

(3)已完成工程量的预算费用(Budgeted Cost for Work Performed,BCWP)是指项目实施过程中某一确定时间内所实际完成的工程内容的预算费用。

$$已完成工程量的预算费用＝已完成工程量×预算单价 \tag{8.17}$$

2. 挣得值分析法的基本模型

(1)费用偏差(Cost Variance,CV),是指检查日期已完成工程量的费用偏差。

$$CV＝ BCWP－ACWP \tag{8.18}$$

①当 CV>0 时,表示完成相同的计划工作量,实际费用超支。

②当 CV=0 时,表示完成相同的计划工作量,实际费用与预算费用相同,项目费用按计划进行。

③当 CV<0 时,表示完成相同的计划工作量,实际费用节约。

(2)进度偏差(Schedule Variance,SV)是指检查日期实际完成预算费用与计划完成预算费用的偏差,用费用反应的是进度偏差。

$$SV＝BCWP－BCWS \tag{8.19}$$

①当 SV>0 时,表示实际完成预算费用比计划完成预算费用高,进度提前。例如,某工程项目按计划到 6 月底完成预算费用 800 万元,实际完成预算费用 900 万元,则该工程项目提前完成了 100 万元。

②当 SV=0 时,表示实际完成预算费用与计划完成预算费用相同,项目进度按计划进行。

③当 SV<0 时,表示实际完成预算费用比计划完成预算费用低,进度拖延。

例如,某工程项目按计划到 6 月底完成预算费用 800 万元,实际完成预算费用 700 万元,则该工程项目与计划相比还有 100 万元的预算费用没有完成,进度拖延了。

3. 挣得值分析法的结果表示方法

挣得值分析法最常用也是最直观的结果表示方法是用 BCWS、BCWP、ACWP 的三条时间—费用曲线形式来表示。如图 8.3 所示:

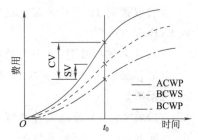

图 8.3　时间—费用曲线图

4.挣得值分析法的应用实例

【例8.5】宝鸡电信大楼施工项目各项费用进行仔细分析之后,最终制定的各项工作的费用预算如表8.7所示。该项目经过一段时间的实施之后,现在到了第19个月,在19个月初对项目前18个月的实施情况进行了总结,有关项目各项工作在前18个月的执行情况也汇总在表8.7中。

表8.7 项目各项工作费用预算及前18个月计划与执行情况统计

代号	工作名称	预算费用(千元)	实际完成的百分比(%)	实际消耗费用(千元)	挣得值BCWP(千元)
A	总体设计	250	100	280	
B	土建工程施工	7 000	100	6500	
C	邮机工程施工	2 000	100	2100	
D	电源工程施工	800	100	700	
E	电梯工程施工	2 000	100	2100	
F	消防工程施工	500	80	410	
G	装修工程施工	2 500	100	2500	
H	场地附属工程施工	500	100	450	
I	土建工程验收	450	100	400	
J	邮机工程验收	150	90	150	
K	电源工程验收	100	85	90	
L	电梯工程验收	250	80	200	
M	消防工程验收	300	70	200	
N	装修工程验收	500	60	320	
O	场地附属工程验收	150	0		
P	总验收	200	0		
Q	交付	100	0		
	总费用	17 750			

【问题】

(1)计算前18月每项工作的挣得值,请至少写出一个工作挣得值的计算公式。

(2)计算该施工项目到第18个月末的挣得值(BCWP)。

(3)假设前18个月计划完成项目总工作量的80%,请计算项目第18个月结束时的计划成本(BCWS)。

(4)计算该项目前18个月的已完成工作量的实际成本(ACWP)。

(5)根据以上结果分析项目的进度执行情况。

【解答】

(1)前18个月每项工作的挣得值,工作A:挣得值=费用预算×实际完成工作量的百分比=250×100%=250,具体如表8.8所示。

表 8.8　挣　得　值

代号	工作名称	预算费用(千元)	实际完成的百分比(%)	实际消耗费用(千元)	挣得值 BCWP(千元)
A	总体设计	250	100	280	250
B	土建工程施工	7 000	100	6 500	7 000
C	邮机工程施工	2 000	100	2 100	2 000
D	电源工程施工	800	100	700	800
E	电梯工程施工	2 000	100	2 100	2 000
F	消防工程施工	500	80	410	400
G	装修工程施工	2 500	100	2 500	2 500
H	场地附属工程施工	500	100	450	450
I	土建工程验收	450	100	400	135
J	邮机工程验收	150	90	150	85
K	电源工程验收	100	85	90	200
L	电梯工程验收	250	80	200	210
M	消防工程验收	300	70	200	300
N	装修工程验收	500	60	320	300
O	场地附属工程验收	150	0	0	0
P	总验收	200	0	0	0
Q	交付	100	0	0	0
	总费用	17 750		16 400	16 830

(2)施工项目到第 18 个月末的挣得值 BCWP＝各项挣得值之和＝16 830

(3)项目第 18 个月结束时的计划成本 BCWS＝17 750×80%＝14 200

(4)前 18 个月的已完成工作量的实际成本 ACWP＝各项实际费用之和＝16 400

(5)根据以上执行情况,项目到 18 个月结束时:

费用偏差:CV＝BCWP－ACWP＝16 830－16 400＝430>0,费用超支。

进度偏差:SV＝BCWP－BCWS＝16 830－14 200＝2630>0,进度超前。

8.4.3　施工阶段费用控制的措施

建设工程的费用主要发生在施工阶段,是消耗工程费用最多的时期,浪费投资的可能性比较大。所以对施工阶段费用控制应给予足够的重视,仅仅靠控制工程款的支付是不够的,应该从组织、经济、技术、合同等多方面采取措施,进行费用控制。

1. 组织措施

组织措施指从费用控制的组织管理方面采取的措施。例如,可以在项目组中落实费用控制的组织机构和人员,明确其职责任务;编制本阶段投资控制工作计划和工作流程。

2. 经济措施

经济措施最容易为人们所接受,但在运用中特别不可把经济措施简单理解为审核工程量及相应的支付价款。应从全局出发来考虑问题,如检查费用目标分解的合理性,资金使用计划的保障性,施工进度计划的协调性,定期比较实际与计划费用并进行纠偏;协商工程变更价款,经常分析与预测费用支出情况,从而取得造价控制的主动权。

3. 技术措施

对设计变更进行技术经济比较,严格控制设计变更;寻找设计挖潜节约投资的可能性;审核承包商的施工组织设计,对主要施工方案进行技术经济分析。

4. 合同措施

合同措施在费用控制方面主要是指索赔管理。做好施工记录,为正确处理可能发生的索赔提供依据;参与合同修改与补充,着重考虑对费用控制的影响。

本 章 小 结

本章是《建设工程工程量清单计价规范》(GB 50500—2013)颁布后,变化内容最多的一章,这也是清单计价规范(2013)的一个亮点。在此之前,清单计价规范主要适用在工程项目招投标阶段,13 版计价规范也对施工阶段的造价管理进行了规范。

本章首先介绍了在施工阶段引起合同价款调整的事件主要有:①法律法规变化;②工程变更;③项目特征描述不符;④工程量清单缺项;⑤工程量偏差;⑥物价变化;⑦工期延误;⑧暂估价;⑨计日工;⑩现场签证;⑪不可抗力;⑫提前竣工(赶工补偿);⑬误期赔偿;⑭暂列金额;⑮发承包双方约定的其他调整事项。在此基础上分别阐述了这几种引起合同价款调整事件的价款调整方法。

同时,对工程价款结算有影响的还有施工索赔,根据索赔的目的可以分为工期索赔和费用索赔。费用索赔的组成包括:人工费、材料费、施工机械使用费、现场管理费、总部(企业)管理费、保险费、保函手续费、利润、分包费用。费用索赔的计算方法有:①实际费用法;②总费用法;③修正的总费用法。

建筑安装工程费结算包括:①工程计量;②预付款及期中支付;③竣工结算、合同解除的价款结算与支付,最终结清。

合同价款纠纷处理的方法有:和解、调解、仲裁、诉讼。

 本章习题

一、简答题

1. 根据《标准施工招标文件》规定,关于工程变更价款调整的说法,正确的是(　　)。

　　A. 对于分部分项工程,已标价清单有适用项目,且变更导致的该清单项目的工程数量变化不足 10% 的,采用该项目的单价

　　B. 措施项目中安全文明施工费变更,按照实际发生变化的措施项目以及承包商的浮动率调整

　　C. 如果变更使承包商在清单中填的综合单价与招标控制价中综合单价偏差超过 15% 的,综合单价可由承包人提出,监理人确定进行调整

　　D. 非承包商原因删减了原合同约定的工程,致使承包商发生的费用和应得收益不能得到补偿,承包商有权提出并得到合同的费用与利润补偿

2. 措施项目中的夜间施工增加费发生变更,实际调整金额为 5 400 元,报价浮动率为

10%,则变更调整的金额为( )元。

    A. 0   B. 4 860   C. 5 400   D. 5 940

3. 某公路工程的1#标段实行招标确定承包人,中标价为 5 000 万元,招标控制价为 5 500 万元,其中:安全文明施工费为 500 万元,规费为 300 万元,税金的综合税率为 3.48%,则承包人报价浮动率为( )。

    A. 9.09%   B. 9.62%   C. 10.00%   D. 10.64%

4. 承包人应在收到发包人指令后的( )内,向发包人提交现场签证报告。

    A. 24 小时   B. 48 小时   C. 5 天   D. 7 天

5. 某工程合同价为 100 万元,合同约定:采用价格指数调整价格差额,其中固定要素比重为 0.3,调价要素 A、B、C 分别占合同价的比重为 0.15、0.25、0.3,结算时价格指数分别增长了 20%、15%、25%,则该工程实际结算款差额为( )万元。

    A. 19.75   B. 28.75   C. 14.25   D. 27.25

6. 下列关于采用造价信息调整价格差额的表述,错误的是( )。

    A. 采用造价信息调整价格主要适用于使用的材料品种少、用量大的公路水坝工程

    B. 人工价格发生变化,发承包双方按发布的人工成本文件调整合同价款

    C. 投标报价中材料单价低于基准单价,材料单价上涨以基准单价为基础超过合同约定风险值以上部分据实调整

    D. 承包人未经发包人核对自行采购材料,再报发包人调整合同价款的,发包人不同意不予调整

7. 合同履行过程中,业主要求保护施工现场的一棵古树。为此,一台承包商自有塔吊累计停工 2 天,后又因工程师指令增加新的工作,需增加塔吊 2 个台班,台班单价为 1 000 元/台班,折旧费 200 元/台班,则承包商可提出的直接工程费补偿为( )元。

    A. 2 000   B. 2 400   C. 4 000   D. 4 800

8. 某建设项目业主与甲施工单位签订了施工总包合同,合同中保函手续费为 20 万元,合同工期为 200 天。合同履行过程中,因不可抗力事件发生致使开工日期推迟 30 天,因异常恶劣气候停工 10 天,因季节性大雨停工 5 天,因设计分包单位延期交图停工 7 天,上述事件均未发生在同一时间,则甲施工总包单位可索赔的保函手续费为( )万元。

    A. 0.7   B. 3.7   C. 4.7   D. 5.2

9. 某建设项目业主与丙施工单位签订了施工合同,合同总价 5 000 万元,合同工期为 200 天,其应分摊的总部管理费 100 万元。丙在施工过程中,因遇到不利物质条件造成停工 5 天,因发包人更换其提供的不合格材料造成工程停工 3 天,因承包人施工机械损坏停工 3 天,因异常恶劣气候造成工程停工 2 天,上述事件均未发生在同一时间,且都在关键路线上,则丙施工单位可索赔的总部管理费为( )万元。

    A. 2.5   B. 4.0   C. 5.0   D. 6.5

10. 下列关于工程量偏差引起合同价款调整的叙述,正确的是( )。

    A. 实际工程量超过招标工程量清单的 15% 时,应相应调低综合单价,调低措施项目费

    B. 实际工程量比招标工程量清单减少 15% 时,应相应调高综合单价,调低措施项目费

    C. 实际工程量比招标工程量清单减少 15%,且引起措施项目变化,若措施项目按系数

计价,相应调低措施项目费

  D. 实际工程量比招标工程量清单增加 10%,且引起措施项目变化,若措施项目按系数计价,相应调高措施项目费

11. 承包人在计日工作实施结束后( )内,向发包人提交现场签证报告一式三份。

  A. 24 小时   B. 48 小时   C. 3 天   D. 7 天

12. 某分部分项工程 5 月份拟完工程量 100 m,实际工程量 160 m,计划单价 60 元/m 实际单价 48 元/m。则其费用偏差是( )。

  A. 1 920 元   B. 1 200   C. 1 680   D. 1 680

二、案例分析题

【案例 1】某项工程业主与承包商签订了工程承包合同。合同中含有两个子项工程,估算工程量甲项为 2 300 m³,乙项为 3 200 m³,经协商甲项单价为 180 元/m³,乙项单价为 160 元/m³。承包合同规定:

(1) 开工前业主应向承包商支付合同价 20% 的预付款。

(2) 业主自第一个月起,从承包商的工程款中,按 5% 的比例扣留质量保修金。

(3) 当子项工程实际工程量超过估算工程量 10% 时,可进行调价,调价系数为 0.9。

(4) 造价工程师每月签发付款凭证最低金额为 25 万元。

(5) 预付款在最后两个月平均扣除。

承包商每月实际完成并经签证确认的工程量如表 8.9 所示。

表 8.9 经签证确认的工程量   单位:m³

项目	1 月	2 月	3 月	4 月
甲项	500	800	800	600
乙项	700	900	800	600

【问题】

(1) 工程预付款是多少?

(2) 每月工程量价款是多少? 造价工程师应签证的每月工程款是多少? 实际应签发的每月付款凭证金额是多少?

【案例 2】某工程包括 A、B、C 等 3 项分项工程,合同工期为 6 个月。工期每提前一个月奖励 1.5 万元,每拖后一个月罚款 2 万元。各分项工程的计划进度与实际进度如表 8.10 所示。表中粗实线表示计划进度,进度线上方的数据为每月计划完成工程量(单位:100 m³);粗虚线表示实际进度,进度线上方的数据为每月实际完成工程量(单位:100 m³)。

表 8.10 某工程计划进度与实际进度表

分项工程	进度计划(月)							
	1	2	3	4	5	6	7	8
A	3 3 3							
	3 3 3							

续表

分项工程	进度计划(月)							
	1	2	3	4	5	6	7	8
B		3	3	3	3			
		3	3	3		2	2	
C				2	2	2		
						2	2	2

该工程采用可调单价合同,按月结算。三项分项工程的计划单价分别为:200 元/m³、180 元/m³、160 元/m³。在实际结算过程中,分项工程 A 的单价上调 10%;分项工程 B 的单价与计划单价相同,但在 6 月份承包商获得索赔款 1.4 万元,工期补偿 1 个月;分项工程 C 的单价减少了 10 元。

【问题】

(1)计算各分项工程的每月拟完工程计划投资、已完工程实际投资、已完工程计划投资,并将结果填入表 8.11 中。

表 8.11 各分项工程的每月投资数据表　　　　　　　　　　单位:万元

分项工程	投资项目	每月投资数据							
		1	2	3	4	5	6	7	8
A	拟完工程计划投资								
	已完工程实际投资								
	已完工程计划投资								
B	拟完工程计划投资								
	已完工程实际投资								
	已完工程计划投资								
C	拟完工程计划投资								
	已完工程实际投资								
	已完工程计划投资								

(2)计算整个工程每月投资数据表,并将结果填入表 8.12。

表 8.12 投资数据表　　　　　　　　　　单位:万元

项目	投资数据							
	1	2	3	4	5	6	7	8
每周拟完工程计划投资								
拟完工程计划投资累计								

续表

项目	投资数据							
	1	2	3	4	5	6	7	8
每周已完工程实际投资								
已完工程实际投资累计								
每周已完工程计划投资								
已完工程计划投资累计								

(3)分析第4月末和第6月末的投资偏差和进度偏差。

【案例3】某开发商通过公开招标某建工集团公司签订了一份建筑安装工程施工总承包合同,合同总价为3 000万元,工期为15个月。承包合同规定:

(1)主要材料及构件金额占工程价款的60%;

(2)预付备料款占工程价款的20%,工程预付款应从未施工工程尚需的主要材料及构配件的价值相当于预付备料款时起扣,每月以冲抵工程款的方式陆续收回;

(3)工程进度款逐月结算;

(4)工程保修金为承包合同价的3‰,业主在最后一个月扣除。

(5)业主供料价款在发生当月的工程款中扣回。由业主的工程师代表签认的承包商各月计划和实际完成的建安工程量以及业主提供的材料、设备价值如表8.13所示。

表8.13 工程结算数据表   单位:万元

月份	4~7	8	9	10	11
计划完成的工程量	1 000	500	500	600	400
实际完成的工程量	800	600	700	500	400
业主供料价款	40	18	20	25	—

【问题】

(1)工程预付款为多少?

(2)起扣点是多少?

(3)每月完成的工程量价款为多少?工程师签发的各月实际支付的工程款为多少?

第9章 工程项目竣工验收阶段的造价管理

本章提要

本章主要介绍工程项目竣工验收阶段的造价管理。竣工验收是建设工程的最后阶段,竣工决算是反映建设项目实际造价和投资效果的文件。本章重点介绍工程项目竣工验收的条件、范围、依据和标准以及竣工验收的方式与程序;建设项目竣工决算的内容和编制以及新增资产价值的确定;质量保证金的处理。

学习目标

通过本章的学习,要求了解竣工验收的条件、范围、依据、标准和工作程序;熟悉竣工决算的内容和编制方法;熟悉质量保证金的处理方法;掌握新增资产价值的确定方法。

框架结构

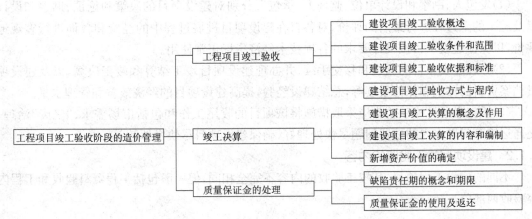

9.1 工程项目竣工验收

按照我国建设程序的规定,竣工验收是建设工程的最后阶段,是建设项目施工阶段和保修阶段的中间过程,是全面检验建设项目是否符合设计要求和工程质量检验标准的重要环节,是审查投资使用是否合理的重要环节,是投资成果转入生产或使用的标志。只有经过竣工验收,建设项目才能实现由承包人管理向发包人管理的过渡,它标志着建设投资成果投入生产或使用,对促进建设项目及时投产或交付使用、发挥投资效果、总结建设经验有着重要的作用。

9.1.1 建设项目竣工验收概述

1. 建设项目竣工验收的概念

建设项目竣工验收是指由发包人、承包人和项目验收委员会,以项目批准的设计任务书和设计文件,以及国家或部门颁发的施工验收规范和质量检验标准为依据,按照一定的程序和手续,在项目建成并试生产合格后(工业生产性项目),对工程项目的总体进行检验和认证、综合评价和鉴定的活动。

工业生产项目,须经试生产(投料试车)合格,形成生产能力,能正常生产出产品后,才能进行验收。非工业生产项目,应能正常使用,才能进行验收。

通常所说的建设项目竣工验收,是指"动用验收",是指发包人在建设项目按批准的设计文件所规定的内容全部建成后,向使用单位交工的过程。

2. 建设项目竣工验收的作用

(1)全面考核建设成果,检查设计、工程质量是否符合要求,确保项目按设计要求的各项技术经济指标正常使用。

(2)通过竣工验收办理固定资产使用手续,可以总结工程建设经验,为提高建设项目的经济效益和管理水平提供重要依据。

(3)建设项目竣工验收是项目施工阶段的最后一个程序,是建设成果转入生产使用的标志,是审查投资使用是否合理的重要环节。

(4)建设项目建成投产交付使用后,能否取得良好的宏观效益,需要经过国家权威管理部门按照技术规范、技术标准组织验收确认。因此,竣工验收是建设项目转入投产使用的必要环节。

3. 建设项目竣工验收的任务

(1)发包人、勘察和设计单位、监理人、承包人分别对建设项目的决策和论证、勘察和设计以及施工的全过程进行最后的评价,对各自在建设项目进展过程中的经验和教训进行客观地评价,以保证建设项目按设计要求的各项技术经济指标正常使用。

(2)办理建设项目的验收和移交手续,并办理建设项目竣工结算和竣工决算,以及建设项目档案资料的移交和保修手续等,总结建设经验,提高建设项目的经济效益和管理水平。

(3)承包人通过竣工验收应采取措施将该项目的收尾工作和包括市场需求、"三废"治理、交通运输等问题在内的遗留问题尽快处理好,确保建设项目尽快发挥效益。

9.1.2 建设项目竣工验收的内容

不同的建设工程项目,其竣工验收的内容不完全相同,但一般包括工程资料验收和工程内容验收两部分。

1. 工程资料验收

工程资料验收包括工程技术资料验收、工程综合资料验收和工程财务资料验收。

(1)工程技术资料验收。

①工程地质、水文、气象、地形、地貌、建筑物、构筑物及重要设备安装位置、勘察报告、记录。

②初步设计、技术设计或扩大初步设计、关键的技术试验、总体规划设计。

③土质试验报告、基础处理。

④建筑工程施工记录、单位工程质量检验记录、管线强度、密封性试验报告、设备及管线安装施工记录及质量检查、仪表安装施工记录。

⑤设备试车、验收运转、维修记录。

⑥产品的技术参数、性能、图纸、工艺说明、工艺规程、技术总结、产品检验、包装、工艺图。

⑦设备的图纸、说明书。

⑧涉外合同、谈判协议、意向书。

⑨各单项工程及全部管网竣工图等的资料。

(2)工程综合资料验收。包括项目建议书及批件,可行性研究报告及批件,项目评估报告,环境影响评估报告书,设计任务书,土地征用申报及批准的文件,承包合同,招标投标文件,施工执照,项目竣工验收报告,验收鉴定书。

(3)工程财务资料验收。历年建设资金供应(拨、贷)情况和应用情况;历年批准的年度财务决算;历年年度投资计划、财务收支计划;建设成本资料;支付使用的财务资料;设计概算、预算资料;施工决算资料。

2. 工程内容验收

工程内容验收包括建筑工程验收、安装工程验收。

(1)建筑工程验收内容。建筑工程验收,主要是如何运用有关资料进行审查验收,主要包括:

①建筑物的位置、标高、轴线是否符合设计要求。

②对基础工程中的土石方工程、垫层工程、砌筑工程等资料的审查,因为这些工程在"交工验收"时已验收。

③对结构工程中的砖木结构、砖混结构、内浇外砌结构、钢筋混凝土结构的审查验收。

④对屋面工程的屋面瓦、保温层、防水层等的审查验收。

⑤对门窗工程的审查验收。

⑥对装饰工程的审查验收(抹灰、油漆等工程)。

(2)安装工程验收内容。安装工程验收分为建筑设备安装工程、工艺设备安装工程、动力设备安装工程验收。

①建筑设备安装工程(指民用建筑物中的上下水管道、暖气、煤气、通风、电气照明等安装工程)应检查这些设备的规格、型号、数量、质量是否符合设计要求,检查安装时的材料、材质、材种,检查试压、闭水试验、照明。

②工艺设备安装工程包括生产、起重、传动、实验等设备的安装,以及附属管线敷设和油漆、保温等。检查设备的规格、型号、数量、质量、设备安装的位置、标高、机座尺寸、质量、单机试车、无负荷联动试车、有负荷联动试车、管道的焊接质量、洗清、吹扫、试压、试漏、油漆、保温等及各种阀门。

③动力设备安装工程指有自备电厂的项目,或变配电室(所)、动力配电线路的验收。

9.1.3 建设项目竣工验收的条件和范围

1.竣工验收的条件

国务院2000年1月发布的第279号令《建设工程质量管理条例》规定,建设工程竣工验收应当具备以下条件。

(1)完成建设工程设计和合同约定的各项内容,并满足使用要求,具体包括:

①民用建筑工程完工后,承包人按照施工及验收规范和质量检验标准进行自验,不合格品已自行返修或整改,达到验收标准。

②生产性工程、辅助设施及生活设施,按合同约定全部施工完毕,室内工程和室外工程全部完成,建筑物、构筑物周围2 m以内的场地平整完成,障碍物已清除,给排水、动力、照明、通信畅通,达到竣工条件。

③工业项目的各种管道设备、电气、空调、仪表、通信等专业施工内容已全部安装结束,已做完清洁、试压、油漆、保温等,经过试运转,试运转考核各项指标已达到设计能力并全部符合工业设备安装施工及验收规范和质量标准的要求。

④其他专业工程按照合同的规定和施工图规定的工程内容全部施工完毕,已达到相关专业技术标准,质量验收合格,达到了交工的条件。

(2)有完整的技术档案和施工管理资料。

(3)有工程使用的主要建筑材料、建筑构配件和设备的进场试验报告。对建设工程使用的主要建筑材料、建筑构配件和设备的进场,除具有质量合格证明资料外,还应当有试验、检验报告。试验、检验报告中应当注明其规格、型号、用于工程的哪些部位、批量批次、性能等技术指标,其质量要求必须符合国家规定的标准。

(4)有勘察、设计、施工、工程监理等单位分别签署的质量合格文件。勘察、设计、施工、工程监理等有关单位依据工程设计文件及承包合同所要求的质量标准,对竣工工程进行检查和评定,符合规定的,签署合格文件。

(5)有施工单位签署的工程保修书。

2.竣工验收的范围

国家颁布的建设法规规定,凡新建、扩建、改建的基本建设项目和技术改造项目(所有列入固定资产投资计划的建设项目或单项工程),已按国家批准的设计文件所规定的内容建成,符合验收标准的,必须及时组织验收,办理固定资产移交手续。即:工业投资项目经负荷试车考核,试生产期间能够正常生产出合格产品,形成生产能力的;非工业投资项目符合设计要求,能够正常使用的,不论是属于哪种建设性质,都应及时组织验收,办理固定资产移交手续。

有些工期较长、建设设备装置较多的大型工程,为了及时发挥其经济效益,对其能够独立生产的单项工程,也可以根据建成时间的先后顺序,分期分批地组织竣工验收;对能生产中间产品的一些单项工程,不能提前投料试车,可按生产要求与生产最终产品的工程同步建成竣工后,再进行全部验收。

此外,对于某些特殊情况,工程施工虽未全部按设计要求完成,也应进行验收。这些特殊情况主要有:

(1)因少数非主要设备或某些特殊材料短期内不能解决,虽然工程内容尚未全部完成,但已可以投产或使用的工程项目。

（2）规定要求的内容已完成，但因外部条件的制约，如流动资金不足、生产所需原材料不能满足等，而使已建工程不能投入使用的项目。

（3）有些建设项目或单项工程，已形成部分生产能力，但近期内不能按原设计规模续建。应从实际情况出发，经主管部门批准后，可缩小规模对已完成的工程和设备组织竣工验收，移交固定资产。

（4）国外引进设备项目，按照合同规定完成负荷调试、设备考核合格后，进行竣工验收。

9.1.4　建设项目竣工验收的依据和标准

1. 建设项目竣工验收的依据

建设项目竣工验收的依据，除了必须符合国家规定的竣工标准（或地方政府主管机关规定的具体标准）之外，在进行工程竣工验收和办理工程移交手续时，还应该以下列文件作为依据：

（1）国家、省、自治区、直辖市和行业行政主管部门颁布的法律、法规，现行的施工技术验收标准及技术规范、质量标准等有关规定。

（2）审批部门批准的可行性研究报告、初步设计、实施方案、施工图纸和设备技术说明书。

（3）施工图设计文件及设计变更洽商记录。

（4）国家颁布的各种标准和现行的施工验收规范。

（5）工程承包合同文件。

（6）技术设备说明书。

（7）建筑安装工程统一规定及主管部门关于工程竣工的规定。

（8）从国外引进的新技术和成套设备的项目，以及中外合资建设项目，要按照签订的合同和进口国提供的设计文件等资料进行验收。

（9）利用世界银行等国际金融机构贷款的建设项目，应按世界银行规定，按时编制《项目完成报告》。

2. 建设项目竣工验收的标准

承包人完成工程承包合同中规定的各项工程内容，并依照设计图纸、文件和建设工程项目施工及验收规范，自查合格后，申请竣工验收。

（1）工业建设项目竣工验收标准。

根据国家规定，工业建设项目竣工验收、交付生产使用，必须满足以下要求。

①生产性项目和辅助性公用设施，已按设计要求完成，能满足生产使用要求。

②主要工艺设备、动力设备均已安装配套，经无负荷和有负荷联动试车合格，形成生产能力，能够生产出设计文件所规定的产品。

③必要的生产设施，已按设计要求建成。

④生产准备工作能适应投产的需要。

⑤环境保护设施、劳动安全卫生设施、消防设施已按设计要求与主体工程同时建成使用。

⑥生产性投资项目如工业项目的土建工程、安装工程、人防工程、管道工程、通信工程等工程的施工和竣工验收，必须按照国家和行业施工及验收规范执行。

⑦更新改造项目和大修理项目，可以参照国家标准或有关标准，根据工程性质、结合当时当地的实际情况，由业主与承包人共同商定提出适用的竣工验收的具体标准。

（2）民用建设项目竣工验收标准。

①建设项目各单位工程和单项工程，均已符合项目竣工验收标准。

②建设项目配套工程和附属工程,均已施工结束,达到设计规定的相应质量要求,并具备正常使用条件。

9.1.5 建设项目竣工验收的组织方式与程序

1. 建设项目竣工验收的组织

(1)成立竣工验收委员会或验收组。大中型和限额以上建设项目及技术改造项目,由国家发展和改革委员会或国家发展和改革委员会委托项目主管部门、地方政府部门组织验收;小型和限额以下建设项目及技术改造项目,由项目主管部门或地方政府部门组织验收。建设主管部门和建设单位(业主)、接管单位、施工单位、勘察设计及工程监理等有关单位参加验收工作;根据工程规模大小和复杂程度组成验收委员会或验收组,其人员构成应由银行、物资、环保、劳动、统计、消防及其他有关部门的专业技术人员和专家组成。

(2)验收委员会或验收组的职责。

①负责审查工程建设的各个环节,听取各有关单位的工作报告。

②审阅工程档案资料,实地考察建筑工程和设备安装工程情况。

③对工程设计、施工和设备质量、环境保护、安全卫生、消防等方面客观地做出全面的评价。

④处理交接验收过程中出现的有关问题,核定移交工程清单,签订交工验收证书。

⑤签署验收意见,对遗留问题应提出具体解决意见并限期落实完成。不合格工程不予验收,并提出竣工验收工作的总结报告和国家验收鉴定书。

2. 建设项目竣工验收的方式

为了保证建设项目竣工验收的顺利进行,验收必须遵循一定的程序,并按照建设项目总体计划的要求以及施工进展的实际情况分阶段进行。建设项目竣工验收,按被验收的对象划分,可分为:单位工程验收、单项工程验收及工程整体验收,如表9.1所示。

表 9.1 不同阶段的工程验收

类 型	验收条件	验收组织
单位工程验收 (中间验收)	1. 按照施工承包合同的约定,施工完成到某一阶段后要进行中间验收 2. 主要的工程部位施工已完成了隐蔽前的准备工作,该工程部位将置于无法查看的状态	由监理单位组织,业主和承包商派人参加,该部位的验收资料将作为最终验收的依据
单项工程验收 (交工验收)	1. 建设项目中的某个合同工程已全部完成 2. 合同内约定有分部分项移交的工程已达到竣工标准,可移交给业主投入试运行	由业主组织,会同施工单位、监理单位、设计单位及使用单位等有关部门共同进行
工程整体验收 (动用验收)	1. 建设项目按设计规定全部建成,达到竣工验收条件 2. 初验结果全部合格 3. 竣工验收所需资料已准备齐全	大中型和限额以上项目由国家发改委或由其委托项目主管部门或地方政府部门组织验收;小型和限额以下项目由项目主管部门组织验收;业主、监理单位、施工单位、设计单位和使用单位参加验收工作

3. 建设项目竣工验收的程序

建设项目全部建成,经过各单项工程的验收符合设计的要求,并具备竣工图表、竣工决算、工程总结等必要文件资料,由建设项目主管部门或发包人向负责验收的单位提出竣工验收申请报告,按程序验收。工程验收报告应经项目经理和承包人有关负责人审核签字。竣工验收的一般程序如图 9.1 所示。

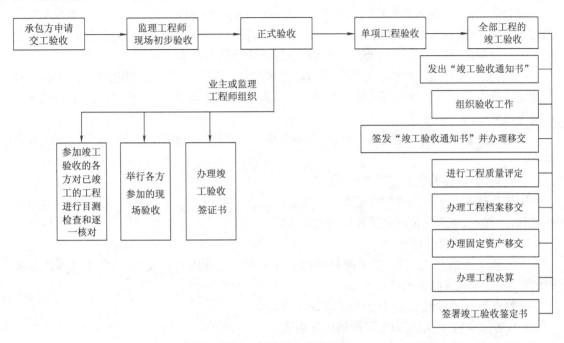

图 9.1　竣工验收程序图

(1)承包人申请交工验收。承包人在完成了合同工程或按合同约定可分部移交工程的,可申请交工验收,交工验收一般为单项工程,但在某些特殊情况下也可以是单位工程的施工内容,如特殊基础处理工程、发电站单机机组完成后的移交等。

承包人施工的工程达到竣工条件后,应先进行预检验,对不符合要求的部位和项目,确定修补措施和标准,修补有缺陷的工程部位;对于设备安装工程,要与发包人和监理人共同进行无负荷的单机和联动试车。承包人在完成了上述工作和准备好竣工资料后,即可向发包人提交"工程竣工报验单"。

(2)监理工程师现场初步验收。监理工程师收到"工程竣工报验单"后,应由监理工程师组成验收组,对竣工的工程项目的竣工资料和各专业工程的质量进行初验,在初验中发现的质量问题,要及时书面通知承包人,令其修理甚至返工。经整改合格后监理工程师签署"工程竣工报验单",并向发包人提出质量评估报告,至此现场初步验收工作结束。

(3)单项工程验收。单项工程验收又称交工验收,即验收合格后发包人方可投入使用。由发包人组织的交工验收,由监理单位、设计单位、承包人、工程质量监督站等参加,主要依据国家颁布的有关技术规范和施工承包合同,对以下几方面进行检查或检验。

①检查、核实竣工项目准备移交给发包人的所有技术资料的完整性、准确性。

②按照设计文件和合同,检查已完工程是否有漏项。

③检查工程质量、隐蔽工程验收资料,关键部位的施工记录等,考察施工质量是否达到合同要求。

④检查试车记录及试车中所发现的问题是否得到改正。

⑤在交工验收中发现需要返工、修补的工程,明确规定完成期限。

⑥其他涉及的有关问题。

验收合格后,发包人和承包人共同签署"交工验收证书"。然后,由发包人将有关技术资料和试车记录、试车报告及交工验收报告一并上报主管部门,经批准后该部分工程即可投入使用。验收合格的单项工程,在全部工程验收时,原则上不再办理验收手续。

(4)全部工程的竣工验收。全部施工过程完成后,由国家主管部门组织的竣工验收,又称为动用验收。发包人参与全部工程竣工验收。全部工程竣工验收分为验收准备、预验收和正式验收三个阶段。

①验收准备。发包人、承包人和其他有关单位均应进行验收准备,验收准备的主要工作内容有:

a.收集、整理各类技术资料,分类装订成册。

b.核实建筑安装该工程的完成情况,列出已交工工程和未完工工程一览表,包括单位工程名称、工程量、预算估价以及预计完成时间等内容。

c.提交财务决算分析。

d.检查工程质量,查明须返工或补修的工程并提出具体的时间安排,预申报工程质量等级的评定,做好相关材料的准备工作。

e.整理汇总项目档案资料,绘制工程竣工图。

f.登载固定资产,编制固定资产构成分析表。

g.落实生产准备各项工作,提出试车检查的情况报告,总结试车考评情况。

h.编写竣工结算分析报告和竣工验收报告。

②预验收。建设项目竣工验收准备工作结束后,由发包人或上级主管部门会同监理单位、设计单位、承包人及有关单位或部门组成预验收组进行预验收。预验收的主要工作包括:

a.核实竣工验收准备工作内容,确认竣工项目所有档案资料的完整性和准确性。

b.检查项目建设标准、评定质量,对竣工验收准备过程中有争议的问题和有隐患及遗留问题提出处理意见。

c.检查财务账表是否齐全并验证数据的真实性。

d.检查试车情况和生产准备情况。

e.编写竣工预验收报告和移交生产准备情况报告,在竣工预验收报告中应说明项目的概况,对验收过程进行阐述,对工程质量做出总体评价。

③正式验收。建设项目的正式竣工验收是由国家、地方政府、建设项目投资商或开发商以及有关单位领导和专家参加的最终整体验收。

大中型和限额以上建设项目的正式验收,由国家投资主管部门或其委托项目主管部门或地方政府组织验收,一般由竣工验收委员会(或验收小组)主任(或组长)主持,具体工作可由总监理工程师组织实施。国家重点工程的大型建设项目,由国家有关部委邀请有关方面专家参加,组成工程验收委员会进行验收。小型和限额以下的建设项目由项目主管部门组织,发包人、监理人、承包人、设计单位和使用单位共同参加验收工作。

a. 发包人、勘察设计单位分别汇报工程合同履约情况以及在工程建设各环节执行法律、法规与工程建设强制性标准的情况。

b. 听取承包人汇报建设项目的施工情况、自验情况和竣工情况。

c. 听取监理人汇报建设项目监理内容和监理情况及对项目竣工的意见。

d. 组织竣工验收小组全体人员进行现场检查,了解项目现状、查验项目质量,及时发现存在和遗留的问题。

e. 审查竣工项目移交生产使用的各种档案资料。

f. 评审项目质量,对主要工程部位的施工质量进行复验、鉴定,对工程设计的先进性、合理性和经济性进行复验和鉴定,按设计要求和建筑安装工程施工的验收规范和质量标准进行质量评定验收,在确认工程符合竣工标准和合同条款规定后,签发竣工验收合格证书。

g. 审查试车规程,检查投产试车情况,核定收尾工程项目,对遗留问题提出处理意见。

h. 签署竣工验收鉴定书,对整个项目做出总的验收鉴定。

竣工验收鉴定书是表示建设项目已经竣工,并交付使用的重要文件,是全部固定资产交付使用和建设项目正式动用的依据。竣工验收鉴定书的格式如表 9.2 所示。

表 9.2　建设项目竣工验收鉴定书

工程名称	工程地点			
工程范围	按合同要求定		建筑面积	
工程造价				
开工日期	年　月　日		竣工日期　年　月　日	
日历工作天	实际工作天			
验收意见				
发包人验收人				

整个建设项目进行竣工验收后,发包人应及时办理固定资产交付使用手续。在进行竣工验收时,已验收过的单项工程可以不再办理验收手续,但应将单项工程交工验收证书作为最终验收的附件而加以说明。发包人在竣工验收过程中,如发现工程不符合竣工条件,应责令承包人进行返修,并重新组织竣工验收,直到通过验收。

4. 建设项目竣工验收报告管理与备案

(1)竣工验收报告。建设项目竣工验收合格后,建设单位应当及时提出工程竣工验收报告。工程竣工验收报告主要包括工程概况,建设单位执行基本建设程序情况,对工程勘察、设计、施工、监理等方面的评价,工程竣工验收时间、程序、内容和组织形式,工程竣工验收意见等内容。

工程竣工验收报告还应附有下列文件:

①施工许可证。

②施工图设计文件审查意见。

③验收组人员签署的工程竣工验收意见。

④市政基础设施工程应附有质量检测和功能性试验资料。

⑤施工单位签署的工程质量保修书。

⑥法规、规章规定的其他有关文件。

(2)竣工验收的管理。

①国务院建设行政主管部门负责全国工程竣工验收的监督管理工作。

②县级以上地方人民政府建设行政主管部门负责本行政区域内工程竣工验收监督管理工作。

③工程竣工验收工作,由建设单位负责组织实施。

④县级以上地方人民政府建设行政主管部门应当委托工程质量监督机构对工程竣工验收实施监督。

⑤负责监督该工程的工程质量监督机构应当对工程竣工验收的组织形式、验收程序、执行验收标准等情况进行现场监督,发现有违反建设工程项目质量管理规定行为的,责令改正,并将对工程竣工验收的监督情况作为工程质量监督报告的重要内容。

(3)竣工验收备案。

①国务院建设行政主管部门负责全国房屋建筑工程和市政基础设施工程的竣工验收备案管理工作。县级以上地方人民政府建设行政主管部门负责本行政区域内工程的竣工验收备案管理工作。

②建设单位应当自工程竣工验收合格之日起15日内,依照《房屋建筑工程和市政基础设施工程竣工验收备案管理暂行办法》的规定,向工程所在地的县级以上地方人民政府建设行政主管部门备案。

③建设单位办理工程竣工验收备案应当提交下列文件:

a. 工程竣工验收备案表。

b. 工程竣工验收报告。竣工验收报告应当包括工程报建日期,施工许可证号,施工图设计文件审查意见,勘察、设计、施工、工程监理等单位分别签署的质量合格文件及验收人员签署的竣工验收原始文件,市政基础设施的有关质量检测和功能性试验资料以及备案机关认为需要提供的有关资料。

c. 法律、行政法规规定应当由规划、公安消防、环保等部门出具的认可文件或准许使用文件。

d. 施工单位签署的工程质量保修书,商品住宅还应当提交《住宅质量保证书》和《住宅使用说明书》。

e. 法规、规章规定必须提供的其他文件。

④备案机关收到建设单位报送的竣工验收备案文件,验证文件齐全后,应当在工程竣工验收备案表上签署文件收讫。工程竣工验收备案表一式二份,一份由建设单位保存,一份留备案机关存档。

⑤工程质量监督机构应当在工程竣工验收之日起5日内,向备案机关提交工程质量监督报告。

⑥备案机关发现建设单位在竣工验收过程中有违反国家有关建设工程质量管理规定行为的,应当在收讫竣工验收备案文件15日内,责令停止使用,重新组织竣工验收。

9.2 竣 工 决 算

竣工决算是正确核定新增固定资产价值,考核分析投资效果,建立健全经济责任制的依据,是反映建设项目实际造价和投资效果的文件。竣工决算是建设工程经济效益的全面反映,是项目法人核定各类新增资产价值、办理其交付使用的依据。竣工决算是工程造价管理的重要组成部分,做好竣工决算是全面完成工程造价管理目标的关键性因素之一。通过竣工决算,既能够正确反映建设工程的实际造价和投资结果,又可以通过竣工决算与概算、预算的对比分析,考核投资控制的工作成效,为工程建设提供重要的技术经济方面的基础资料,提高未来工程建设的投资效益。

9.2.1 建设项目竣工决算的概念及作用

1. 建设项目竣工决算的概念

竣工决算是以实物数量和货币指标为计量单位,综合反映竣工项目从筹建开始到项目竣工交付使用为止的全部建设费用、投资效果和财务情况的总结性文件,是竣工验收报告的重要组成部分。

2. 建设项目竣工决算的作用

(1)建设项目竣工决算是综合、全面地反映竣工项目建设成果及财务情况的总结性文件,它采用货币指标、实物数量、建设工期和各种技术经济指标综合、全面地反映建设项目自开始建设到竣工为止的全部建设成果和财物状况。

(2)建设项目竣工决算是办理交付使用资产的依据,也是竣工验收报告的重要组成部分。建设单位与使用单位在办理交付资产的验收交接手续时,通过竣工决算反映了交付使用资产的全部价值,包括固定资产、流动资产、无形资产和其他资产的价值。及时编制竣工决算可以正确核定固定资产价值并及时办理交付使用,可缩短工程建设周期;节约建设项目投资,准确考核和分析投资效果。

(3)为确定建设单位新增固定资产价值提供依据。在竣工决算中,详细地计算了建设项目所有的建安费、设备购置费、其他工程建设费等新增固定资产总额及流动资金,可作为建设主管部门向企业使用单位移交财产的依据。

(4)建设项目竣工决算是分析和检查设计概算的执行情况,考核建设项目管理水平和投资效果的依据。竣工决算反映了竣工项目计划、实际的建设规模、建设工期以及设计和实际的生产能力,反映了概算总投资和实际的建设成本,同时还反映了所达到的主要技术经济指标。通过对这些指标计划数、概算数与实际数进行对比分析,不仅可以全面掌握建设项目计划和概算执行情况,而且可以考核建设项目投资效果,为今后制订建设项目计划,降低建设成本,提高投资效果提供必要的参考资料。

3. 竣工决算和竣工结算的区别

建设项目竣工决算是以工程竣工结算为基础进行编制的,是在整个建设项目竣工结算的基础上,加上从筹建开始到工程全部竣工有关基本建设的其他工程费用支出,便构成了建设项目竣工决算的主体。竣工决算与竣工结算的主要区别如表9.3所示。

表 9.3　竣工决算与竣工结算的区别

区别项目	编制单位及其部门	编制内容	性质和作用
工程竣工决算	承包方的预算部门	承包方承包施工的建筑安装工程的全部费用,它最终反映承包方完成的施工产值	1. 承包方与业主办理工程价款最终结算的依据 2. 双方签订的建筑安装工程承包合同终结的凭证 3. 业主编制竣工决算的主要资料
工程竣工结算	项目业主的财务部门	建设工程从筹建开始到竣工交付使用为止的全部建设费用,它反映建设工程的投资效益	1. 业主办理交付、验收、动用新增各类资产的依据 2. 竣工验收报告的重要组成部分

9.2.2　建设项目竣工决算的内容和编制

财政部2008年9月公布的《关于进一步加强中央基本建设项目竣工财务决算工作的通知》(财办建[2008]91号)指出,财政部将按规定对中央级大中型项目、国家确定的重点小型项目竣工财务决算的审批实行"先审核、后审批"的办法,即对需先审核后审批的项目,先委托财政投资评审机构或经财政部认可的有资质的中介机构对项目单位编制的竣工财务决算进行审核,再按规定批复项目竣工财务决算。

通知指出,项目建设单位应在项目竣工后三个月内完成竣工财务决算的编制工作,并报主管部门审核。主管部门收到竣工财务决算报告后,对于按规定由主管部门审批的项目,应及时审核批复,并报财政部备案;对于按规定报财政部审批的项目,一般应在收到决算报告后一个月内完成审核工作,并将经其审核后的决算报告报财政部审批。以前年度已竣工尚未编报竣工财务决算的基建项目,主管部门应督促项目建设单位抓紧编报。

另外,主管部门应对项目建设单位报送的项目竣工财务决算认真审核,严格把关。审核的重点内容:项目是否按规定程序和权限进行立项、可行性研究和初步设计报批工作;项目建设超标准、超规模、超概算投资等问题审核;项目竣工财务决算金额的正确性审核;项目竣工财务决算资料的完整性审核;项目建设过程中存在主要问题的整改情况审核等。

1. 竣工决算的内容

建设项目竣工决算是建设工程从筹建到竣工投产全过程的全部实际支出费用,包括建筑安装工程费、设备及工器具购置费、工程建设其他费、预备费、建设器具贷款利息、固定资产投资方向调节税等费用。

竣工决算由竣工财务决算说明书、竣工财务决算报表、工程竣工图、工程竣工造价对比分析四部分构成。其中,竣工财务决算说明书、竣工财务决算报表两部分又称建设项目竣工财务决算,是竣工决算的核心内容。

(1)竣工财务决算说明书。竣工财务决算说明书主要反映竣工工程建设成果和经验,是对竣工决算报表进行分析和补充说明的文件,是全面考核分析工程投资与造价的书面总结,是竣工决算报告的重要组成部分,其内容主要包括:

①建设项目概况,对工程总的评价。一般从进度、质量、安全和造价方面进行分析说明。进度方面主要说明开工和竣工时间;质量方面主要根据竣工验收委员会或相当一级质量监督部门的验收评定等级、合格率和优良品率;安全方面主要根据劳动工资和施工部门的记录,对有无设备和人身事故进行说明;造价方面主要对照概算造价,说明节约或超支的情况。

②资金来源及运用等财务分析。主要包括工程价款结算、会计财务的处理、财产物资情况及债权债务的清偿情况。

③基本建设收入、投资包干结余、竣工结余资金的上交分配情况。通过对基本建设投资包干情况的分析,说明投资包干数、实际支用数和节约额、投资包干节余的有机构成和包干节余的分配情况。

④各项经济技术指标的分析。概算执行情况分析,根据实际投资完成额与概算进行对比分析;新增生产能力的效益分析,说明支付使用财产占总投资额的比例、占支付使用财产的比例,不增加固定资产的造价占投资总额的比例。

⑤工程建设的经验及项目管理和财务管理工作以及竣工财务决算中有待解决的问题。

⑥决算与概算的差异和原因分析。

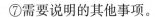

⑦需要说明的其他事项。

(2)竣工财务决算报表。建设项目竣工财务决算报表要根据大、中型建设项目和小型建设项目分别制定。大中型建设项目是指经营性项目投资额在 5 000 万元以上、非经营性项目投资额在 3 000 万元以上的建设项目；在上述标准之下的为小型项目。有关报表组成如图 9.2 和图 9.3 所示。

大、中型建设项目竣工财务决算报表 ｛ 建设项目竣工财务决算审批表
大、中型建设项目概况表
大、中型建设项目竣工财务决算表
大、中型建设项目交付使用资产总表
建设项目交付使用资产明细表

图 9.2　大、中型建设项目竣工财务决算报表组成示意图

小型建设项目竣工财务决算报表 ｛ 建设项目竣工财务决算审批表
小型建设项目竣工财务决算总表
建设项目交付使用资产明细表

图 9.3　小型建设项目竣工财务决算报表组成示意图

①大、中型建设项目竣工决算报表。

a.建设项目竣工财务决算审批表。该表作为竣工决算上报有关部门审批时使用，其格式是按照中央级小型项目审批要求设计的，地方级项目可按审批要求做适当修改，如表 9.4 所示。

表 9.4　建设项目竣工财务决算审批表

建设项目法人(建设单位)		建设性质	
建设项目名称		主管部门	
开户银行意见： (盖章) 年　　月　　日			
专员办审批意见： (盖章) 年　　月　　日			
主管部门或地方财政部门审批意见： (盖章) 年　　月　　日			

- 表中"建设性质"按照新建、改建、扩建、迁建和恢复建设项目等分类填列。
- 表中"主管部门"是指建设单位的主管部门。
- 所有建设项目均须经过开户银行签署意见后，按照有关要求进行报批：中央级小型项目由主管部门签署审批意见；中央级大、中型建设项目报所在地财政监察专员办事机构签署意见后，再由主管部门签署意见报财政部审批；地方级项目由同级财政部门签署审批意见。
- 已具备竣工验收条件的项目，三个月内应及时填报审批表，如三个月内不办理竣工验收和固定资产移交手续的视同项目已正式投产，其费用不得从基本建设投资中支付，所实现的收入作为经营收入，不再作为基本建设收入管理。

b. 大、中型建设项目概况表。该表综合反映大中型项目的基本概况,内容包括该项目总投资、建设起止时间、新增生产能力、主要材料消耗、建设成本、完成主要工程量和主要技术经济指标,为全面考核和分析投资效果提供依据,如表 9.5 所示。

表 9.5　大中型建设项目概况表

建设项目 (单项工程)名称			建设地址			项目		概算 (元)	实际 (元)	备注
主要设计单位			主要施工企业				建筑安装工程投资			
							设备、工具、器具			
占地面积	计划	实际	总投资(万元)	设计	实际	基本 建设 支出	待摊投资			
							其中: 建设单位管理费			
新增生产能力	能力(效益)名称			设计	实际		其他投资			
							待核销基建支出			
建设起止时间	设计		从　　年　　月开工 至　　年　　月竣工				非经营项目 转出投资			
	实际		从　　年　　月开工 至　　年　　月竣工				合计			
设计概算 批准文号										
完成主要 工程量	建设规模				设备(台、套、吨)					
	设计		设计		设计			实际		
收尾工程	工程项目、内容		已完成投资额		尚需投资额			完成时间		

- 建设项目名称、建设地址、主要设计单位和主要承包人,要按全称填列。
- 表中各项目的设计、概算、计划等指标,根据批准的设计文件和概算、计划等确定的数字填列。
- 表中所列新增生产能力、完成主要工程量的实际数据,根据建设单位统计资料和承包人提供的有关成本核算资料填列。
- 表中基建支出是指建设项目从开工起至竣工为止发生的全部基本建设支出,包括形成资产价值的交付使用资产,如固定资产、流动资产、无形资产、其他资产支出,还包括不形成资产价值按照规定应核销的非经营项目的待核销基建支出和转出投资。上述支出,应根据财政部门历年批准的"基建投资表"中的有关数据填列。按照财政部印发财基字[1998]4 号关于《基本建设财务管理若干规定》的通知,需要注意以下几点:

第一,建筑安装工程投资支出、设备工器具投资支出、待摊投资支出和其他投资支出构成建设项目的建设成本。

第二,待核销基建支出是指非经营性项目发生的如江河清障、补助群众造林、水土保持、城市绿化、取消项目可行性研究费、项目报废等不能形成资产部分的投资。对于能够形成资产部分的投资,应计入交付使用资产价值。

第三,非经营性项目转出投资支出是指非经营项目为项目配套的专用设施投资,包括专用道路、专用通信设施、送变电站、地下管道等,其产权不属于本单位的投资支出,对于产权归属本单位的,应计入交付使用资产价值。

- 表中"初步设计和概算批准文号",按最后经批准的日期和文件号填列。
- 表中收尾工程是指全部工程项目验收后尚遗留的少量收尾工程,在表中应明确填写收尾工程内容、完成时间,这部分工程的实际成本可根据实际情况进行估算并加以说明,完工后不再编制竣工决算。

c. 大、中型建设项目竣工财务决算表。竣工财务决算表是竣工财务决算报表的一种,大、中型建设项目竣工财务决算表是用来反映建设项目的全部资金来源和资金占用情况,是考核和分析投资效果的依据。在编制该表前,应先编制出项目竣工年度财务决算,根据编制出的年度财务决算和历年财务决算编制项目的竣工财务决算。此表采用平衡表形式,即资金来源合计等于资金支出合计。大、中型建设项目竣工财务决算表具体编制如表9.6所示。

表9.6　大、中型建设项目竣工财务决算表

资金来源	金额	资金占用	金额	补充资料
一、基建拨款		一、基本建设支出		
1.预算拨款		1.交付使用资产		
2.基建基金拨款		2.在建工程		1.基建投资借款期末余额
其中:国债专项资金拨款		3.待核销基建支出		
3.专项建设基金拨款		4.非经营性项目转出投资		
4.进口设备转账拨款		二、应收生产单位投资借款		
5.器材转账拨款		三、拨付所属投资借款		
6.煤代油专用基金拨款		四、器材		2.应收生产单位投资借款期末数
7.自筹资金拨款		其中:待处理器材损失		
8.其他拨款		五、货币资金		
二、项目资本金		六、预付及应收款		
1.国家资本		七、有价证券		3.基建结余资金
2.法人资本		八、固定资产		
3.个人资本		固定资产原价		
三、项目资本公积金		减:累计折旧		
四、基建借款		固定资产净值		
其中:国债转贷		固定资产清理		
五、上级拨入投资借款		待处理固定资产损失		
六、企业债券资金				

资金来源	金额	资金占用	金额	补充资料
七、待冲基建支出				
八、应付款				
九、未交款				
1.未交税金				
2.其他未交款				
十、上级拨入资金				
十一、留成收入				
合计		合计		

- 资金来源包括基建拨款、项目资本金、项目资本公积金、基建借款、上级拨入投资借款、企业债券资金、待冲基建支出、应付款和未交款以及上级拨入资金和企业留成收入等。

其中,项目资本金是指经营性项目投资者按国家有关项目资本金的规定,筹集并投入项目的非负债资金,在项目竣工后,相应转为生产经营企业的国家资本金、法人资本金、个人资本金和外商资本金。

项目资本公积金是指经营性项目投资者实际缴付的出资额超过其资金的差额(包括发行股票的溢价净收入)、资产评估确认价值或者合同、协议约定价值与原账面净值的差额、接收捐赠的财产、资本汇率折算差额,在项目建设期间作为资本公积金、项目建成交付使用并办理竣工决算后,转为生产经营企业的资本公积金。

- 表中"交付使用资产""预算拨款""自筹资金拨款""其他拨款""项目资本金""基建投资借款""其他借款"等项目,是指自开工建设至竣工的累计数,上述有关指标应根据历年批复的年度基本建设财务决算和竣工年度的基本建设财务决算中资金平衡表相应项目的数字进行汇总填写。
- 表中其余项目费用办理竣工验收时的结余数,根据竣工年度财务决算中资金平衡表的有关项目期末数填写。
- 资金支出反映建设项目从开工准备到竣工全过程资金支出的情况,内容包括基建支出、应收生产单位投资借款、库存器材、货币资金、有价证券和预付及应收款以及拨付所属投资借款和库存固定资产等,资金支出总额应等于资金来源总额。
- 基建结余资金的计算公式为

$$基建结余资金 = 基建拨款 + 项目资本金 + 项目资本公积金 + 基建投资借款 + 企业债券基金 + 待冲基建支出 - 基本建设支出 - 应收生产单位投资借款$$

(9.1)

d. 大、中型建设项目交付使用资产总表。该表反映建设项目建成后新增固定资产、流动资产、无形资产和其他资产价值的情况和价值,作为财产交接、检查投资计划完成情况和分析投资效果的依据。小型项目不编制"交付使用资产总表",直接编制"交付使用资产明细表";大、中型项目在编制"交付使用资产总表"的同时,还需编制"交付使用资产明细表"。大、中型建设项目交付使用资产总表具体编制如表9.7所示。

表 9.7 大、中型建设项目交付使用资产总表

序号	单项工程项目名称	总计	固定资产				流动资产	无形资产	其他资产
			合计	建安工程	设备	其他			

交付单位： 负责人： 接收单位： 负责人：
盖 章 年 月 日 盖 章 年 月 日

- 表中各栏目数据根据"交付使用明细表"的固定资产、流动资产、无形资产、其他资产的各相应项目的汇总数分别填写,表中总计栏的总计数应与竣工财务决算表中的交付使用资产的金额一致。
- 表中第 3、4、8、9、10 栏的合计数,应分别与竣工财务决算表交付使用的固定资产、流动资产、无形资产、其他资产的数据相符。

e. 建设项目交付使用资产明细表。该表反映交付使用的固定资产、流动资产、无形资产和其他资产及其价值的明细情况,是办理资产交接的依据和接收单位登记资产账目的依据,是使用单位建立资产明细账和登记新增资产价值的依据。大、中型和小型建设项目均需编制此表。建设项目交付使用资产明细表具体编制如表 9.8 所示。

表 9.8 建设项目交付使用资产明细表

单项工程名称	建筑工程			设备、工具、器具、家具						流动资产		无形资产		其他资产	
	结构	面积(m^2)	价值(元)	名称	规格型号	单位	数量	价值(元)	设备安装费(元)	名称	价值(元)	名称	价值(元)	名称	价值(元)

- 表中"建筑工程"项目应按单项工程名称填列其结构、面积和价值。其中"结构"按钢结构、钢筋混凝土结构、混合结构等结构形式填写;面积则按各项目实际完成面积填写;价值按交付使用资产的实际价值填写。
- 表中"固定资产"部分要在逐项盘点后,根据盘点实际情况填写,工具、器具和家具等低值易耗品可分类填写。
- 表中"流动资产""无形资产""其他资产"项目应根据建设单位实际交付的名称和价值分别填写。

②小型建设项目竣工财务决算报表包括建设项目竣工财务决算审批表、竣工财务决算总表、建设项目交付使用资产明细表等。其中,建设项目竣工财务决算审批表和建设项目交付使用资产明细表与大、中型建设项目的表格形式一致。

由于小型建设项目内容比较简单,因此可将工程概况与财务情况合并编制一张"竣工财务决算总表",该表主要反映小型建设项目的全部工程和财务情况。具体编制时可参照大、中型建设项目概况表指标和大、中型建设项目竣工财务决算表相应指标内容填写。具体如表 9.9 所示。

表 9.9　小型建设项目竣工财务决算总表

设项目名称		建设地址					资金来源		资金运用	
初步设计概算批准文号							项目	金额(元)	项目	金额(元)
							一、基建拨款 其中:预算拨款		一、交付使用资产	
									二、待核销基建支出	
占地面积	计划	实际	总投资(万元)	计划		实际		二、项目资本金	三、非经营项目转出投资	
				固定资产	流动资金	固定资产	流动资金			
								三、项目资本公积金		
新增生产能力	能力(效益)名称		设计		实际		四、基建借款		四、应收生产单位投资借款	
							五、上级拨入借款			
建设起止时间	计划		从　年　月开工 至　年　月竣工				六、企业债券资金		五、拨付所属投资借款	
	实际		从　年　月开工 至　年　月竣工				七、待冲基建支出		六、器材	
基建支出	项目		概算(元)		实际(元)		八、应付款		七、货币资金	
	建筑安装工程						九、未付款 其中: 未交基建收入 未交包干收入		八、预付及应收款	
	设备、工具、器具								九、有价证券	
	待摊投资 其中:建设单位管理费								十、原有固定资产	
							十、上级拨入资金			
	其他投资						十一、留成收入			
	待核销基建支出									
	非经营性项目转出投资									
	合计						合计		合计	

(3)建设工程竣工图。建设工程竣工图是真实地记录各种地上、地下建筑物、构筑物等情况的技术文件,是工程进行交工验收、维护、改建和扩建的依据,是国家的重要技术档案。国家规定:各项新建、扩建、改建的基本建设工程,特别是基础、地下建筑、管线、结构、井巷、桥梁、隧

道、港口、水坝以及设备安装等隐蔽部位,都要编制竣工图。为确保竣工图质量,必须在施工过程中(不能在竣工后)及时做好隐蔽工程检查记录,整理好设计变更文件。编制竣工图的形式和深度,应根据不同情况区别对待,其具体要求包括:

①凡按图竣工没有变动的,由承包人(包括总包和分包人,下同)在原施工图上加盖"竣工图"标志后,即作为竣工图。

②凡在施工过程中,虽有一般性设计变更,但能将原施工图加以修改补充作为竣工图的,可不重新绘制,由承包人负责在原施工图(必须是新蓝图)上注明修改的部分,并附以设计变更通知单和施工说明,加盖"竣工图"标志后,作为竣工图。

③凡结构形式改变、施工工艺改变、平面布置改变、项目改变以及有其他重大改变,不宜再在原施工图上修改、补充时,应重新绘制改变后的竣工图。由原设计原因造成的,由设计单位负责重新绘制;由施工原因造成的,由承包人负责重新绘图;由其他原因造成的,由建设单位自行绘制或委托设计单位绘制。承包人负责在新图上加盖"竣工图"标志,并附以有关记录和说明,作为竣工图。

④为了满足竣工验收和竣工决算需要,还应绘制反映竣工工程全部内容的工程设计平面示意图。

⑤重大的改建、扩建工程项目涉及原有的工程项目变更时,应将相关项目的竣工图资料统一整理归档,并在原图案卷内增补必要的说明。

(4)工程造价对比分析。对控制工程造价所采取的措施、效果及其动态的变化需要进行认真的对比分析。在分析时,批准的概算是考核建设工程造价的依据,可先对比整个项目的总概算,然后将建筑安装工程费、设备工器具费和其他工程费用逐一与竣工决算表中所提供的实际数据和相关资料及批准的概算、预算指标、实际的工程造价进行对比分析,以确定竣工项目总造价是节约还是超支,并在对比的基础上,总结先进经验,找出节约和超支的内容和原因,提出改进措施。在实际工作中,应主要分析以下内容:

①主要实物工程量。对于实物工程量出入比较大的情况,必须查明原因。

②主要材料消耗量。考核主要材料消耗量,要按照竣工决算表中所列明的三大材料实际超概算的消耗量,查明是在工程的哪个环节超出量最大,再进一步查明超耗的原因。

③考核建设单位管理费、措施费和间接费的取费标准。建设单位管理费、措施费和间接费的取费标准要按照国家和各地的有关规定,根据竣工决算报表中所列的建设单位管理费与概预算所列的建设单位管理费数额进行比较,依据规定查明多列或少列的费用项目,确定其节约超支的数额,并查明原因。

2. 竣工决算的编制

为进一步加强基本建设项目竣工财务决算管理,根据财政部《关于进一步加强中央基本建设项目竣工财务决算工作的通知》(财办建[2008] 91 号)的规定,项目建设单位应在项目竣工后 3 个月内完成竣工决算的编制工作,并报主管部门审核。主管部门收到竣工财务决算报告后,对于按规定由主管部门审批的项目,应及时审核批复,并报财政部备案;对于按规定报财政部审批的项目,一般应在收到竣工决算报告后一个月内完成审核工作,并将经过审核后的决算报告报财政部(经济建设司)审批。

财政部按规定对中央级大中型项目、国家确定的重点小型项目竣工财务决算的审批实行"先审核、后审批"的办法,即对需先审核后审批的项目,先委托财政投资评审机构或经财政部认可的有资质的中介机构对项目单位编制的竣工财务决算进行审核,再按规定批复项目竣工财务决算。对审核中审减的概算内投资,经财政部审核确认后,按投资来源比例归还投资方。

主管部门应对项目建设单位报送的项目竣工财务决算认真审核,严格把关。审核的重点内容:项目是否按规定程序和权限进行立项、可研和初步设计报批工作;项目建设超标准、超规模、超概算投资等问题的审核;项目竣工财务决算金额的正确性审核;项目竣工财务决算资料的完整性审核;项目建设过程中存在主要问题的整改情况审核等。

(1)竣工决算的编制依据。建设工程项目竣工决算的编制依据包括以下几个方面:

①经批准的可行性研究报告、投资估算书、初步设计或扩大初步设计、修正总概算及其批复文件。

②经批准的施工图设计及其施工图预算书。

③设计交底或图纸会审会议纪要。

④设计变更记录、施工记录或施工签证单及其他施工发生的费用记录。

⑤招标控制价,承包合同、工程结算等有关资料。

⑥竣工图及各种竣工验收资料。

⑦历年基建计划、历年财务决算及批复文件。

⑧设备、材料调价文件和调价记录。

⑨有关财务核算制度、办法和其他有关资料。

(2)竣工决算的编制要求。为了严格执行建设工程项目竣工验收制度,正确核定新增固定资产价值,考核分析投资效果,建立健全经济责任制,所有新建、扩建和改建等建设工程项目竣工后,都应及时、完整、正确地编制好竣工决算。建设单位要做好以下工作:

①按照规定及时组织竣工验收,保证竣工决算的及时性。所有的建设项目(或单项工程)按照批准的设计文件所规定的内容建成后,都要及时组织验收。对于竣工验收中发现的问题,应及时查明原因,采取措施加以解决,以保证建设项目按时交付使用并及时编制竣工决算。

②积累、整理竣工项目资料,保证竣工决算的完整性。积累、整理竣工项目资料是编制竣工决算的基础工作,它关系到竣工决算的完整性和质量的好坏。因此,在建设过程中,建设单位必须随时收集项目建设的各种资料,并在竣工验收前,对各种资料进行系统整理,分类立卷,为编制竣工决算提供完整的数据资料,为投产后加强固定资产管理提供依据。在工程竣工时,建设单位应将各种基础资料与竣工决算一起移交给生产单位或使用单位。

③清理、核对各项账目,保证竣工决算的正确性。工程竣工后,建设单位要认真核实各项交付使用资产的建设成本;做好各项财务、物资以及债权的清理结束工作,对各种结余的材料、设备、施工机械工具等,要逐项清点核实,妥善保管,按照国家有关规定进行处理,不得任意侵占;对竣工后的结余资金,要按规定上交财政部门或上级主管部门。在完成上述工作,核实了各项数字的基础上,正确编制从年初起到竣工月份止的竣工年度财务决算,以便根据历年的财务决算和竣工年度财务决算进行整理汇总,编制建设项目决算。

按照规定,竣工决算应在竣工项目办理验收交付手续后一个月内编好,并上报主管部门。有关财务成本部分,还应送经办银行审查签证。主管部门和财政部门对报送的竣工决算审批后,建设单位即可办理决算调整和结束有关工作。

(3)竣工决算的编制步骤如图9.4所示。

图9.4 竣工决算编制步骤

①收集、整理和分析有关依据资料。在编制竣工决算文件之前,应系统地整理所有的技术资料、工料结算的经济文件、施工图纸和各种变更与签证资料,并分析它们的准确性。完整、齐全的资料,是准确而迅速编制竣工决算的必要条件。

②清理各项财务、债务和结余物资。在收集、整理和分析有关资料中,要特别注意建设工程从筹建到竣工投产或使用的全部费用的各项账务,债权和债务的清理,做到工程完毕账目清晰,既要核对账目,又要查点库存实物的数量,做到账与物相等,账与账相符。

③核实工程变动情况。重新核实各单位工程、单项工程造价,将竣工资料与原设计图纸进行查对、核实,必要时可实地测量,确认实际变更情况;根据经审定的承包人竣工结算等原始资料,按照有关规定对原概、预算进行增减调整,重新核定工程造价。

④编制建设工程竣工决算说明。按照建设工程竣工决算说明的内容要求,根据编制依据材料填写在报表中的结果,编写文字说明。

⑤填写竣工决算报表。按照建设工程决算表格中的内容,根据编制依据中的有关资料进行统计或计算各个项目和数量,并将其结果填到相应表格的栏目内,完成所有报表的填写。

⑥做好工程造价对比分析。

⑦清理、装订好竣工图。

⑧上报主管部门审查存档。

上述编写的文字说明和填写的表格经核对无误后,将其装订成册,即为建设工程项目竣工决算文件。将其上报主管部门审查,并把其中财务成本部分送交开户银行签证。竣工决算在上报主管部门的同时,抄送有关设计单位。大、中型建设工程项目的竣工决算还应抄送财政部、建设银行总行和省、自治区、直辖市的财政局和建设银行分行各一份。建设工程项目竣工决算的文件,由建设单位负责组织人员编写,在竣工建设工程项目办理验收使用一个月之内完成。

(4)竣工决算的编制实例。

【例9.1】某一大中型建设项目2010年开工建设,2012年底有关财务核算资料如下:

(1)已经完成部分单项工程,经验收合格后,已经交付使用的资产包括:

①固定资产价值95 560万元。

②为生产准备的使用期限在一年以内的备品备件、工具、器具等流动资产价值50 000万元,期限在一年以上,单位价值在1 500元以上的工具100万元。

③建造期间购置的专利权、专有技术等无形资产2 000万元,摊销期5年。

(2)基本建设支出的未完成项目包括:

①建筑安装工程支出16 000万元。

②设备工器具投资48 000万元。

③建设单位管理费、勘察设计费等待摊投资2 500万元。

④通过出让方式购置的土地使用权形成的其他投资120万元。

（3）非经营项目发生待核销基建支出 60 万元。

（4）应收生产单位投资借款 1 500 万元。

（5）购置需要安装的器材 60 万元,其中待处理器材 20 万元。

（6）货币资金 500 万元。

（7）预付工程款及应收有偿调出器材款 22 万元。

（8）建设单位自用的固定资产原值 60 550 万元,累计折旧 10 022 万元。

（9）反映在《资金平衡表》上的各类资金来源的期末余额是:

①预算拨款 70 000 万元。

②自筹资金拨款 72 000 万元。

③其他拨款 500 万元。

④建设单位向商业银行借入的借款 121 000 万元。

⑤建设单位当年完成交付生产单位使用的资产价值中,500 万元属于利用投资借款形成的待冲基建支出。

⑥应付器材销售商 80 万元贷款和尚未支付的应付工程款 2 820 万元。

⑦未交税金 50 万元。

【问题】根据上述有关资料编制该项目竣工财务决算表。

【解答】根据上述有关资料数据编制该项目竣工财务决算表如表9.10所示。

表 9.10　大、中型建设项目竣工财务决算表

建设项目名称:××建设项目　　　　　　　　　　　　　　　　　　　单位:万元

资金来源	金额	资金占用	金额	补充资料
一、基建拨款	142 500	一、基本建设支出	214 340	
1.预算拨款	70 000	1.交付使用资产	147 660	
2.基建基金拨款		2.在建工程	66 620	1.基建投资借款期末余额
其中:国债专项资金拨款		3.待核销基建支出	60	
3.专项建设基金拨款		4.非经营性项目转出投资		
4.进口设备转账拨款		二、应收生产单位投资借款	1 500	
5.器材转账拨款		三、拨付所属投资借款		2.应收生产单位投资借款期末数
6.煤代油专用基金拨款		四、器材	60	
7.自筹资金拨款	72 000	其中:待处理器材损失	20	
8.其他拨款	500	五、货币资金	500	
二、项目资本金		六、预付及应收款	22	
1.国家资本		七、有价证券		3.基建结余资金
2.法人资本		八、固定资产	50 528	
3.个人资本		固定资产原值	60 550	
三、项目资本公积金		减:累计折旧	10 022	
四、基建借款	121 000	固定资产净值	50 528	
其中:国债转贷		固定资产清理		
五、上级拨入投资借款		待处理固定资产损失		

续表

资金来源	金额	资金占用	金额	补充资料
六、企业债券资金				
七、待冲基建支出	500			
八、应付款	2 900			
九、未交款	50			
1.未交税金	50			
2.其他未交款				
十、上级拨入资金				
十一、留成收入				
合计	266 950	合计	266 950	

9.2.3　新增资产价值的确定

竣工决算是办理交付使用财产价值的依据,正确核定资产的价值,不但有利于建设工程项目交付使用后的财产管理,而且还可作为建设工程项目经济后评估的依据。

1. 新增资产价值的分类

建设项目竣工投入运营后,所花费的总投资形成相应的资产。按照新的财务制度和企业会计准则,新增资产按资产性质可分为固定资产、流动资产、无形资产和其他资产等四大类。

(1)固定资产。固定资产是指使用期限超过一年,并且在使用过程中保持原有实物形态的资产,如房屋、建筑物、机械、运输工具等。

(2)流动资产。流动资产是指可以在一年或者超过一年的一个营业周期内变现或者运用的资产,包括现金、各种存款、其他货币资金、短期投资、存货、应收及预付账款以及其他流动资产等。

(3)无形资产。无形资产是指企业拥有或者控制的没有实物形态的可辨认的非货币性资产。我国作为评估对象的无形资产通常包括专利权、非专利技术、生产许可证、特许经营权、租赁权、土地使用权、矿产资源勘探权和采矿权、商标权、版权、计算机软件及商誉等。

(4)其他资产。其他资产是指具有专门用途,但不参加生产经营的经国家批准的特种物资,银行冻结存款和冻结物资、涉及诉讼的财产等。

2. 新增资产价值的确定方法

(1)新增固定资产价值的确定。新增固定资产价值是建设项目竣工投产后所增加的固定资产的价值,它是以价值形态表示的固定资产投资最终成果的综合性指标;是投资项目竣工投产后所增加的固定资产价值,即交付使用的固定资产价值。

新增固定资产价值的计算是以独立发挥生产能力的单项工程为对象的。单项工程建成经有关部门验收鉴定合格,正式移交生产或使用,即应计算新增固定资产价值。一次交付生产或使用的工程一次计算新增固定资产价值,分期分批交付生产或使用的工程,应分期分批计算新增固定资产价值。

新增固定资产价值的内容包括:已投入生产或交付使用的建筑、安装工程造价;达到固定资产标准的设备、工器具的购置费用;增加固定资产价值的其他费用。

在计算时应注意以下几种情况:

①对于为了提高产品质量、改善劳动条件、节约材料消耗、保护环境而建设的附属辅助工程,只要全部建成,正式验收交付使用后就要计入新增固定资产价值。

②对于单项工程中不构成生产系统,但能独立发挥效益的非生产性项目,如住宅、食堂、医务所、托儿所、生活服务网点等,在建成并交付使用后,也要计算新增固定资产价值。

③凡购置达到固定资产标准不需安装的设备、工具、器具,应在交付使用后计入新增固定资产价值。

④属于新增固定资产价值的其他投资,应随同受益工程交付使用的同时一并计入。

⑤交付使用财产的成本,应按下列内容计算:

a. 房屋、建筑物、管道、线路等固定资产的成本包括:建筑工程成本和待分摊的待摊投资。

b. 动力设备和生产设备等固定资产的成本包括:需要安装设备的采购成本、安装工程成本、设备基础、支柱等建筑工程成本或砌筑锅炉及各种特殊炉的建筑工程成本、应分摊的待摊投资。

c. 运输设备及其他不需要安装的设备、工具、器具、家具等固定资产一般仅计算采购成本,不计分摊的"待摊投资"。

⑥共同费用的分摊方法。新增固定资产的其他费用,如果是属于整个建设项目或两个以上单项工程的,在计算新增固定资产价值时,应在各单项工程中按比例分摊。分摊时,什么费用应由什么工程负担应按具体规定进行。一般情况下,建设单位管理费按建筑工程、安装工程、需安装设备价值总额按比例分摊,而土地征用费、地质勘查和建筑工程设计费等费用则按建筑工程造价比例分摊,生产工艺流程系统设计费按安装工程造价比例分摊。

【例9.2】某工业建设工程项目及其总装车间的建筑工程费、安装工程费、需安装设备费以及应摊入费用如表9.11所示。

表9.11 分摊费用计算表

项目名称	建筑工程	安装工程	需安装设备	建设单位管理费	土地征用费	建筑设计费	工艺设计费
建设单位竣工决算	6 000	1 200	1 800	140	160	80	40
总装车间竣工决算	1 200	600	900				

【问题】试计算总装车间新增固定资产价值。

【解答】计算过程如下:

$$应分摊的建设单位管理费 = \frac{1\ 200 + 600 + 900}{6\ 000 + 1\ 200 + 1\ 800} \times 140 = 42(万元)$$

$$应分摊的土地征用费 = \frac{1\ 200}{6\ 000} \times 160 = 32(万元)$$

$$应分摊的建筑设计费 = \frac{1\ 200}{6\ 000} \times 80 = 16(万元)$$

$$应分摊的工艺设计费 = \frac{600}{1\ 200} \times 40 = 20(万元)$$

总装车间新增固定资产价值 = (1 200 + 600 + 900) + (42 + 32 + 16 + 20) = 2 810(万元)

(2)新增流动资产价值的确定。

①货币性资金。货币性资金是指现金、各种银行存款及其他货币资金。其中:现金是指企业的库存现金,包括企业内部各部门用于周转使用的备用金;各种存款是指企业的各种不同类型的

银行存款;其他货币资金是指除现金和银行存款以外的其他货币资金,根据实际入账价值核定。

②应收及预付款项。应收账款是指企业因销售商品、提供劳务等应向购货单位或受益单位收取的款项;预付款项是指企业按照购货合同预付给供货单位的购货订金或部分货款。应收及预付款项包括应收票据、应收款项、其他应收款、预付货款和待摊费用。一般情况下,应收及预付款项按企业销售商品、产品或提供劳务时的实际成交金额入账核算。

③短期投资包括股票、债券、基金。股票和债券根据是否可以上市流通分别采用市场法和收益法确定其价值。

④存货。存货是指企业的库存材料、在产品、产成品等。各种存货应当按照取得时的实际成本计价。存货的形成,主要有外购和自制两个途径。外购的存货,按照买价加运输费、装卸费、保险费、途中合理损耗、入库前加工整理及挑选费用以及缴纳的税金等计价;自制的存货,按照制造过程中的各项实际支出计价。

(3)新增无形资产价值的确定。

①无形资产的计价原则。

a. 投资者按无形资产作为资本金或者合作条件投入时,按评估确认或合同协议约定的金额计价。

b. 购入的无形资产,按照实际支付的价款计价。

c. 企业自创并依法申请取得的,按开发过程中的实际支出计价。

d. 企业接受捐赠的无形资产,按照发票账单所载金额或者同类无形资产市场价作价。

e. 无形资产计价入账后,应在其有效使用期内分期摊销,即企业为无形资产支出的费用应在无形资产的有效期内得到及时补偿。

②无形资产的计价方法。

a. 专利权的计价。专利权分为自创和外购两类。自创专利权的价值为开发过程中的实际支出,主要包括专利的研制成本和交易成本。研制成本包括直接成本和间接成本,直接成本是指研制过程中直接投入发生的费用,主要包括材料费用、工资费用、专用设备费、资料费、咨询鉴定费、协作费、培训费和差旅费等;间接成本是指与研制开发有关的费用,主要包括管理费、非专用设备折旧费、应分摊的公共费用及能源费用。交易成本是指在交易过程中的费用支出,主要包括技术服务费、交易过程中的差旅费及管理费、手续费及税金。由于专利权是具有独占性并能带来超额利润的生产要素,因此,专利权转让价格不按成本估价,而是按照其所能带来的超额收益计价。

b. 非专利技术的计价。非专利技术具有使用价值和价值,使用价值是非专利技术本身应具有的,非专利技术的价值在于非专利技术的使用所能产生的超额获利能力,应在研究分析其直接和间接的获利能力的基础上,准确计算出其价值。如果非专利技术是自创的,一般不作为无形资产入账,自创过程中发生的费用,按当期费用处理。对于外购非专利技术,应由法定评估机构确认后再进行估价,其方法往往通过能产生的收益采用收益法进行估价。

c. 商标权的计价。如果商标权是自创的,一般不作为无形资产入账,而将商标设计、制作、注册、广告宣传等发生的费用直接作为销售费用计入当期损益。只有当企业购入或转让商标时,才需要对商标权计价。商标权的计价一般根据被许可方新增的收益确定。

d. 土地使用权的计价。根据取得土地使用权的方式不同,土地使用权可有以下几种计价方式:当建设单位向土地管理部门申请土地使用权并为之支付一笔出让金时,土地使用权作为无形资产核算；当建设单位获得土地使用权是通过行政划拨的,这时土地使用权就不能作为无形资产核算；在将土地使用权有偿转让、出租、抵押、作价入股和投资,按规定补交土地出让价款时,才作为无形资产核算。

(4)其他资产价值的确定。其他资产是指不能全部计入当年损益,应当在以后年度分期摊销的各种费用,包括开办费、租入固定资产改良支出等。

①开办费的计价。开办费筹建期间建设单位管理费中未计入固定资产的其他各项费用,如建设单位经费,包括筹建期间工作人员工资、办公费、差旅费、印刷费、生产职工培训费、样品样机购置费、农业开荒费、注册登记费等以及不计入固定资产和无形资产购建成本的汇兑损益、利息支出。按照新财务制度规定,除了筹建期间不计入资产价值的汇兑净损失外,开办费从企业开始生产经营月份的次月起,按照不短于5年的期限平均摊入管理费用中。

②租入固定资产改良支出的计价。租入固定资产改良支出是企业从其他单位或个人租入的固定资产,所有权属于出租人,但企业依合同享有使用权。通常双方在协议中规定,租入企业应按照规定的用途使用,并承担对租入固定资产进行修理和改良的责任,即发生的修理和改良支出全部由承租方负担。对租入固定资产的大修理支出,不构成固定资产价值,其会计处理与自有固定资产的大修理支出无区别。对租入固定资产实施改良,因有助于提高固定资产的效用和功能,应当另外确认为一项资产。由于租入固定资产的所有权不属于租入企业,不宜增加租入固定资产的价值而作为递延资产处理。租入固定资产改良及大修理支出应当在租赁期内分期平均摊销。

9.3 质量保证金的处理

9.3.1 缺陷责任期的概念和期限

1. 缺陷责任期与保修期的概念区别

(1)缺陷责任期。缺陷责任期是指承包人对已交付使用的合同工程承担合同约定的缺陷修复责任的期限,其实质上就是指预留质保金(即保证金)的一个期限,具体可由发承包双方在合同中约定。

(2)保修期。保修期是发承包双方在工程质量保修书中约定的期限。保修期自实际竣工日期起计算。保修的期限应当按照保证建筑物合理寿命期内正常使用,依照维护使用者合法权益的原则确定。按照《建设工程质量管理条例》的规定,保修期限如下：

①地基基础工程和主体结构工程,为设计文件规定的该工程的合理使用年限。

②屋面防水工程、有防水要求的卫生间、房间和外墙面的防渗漏为5年。

③供热与供冷系统为2个采暖期和供热期。

④电气管线、给排水管道、设备安装和装修工程为2年。

2. 缺陷责任期的期限

缺陷责任期一般为6个月、12个月或24个月,具体可由发承包双方在合同中约定。

缺陷责任期从工程通过竣(交)工验收之日起计。由于承包人原因导致工程无法按规定期限进行竣(交)工验收的,缺陷责任期从实际通过竣(交)工验收之日起计。由于发包人原因导致工程无法按规定期限进行竣(交)工验收的.在承包人提交竣(交)工验收报告90天后,工程自动进入缺陷责任期。

3. 缺陷责任期内的维修及费用承担

(1)保修责任。缺陷责任期内,属于保修范围、内容的项目,承包人应当在接到保修通知之日起 7 天内派人保修。发生紧急抢修事故的,承包人在接到事故通知后,应当立即到达事故现场抢修。对于涉及结构安全的质量问题,应当按照《房屋建筑工程质量保修办法》的规定,立即向当地建设行政主管部门报告,采取安全防范措施;由原设计单位或者由相应资质等级的设计单位提出保修方案,承包人实施保修。质量保修完成后,由发包人组织验收。

(2)费用承担。由他人及不可抗力原因造成的缺陷,发包人负责维修,承包人不承担费用,且发包人不得从保证金中扣除费用。如发包人委托承包人维修的,发包人应该支付相应的维修费用。

发承包双方就缺陷责任有争议时,可以请有资质的单位进行鉴定,责任方承担鉴定费用并承担维修费用。

缺陷责任期内,由承包人原因造成的缺陷,承包人应负责维修,并承担鉴定及维修费用。如承包人不维修也不承担费用,发包人可按合同约定扣除保留金,并由承包人承担违约责任。承包人维修并承担相应费用后,不免除对工程的一般损失赔偿责任。

缺陷责任期的起算日期必须以工程的实际竣工日期为准,与之相对应的工程照管义务期的计算时间是以业主签发的工程接收证书起。对于有一个以上交工日期的工程,缺陷责任期应分别从各自不同的交工日期算起。

由于承包人原因造成某项缺陷或损坏使某项工程或工程设备不能按原定目标使用而需要再次检查、检验和修复的,发包人有权要求承包人相应延长缺陷责任期,但缺陷责任期最长不超过 2 年。

9.3.2 质量保证金的使用及返还

1. 质量保证金的含义

建设工程质量保证金(以下简称保证金)是指发包人与承包人在建设工程承包合同中约定,从应付的工程款中预留,用以保证承包人在缺陷责任期(即质量保修期)内对建设工程出现的缺陷进行维修的资金。缺陷是指建设工程质量不符合工程建设强制标准、设计文件,以及承包合同的约定。

2. 质量保证金预留及管理

(1)质量保证金的预留。发包人应按照合同约定的质量保证金比例从结算款中扣留质量保证金。全部或者部分使用政府投资的建设项目,按工程价款结算总额 5% 左右的比例预留保证金,社会投资项目采用预留保证金方式的,预留保证金的比例可以参照执行。发包人与承包人应该在合同中约定保证金的预留方式及预留比例,建设工程竣工结算后,发包人应按照合同约定及时向承包人支付工程结算价款并预留保证金。

(2)质量保证金的管理。缺陷责任期内,实行国库集中支付的政府投资项目,保证金的管理应按国库集中支付的有关规定执行。其他政府投资项目,保证金可以预留在财政部门或发包方。缺陷责任期内,如发包方被撤销,保证金随交付使用资产一并移交使用单位,由使用单位代行发包人职责。

社会投资项目采用预留保证金方式的,发承包双方可以约定将保证金交由金融机构托管;采用工程质量保证担保、工程质量保险等其他方式的,发包人不得再预留保证金,并按照有关规定执行。

（3）质量保证金的使用。承包人未按照合同约定履行属于自身责任的工程缺陷修复义务的，发包人有权从质量保证金中扣留用于缺陷修复的各项支出。若经查验，工程缺陷属于发包人原因造成的，应由发包人承担查验和缺陷修复的费用。

3. 质量保证金的返还

在合同约定的缺陷责任期终止后的 14 天内，发包人应将剩余的质量保证金返还给承包人。剩余质量保证金的返还，并不能免除承包人按照合同约定应承担的质量保修责任和应履行的质量保修义务。

本 章 小 结

本章分别介绍工程项目竣工验收的条件和范围、依据和标准以及竣工验收的方式与程序；建设项目竣工决算的内容和编制以及新增资产价值的确定；质量保证金的处理等相关知识。

按照我国建设程序的规定，竣工验收是建设工程的最后阶段，是建设项目施工阶段和保修阶段的中间过程，是全面检验建设项目是否符合设计要求和工程质量检验标准的重要环节，审查投资使用是否合理的重要环节，是投资成果转入生产或使用的标志。

竣工决算是正确核定新增固定资产价值，考核分析投资效果，建立健全经济责任制的依据，是反映建设项目实际造价和投资效果的文件。通过竣工决算，既能正确反映建设工程的实际造价和投资结果，又可以通过竣工决算与概算、预算的对比分析，考核投资控制的工作成效，为工程建设提供重要的技术经济方面的基础资料，提高未来工程建设的投资效益。

质量保证金是指发包人与承包人在建设工程合同中约定从应付的工程款中预留，用以保证承包人在缺陷责任期内对建设工程出现的缺陷进行维修的资金。对质量保证金实施预留与管理，对于完善建设工程保修制度，促进承包人加强质量管理、改进工程质量，保护用户及消费者的合法权益能够起到重要的作用。

 本章习题

一、选择题

1. 下列资料中，不属于竣工验收报告附有文件的是（　　）。

    A. 工程竣工验收备案表   B. 施工许可证

    C. 施工图设计文件审查意见   D. 施工单位签署的工程质量保修书

2. 完整的竣工决算所包含的内容是（　　）。

    A. 竣工财务决算说明书、竣工财务决算报表、工程竣工图、工程竣工造价对比分析

    B. 竣工财务决算报表、竣工决算、工程竣工图、工程竣工造价对比分析

    C. 竣工财务决算说明书、竣工决算、竣工验收报告、工程竣工造价对比分析

    D. 竣工财务决算报表、工程竣工图、工程竣工造价对比分析

3. 编制大中型建设项目竣工财务决算报表时，下列属于资金占用的项目是（　　）。

    A. 待冲基建支出   B. 应付款   C. 预付及应收款   D. 未交款

4. 关于质量保证金的使用及返还，下列说法中正确的是（　　）。

    A. 不实行国库集中支付的政府投资项目，保证金可以预留在财政部门

    B. 采用工程质量保证担保的,发包人仍可预留 5% 的保证金

    C. 非承包人责任的缺陷,承包人仍有缺陷修复的义务

    D. 缺陷责任期终止后 28 天内,发包人应将剩余的质量保证金连同利息返还给承包人

5. 发包人参与的全部工程竣工验收分为三个阶段,其中不包括(　　)。

    A. 验收准备　　　　B. 预验收　　　　C. 初步验收　　　　D. 正式验收

6. 由发包人组织,会同监理人、设计单位、承包人、使用单位参加工程验收,验收合格后发包人可投入使用的工程验收是指(　　)。

    A. 分段验收　　　　B. 中间验收　　　　C. 交工验收　　　　D. 竣工验收

7. 竣工决算文件中,真实记录各种地上、地下建筑物、构筑物、特别是基础、地下管线以及设备安装等隐蔽部分的技术文件是(　　)。

    A. 总平面图　　　　　　　　　　　B. 竣工图

    C. 施工图　　　　　　　　　　　　D. 交付使用资产明细表

8. 建设项目竣工验收方式中,又称交工验收的是(　　)。

    A. 分部工程验收　　B. 单位工程验收　　C. 单项工程验收　　D. 工程整体验收

9. 用来反映大、中型建设项目全部资金来源和资金占用情况的竣工决算报表是(　　)。

    A. 建设项目竣工财务决算审批表　　　B. 建设项目概况表

    C. 建设项目竣工财务决算表　　　　　D. 建设项目交付使用资产总表

10. 关于新增无形资产价值的确定与计价,下列说法中正确的是(　　)。

    A. 企业接受捐赠的无形资产,按开发中的实际支出计价

    B. 专利权转让价格按成本估计进行

    C. 自创非专利技术在自创中发生的费用按当期费用处理

    D. 行政划拨的土地使用权作为无形资产核算

11. 建设项目竣工验收的最小单位是(　　)。

    A. 单项工程　　　　B. 单位工程　　　　C. 分部工程　　　　D. 分项工程

12. 下列不属于建设项目竣工决算报告情况说明书内容的是(　　)。

    A. 新增生产能力效益分析　　　　　B. 债权债务的清偿情况分析

    C. 工程价款结算情况分析　　　　　D. 主要实物工程量分析

13. 某工业建设项目及其动力车间有关数据如表 9.12 所示,则应分摊到动力车间固定资产价值中的土地征用费和设计费合计为(　　)万元。

表 9.12　某工业建设项目及其动力车间有关数据明细表　　　　单位:万元

项目名称	建筑工程	安装工程	需安装设备	土地征用费	设计费
建设项目竣工决算	3 000	800	1 200	200	90
动力车间工程决算	400	110	240		

    A. 35.26　　　　　B. 38.67　　　　　C. 41.12　　　　　D. 43.50

14. 根据现行有关保修规定,承包人应向业主出具质量保修书。下列内容中,不属于保修书中约定内容的是(　　)。

    A. 保修范围　　　　B. 保修期限　　　　C. 保修责任　　　　D. 保修金额

15. 根据我国《建设工程质量管理条例》规定,下列关于保修期限的表述,错误的是(　　)。

A. 屋面防水工程的防渗漏为 5 年   B. 给排水管道工程为 2 年

C. 供热系统为 2 年   D. 电气管线工程为 2 年

16. 根据国务院《建设工程质量管理条例》,下列工程内容保修期限为 5 年的是(　　)。

    A. 主体结构工程　B. 外墙面的防渗漏　C. 供热与供冷系统　D. 装修工程

17. 根据无形资产计价规定,下列内容中,一般作为无形资产入账的是(　　)。

    A. 自创专利权　　B. 自创非专利技术　　C. 自创商标　　　D. 划拨土地使用权

18. 下列关于建设项目保修的说法中,错误的是(　　)。

    A. 建设项目保修回访制度属于建筑工程竣工后的管理范畴

    B. 由于暖气管线安装不妥导致局部不热等问题,在竣工验收后超过 2 年的,不属保修范围

    C. 基础设施工程、房屋建筑的地基基础工程和主体结构工程,保修年限为 50 年

    D. 在工程竣工验收的同时(最迟不超过 7 天),由承包人向发包人发送《建筑安装工程保修证书》

19. 大、中型建设项目竣工决算报表包括(　　)。

    A. 建设项目概况表   B. 建设项目竣工财务决算表

    C. 竣工财务决算总表   D. 建设项目交付使用财产总表

    E. 建设项目交付使用财产明细表

20. 建设项目竣工财务决算表中,属于"资金来源"的有(　　)。

    A. 专项建设基金拨款   B. 项目资本公积金

    C. 有价证券   D. 待冲基建支出

    E. 未交税金

21. 下列关于新增无形资产价值确定的表述中,正确的有(　　)。

    A. 自创专利权的价值主要包括其研制成本和交易成本

    B. 专利权的转让价格按成本估价

    C. 自创的非专利技术按自创过程中发生的费用作价计入无形资产账户

    D. 自创的商标权一般不作为无形资产入账

    E. 划拨土地使用权以其取得费用作价计入无形资产账户

22. 关于新增固定资产价值的确定,下列说法中正确的有(　　)。

    A. 新增固定资产价值是以独立发挥生产能力的单项工程为对象计算的

    B. 分期分批交付的工程,应在最后一期(批)交付时一次性计算新增固定资产价值

    C. 凡购置的达到固定资产标准不需安装的设备,应计入新增固定资产价值

    D. 运输设备等固定资产,仅计算采购成本,不计分摊的"待摊投资"

    E. 建设单位管理费按建筑工程、安装工程以及不需安装设备价值总额按比例分摊

二、简答题

1. 简述建设项目竣工验收的范围及标准。

2. 简述建设项目竣工验收的方式与程序。

3. 简述建设项目竣工决算的编制方法。

4 试述新增资产价值的确定方法。

5. 试述工程质量保证金的预留及管理方法。

参 考 文 献

[1] 建设部标准定额研究所. 建设工程工程量清单计价规范 GB 50500—2013[M]. 北京：中国计划出版社，2013.

[2] 全国造价工程师执业资格考试培训教材编写组. 建设工程计价 [M]. 北京：中国计划出版社，2013.

[3] 全国造价工程师执业资格考试培训教材编写组. 工程造价案例分析[M]. 北京：中国城市出版社，2013.

[4] 全国造价工程师执业资格考试培训教材编写组. 建设工程造价管理 [M]. 北京：中国计划出版社，2013.

[5] 鲍学英. 工程造价管理[M]. 北京：中国铁道出版社，2010.

[6] 全国注册咨询工程师(投资)资格考试教材编写委员会. 项目决策分析与评价[M]. 北京：中国计划出版社，2008.

[7] 赵延龙,鲍学英. 工程造价管理[M]. 成都：西南交通大学出版社，2007.

[8] 郭树荣,王红平,鲍学英,等. 工程造价管理[M]. 北京：科学出版社，2010.

[9] 马楠,张国兴,韩英爱. 建设工程造价管理[M]. 北京：清华大学出版社，2006.

[10] 郭婧娟. 工程造价管理[M]. 北京：清华大学出版社,北京交通大学出版社，2005.

[11] 徐蓉,吴芸. 工程造价管理[M]. 上海：同济大学出版社，2010.

[12] 宁素莹. 工程造价管理[M]. 北京：科学出版社，2006.

[13] 吴怀俊,马楠. 工程造价管理[M]. 北京：人民交通出版社，2007.

[14] 李惠强. 工程造价与管理[M]. 上海：.复旦大学出版社，2007.

[15] 朱佑国. 工程造价管理图解[M]. 北京：化学工业出版社，2008.

[16] 王振强. 英国工程造价管理[M]. 天津：南开大学出版社，2002.

[17] 郝建新. 美国工程造价管理[M]. 天津：南开大学出版社，2002.

[18] 王振强. 日本工程造价管理[M]. 天津：南开大学出版社，2002.

[19] 尹贻林,申立银. 中国内地与香港工程造价管理比较[M]. 天津：南开大学出版社，2002.